数学建模

周　凯　邬学军　宋军全　编著

ZHEJIANG UNIVERSITY PRESS
浙江大学出版社

图书在版编目(CIP)数据

数学建模 / 周凯，邬学军，宋军全编著. —杭州：浙江大学出版社，2017.12
ISBN 978-7-308-17725-2

Ⅰ.①数… Ⅱ.①周… ②邬… ③宋… Ⅲ.①数学模型—高等学校—教材 Ⅳ.①O141.4

中国版本图书馆CIP数据核字（2017）第318529号

数学建模
周 凯 邬学军 宋军全 编著

责任编辑 徐素君
责任校对 陈静毅 郝 娇
封面设计 刘依群
出版发行 浙江大学出版社
（杭州市天目山路148号 邮政编码310007）
（网址：http://www.zjupress.com）
排 版 杭州中大图文设计有限公司
印 刷 杭州杭新印务有限公司
开 本 787mm×1092mm 1/16
印 张 16.75
字 数 420千
版 印 次 2017年12月第1版 2017年12月第1次印刷
书 号 ISBN 978-7-308-17725-2
定 价 48.00元

前　　言

数学，作为一门研究现实世界数量关系和空间形式的科学，在它产生和发展的历史长河中，一直是和人们生活的实际需要、各种应用问题密切相关的。数学建模作为用数学方法解决实际问题的关键一步，自然有着与数学同样悠久的历史。两千多年前创立的欧几里德几何，17世纪发现的牛顿万有引力定律，都是科学发展史上数学建模的成功范例。培根(F. Bacon)说过："数学是进入各个科学门户的钥匙，如果没有数学知识，就不可能知晓这个世界的一切。"数学的特点不仅在于概念的抽象性、逻辑的严密性、结论的明确性和体系的完整性，而且在于它应用的广泛性。控制论创立者维纳(N. Wiener)提出："数学的优势在于数学抽象能使我们的注意力不再局限于特定的情况，而是关注解决问题的思路、方法和抽象形式的表达，它的一个好处是数学的描述可以毫无偏差地从一个领域应用于另一个领域。"这就是数学的一个重要作用，使人们忽略细枝末节，提炼出最为关键的问题，然后概括成一个数学表达式——数学模型。不论是直接使用数学方法，还是与其他学科结合形成交叉学科在科技和生产领域解决实际问题，首先和关键的一步是建立研究对象的数学模型。

进入20世纪以来，随着电子计算机的出现与飞速发展，数学正以空前的广度和深度向一切领域渗透，数学建模也越来越受到人们的重视。近年来数学建模活动在国内各个高校内普遍开展，每年的全国大学生数学建模竞赛是这项活动的高潮。本书是为各类本专科院校开展数学建模活动和参加全国大学生数学建模竞赛的培训指导而编著的，是作者在使用多年的数学建模课程教学及竞赛培训的相关材料基础上结合最新的国内外竞赛题修订而成的。它对以往在全国大学生数学建模竞赛以及其他数学建模活动中出现过的几类主要数学模型进行了归纳总结。本书可以作为相关院校数学建模课程的教材或竞赛培训材料。

全书以数学建模所涉及的常用数学方法(类型)为主线进行编排，内容包括：

数学建模概述；数学建模方法示例；优化数学模型；图与网络数学模型；评价管理数学模型；预测分析数学模型；微分与差分方程数学模型；随机服务系统数学模型；统计分析数学模型；启发式算法简介。每一章讨论一种类型的模型，以应用为目的，不做过多的数学理论阐述，通过例子介绍如何使用该方法来解决实际问题。所用实例大部分来自于各种形式的数学建模竞赛，当然一篇完整的竞赛论文往往不仅仅只是一种数学方法的使用，所以在本书中一般只是给出该例子的解题思路及主要过程，它往往只是问题的部分解，一般只涉及与这一章的数学方法有关的内容。一篇优秀的竞赛论文往往是多种数学方法以及各种工具的综合运用，它是一个团队综合能力的具体展示。

希望通过本书的学习，能够帮助大家快速了解建立数学模型的过程；能够掌握一些基本的数学模型和建立数学模型的常用方法，以及运用数学建模的方法去解决现实生活中出现的一些简单的实际问题；能够对大家运用数学的能力有一个提升；当然也希望通过本书的学习，能够对组建培养优秀的大学生团队参加每年一次的全国大学生数学建模竞赛提供有益的帮助。

限于编者水平，不妥之处敬请指正。

本教材受到浙江工业大学重点教材建设项目资助。

编　者

2017年5月

于浙江工业大学理学院

目　　录

第一章　数学建模概述

近半个多世纪以来，随着计算机技术的迅速发展，数学的应用不仅在工程技术、自然科学等领域发挥着越来越重要的作用，而且以空前的广度和深度向经济、金融、生物、医学、环境、地质、人口、交通等新的领域不断渗透，数学技术已经成为当代高新技术的重要组成部分。不论是用数学方法在科技和生产领域解决实际问题，还是与其他学科相结合形成交叉学科，首要的和关键的一步是建立研究对象的数学模型，并加以计算求解。在知识经济时代数学建模和计算机技术是必不可少的技术手段。

数学是研究现实与抽象世界中数量关系和空间形式的科学，在它产生和发展的历史长河中，一直是与各种各样的应用问题紧密相关。数学的特点不仅在于概念的抽象性、逻辑的严密性、结论的明确性和体系的完整性，而且更在于它应用的广泛性。20 世纪以来，随着科学技术的迅速发展和计算机的日益普及，人们对解决各种问题的要求及精确度的提高，使数学的应用越来越广泛和深入，特别是在进入 21 世纪的知识经济时代，数学科学的地位发生了巨大的变化，它已经从经济和科技的后备走到了前沿。经济发展的全球化、计算机的迅猛发展、理论与方法的不断扩充使得数学已经成为当今高科技的一个重要组成部分，数学已经成为一种能够普遍实施的技术。培养学生应用数学的意识和能力已经成为数学教学的一个重要方面。

1.1　认识数学模型与数学建模

目前对数学模型还没有一个统一准确的定义，站在不同的角度便可以有一个不同的定义。简单地说：数学模型就是对实际问题的一种数学表述。具体一点说：数学模型就是对于一个特定的对象，为了一个特定目标（目的），根据其特有的内在规律，做出一些必要的简化假设，运用适当的数学工具，而得到的一个数学结构。下面结合一个例子加以说明，嫦娥三号于 2013 年 12 月 2 日 1 时 30 分成功发射，12 月 6 日抵达月球轨道。嫦娥三号在高速飞行的情况下，要保证准确地在月球预定区域内实现软着陆，其关键问题是着陆轨道与控制策略的设计。其着陆轨道设计的基本要求是：着陆准备轨道为近月点 15km，远月点 100km 的椭圆形轨道；着陆轨道为从近月点至着陆点，其软着陆过程共分为 6 个阶段，要求满足每个阶段在关键点所处的状态；尽量减少软着陆过程的燃料消耗。在现实世界中，科学家无法为嫦娥三号尝试多次试飞，对比各种软着陆策略的效果。在发射嫦娥三号前，科学家需要计算嫦娥三号的软着陆轨道以及最优控制策略。也就是说，为实现嫦娥三号软着陆的目的，根据卫星在太空中的受力分析规律，得到嫦娥三号的减速控制策略，此策略也就是所谓的数学模型。

我们将数学模型理解为是一种将数学理论与实际实践相结合所产生的一种思想方法，是将实际生活中的切实问题，运用数学理论，构造算法加以解决的一种思想方法。数学模型课程中并没有太多(对本科生来说)新的数学内容，而是将个人以前学过的数学理论与方法加以分类总结，指导学生如何应用数学解决问题的一门课程。

数学建模是一种数学的思考方法，是运用数学的语言和方法，通过抽象、简化建立能近似刻画并解决实际问题的一种强有力的数学手段。数学建模就是用数学语言描述实际现象的过程。这里的实际现象既包含具体的自然现象比如自由落体现象，也包含抽象的现象比如顾客对某种商品的价值倾向等。这里的描述不但包括对外在形态、内在机制的描述，也包括预测、试验和解释实际现象等内容。

我们也可以这样直观地理解这个概念：数学建模是一个让纯粹数学家(指只懂数学而不太了解数学在实际中应用的数学家)变成物理学家、生物学家、经济学家、心理学家等的过程。数学模型一般是实际问题的一种数学简化。它常常是以某种意义上接近实际问题的抽象形式存在，但它和真实的事物有着本质的区别。要描述一个实际现象可以有很多种方式，比如录音、录像、比喻、传言等。为了使描述更具科学性、逻辑性、客观性和可重复性，人们采用一种普遍认为比较严格的语言来描述各种现象，这种语言就是数学。使用数学等语言描述的事物就称为数学模型。有时候，我们需要做一些实验，但这些实验往往是用抽象出来了的数学模型代替实际物体而进行的，实验本身也是实际操作的一种理论替代。

下面通过三个例子让大家明白什么是数学模型、什么是数学建模。

例 1.1　测量山高问题

小明站在一个小山上，想要测量这个山的高度。他站在山边，采取了最原始的方法：从小山向下丢一小石子，他于 5s 后听到了从小山下传来的回音。请各位尝试建立数学模型估计小山丘的高度。

解题思路

数学建模的初学者一看到这个问题也许会认为数学建模并不是一件困难的事情，因为很多学生在高中时就遇到过类似的问题。确实是这样！这是一个比较简单的实际问题(数学建模问题)，大家很容易得到如下结果：

$$H=\frac{1}{2}gt^2=0.5\times9.8\times5^2=122.5(\mathrm{m})$$

运用自由落体公式可以计算出山的高度。也许有人会提出疑问：上述运算是数学建模吗？如果是，这样数学建模不是很简单吗？

是的，我们可以认为这样的过程就是数学建模。上述建立的模型可以称为最理想的自由落体模型，因为这是在非常理想化状态下建立的模型，它没有考虑任何其他可能影响测量的因素。数学模型就是一个解决实际问题的方法，解决问题即可视为数学建模，解决问题时所用到的数学结构式即为数学模型。但是在此需要说明一点：数学建模问题与其他数学问题不同，数学建模问题的**结果本身没有对错之分，但有优劣之分**。建立模型解决问题也许不难，但需要所建立的数学模型有效地指导实际工作就比较困难。这正是数学建模的难点所在。下面继续通过这个例子来解释数学模型间的优劣之分。

虽然上述理想的自由落体模型可以计算出山的高度，但计算所得到的结果可能存在较大的误差。122.5m 这个答案在中学考试中应该是一个标准答案，不会认为这个答案是错误的。但是，专业测量队在测量山高时绝对不会采用上述计算得到的结果。因为它可能存在较大的误差，所以它是不能被接受的。在研究这个问题时请不要忘记：现在我们研究的不再是一个抽象的理论问题而是具体的实际问题。所建立的数学模型或者结果应该能对实际工作有较强的指导意义，应该尽力使求得的答案贴近事实。

那么，在这个问题中我们还需要考虑哪些因素？例如人的反应时间，在现实中这是一个需要考虑的因素。通过查找资料（数学建模竞赛过程中允许查找相关资料来帮助求解。查阅资料在数学建模中极其重要，也是现代大学生必须具备的基本素质，http://iask.sina.com.cn/b/3352472.html），可以知道人的反应时间约为 0.1s，那么计算式在结果上能够得到改善。

$$H=\frac{1}{2}gt^2=0.5\times 9.8\times(5-0.1)^2=117.649(\mathrm{m})$$

通过上面的分析可以认为 117.649m 比 122.5m 更加接近实际情况。相比理想的自由落体模型，以上的数学建模过程可以称为修正的自由落体模型。就实际测量而言，修正的自由落体模型比理想的自由落体模型更加优秀，因为得到的结果更加接近实际。两种模型得到的答案也可以说都是正确的，两种答案都是基于不同的假设前提而得到。理想的自由落体模型假设不考虑人的反应时间，如果你作为专业测量队的队长，相信你也会选择修正自由落体模型，因为它得到的答案更加接近实际情况。

一个优秀的队伍往往能够做更多！在考虑人的反应时间这一因素后，还有没有其他因素需要考虑，例如空气阻力？如果从高达 117.649m 的山上丢下石子，能不考虑空气阻力吗？各位有了大学生的思维外，还有了大学生的手段——微积分。通过查阅相关资料，可以发现石头所受空气阻力和速度成正比，阻力系数与质量之比为 0.2。由此我们又可以建立以下微分方程模型：

$$\begin{cases}\dfrac{\mathrm{d}v}{\mathrm{d}t}=a=g-\dfrac{f}{m}=g-\dfrac{k}{m}v\\ v(0)=0\end{cases}$$

解微分方程得 $v(t)=\dfrac{(g\times m)}{k}(1-\mathrm{e}^{\frac{-k\times t}{m}})$

积分得 $H=\int_0^{4.5}v(t)\mathrm{d}t=87.05(\mathrm{m})$

可以发现，计算结果得到了很大的改善，理想的自由落体模型计算方法得到的山高 122.5m 的确存在着较大的误差。

如果用心，大家可以做得更好。在实际生活中，回音传播时间是另一个不可忽略的因素。因此我们在上述模型的基础上引入回音传播时间 t_2，对模型进行如下修改：

$$\begin{cases}H=\int_0^{t_1}v(t)\mathrm{d}t=340\times t_2\\ t_1+t_2=4.9\end{cases}\Rightarrow H=79.96(\mathrm{m})$$

在这个例题中，先后呈现了四种不同的解题方法，也可以说四种不同的数学模型。从理想的自由落体数学模型获得的 122.5m 到考虑人的反应、阻力、回音的数学模型获得的是

79.96m，可见理想模型的 122.5m 存在非常大误差，相对误差超过了 50%。

希望大家能够通过这个例子体会到数学模型的真谛：能够解决问题的方法就是数学模型，其本身没有对错之分。以上四种模型计算得到的答案应该说都是正确的，但是却有优劣之分，问题在于思考的角度。它是一种新的思维方法，从上面的例子可以得到，数学模型往往是以下两个方面的权衡：

1. 数学建模是用以解决实际问题的，所建立的模型不能太理想、太简单，过于理想化的模型往往脱离实际情况，这就违背了建模的目的；

2. 数学建模必须是以能够求解为前提的，建立的模型一定要能够求出解，所建立的模型不能过于实际，过于实际的模型往往难以求解，因此做适当合理的简化假设是十分重要的。

很多刚开始接触学习数学模型的学生可能认为自己的数学能力不够好，因此容易产生打退堂鼓的念头。然而，他们不知道现在已经有很多应用软件可以帮助他们完成数学模型的计算任务。这样使得所有专业的学生可以站在同一起跑线学习数学模型。比如，如果自己不能求解上述微分方程，那么就交给软件去做吧。上述常微分方程，通过数学软件 MATLAB 的编程计算一点也不困难，仅仅一行代码即可得到答案。在数学建模竞赛过程中，大家可以借助一切手段（数学软件、图书资料等）得到你想要的结果。整体上来说，数学软件 MATLAB 是一个非常庞大的软件，要全部掌握是很困难的，而数学建模仅仅只用到其中的部分知识。基于 MATLAB 在数学建模中的应用，本书将结合例子做一些讲解。

例 1.2 教室光照问题

现有一个教室长为 15m，宽为 12m，在距离地面高 2.5m 的位置均匀地安放 4 个光源，假设横向（纵向）墙壁与光源、光源与光源、光源与墙壁之间的距离相等，各个光源的光照强度均为一个单位。要求：

1. 如何计算教室内任意一点处距离地面 1m 处的光照强度？（光源对目标点的光照强度与该光源到目标点距离的平方成反比，与该光源的强度成正比）。

2. 画出距离地面 1m 处各个点的光照强度与位置（横纵坐标）之间的函数关系曲面图，同时给出一个近似的函数关系式。

解题思路

假设光源对目标点的光照强度与该光源到目标点距离的平方成反比，并且各个光源符合独立作用与叠加原理。光源在光源点的光照强度为“一个单位”，并且空间光反射情况可以忽略不计。

取地面所在的平面为 xOy 平面，x 轴与教室的宽边平行，y 轴与教室的长边平行，坐标原点在地面的中心，如图 1-1 所示。在空间中任意取一点 i，它的坐标可以表示为 (x_i, y_i, z_i)，那么空间点 i 的光照强度 E_i 应该满足以下公式：

$$E_i = \frac{1}{(x_i-2)^2+(y_i-2.5)^2+(z_i-2.5)^2}+\frac{1}{(x_i-2)^2+(y_i+2.5)^2+(z_i-2.5)^2}$$
$$+\frac{1}{(x_i+2)^2+(y_i-2.5)^2+(z_i-2.5)^2}+\frac{1}{(x_i+2)^2+(y_i+2.5)^2+(z_i-2.5)^2}$$

将空间点 i 的纵坐标设定为 1,就可以计算距离地面高 1m 处各点的光照强度。在 MATLAB 计算中都是对离散点进行计算操作,因此将距离地面高 1m 处的 12m×15m 平面离散为网格,每隔 0.25m 取一个点,而点与点之间采用插值算法可以得到这个平面的光照强度,如图 1-2 所示。

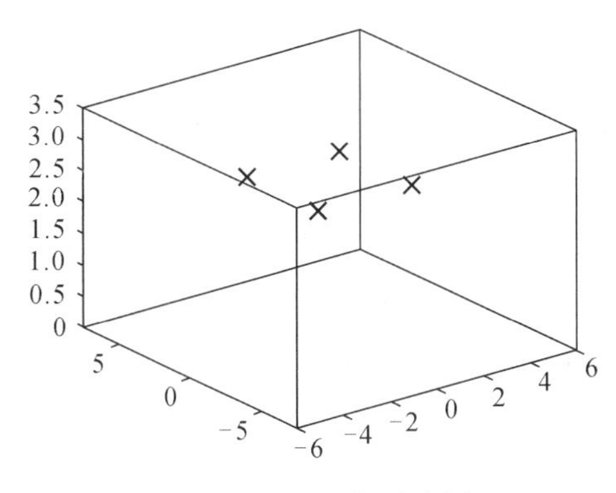

图 1-1 教室坐标示意图

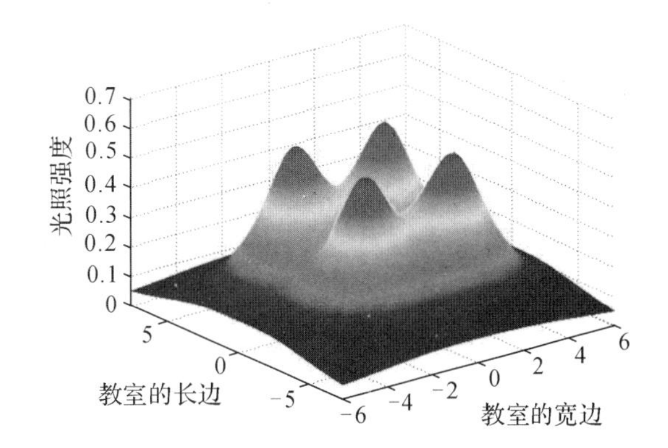

图 1-2 无反射情况下教室光照强度示意图

通过示意图可以发现,在这个距离地面为 1m 的平面中,四个灯下的光照强度最强。上述模型是建立在不考虑墙面反射基础上。那么,忽略反射的想法是否正确呢?考虑墙面反射对于平面各点光照强度会带来怎样的影响?为方便求解,首先假设墙面反射满足镜面反射原理,这也是最简单的假设。重新计算可以得到在距离地面为 1m 的平面中各点的光照强度如图 1-3 所示。对比有无一次镜面反射,平面光照强度的改善情况如图 1-4 所示。从图中可以发现:墙边附近的光照强度改善最大,墙角和墙边的改善最小。因为墙角和墙边的反射最少,这些都与实际情况符合。

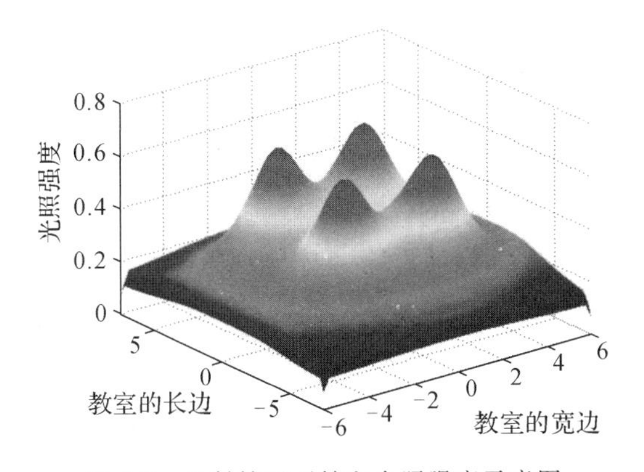

图 1-3 反射情况下教室光照强度示意图

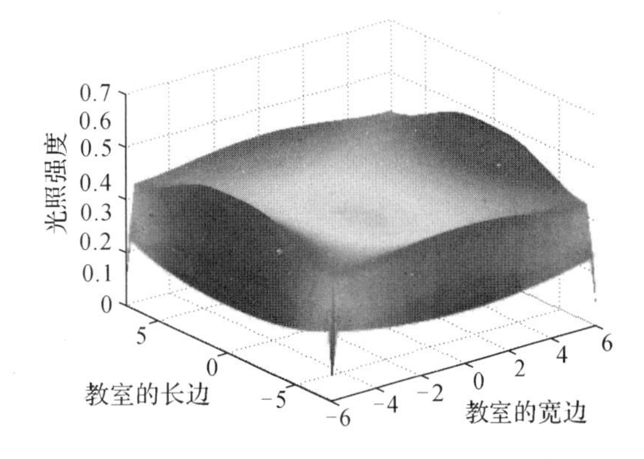

图 1-4 两种情况下教室光照强度对比示意图

图 1-4 显示,通过一次镜面反射光照强度最大可以提高 0.1 左右。那么如果考虑二次反射,二次反射所能增加的光照强度将更加小,可以忽略不计。需要注意的是:在实际生活中,墙面的反射并不是简单的镜面反射,光源也不是点光源,光照强度也并非简单叠加。这样建立的模型将更为复杂!

例 1.3　污染预测问题—CUMCM2005(部分)

长江是我国第一、世界第三大河流，长江水质的污染程度日趋严重，已引起了相关政府部门和专家们的高度重视。2004 年 10 月，由全国政协与中国发展研究院联合组成"保护长江万里行"考察团，从长江上游宜宾到下游上海，对沿线 21 个重点城市做了实地考察，揭示了一幅长江污染的真实画面，其污染程度让人触目惊心。假如不采取更有效的治理措施，依照过去 10 年的主要统计数据，对长江未来水质污染的发展趋势做出预测分析，比如研究未来 10 年的情况。表 1-1 为 1995—2004 年长江的排污量，根据以上数据，预测 2005—2014 年长江的排污量。

表 1-1　1995—2004 年长江排污量

年份	1995	1996	1997	1998	1999	2000	2001	2002	2003	2004
排污量/亿吨	174	179	183	189	207	234	220.5	256	270	285

解题思路

如果能够找到一种合理的函数表达式来表示数据的增长趋势，函数的自变量为年份，因变量为预测量，就可完成预测工作。一旦找到了这样的函数，只需要将预测的年份代入函数表达式，就可以做预测。根据实际数据，运用最小二乘拟合方式，便可以确定函数的系数。预测过程如下所示：首先将 1995—2004 年的数据以散点图的方式表现出来，如图 1-5 所示，这样可以观察数据所蕴含的内在关系。通过观察，可以发现数据以类似二次函数形式增长。因此可以假定数据以二次函数形式增长，通过最小二乘拟合确定二次函数的系数（可用 MATLAB 来实现），并预测 2005—2014 年的排污量数据，如图 1-6 所示。

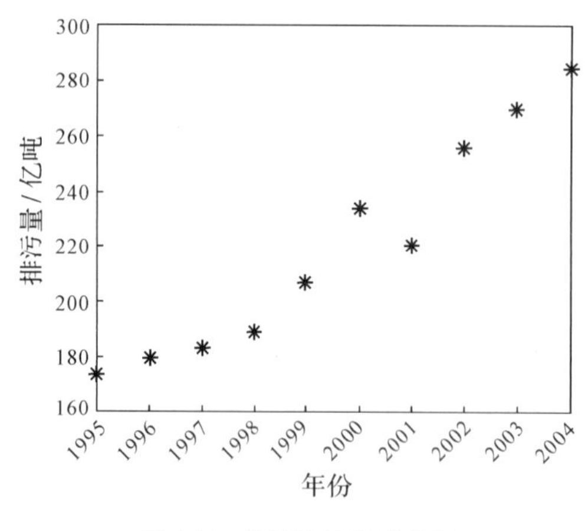

图 1-5　排污量趋势示意图

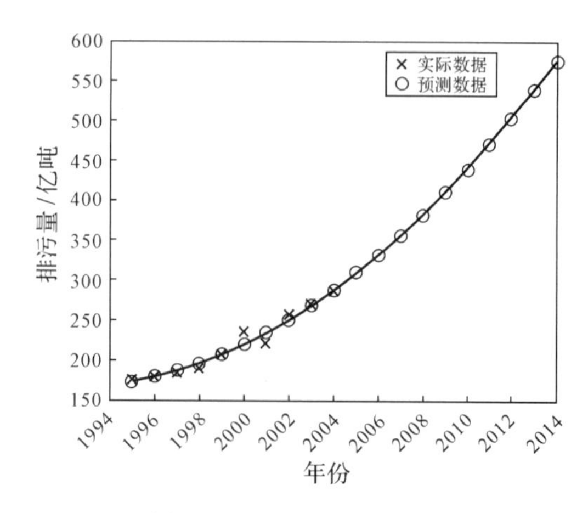

图 1-6　排污量预测示意图

通过 MATLAB 程序可以寻找出与实际数据最贴近的二次函数表达式为：

$$P=0.84\times Year^2-3300\times Year+3300000$$

通过图 1-6 可以发现拟合效果还是比较好的，通过代入 2005—2014，就可以得到那些年份的排污量数据如表 1-2 所示。

表 1-2　2005—2014 年排污量预测结果

年份	2005	2006	2007	2008	2009	2010	2011	2012	2013	2014
排污量/亿吨	309	332	356	383	410	440	471	504	539	575

以上三题虽然涉及的内容各不相同，但是作为数学建模问题有着以下的共同之处：

1. 都是通过建立数学模型解决实际问题，可以看出数学模型不是特指哪一块数学知识内容，而是指一种解决问题的思想。数学模型的很多内容对大家来说并不是全新的，本书的目的就在于帮助大家整理所学的数学知识，用所学的知识解决实际问题。

2. 数学模型本身没有对错，只是在方法、结果上有优劣之分。解决一个实际问题的方法也许有很多，所建立的数学模型也会有很多，但是大家要学会分析和思考。

通过以上三个例子的简单介绍，希望大家能够初步明白什么是数学模型、对数学建模的过程有一个大致的了解。下面我们将比较系统地介绍数学建模的一般步骤，知道如何建立数学模型。

1.2　数学模型的分类以及建立模型的一般步骤

总结数学模型的分类以及建立数学模型的一般步骤对于初学者而言是非常重要的。虽然数学模型多种多样，但是其中有着内在的相似之处。经常总结经验有助于初学者尽快掌握各类模型，适应不同的数学建模问题。

数学模型可以按照不同方式来分类。比如，按照模型的应用领域可以分为数量经济模型、医学模型、地质模型、社会模型等；更具体的有人口模型、交通模型、生态模型等；按照建立模型的数学方法可以分为几何模型、微分方程模型、图论模型等。数学建模的初衷是洞察源于数学之外的事物或系统；通过选择数学系统，建立原系统的各部分与描述其行为的数学部分之间的对应，达到发现事物运行的基本过程的目的。因此，人们通常也用如下的方法分类：

观察模型与决策模型　基于对问题状态的观察、研究，所提出的数学模型可能有几种不同的数学结构。例如，决策模型是针对一些特定目标而设计的。典型的情况是：某个实际问题需要做出某种决策或采取某种行动以达到某种目的。决策模型常常是为了使技术的发展达到顶峰而设计的，它包括算法和由计算机完成的特定问题解的模拟。例如，一般的马尔可夫链模型是观察模型，而动态规划模型是决策模型。

确定性模型和随机性模型　确定性模型建立在如下假设的基础上：即如果在时间的某个瞬间或整个过程的某个时段有充分的确定信息，则系统的特征就能准确的预测，如 2016 年全国大学生数学建模竞赛的系泊系统设计问题。确定性模型常常用于物理和工程之中，微分方程模型就是常见的确定性模型。随机性模型是在概率意义上描述系统的行为，它广泛应用于社会科学和生命科学中出现的问题，如 2009 年全国大学生数学建模竞赛的眼科病床的合理安排问题。

连续模型和离散模型　有些问题可用连续变量描述，比如 2014 年全国大学生数学建模竞赛的“嫦娥三号”软着陆轨道设计与控制策略；有些问题适合离散量描述，比如2013年全国大学生数学建模竞赛的碎纸片拼接复原问题。有些问题由连续性变量描述更接近实际，但也允许离散化处理。

解析模型和仿真模型 建立的数学模型可直接用解析式表示，结果可能是特定问题的解析解，或得到的算法是解析形式的，通常可以认为是解析模型，如2014年全国大学生数学建模竞赛的创意折叠桌椅问题。而实际问题的复杂性经常使目前的解析法满足不了实际问题的要求或无法直接求解。因此，很多实际问题需要进行仿真，如2015年全国大学生数学建模竞赛的太阳影子定位问题。仿真模型可以对原问题进行直接或间接的仿真。

在现实生活工作中所面临的问题纷繁复杂，如果需要借助数学模型来求解，往往不可能孤立地使用一种方法。需要根据对研究对象的了解程度和建模目的来决定采用什么数学工具。一般来说，建模的方法可以分为**机理分析法、数据分析法和类比仿真法等**。

机理分析是根据对现实对象特征的认识，分析其因果关系，找出反映内部机理的规律。用这种方法建立起来的模型，常有明确的物理或现实意义。各个“量”之间的关系可以用几个函数、几个方程(或不等式)乃至一张图等数学工具明确地表示出来。在内部机理无法直接寻求时，可以尝试采用数据分析的方法。首先测量系统的输入输出数据，并以此为基础运用统计分析方法，按照事先确定的准则在某一类模型中选出一个与数据拟合得最好的模型。这种方法也可称为系统辨识。有时还要将这两种方法结合起来运用，即用机理分析建立模型的结构，用系统辨识来确定模型的参数。类比则是在两类不同的事物之间进行对比，找出若干相同或相似之处，推测在其他方面也可能存在相同或相似之处的一种思维模式，这样便可借用其他一些已有的模型，推测现实问题应该或可能的模型结构。仿真(也称为模拟)是以类比为逻辑基础，用计算机模仿实际系统的运行过程。在整个运行时间内，对系统状态的变化进行观察和统计，从而得到系统基本性能的估计或认识。但是，仿真法一般不能得到解析的结果。

建立数学模型没有固定的模式，通常它与实际问题的性质、建模的目的等有关。当然，建模的过程也有其共性，一般来说大致可以分为以下几个步骤：

形成问题 要建立现实问题的数学模型，首先要对所要解决的问题有一个十分明确的提法。只有明确问题的背景，尽量清楚对象的特征，掌握有关的数据，确切地了解建立数学模型要达到的目的，才能形成一个比较明晰的“问题”。

假设和简化 根据对象的特征和建模的目的，对问题进行必要地、合理地假设和简化。如前所述，现实问题通常是纷繁复杂的，必须紧抓本质的因素(起支配作用的因素)，忽略次要的因素。此外，一个现实问题不经过假设和化简，很难归结成数学问题。因此，有必要对现实问题做一些简化，有时甚至是理想化的简化假设。

模型构建 根据所做的假设，分析对象的因果关系，用适当的数学语言刻画对象的内在规律，构建现实问题中各个变量之间的数学结构，得到相应的数学模型。这里，有一个应遵循的原则，即尽量采用简单的数学工具。

检验和评价 数学模型能否反映原来的现实问题，必须经受多种途径的检验。这里包括数学结构的正确性，即没有逻辑上自相矛盾的地方；适合求解，即是否会有多解或无解的情况出现；数学方法的可行性，迭代方法收敛性以及算法的复杂性等。而最重要和最困难的问题是检验模型是否真正反映原来的现实问题。模型必须反映实际，但又不等同于现实；模型必须简化，但过分的简化则使模型远离现实，无法解决现实问题。因此，检验模型的合理性和适用性，对于建模的成败非常重要。评价模型的根本标准是看它能否准确地解决现实问题。此外，是否容易求解也是评价模型的一个重要标准。

模型的改进　模型在不断的检验过程中进行修正，逐步趋向完善，这是建模必须遵循的重要规律。一旦在检验过程中发现问题，人们必须重新审视在建模时所做的假设和简化的合理性，检查是否正确刻画对象内在量之间的相互关系和服从的客观规律。针对发现的问题做出相应的修正。然后，再次重复建模、计算、检验、修改等过程，直到获得某种程度的满意模型为止。

模型的求解　经过检验，能比较好地反映现实问题的数学模型，最后通过求解得到数学上的结果；再通过“翻译”回到现实问题，得到相应的结论。模型若能获得解的确切表达式固然最好，但现实中多数场合需依靠计算机数值求解。正是由于计算技术的飞速发展，使得数学建模现在变得越来越重要。

应用数学去解决各类实际问题时，建立数学模型是十分关键的一步，同时也是十分困难的一步。建立数学模型的过程，是把错综复杂的实际问题简化、抽象为合理的数学结构的过程。要通过调查、收集数据资料，观察和研究实际对象的固有特征和内在规律，抓住问题的主要矛盾，建立起反映实际问题的数量关系，然后利用数学的理论和方法去分析和解决问题。这就需要深厚扎实的数学基础，敏锐的洞察力和想象力，对实际问题的浓厚兴趣和广博的知识面。数学建模是联系数学与实际问题的桥梁，是数学在各个领域广泛应用的媒介，是数学科学技术转化的主要途径，数学建模在科学技术发展中的重要作用越来越受到数学界和工程界的普遍重视，它已成为现代科技工作者必备的重要能力之一。

为了适应科学技术发展的需要和培养高质量、高层次科技人才，数学建模已经在大学教育中普遍开展，国内外越来越多的大学正在进行数学建模课程的教学和参加开放性的数学建模竞赛，将数学建模教学和竞赛作为高等院校的教学改革和培养高层次科技人才的一个重要内容。现在许多院校正在将数学建模与教学改革相结合，努力探索更有效的数学建模教学法和培养面向21世纪人才的新思路。与我国高校的其他数学类课程相比，数学建模具有难度大、涉及面广、形式灵活、对教师和学生要求高等特点，数学建模的教学本身是一个不断探索、不断创新、不断完善和提高的过程。为了改变过去以教师为中心、以课堂讲授、知识传授为主的传统教学模式，数学建模课程指导思想是：以实验室为基础、学生为中心、问题为主线；以培养能力为目标来组织教学工作。通过教学使学生了解利用数学理论和方法去分析和解决问题的全过程，提高他们分析问题和解决问题的能力；提高他们学习数学的兴趣和应用数学的意识与能力，使他们在以后的工作中能经常性地使用数学去解决问题，提高他们尽量利用计算机软件及当代高新科技成果的意识，能将数学、计算机有机地结合起来去解决实际问题。数学建模以学生为主，教师利用一些事先设计好的问题启发、引导学生主动查阅文献资料和学习新知识，鼓励学生积极开展讨论和辩论，培养学生主动探索、努力进取的学风，培养学生从事科研工作的初步能力，培养学生团结协作的精神，形成一个生动活泼的环境和气氛。教学过程的重点是创造一个环境去诱导学生的学习欲望，培养他们的自学能力，增强他们的数学素质和创新能力，教学过程强调的是获取新知识的能力，是解决问题的过程，而不是求得某个具体问题的结果。

接受参加数学建模竞赛赛前培训的同学大都需要学习诸如数理统计、最优化、图论、微分方程、计算方法、神经网络、层次分析法、模糊数学，以及数学软件包的使用等“短课程（或讲座）”，用的学时不多，多数是启发性的讲一些基本的概念和方法，主要是靠同学们自己去学，充分调动同学们的积极性，充分发挥同学们的潜能。培训中广泛地采用讨论班方式，同学自己报告、讨论、辩论，教师主要起质疑、答疑、辅导的作用，竞赛中一定要使用计算机及相应的软件，如 SPSS，LINGO，Maple，Mathematica，MATLAB 甚至排版软件等。

1.3 走入数学建模竞赛的世界

为了选拔人才（实际上是更好地培养人才），组织竞赛是一种行之有效的方法。1985 年在美国出现了一种叫作 MCM 的一年一度的大学生数学建模竞赛（1987 年前全称是 Mathematical Competition in Modeling，1988 年全称改为 Mathematical Contest in Modeling，其缩写均为 MCM）。

在 1985 年以前，美国只有一种大学生数学竞赛（The William Lowell Putnam Mathematical Competition，简称 Putnam（普特南）数学竞赛），它是由美国数学协会（Mathematical Association of America，MAA）主持，于每年 12 月的第一个星期六分两试进行，每试 6 题，每试各为 3 小时。近年来，在次年的美国数学月刊（*The American Mathematical Monthly*）上刊出竞赛小结、奖励名单、试题及部分题解。这是一个历史悠久、影响很大的全美大学生数学竞赛。自 1938 年举行第一届竞赛以来已近 78 届了，主要考核基础知识和训练逻辑推理及证明能力、思维敏捷度、计算能力等。试题中很少有应用题，完全不能用计算机，是闭卷考试，竞赛是由各大学组队自愿报名参加。普特南数学竞赛在吸引青年人热爱数学从而走上数学研究的道路、鼓励各数学系更好地培养人才方面起了很大作用，事实上有很多优秀的数学家就曾经是它的获奖者。

有人认为应用数学、计算数学、统计数学和纯粹数学一样是数学研究和数学课程教学的重要组成部分，它们是一个有机的整体。有人形象地把这四者比喻为一四面体的四个顶点，棱和面表示学科的“内在联系”，例如应用线性代数、数值分析、运筹学等，而该四面体即数学的整体。因此，在美国自 1983 年就有人提出了应该有一个普特南应用数学竞赛，经过论证、讨论、争取资助的过程，终于在 1985 年开始了第一届大学生数学建模竞赛。

MCM 的宗旨是鼓励大学生对范围并不固定的各种实际问题予以阐明、分析并提出解法，通过这样一种结构鼓励师生积极参与并强调实现完整模型的过程。每个参赛队有一名指导教师，他在比赛开始前负责队员的训练和战术指导；并接收考题，竞赛由学生自行参加，指导教师不得参与。比赛于每年 2 月或 3 月的某个周末进行。从 2015 年开始，每次给出三个问题（一般是连续、离散、数据挖掘各一题），每队只需任选一题。赛题是由在工业和政府部门工作的数学家提出建议，由命题组成员选择的没有固定范围的实际问题。

美国大学生数学建模竞赛（MCM/ICM），是一项国际级的竞赛项目，为现今各类数学建模竞赛之鼻祖。MCM/ICM 是 Mathematical Contest in Modeling 和 Interdisciplinary Contest in Modeling 的缩写，即“数学建模竞赛”和“交叉学科建模竞赛”。MCM 始于 1985 年，ICM 始于 2000 年，由 COMAP（the Consortium for Mathematics and its Application，美

国数学及其应用联合会）主办，得到了 SIAM、NSA、INFORMS 等多个组织的赞助。MCM/ICM 着重强调研究问题、解决方案的原创性，团队合作、交流以及结果的合理性。竞赛以三人（本科生）为一组，在四天时间内，就指定的问题完成从建立模型、求解、验证到论文撰写的全部工作。竞赛每年都吸引大量著名高校参赛，MCM/ICM 已经成为最著名的国际大学生竞赛之一。

我国大学生于 1989 年开始参加美国 MCM（北京理工大学叶其孝教授于 1988 年访问美国时，应当时 MCM 负责人 B. A. Fusaro 教授之邀请访问他所在学校时商定了中国大学生组队参赛的相关事宜），到 1992 年已有国内 12 所大学 24 个参赛队，都取得了较好的成绩。在我国，不少高校教师也萌发了组织我国自己的大学生数学建模竞赛的想法。上海市率先于 1990 年 12 月 7—9 日举办了“上海市大学生（数学类）数学建模竞赛”。于 1991 年 6 月 7—9 日举办了“上海市大学生（非数学类）数学建模竞赛”。西安也于 1992 年 4 月 3—6 日举办了“西安市第一届大学生数学建模竞赛”。由中国工业与应用数学学会（CSIAM）举办的“1992 年全国大学生数学建模联赛”也于 1992 年 11 月 27—29 日举行，来自全国 74 所大学的 314 个队参加，不仅得到各级领导的关心，还得到企业界的支持，特别是得到了宣传部门的广泛支持。1995 年起由教育部和中国工业与应用数学学会联合举办全国大学生数学建模竞赛，每年 9 月举行，现在已成为全国规模最大的一项国家级的大学生科技竞赛活动。

近几年，数学建模在中国得到不断发展，涌现出很多区域性数学建模竞赛。使得数学建模爱好者有一个相互交流经验和展示自我能力的舞台。数学建模初学者还可以通过区域赛事检验自我的能力，增加比赛经验。数学建模竞赛与通常的数学竞赛不同，竞赛的问题来自实际工程或有明确的实际背景。它的宗旨是培养大学生用数学方法解决实际问题的意识和能力，整个赛事是完成一篇包括问题的阐述分析，模型的假设和建立，计算结果及讨论的论文。通过训练和比赛，同学们不仅用数学方法解决实际问题的意识和能力有很大提高，而且在团结合作发挥集体力量攻关，以及撰写科技论文等方面将均得到十分有益的锻炼。

另外就全国大学生数学建模竞赛的题目来说，它可以来自于人们日常生活的各个方面，经常会来源于当时社会中的热点问题。如 2014 年的“嫦娥三号”的软着陆轨道设计与控制策略；2015 年的“互联网＋”时代的出租车资源配置；2016 年的小区开放对道路通行的影响。

现在国内外的主要赛事有：

1. 美国大学生数学建模竞赛（官网网址：http://www.comap.com）　每年 2 月
2. 全国大学生数学建模竞赛（官方网址：http://mcm.edu.cn）　每年 9 月
3. 全国研究生数学建模竞赛（官方网址：http://gmcm.seu.edu.cn）　每年 9 月

全国大学生数学建模竞赛是全国高校规模最大的课外科技活动之一。该竞赛于每年 9 月第三个星期五至下一周星期一（共 3 天，72 小时）举行，竞赛面向全国大学本科、专科院校的学生，不分专业（但竞赛分甲、乙两组，甲组竞赛任何学生均可参加，乙组竞赛只有大专生（包括高职、高专生）或本科非理工科学生可以参加）。同学可以向本校教务部门咨询，如有必要也可直接与全国竞赛组委会或各省（市、自治区）赛区组委会联系。2016 年，来自全国 33 个省/市/区（包括香港和澳门）及新加坡的 1367 所院校、31199 个队（本科 28046 队、专科 3153 队）、93000 多名大学生报名参加本项竞赛，是历年来参赛人数最多的一年。图 1-7 为 2004 年高教社奖杯的图片（每年有一个队获得此奖杯），这象征着全国大学生数学建模竞赛的最高荣誉，也是千万大学数学建模爱好者的梦想。

图 1-7　2004 年高教社奖杯

大学生数学建模竞赛与高中数学知识竞赛不同,它是由 3 人组队完成的团体赛事。团队是否优秀直接关系比赛的成绩,在培训过程中教练选拔优秀团队参赛,因此竞赛的组队是非常重要的。之所以在这里介绍这些,是考虑到组队及团队合作是参加数学建模竞赛非常重要的一个环节,数学建模竞赛工作量很大,团队内成员各有分工,需要 3 个成员互帮互助完成各自的任务。通过这些内容希望大家能够明白各自擅长学习什么,以及怎样找到合适的队友。作为团队的一员需要了解如何建立模型、如果求解模型以及如何写出优秀的数学建模论文,但是并不需要完全精通以上 3 个方面。数学建模竞赛在考察个人能力的同时,也在考察成员的团队合作与分工的能力。团队精神是数学建模是否取得好成绩的最重要因素,一个队 3 个人要相互支持,相互鼓励。切勿自己只管自己的一部分,很多时候一个人的思考是不全面的,只有大家一起讨论才有可能把问题搞清楚。因此无论做任何事情,3 个人要一起齐心合力才行,只靠一个人的力量,要在 3 天之内写出一篇高水平的论文几乎是不可能的。

让 3 人一组参赛一是为了培养合作精神,其实更为重要的原因是这项工作需要多人合作。一来是因为数学建模竞赛工作量大,一个人几乎不能完成竞赛要求完成的任务;二来是因为一个人不是万能的,他所掌握的知识往往是不够全面的。相信阅读本书的同学很多都是数学建模的初学者,希望通过本书的阅读可以使大家具备参加数学建模竞赛的能力。在前面也已经提及,数学建模竞赛是以团队合作的形式展开,因此团队内部也应该有合理的分工。一个人的能力是有限的,但是好的团队却能够达到 1+1+1>3 的效果。建模的同学需要掌握几类基本的数学模型,其中包括预测类数学模型、优化类数学模型、评价类数学模型、统计类数学模型、概率类数学模型以及方程类数学模型等。编程的同学需要熟练掌握 MATLAB、LINGO、SPSS 等软件的使用。写作的同学能够通过练习,掌握基本的写作技巧。

第二章　数学建模方法示例

对于数学建模问题，如果能够用不同的方法建立数学模型，显然最简单的方法是我们的首选，这就是所谓的工程师原则。许多初学者喜欢在比赛中采用一些启发式算法建立数学模型，如遗传算法、模拟退火算法等，但是初学者没有完全理解这些启发式算法或者用启发式算法得到的答案还不如用简单模型计算得到的答案，最后结果适得其反。本章介绍几类常用的简单数学建模方法，旨在帮助大家逐渐进入数学建模的世界。

2.1　森林救火数学模型

由于受全球气候变暖的影响，我国北方持续干旱少雨，森林火灾时常见诸报道。那么森林失火以后，如何去救火才能最大限度地减少损失，这是森林防火部门关注的一个问题。当然在接到报警后消防部门派出队员越多，灭火速度越快，森林损失就越小，但同时救援开支也会越大。所以，需要综合考虑森林损失费和救援费与消防队员人数之间的关系，以总费用最小来确定派出队员的数目。

问题分析

森林救火问题的总费用包括两个方面：森林损失费和救援费。森林损失费一般正比于森林烧毁的面积，而烧毁的面积又与失火、灭火、扑火的时间有关，灭火时间又取决于消防队员的数目，队员越多，灭火越快。救援费除与消防队员人数有关外，也与灭火时间长短有关。记失火时刻为 $t=0$，开始救火时刻为 $t=t_1$，火被扑灭的时刻为 $t=t_2$，设 t 时刻森林烧毁面积为 $B(t)$，则造成损失的森林烧毁面积为 $B(t_2)$，单位时间烧毁的面积为 $\mathrm{d}B(t)/\mathrm{d}t$，这也表示了火势蔓延的程度。在消防队员到达之前，$0\leqslant t\leqslant t_1$，火势越来越大，即 $\mathrm{d}B(t)/\mathrm{d}t$ 随 t 的增加而增加；开始救火之后，即 $t_1\leqslant t\leqslant t_2$，如果消防队员救火能力足够强，火势会越来越小，即 $\mathrm{d}B(t)/\mathrm{d}t$ 应减少，并且当 $t=t_2$ 时，$\mathrm{d}B(t)/\mathrm{d}t=0$。

救援费包括两部分：一部分是灭火器材的消耗及消防队员的工资，这一项费用与队员数目和所用时间有关；另一部分是运送队员和器材的费用，只与队员人数有关。

模型假设

森林损失费与森林烧毁面积成正比，比例系数 C_1，即单位烧毁面积的损失费。

从失火开始到救火这段时间内（$0\leqslant t\leqslant t_1$），火势蔓延程度 $\mathrm{d}B(t)/\mathrm{d}t$ 与时间 t 成正比，比例系数 β 为火势蔓延速度；火势以失火点为中心，以均匀速度向四周呈圆形蔓延，所以蔓延半径 r 与时间 t 成正比；又因为烧毁面积 B 与 r^2 成正比，故 B 与 t^2 成正比，从而 $\mathrm{d}B(t)/\mathrm{d}t$

与 t 成正比；

派出消防队员 x 名，开始救火以后（$t \geqslant t_1$），火势蔓延速度降为 $\beta - \lambda x$，其中 λ 为每个队员的平均灭火速度，显然应有 $\beta < \lambda x$；

每个消防队员单位时间的费用为 C_2，于是每个队员的救火费用为 $C_2(t_2 - t_1)$，每个队员的一次性开支为 C_3。

模型建立和求解

根据模型假设条件，火势蔓延程度 $\mathrm{d}B(t)/\mathrm{d}t$ 在 $0 \leqslant t \leqslant t_1$ 线性地增加，在 $t_1 \leqslant t \leqslant t_2$ 线性地减小。$\mathrm{d}B(t)/\mathrm{d}t \sim t$ 图像如图 2-1 所示。

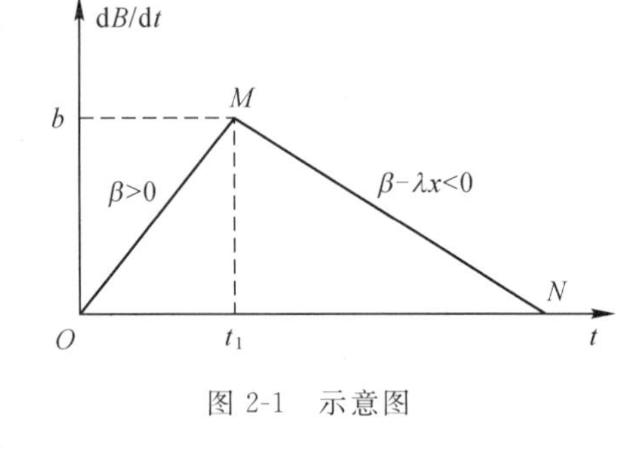

图 2-1　示意图

记 $t = t_1$ 时，$\mathrm{d}B(t)/\mathrm{d}t = b$，则烧毁面积恰为图中三角形面积，显然有 $B(t_2) = tb_2/2$；又 t_2 满足：$t_2 - t_1 = b/(\lambda x - \beta)$，于是：

$$B(t_2) = \frac{bt_1}{2} + \frac{b^2}{2(\lambda x - \beta)}$$

根据假设条件，森林损失费为 $C_1 B(t_2)$，救援费为 $C_2 x(t_2 - t_1) + C_3 x$，于是得救火费用为：

$$C(x) = C_1 B(t_2) + C_2 x(t_2 - t_1) + C_3 x$$

于是问题归结为求 x，使 $C(x)$ 达到最小。令 $\mathrm{d}C/\mathrm{d}x = 0$ 可得派出队员数为：

$$x = \sqrt{\frac{C_1 \lambda b^2 + 2C_2 \beta b}{2C_3 \lambda^2}} + \frac{\beta}{\lambda}$$

模型结果评注

- 派出队员人数由两部分组成。其中一部分 β/λ 是为了把火扑灭所必需的最低限度。因为，β 是火势蔓延速度，而 λ 是每个队员的平均灭火速度，此结果是合理的；
- 派出队员的另一部分是在最低限度以上的人数，与问题的各个参数有关。当队员灭火速度 λ 和救援费用系数 C_3 增大时，队员数减少；当火势蔓延速度 β、开始救火时的火势 b 及损失费（比例系数 C_1）增加时，队员数增加，这些结果与常识是一致的。此外，当救援费用系数 C_2 变大时队员数也增大，这一结果的合理性我们可以这样考虑：救援费用系数 C_2 变大时，总费用中灭火时间引起的费用增加，以至于以较少人数花费较长时间灭火变得不合算，通过增加人数而缩短时间更为合算。因此，C_2 变大时，队员人数增加也是合理的。
- 在实际应用中，C_1、C_2、C_3 是已知常数，β、λ 由森林类型、消防队员素质等因素决定，可以制成表格以备专用。较难掌握的是开始救火时的火势 b，它可以由失火到救火的时间 t_1，按 $b = \beta t_1$ 算出，或据现场情况估计。
- 本模型假设条件只符合无风的情况。在有风的情况下，应考虑另外假设。

2.2　公平席位分配方案

某学院有 3 个系共 200 名学生，其中甲系 100 人，乙系 60 人，丙系 40 人，现要选出 20 名学生代表组成学生会。如果按学生人数的比例分配席位,那么甲、乙、丙系分别占10、6、4个席位,这当然没有什么问题(即公平)。

但是若按学生人数的比例分配的席位数不是整数,就会带来一些麻烦。比如甲系103人,乙系63人,丙系34人,怎么分?下表按“比例”来分配20和21个席位,你认为这样分配公平吗?

表 2-1 分配方案

系别	人数	比例	20席的分配		21席的分配	
			按比例分	实际分配	按比例分	实际分配
甲	103	51.5	10.3	10	10.815	11
乙	63	31.5	6.3	6	6.615	7
丙	34	17.0	3.4	4	3.570	3
合计	200	100	20	20	21	21

解题思路

按照“比例”分配20个席位:甲、乙、丙三系分别得到10.3、6.3、3.4席,舍去小数部分后分别得到10、6、3席,剩下的1席分给“损失”最大(即小数部分最大)的丙系,于是三个系仍分别占10、6、4席。按照“比例”分配21个席位:甲、乙、丙三系分别得到10.815、6.615、3.570席,舍去小数部分后分别得到10、6、3席,剩下的2席分给“损失”最大(即小数部分最大)的甲系和乙系,于是三个系分别占11、7、3席。这样的分配是不公平的,至少对丙系而言是不公平的!因为席位增加了,而丙系得到的席位反而减少了。

先就A、B两方席位分配情况加以说明。设A、B两方人数分别为p_1、p_2,占有席位分别为n_1、n_2,则p_1/n_1与p_2/n_2表示两方每个席位所代表的人数。显然只有当$p_1/n_1=p_2/n_2$时,席位分配才是公平的。但是,由于人数和席位都是整数,通常两者是不等的,这时席位分配不公平。

不妨$p_1/n_1>p_2/n_2$,即分配对A方是不公平,直观的想法是用数值$p_1/n_1-p_2/n_2$表示对A的绝对不公平值,但绝对不公平值往往难以区分不公平程度。所以,绝对不公平值不是一个好的衡量指标。为了改善上述绝对标准,因此引入相对标准。

若$p_1/n_1>p_2/n_2$,则称$r_A(n_1,n_2)=(p_1/n_1-p_2/n_2)/(p_2/n_2)=(p_1\ n_2)/(p_2\ n_1)-1$为对A的相对不公平值;若$p_1/n_1<p_2/n_2$,则称$r_B(n_1,n_2)=(p_2/n_2-p_1/n_1)/(p_1/n_1)=(p_2\ n_1)/(p_1\ n_2)-1$为对B的相对不公平值。建立了衡量分配不公平程度的数量指标后,制订席位分配方案的原则是使它们尽可能小。

假设A、B两方已分别占有n_1和n_2个席位,利用不公平值来确定,当总席位增加1席时,应该分配给A方还是B方。不失一般性,设$p_1/n_1>p_2/n_2$,即对A不公平。当再增加一个席位时,有下列三种情形:

(1)$p_1/(n_1+1)>p_2/n_2$,这表明即使A方再增加1席,仍对A不公平,所以这1席显然应分给A方;

(2)$p_1/(n_1+1)<p_2/n_2$,这表明A方增加1席时,将对B不公平,此时对B的相对不公平值为:$r_B(n_1+1,n_2)=[p_2(n_1+1)]/(p_1\ n_2)-1$;

(3)$p_1/n_1>p_2/(n_2+1)$，这表明B方增加1席时，将对A更不公平，此时对A的相对不公平值为：$r_A(n_1,n_2+1)=[(n_2+1)p_1]/(p_2 n_1)-1$。

按照公平分配席位的原则，即使得相对不公平值尽可能小。所以如果$r_B(n_1+1,n_2)<r_A(n_1,n_2+1)$，则这一席应给A方；反之，则应给B方。根据上述确定的分配方案，可对其进行简化。注意到$r_B(n_1+1,n_2)<r_A(n_1,n_2+1)$等价于：$p_2^2/[n_2(n_2+1)]<p_2^1/[n_1(n_1+1)]$。

并且不难证明，情形(1)也可推得此式。于是得到结论：当上式成立时，增加的1席应分给A方；反之，应分给B方。若记$Q_i=p_i^2/[n_i(n_i+1)]$，则增加的1席应分配给Q值较大的一方。这种席位分配方法称为Q值法。上述Q值法还可以推广到m方的情况：计算$Q_i=p_i^2/[n_i(n_i+1)]$，则这一席位应分配给Q值最大的一方。

下面按照Q值法对甲、乙、丙三系的21个席位重新计算。先算比例再取整，可得$n_1=10$，$n_2=6$，$n_3=3$，已占取19个席位。现讨论第20和21个席位归于何方：

表 2-2　三系席位分配表

系	人数	席位
甲	103	11
乙	63	6
丙	34	4
合计	200	21

可以将这个例子进行扩展，形成更为一般的情况：某校共有m个系，第i系学生数为n_i $(i=1,2,\cdots,m)$，校学生会共设N个席位。怎样才能公平地把这些席位分配给各系？

显然，m与$n_i(i=1,2,\cdots,m)$应为正整数，全校学生数记为$n=\sum_{i=1}^{m}n_i$。假设每个系至少应分得一个席位(否则把其剔除)，至多分得$n_i(i=1,2,\cdots,m)$个席位，$m\leqslant N<n$。对于全校而言，每个席位代表的学生数为$a=n/N$。第i系按学生数比例应分得的席位数为$\alpha_i=n_i/n\times N=n_i/a$。第$i$系实际分得的席位数为$N_i$，第$i$系每个席位代表的学生数可以表示为$a_i=n_i/N_i$。通过分析可以认为：$a_i$越大的系，损失也就越大。因此，需要尽量照顾$a_i$越小的系或者认为各系$a_i$应该尽量接近。故可提出如下各种“公平性”标准：

标准1：要求$z=\max a_i$最小，即损失最大的系损失尽量小。

标准2：要求$z=\sum_{i=1}^{m}|a-a_i|$最小，即各系的损失应该尽量接近。

标准3：要求$z=\min a_i$最小，即损失最小的系损失尽量小。

标准4：要求$z=\sum_{i=1}^{m}(a-a_i)^2$最小，即各系的损失应该尽量接近。

针对不同的标准，可以建立不同的模型。下面仅针对标准1进行建模讨论。

a_i取整后，每席代表的学生数为$\frac{n_i}{[\alpha_i]}=\frac{a\alpha_i}{[\alpha_i]}=\frac{a([\alpha_i]+\{\alpha_i\})}{[\alpha_i]}=a(a+\beta_i)$。其中，$\beta_i=\{\alpha_i\}/[\alpha_i]$，称为判别数；$\{\alpha_i\}$表示$\alpha_i$的小数部分。$\beta_i$越大的系就越吃亏，按照标准1应该被优先照顾。

分配方法的算法流程如下，其中 $r = N - \sum_{i=1}^{m}[\alpha_i] = \sum_{i=1}^{m}\{\alpha_i\}$。

当 $N=21$、$n=200$ 时，运用标准 1 进行如下计算，得到席位分配表如表 2-3 所示：

$$\begin{cases} r=21-10-6-3=2 \\ \beta_3>\beta_1,\beta_2>\beta_1 \end{cases} \Rightarrow \begin{cases} N_2=6+1=7 \\ N_3=3+1=4 \end{cases}$$

表 2-3　基于标准一的三系席位分配表

系别	人数	21 的席位安排		
		α_i	β_i	N_i
甲	103	10.815	0.0815	10
乙	63	6.615	0.1025	7
丙	34	3.570	0.1900	4
合计	200	21		21

【思考题】　本节给出了两种不同方法的席位分配模型，请讨论哪种模型更加公平，是否存在其他席位分配？

2.3　商人安全渡河问题

三名商人各带一个随从乘船从河的此岸渡向彼岸，一只小船最多能载两人，由他们自行划行。随从秘密约定，在河的任一岸，一旦随从的人数比商人多，就杀人越货，但是如何乘船渡河的大权掌握在商人们手里。问：商人怎样安排才能安全渡河？

解题思路

对于此类古老的趣味数学问题，经过一番逻辑思索可以找出解决办法，且有多种解法。这里介绍一种将问题转化为状态转移问题的计算机求解方法。由于这个虚拟的问题已经非常理想化，所以不必再做过多的假设。安全渡河问题可以视为一个多步决策过程。每一步，即船由此岸驶向彼岸或从彼岸驶回此岸，都要对船上的人员（商人、随从各几人）做出决策，在有限步内使人员全部过河。用状态（变量）表示某一岸的人员状况，决策（变量）表示船上的人员状况，可以找出状态随决策变化的规律。因此，问题转化为在状态允许变化的范围内（即安全渡河条件），确定每一步的决策，以达到渡河的目的。

在一行 6 人由河的此岸向彼岸渡河时，用向量 (x,y) 表示有 x 个商人、y 个随从在此岸，这里 $x\in\{0,1,2,3\}$，$y\in\{0,1,2,3\}$。称向量 (x,y) 为状态向量。由问题的实际含义知，有些状态是允许的，而有些状态是不允许的。例如状态 $(2,1)$ 是允许的，而状态 $(2,3)$ 是不允许的。易知允许状态集合为：$S=\{(x,y)\mid(0,0),(0,1),(0,2),(0,3),(1,1),(1,0),(2,2),(2,1),(2,0),(3,0),(3,1),(3,2),(3,3)\}$。当渡河时，用向量 (u,v) 表示有 u 个商人，v 个随从在小船上，由小船的容量易知此时允许决策集合为：$D=\{(u,v)\mid(0,1),(0,2),(1,1),(2,0),(1,0)\}$。

现在考察相邻两次渡河之间状态 $s=(x,y)$ 随决策 $d=(u,v)$ 变化的规律。为此，记状态 $s_k=(x_k,y_k)$，其中 x_k,y_k 分别表示第 k 次渡河前此岸的商人数、随从数；决策 $d_k=(u_k,v_k)$，其中 u_k,v_k 分别表示第 k 次渡河时小船上的商人数、随从数。

若规定二维向量按普通向量加法运算进行，则有 $s_{k+1}=s_k+(-1)^k d_k$。当 k 为奇数时，小船从河的此岸驶向彼岸；当 k 为偶数时，小船从河的彼岸驶回此岸。在上述规定下，问题就归结为这样的形式：从初始状态 $s_1=(3,3)$ 出发，求一系列决策 $d_k\in D$，使得 $s_k\in S$，最后经过 n 步转化为状态 $s_{n+1}=(0,0)$。注意到本问题中商人数和随从数不多，情况比较简单，决策的步数肯定也不多，可以用图解法进行求解。为此，在平面坐标系上画出方格如图 2-2 所示，方格点表示状态 $s=(x,y)$，允许状态集 S 是用圆点标出的 13 个格子点。允许决策 d_k 是沿方格线移动 1 格或者 2 格，当 k 为奇数时，向左、下移动用实线表示；当 k 为偶数时，向右、上移动用虚线表示。要确定一系列的 d_k 使由 $s_1=(3,3)$ 经过那些圆点最终移到原点 $s_{n+1}=(0,0)$。图 2-2 给出了一种安全渡河的移动方案，经过一系列决策 $d_1,\cdots,d_{11}$，最终有 $s_{12}=(0,0)$。即：

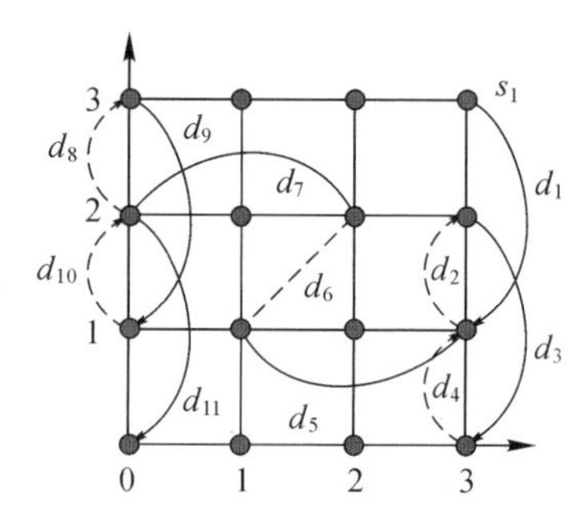

图 2-2　安全渡河问题的解法图

$s_1=(3,3)\to s_2=(3,1)\to s_3=(3,2)\to s_4=(3,0)\to s_5=(3,1)\to s_6=(1,1)\to s_7=(2,2)\to s_8=(0,2)\to s_9=(0,3)\to s_{10}=(0,1)\to s_{11}=(0,2)\to s_{12}=(0,0)$

【思考题】 当商人数、随从数和小船容量发生变化时，安全渡河问题将会变得更加复杂。请大家尝试建立数学模型求解商人数 N_1、随从数 N_2 和小船容量 N_3 的安全渡河问题。

2.4　货物存储模型

配件厂为装配线生产若干种产品，轮换产品时因更换设备要付生产准备费，产量大于需求时要付贮存费。该厂生产能力非常大，即所需数量可在很短时间内产出。已知某产品日需求量 100 件，生产准备费 5000 元，贮存费每日每件 1 元。试安排该产品的生产计划，即多少天生产一次（生产周期），每次产量多少，使总费用最小。

解题思路

本题要求建立生产周期、产量与需求量、准备费、贮存费之间的关系。每天生产一次，每次 100 件，无贮存费，准备费 5000 元。每天费用 5000 元，日需求 100 件，准备费 5000 元，贮存费每日每件 1 元，平均每天费用 950 元。10 天生产一次，每次 1000 件，贮存费 4500 元，准备费 5000 元，总计 9500 元。50 天生产一次，每次 5000 件，贮存费 122500 元，准备费 5000 元，总计 127500 元。平均每天费用 2550 元。

当周期短时，产量小而贮存费少，需要准备费多；当周期长时，产量大而准备费少，需要贮存费多。因此，存在最佳的周期和产量，使总费用（两者之和）最小。这是一个优化问题，关键是建立目标函数。显然，不能用一个周期的总费用作为目标函数，T 天为一个生产周期，每次生产 Q 件。当贮存量为零时，Q 件产品立即到来。贮存量可以表示为时间的函数

$q(t)$，$q(0)=Q$。$q(t)$以需求速率 r 递减，r 为产品每天的需求量，$q(T)=0$。每次生产准备费为c_1，每天每件产品贮存费为 c_2；一个周期贮存费为 $c_2\int_0^T q(t)\,\mathrm{d}t = c_2 A$，一个周期总费用：$\bar{C}=c_1+c_2 QT/2=c_1+c_2 rT^2/2$。每天总费用平均值：$C(T)=\bar{C}/T=c_1/T+c_2 rT/2$。

为求最佳的生产周期 T 使得 $C(T)$达到最小值，可以对 $C(T)$进行求导：

$$\frac{\mathrm{d}C}{\mathrm{d}T}=0\Rightarrow\begin{cases}T=\sqrt{\dfrac{2c_1}{rc_2}}\\ Q=rT=\sqrt{\dfrac{2rc_1}{rc_2}}\end{cases}$$

当贮存量降到零时仍然有需求 r，出现缺货，造成损失。上述不允许缺货模型假设：贮存量降到零时 Q 件可以立即生产出来。现假设：当允许缺货时，每天每件缺货损失费 c_3，缺货需补足。当 $t=T_1$ 时，贮存量降到零。一个周期内贮存费为 $c_2\int_0^T q(t)\,\mathrm{d}t = c_2 A$，一个周期所需缺货费为 $c_3\int_{T_1}^T |q(t)|\,\mathrm{d}t = c_3 B$，一个周期内所需总费用为 $\bar{C}=c_1+c_2 QT_1/2+c_3 r(T-T_1)^2/2$。因此，每天所需总费用平均值为 $C(T,Q)=\bar{C}/T=c_1/T+c_2 Q^2/(2rT)+c_3 r(rT-Q)^2/(2rT)$。

为求最佳的生产周期 T 和生产量 Q 使得 $C(T,Q)$达到最小值，可以对 $C(T,Q)$进行求偏导：

$$\begin{cases}\dfrac{\partial C}{\partial T}=0\\ \dfrac{\partial Q}{\partial T}=0\end{cases}\Rightarrow\begin{cases}T=\sqrt{\dfrac{2c_1(c_2+c_3)}{rc_2 c_3}}\\ Q=\sqrt{\dfrac{2c_1 rc_3}{c_2(c_2+c_3)}}\end{cases}$$

2.5 最优价格问题

市场经济下，商品和服务的价格是商家和服务部门的敏感问题。为了获得最大的利润，经营者总希望商品能卖个好价钱，但定价太高会影响销量，从而影响利润。为此，就需要在两者之间寻求一个平衡点，这就是最优价格的问题。

解题思路

假设某种商品每件成本为 q 元，售价为 p 元，销售量为 x，则总收入与总支出为 $I=px$ 和$C=qx$。在市场竞争的情况下，销售量依赖于价格，故设 $x=f(p)$，f 在经济学上称为需求函数。一般来说，f 是 p 的减函数(但在市场不健全或假货充斥的时候，可能会出现不符合常识的现象)，于是收入和支出都是价格的函数，利润为：

$$U(p)=I(p)-C(p)$$

使利润达到最大的最优价格 $p(*)$可以由$\left.\dfrac{\mathrm{d}C}{\mathrm{d}p}\right|_{p=p^*}=0$ 得到：

$$\left.\frac{\mathrm{d}I}{\mathrm{d}p}\right|_{p=p^*}=\left.\frac{\mathrm{d}C}{\mathrm{d}p}\right|_{p=p^*}$$

经济学中称 dI/dp 为边际收入，dC/dp 为边际支出，前者指的是当价格改变一个单位时收入的改变量，后者指的是当价格改变一个单位时支出的改变量。最大利润在边际收入等于边际支出时达到，这也是经济学中的一条定律。

为了得到进一步的结果，需假设需求函数的具体形式。如果设它为线性函数，$f(p)=a-bp$，其中 $a,b>0$，且每件产品的成本与产量无关，则利润为：

$$U(p)=(p-q)(a-bp)$$

用微分法或初等数学方法可求出使 $U(p)$ 最大的最优价格 p^* 为：

$$p^*=\frac{q}{2}+\frac{a}{2b}$$

模型结果分析 参数 a 可理解为产品免费供应时的需求量，称为“绝对需求量”，$b=dx/dp$ 为价格上涨一个单位时销售量下降的幅度，同时也是价格下跌一个单位时销售量上升的幅度，它反映市场需求对价格的敏感程度。实际工作中 a,b 可由价格 p 和销售量 x 的统计数据用最小二乘法拟合来确定。

2.6 思考题

A 城和 B 城之间准备建一条高速公路，B 城位于 A 城正南 20km 和正东 30km 交汇处，它们之间有东西走向连绵起伏的山脉，公路造价与地形特点有关，图 2-3 给出了整个地区的大致地貌情况，显示可分为三条沿东西方向的地形带。

我们的任务就是建立一个数学模型，在给定三种地形上每千米的建造费用的情况下，确定最便宜的路线，图中直线 AB 显然是路径最短的，但不一定最便宜，而路径 ARSB 过山路的路径最短，但是否是最好的路径呢？你怎样使你的模型适合于下面两个限制条件的情况呢？

(1)当道路转弯时，角度至少为 140°；

(2)道路必须通过一个已知地点(如 P)。

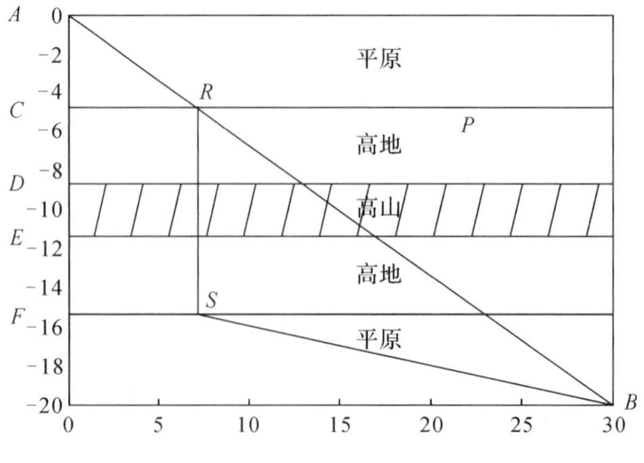

图 2-3 整个地区的大致地貌和道路图

第三章　优化数学模型

随着科学技术不断地进步，优化问题在社会经济生活中的应用范围也越来越广泛。最优化问题已经成为工程应用领域使用最广泛的技术术语之一。由于该问题的普遍性和复杂性，研究者对优化理论和方法进行了广泛而深入的研究，进而在诸多工程领域予以推广和应用。随之也产生了大量适用于不同优化问题的求解方法，一般可分为传统优化方法和智能优化方法。本章将依次介绍线性规划数学模型、非线性规划数学模型、整数规划数学模型、目标规划数学模型、动态规划数学模型以及它们利用数学软件的实现方式。本章还将重点介绍两种优化软件的使用。建立优化数学模型可能不困难，但是如何建立一个合理的优化模型，以及求解所建立的模型将是此类问题的难点也是本章介绍的重点。

3.1　线性规划数学模型

线性规划是运筹学的重要分支，是 20 世纪三四十年代初兴起的一门学科。1947 年，美国数学家 G. B. Dantzig 及其同事提出的求解线性规划的单纯形法及其有关理论具有划时代的意义。他们的工作为线性规划这一学科的建立奠定了理论基础。随着 1979 年苏联数学家哈奇扬的椭球算法和 1984 年美籍印度数学家 H. Karmarkar 算法的相继问世，线性规划的理论更加完备、成熟，实用领域更加宽广。线性规划研究的实际问题多种多样，如生产计划问题、物资运输问题、合理下料问题、库存问题、劳动力问题、最优设计问题等，这些问题虽然出自不同的行业，有着不同的实际背景，但都是属于如何计划、安排、调度的问题，即如何物尽其用、人尽其才的问题。

就模型而言，线性规划数学模型类似于高等数学中的条件极值问题，只是其目标函数和约束条件都限定为线性函数。线性规划数学模型的求解方法目前仍以单纯形法为主要方法。

人们处理的最优化问题，小至简单思索即行决策，大至构成一个大型的科学计算问题都具有三个基本要素，即决策变量、目标函数和约束条件。

- **决策变量**：是决策者可以控制的因素，例如根据不同的实际问题，决策变量可以选为产品的产量、物资的运量及工作的天数等。
- **目标函数**：是以函数形式来表示决策者追求的目标。例如目标可以是利润最大或成本最小等。对于线性规划，目标函数要求是线性的。
- **约束条件**：是决策变量需要满足的限定条件。对于线性规划，约束条件是一组线性等式或不等式。

例 3.1 加工奶制品的生产计划

一奶制品加工厂用牛奶生产 A_1,A_2 两种奶制品,1 桶牛奶可以在设备甲上用 12 小时加工成 3 公斤 A_1,或者在设备乙上用 8 小时加工成 4 公斤 A_2。根据市场需求,生产 A_1,A_2 全部能售出,且每公斤 A_1 获利 24 元,每公斤 A_2 获利 16 元。现在加工厂每天能得到 50 桶牛奶的供应,每天正式工人总的劳动时间为 480 小时,并且设备甲每天至多能加工 100 公斤 A_1,设备乙的加工能力没有限制。试为该厂制订一个生产计划,使每天获利最大。

进一步讨论以下 3 个附加问题:

- 若用 35 元可以买到 1 桶牛奶,应否作这项投资?若投资,每天最多购买多少桶牛奶?
- 若可以聘用临时工人以增加劳动时间,付给临时工人的工资最多每小时几元?
- 由于市场需求变化,每公斤 A_1 的获利增加到 30 元,应否改变生产计划?

问题分析

这个优化问题的目标是使每天的获利最大,要做的决策是生产计划,即每天用多少桶牛奶生产 A_1,用多少桶牛奶生产 A_2(也可以是每天生产多少公斤 A_1,多少公斤 A_2),决策受到 3 个条件的限制:原料(牛奶)供应、劳动时间、设备甲的加工能力。按照题目所给,将决策变量、目标函数和约束条件用数学符号及式子表示出来,就可以得到下面的模型。

模型设计

设每天用 x_1 桶牛奶生产 A_1,用 x_2 桶牛奶生产 A_2。设每天获利为 z 元。x_1 桶牛奶可生产 $3x_1$ 公斤 A_1,获利 $24\times 3x_1$,x_2 桶牛奶可生产 $4x_2$ 公斤 A_2,获利 $16\times 4x_2$,故 $z=72x_1+64x_2$。

生产 A_1,A_2 的原料(牛奶)总量不得超过每天的供应,即 $x_1+x_2\leqslant 50$;生产 A_1,A_2 的总加工时间不得超过每天正式工人总的劳动时间,即 $12x_1+8x_2\leqslant 480$;A_1 的产量不得超过设备甲每天的加工能力,即 $3x_1\leqslant 100$;x_1,x_2 均不能为负值,即 $x_1\geqslant 0$,$x_2\geqslant 0$。

$$\max\ z=72x_1+64x_2$$

$$\text{s.t.}\begin{cases} x_1+x_2\leqslant 50 \\ 12x_1+8x_2\leqslant 480 \\ 3x_1\leqslant 100 \\ x_1\geqslant 0,x_2\geqslant 0 \end{cases}$$

从本章下面的实例可以看到,许多实际的优化问题的数学模型都是线性规划(特别是在像生产计划这样的经济管理领域),这不是偶然的。让我们分析一下线性规划具有哪些特征,或者说:实际问题具有什么性质,其模型才是线性规划。

- 比例性:每个决策变量对目标函数的“贡献”,与该决策变量的取值成正比;每个决策变量对每个约束条件右端项的“贡献”,与该决策变量的取值成正比。
- 可加性:各个决策变量对目标函数的“贡献”,与其他决策的取值无关;各个决策变量对每个约束条件右端项的“贡献”,与其他决策变量的取值无关。
- 连续性:每个决策变量的取值是连续的。

比例性和可加性保证了目标函数和约束条件对于决策变量的线性性,连续性则允许得到决策变量的实数最优解。

对于本例，能建立上面的线性规划模型，实际上是事先做了如下的假设：

1. A_1，A_2 两种奶制品每公斤的获利是与它们各自产量无关的常数，每桶牛奶加工出 A_1，A_2 的数量和所需的时间是与它们各自产量无关的常数。

2. A_1，A_2 每公斤的获利是与它们相互间产量无关的常数，每桶牛奶加工出 A_1，A_2 的数量和所需的时间是与它们相互间产量无关的常数。

3. 加工 A_1，A_2 的牛奶桶数可以是任意实数。

这 3 条假设恰好保证了上面的 3 条性质。当然，在现实生活中这些假设只是近似成立。比如 A_1，A_2 的产量很大时，自然会使每公斤的获利有所减少。

当问题非常复杂时，建立数学规划模型已经不是问题的难点，求解模型才是问题的难点。本章将介绍两类专业的数学软件 LINDO/LINGO，它们是专门用来解决各种优化问题的数学软件。

美国芝加哥大学的 Linus Schrage 教授于 1980 年前后开发了一套专门用于求解最优化问题的软件包，后来又经过了多年的不断完善和扩充，并成立了 LINDO 系统公司进行商业化运作，取得了巨大成功。这套软件包的主要产品有 4 种：LINDO，LINGO，LINDO API 和 What's Best!。在最优化软件的市场上占有很大的份额，尤其在供微机使用的最优化软件的市场上，上述软件产品具有绝对的优势。在 LINDO 公司主页上提供的信息，位列全球《财富》杂志 500 强的企业中，一半以上企业使用上述产品，其中位列全球《财富》杂志 25 强的企业中有 23 家使用上述产品。大家可以从该公司的主页上下载上面四种软件的演示版和大量应用例子。演示版与正式版的基本功能是类似的，只是演示版能够求解问题的规模受到严格限制。即使对于正式版，通常也被分成求解包、高级版、超级版、工业版、扩展版等不同档次的版本，不同档次的版本的区别也在于能够求解的问题的规模大小不同。当然，规模越大的版本的销售价格也越昂贵。

表 3-1　不同版本优化软件的求解规模

版本类型	总变量数	整数变量数	非线性变量数	约束条件
演示版	300	30	30	150
求解包	500	50	50	250
高级版	2000	200	200	1000
超级版	8000	800	800	4000
工业版	32000	3200	3200	16000
扩展版	无限	无限	无限	无限

LINDO 是英文 Linear Interactive and Discrete Optimizer 字母的缩写形式，即“交互式的线性和离散优化求解器”，可以用来求解线性规划和二次规划；LINGO 是英文 Linear Interactive and General Optimizer 字母的缩写形式，即“交互式的线性和通用优化求解器”，它除了具有 LINDO 的全部功能外，还可以用于求解非线性规划，也可以用于一些线性和非线性方程组的求解等。LINDO 和 LINGO 软件的最大特色在于可以允许决策变量是整数，而且执行速度很快。LINGO 实际上还是最优化问题的一种建模语言，包括许多常用的数学函数供使用者建立优化模型时调用，并可以接受其他数据文件。即使对优化方面的专业知

识了解不多的用户，也能够方便地建模和输入、有效地求解和分析实际中遇到的大规模优化问题，并通常能够快速得到复杂优化问题的高质量解。LINDO 和 LINGO 软件能求解的优化模型参见图 3-1。

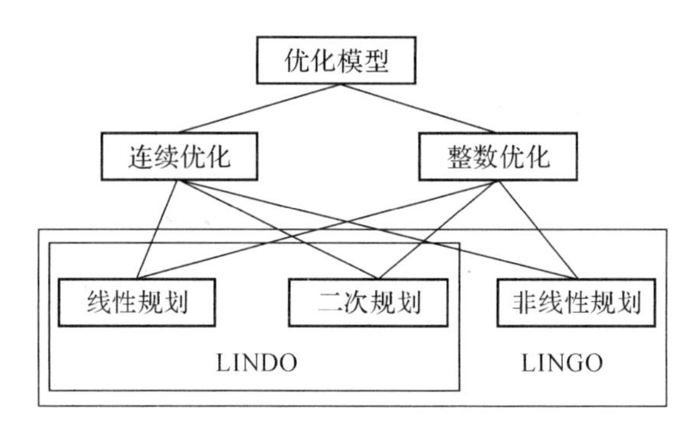

图 3-1　两种优化软件的求解范围

此外，LINDO 系统公司还提供了 LINDO/LINGO 软件与其他开发工具（如 C＋＋和 Java 等语言）的接口软件 LINDO API（LINDO Application Program Interface），使 LINDO 和 LINGO 软件还能方便地融入用户应用软件的开发中去。最后，What's Best！软件实际上提供了 LINDO/LINGO 软件与电子表格软件的接口，能够直接集成到电子表格软件中使用。由于上述特点，LINDO、LINGO、LINDO API 和 What's Best！软件在教学、科研和工业、商业、服务等领域得到了广泛应用。本节只介绍在 Microsoft Windows 环境下运行的 LINDO/LINGO 最新版本的使用方法，并包括社会、经济、工程等方面的大量实际应用问题的数学建模和实例求解。需要指出的是，目前 LINDO 公司已经将 LINDO 软件从其产品目录中删除，这意味着以后不会再有 LINDO 软件的新版本了。

程序设计

```
max 72x1 + 64x2
s.t. x1 + x2<= 50 12x1 + 8x2<= 480 3x1<= 100
```

运行结果

```
LP OPTIMUM FOUND AT STEP        2
      OBJECTIVE FUNCTION VALUE
      1)        3360.000
VARIABLE          VALUE              REDUCED COST
      X1        20.000000            0.000000
      X2        30.000000            0.000000
      ROW    SLACK OR SURPLUS DUAL PRICES
      2)         0.000000          48.000000
      3)         0.000000           2.000000
      4)        40.000000           0.000000
NO. ITERATIONS =         2
RANGES IN WHICH THE BASIS IS UNCHANGED:
```

```
                      OBJ COEFFICIENT RANGES
VARIABLE   CURRENT     ALLOWABLE        ALLOWABLE
                COEF             INCREASE          DECREASE
      X1        72.000000          24.000000          8.000000
      X2        64.000000          8.000000          16.000000
                      RIGHTHAND SIDE RANGES
ROW   CURRENT    ALLOWABLE          ALLOWABLE
                  RHS              INCREASE          DECREASE
        2         50.000000          10.000000          6.666667
        3        480.000000          53.333332          80.000000
        4        100.000000           INFINITY          40.000000
```

上面的输出中除了告诉我们问题的最优解和最优值以外，还有许多对分析结果有用的信息。

1. 3 个约束条件的右端不妨看作 3 种“资源”：原料、劳动时间、设备甲的加工能力。输出中“SLACK OR SURPLUS”给出这 3 种资源在最优解下是否有剩余：原料、劳动时间的剩余均为零，设备甲尚余 40 公斤加工能力。一般称“资源”剩余为零的约束为紧约束（有效约束）。

2. 目标函数可以看作“效益”成为紧约束的“资源”一旦增加，“效益”必然跟着增长。输出中“DUAL PRICES”给出这 3 种资源在最优解下“资源”增加 1 个单位时“效益”的增量：原料增加 1 个单位（1 桶牛奶）时，利润增长 48 元；劳动时间增加 1 个单位（1 小时）时，利润增长 2 元；而增加非紧约束（设备甲的能力）显然不会使利润增长。这里，“效益”的增量可以看作“资源”的潜在价值，经济学上称为影子价格。即 1 桶牛奶的影子价格为 48 元，1 小时劳动的影子价格为 2 元，设备甲的影子价格为零。各位可以用直接求解的办法验证上面的结论，即将输入文件中原料约束右端的 50 改为 51，看看得到的最优值（利润）是否恰好增长 48 元。

3. 目标函数的系数发生变化时（假定约束条件不变），最优解和最优值会改变吗？输出中“CORRENT COEF”的“ALLOWABLE INCREASE”和“ALLOWABLE DECREASE”给出了最优解不变条件下目标函数系数的允许范围：x_1 的系数为（72－8，72＋24），即（64，96）；x_2 的系数为（64－16，64＋8），即（48，72）。注意：x_1 系数的允许范围需要 x_2 系数 64 不变，反之亦然。

对“资源”的影子价格做进一步的分析。影子价格的作用是有限制的。输出中“CURRENT RHS”的“ALLOWABLE INCREASE”和“ALLOWABLE DECREASE”给出了影子价格有意义条件下约束右端的限制范围：原料最多增加 10 桶，劳动时间最多增加 53 小时。

LINDO 程序有以下特点：

• 程序以“MAX”（或“MIN”）开始，表示目标最大化（或最小化）问题，后面直接写出目标函数表达式和约束表达式；

• 目标函数和约束之间用“ST”分开；（或用“s. t. ”，“subject to”）

• 程序以“END”结束（“END” 也可以省略）。

• 系数与变量之间的乘号必须省略。

- 书写相当灵活，不必对齐，不区分字符的大小写。
- 默认所有的变量都是非负的，所以不必输入非负约束。
- 约束条件中的“＜＝”及“＞＝”可分别用“＜”及“＞”代替。
- 一行中感叹号“!”后面的文字是注释语句，可增强程序的可读性，不参与模型的建立。

LINDO 模型的一些注意事项：

1. 变量名由字母和数字组成，但必须以字母开头，且长度不能超过 8 个字符，不区分大小写字母，包括关键字（如 MAX、MIN 等）也不区分大小写字母。

2. 变量不能出现在一个约束条件的右端（即约束条件的右端只能是常数）；变量与其系数间可以有空格（甚至回车），但不能有任何运算符号（包括乘号“*”等）。

3. 模型中不接受括号“( )”和逗号“,”等符号（除非在注释语句中）。例如：“4(X1＋X2)”需写为“4X1＋4X2”；“10,000”需写为“10000”。

4. 表达式应当已经化简。如不能出现“2X1＋3X2－4X1”，而应写成“－2X1＋3X2”等。

5. LINDO 中已假定所有变量非负。若要取消变量的非负假定，可在模型的“END”语句后面用命令“FREE”。例如，在“END”语句后输入“FREE vname”，可将变量 vname 的非负假定取消。

6. 数值均衡化考虑：如果约束系数矩阵中各非零元的绝对值的数量级差别很大（相差 1000 倍以上），则称其为数值不均衡。为了避免数值不均衡引起的计算问题，使用者应尽可能自己对矩阵的行列进行均衡化。此时还有一个原则，即系数中非零元的绝对值不能大于 100000 或者小于 0.0001。

例 3.2 “菜篮子工程”中的蔬菜种植问题

为缓解我国副食品供不应求的矛盾，农业部于 1988 年提出建设“菜篮子工程”。蔬菜作为“菜篮子工程”中的主要产品，备受各级政府的重视。到 1995 年，蔬菜种植的人均占有量已达到世界人均水平。

对于一些中小城市，蔬菜种植采取以郊区和农区种植为主，结合政府补贴的方式来保障城区蔬菜的供应。这样不仅提高了城区蔬菜供应的数量和质量，还带动了郊区和农区菜农种植蔬菜的积极性。

某市的人口近 90 万，该市在郊区和农区建立了 8 个蔬菜种植基地，承担全市居民的蔬菜供应任务，每天将蔬菜运送到市区的 35 个蔬菜销售点。市区有 15 个主要交通路口，在蔬菜运送的过程中，从蔬菜种植基地可以途经这些交通路口再到达蔬菜销售点。如果蔬菜销售点的需求量不能满足，则市政府要给予一定的短缺补偿。同时市政府还按照蔬菜种植基地供应蔬菜的数量以及路程，发放相应的运费补贴，以此提高蔬菜种植的积极性，运费补贴标准为 0.04 元/吨·公里。

蔬菜种植基地日蔬菜供应量、蔬菜销售点日蔬菜需求量及日短缺补偿标准、道路交通情况及距离见表 3-2 至表 3-4。

表 3-2　蔬菜种植基地日供应量　（单位:吨/天）

种植基地	1	2	3	4	5	6	7	8
供应量	40	45	30	38	29	35	25	28

表 3-3　蔬菜销售点日需求量及日短缺补偿标准

销售点	1	2	3	4	5	6	7	8	9	10	11	12
需求量/(吨/天)	6.5	10.2	12.0	14.3	13.0	11.0	14.0	9.5	10.0	8.4	10.5	7.0
短缺补偿/(元/吨·天)	710	700	580	600	570	480	500	610	440	705	610	630
销售点	13	14	15	16	17	18	19	20	21	22	23	24
需求量/(吨/天)	8.5	12.0	11.6	12.5	13.6	9.0	7.3	10.0	12.7	7.4	6.7	12.5
短缺补偿/(元/吨·天)	590	490	570	460	530	640	665	650	580	680	685	560
销售点	25	26	27	28	29	30	31	32	33	34	35	
需求量/(吨/天)	9.6	15.0	7.2	8.9	10.3	9.0	7.7	8.0	11.4	12.1	10.7	
短缺补偿/(元/吨·天)	660	430	540	620	630	680	695	690	560	520	500	

表 3-4　道路交通情况及距离

直达道路的位置	距离	直达道路的位置	距离	直达道路的位置	距离
基地 1,销售点 4	14	基地 6,销售点 20	8	销售点 5,路口 2	4
基地 1,销售点 14	16	基地 7,销售点 1	7	销售点 5,路口 3	7
基地 1,路口 3	10	基地 7,路口 8	15	销售点 5,路口 10	10
基地 2,销售点 14	15	基地 7,路口 9	8	销售点 5,路口 13	15
基地 2,销售点 15	5	基地 8,销售点 3	15	销售点 6,销售点 7	8
基地 2,路口 11	9	基地 8,销售点 4	30	销售点 6,销售点 11	13
基地 2,路口 13	7	基地 8,路口 9	17	销售点 6,路口 14	3
基地 3,销售点 27	11	基地 8,路口 10	20	销售点 6,路口 15	14
基地 3,销售点 28	12	销售点 1,销售点 2	15	销售点 7,路口 7	5
基地 3,路口 11	19	销售点 1,销售点 7	11	销售点 7,路口 8	12
基地 4,销售点 29	25	销售点 2,销售点 6	13	销售点 8,销售点 9	20
基地 4,销售点 35	10	销售点 2,路口 9	6	销售点 8,路口 7	3
基地 4,路口 12	15	销售点 2,路口 14	5	销售点 8,路口 8	10
基地 5,销售点 33	3	销售点 3,路口 9	6	销售点 9,路口 7	4
基地 5,销售点 34	14	销售点 3,路口 10	4	销售点 10,路口 7	7
基地 5,路口 6	26	销售点 3,路口 14	4	销售点 10,路口 15	3
基地 6,销售点 9	6	销售点 4,路口 3	3	销售点 11,销售点 12	7
基地 6,销售点 10	25	销售点 4,路口 10	9	销售点 11,销售点 18	5

续表

直达道路的位置	距离	直达道路的位置	距离	直达道路的位置	距离
基地 6,销售点 19	16	销售点 5,销售点 12	13	销售点 11,路口 2	17
销售点 12,销售点 17	16	销售点 5,销售点 13	8	销售点 12,销售点 13	11
销售点 12,路口 1	5	销售点 17,销售点 24	18	销售点 23,销售点 31	8
销售点 13,销售点 15	15	销售点 17,路口 1	10	销售点 24,销售点 25	6
销售点 13,路口 1	8	销售点 18,销售点 22	10	销售点 24,销售点 29	7
销售点 13,路口 4	11	销售点 18,销售点 23	9	销售点 24,销售点 30	9
销售点 13,路口 13	6	销售点 18,路口 15	2	销售点 24,路口 12	11
销售点 14,路口 3	2	销售点 19,销售点 20	10	销售点 25,销售点 26	4
销售点 14,路口 13	2	销售点 19,销售点 21	8	销售点 25,销售点 28	3
销售点 15,路口 4	2	销售点 19,销售点 22	7	销售点 26,销售点 27	3
销售点 15,路口 11	4	销售点 19,路口 15	5	销售点 26,路口 4	4
销售点 15,路口 13	2	销售点 20,销售点 21	6	销售点 26,路口 11	5
销售点 16,销售点 17	3	销售点 20,路口 6	4	销售点 27,销售点 28	6
销售点 16,销售点 25	4	销售点 21,销售点 22	4	销售点 27,路口 11	6
销售点 16,销售点 26	7	销售点 21,销售点 32	7	销售点 28,销售点 29	5
销售点 16,路口 1	9	销售点 21,路口 6	6	销售点 29,路口 12	5
销售点 16,路口 4	3	销售点 22,销售点 23	4	销售点 30,销售点 31	7
销售点 17,销售点 18	11	销售点 22,销售点 31	6	销售点 30,销售点 35	8
销售点 17,销售点 23	5	销售点 23,销售点 24	13	销售点 30,路口 12	6
销售点 34,销售点 35	9	销售点 32,路口 6	5	销售点 31,销售点 34	5
销售点 34,路口 5	2	销售点 33,销售点 34	9	销售点 32,销售点 33	6
路口 2,路口 14	10				

针对下面两个问题,分别建立数学模型,并制订蔬菜运送方案。

(1)为该市设计从蔬菜种植基地至各蔬菜销售点的蔬菜运送方案,使政府的短缺补偿和运费补贴最少;

(2)若规定各蔬菜销售点的短缺量一律不超过需求量的 30%,重新设计蔬菜运送方案。

问题分析

第一问,设计从蔬菜种植基地至各蔬菜销售点的蔬菜运送方案,使政府的短缺补偿和运费补贴最少。首先要设计出蔬菜种植基地至各蔬菜销售点的最短距离。在最短距离的基础上,使政府的短缺补偿和运费补贴最少。因此,建立线性规划模型,在上述最短距离的条件下,求目标函数即短缺补偿和运费补贴的最小值。

第二问,在规定了各蔬菜销售点的短缺量一律不超过需求量的 30%的条件下,重新设计蔬菜运送方案。将第一问的线性规划模型进行改进,增加上述约束条件,最后求解上述模型。

模型设计

已知有 i 个生产基地 A_i，有 j 个销售点 B_j。首先，计算 8 个生产基地与 35 个销售点之间的最短路径 $D=(d_{ij})_{8\times35}$，d_{ij} 表示从生产基地 A_i 到销售点 B_j 的最短路径长度。最短路径算法将在第四章中详细介绍，应用该算法可以得到各生产基地到各销售点的最短路径（见表 3-5）。

表 3-5　各生产基地到各销售点的最短路径（部分）

d_{ij}	基地 1	基地 2	基地 3	基地 4	基地 5	基地 6	基地 7	基地 8
销售点 1	47	48	61	68	52	26	7	32
销售点 2	35	36	51	64	51	31	14	23
销售点 3	26	27	42	59	50	30	14	15
销售点 4	13	14	29	46	46	43	27	28

为该市设计从蔬菜种植基地至各蔬菜销售点的蔬菜运送方案，使政府的短缺补偿和运费补贴最少。生产基地 A_i 蔬菜供应量分别为 a_i，销售点 B_j 蔬菜需求量分别为 c_j，x_{ij} 表示从 A_i 到 B_j 的运量。每个种植基地的蔬菜运送量为运送到各个销售点运量的总和。有如下约束条件：

$$\begin{cases}\sum_{j=1}^{35} x_{ij} = a_i, i = 1,2,\cdots,8 \\ x_{ij} \geqslant 0\end{cases}$$

政府的短缺补偿和运费补贴最少的目标函数为：

$$\min S = T + \sum_{j=1}^{35} H_j$$

其中，S 为总的补偿费用，T 为总的运费补贴，H_j 为销售点 B_j 的短缺补偿。总的补偿费用为总的运费补贴与总短缺补偿之和。总的运费补偿函数 T 为：

$$T = \eta \sum_{j=1}^{35} \sum_{i=1}^{8} d_{ij} \times x_{ij}$$

其中，η 为运费补贴系数。销售点 B_j 的短缺补偿函数 H_j 为：

$$H_j = b_j \times (c_j - \sum_{i=1}^{8} x_{ij})$$

其中，b_j 为销售点 B_j 的短缺补偿系数，每个销售点短缺补偿额为该销售点短缺补偿系数与短缺量的乘积。短缺量为该销售点的需求量与 8 个生产基地运到该销售点的蔬菜量之差。

综上所述，第一问的线性规划模型如下：

$$\min S = \eta \sum_{j=1}^{35} \sum_{i=1}^{8} d_{ij} \times x_{ij} + \sum_{j=1}^{35} b_j \times (c_j - \sum_{i=1}^{8} x_{ij})$$

$$\text{s. t.} \begin{cases}\sum_{j=1}^{35} x_{ij} = a_i, i = 1,2,\cdots,8 \\ \sum_{i=1}^{8} x_{ij} \leqslant c_j, j = 1,2,\cdots,35 \\ x_{ij} \geqslant 0\end{cases}$$

使用 LINDO 求得上述模型可以得到最少补贴为 48611 元，从结果可以发现：大部分销售点的蔬菜都是只由一个生产基地提供的，另外也只有 6 个销售点的蔬菜由两个生产基地提供。

为了体现蔬菜生产基地减产 1 吨及销售点需求增加 1 吨对政府补偿的影响，利用 LINDO 的影子价格结果分别画出相应的结果图如图 3-2 和图 3-3 所示。

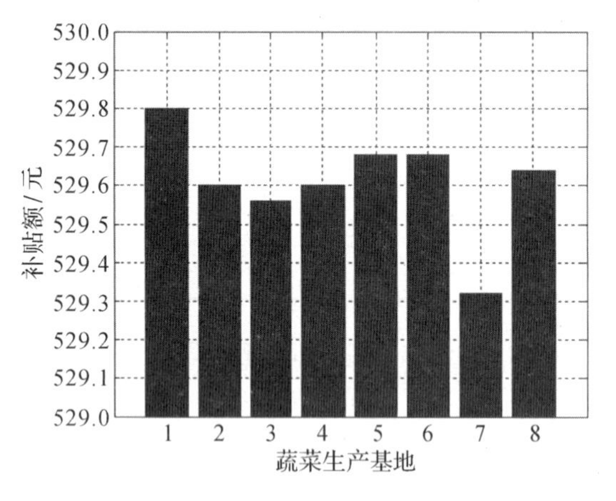

图 3-2　蔬菜生产基地减产 1 吨所增加的补偿额

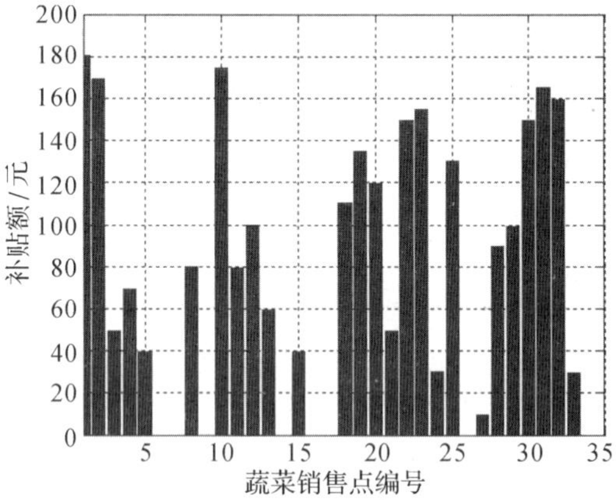

图 3-3　蔬菜销售点需求增加 1 吨所增加的补偿额

从上图可以看到：蔬菜生产基地减产 1 吨政府补偿额会增加 530 元左右，各蔬菜销售点需求增加 1 吨，政府补偿额会增加 120 元左右。

如果规定各蔬菜销售点的短缺量一律不超过需求量的 30%，加入约束条件：

$$c_j - \sum_{i=1}^{8} x_{ij} \leqslant 0.3c_j, j = 1,2,\cdots,35$$

所以，改进后的运送模型为：

$$\min S = \eta \sum_{j=1}^{35} \sum_{i=1}^{8} d_{ij} \times x_{ij} + \sum_{j=1}^{35} b_j \times (c_j - \sum_{i=1}^{8} x_{ij})$$

$$\text{s.t.} \begin{cases} \sum_{j=1}^{35} x_{ij} = a_i, i = 1,2,\cdots,8 \\ \sum_{i=1}^{8} x_{ij} \leqslant c_j, j = 1,2,\cdots,35 \\ c_j - \sum_{i=1}^{8} x_{ij} \leqslant 0.3c_j, j = 1,2,\cdots,35 \\ x_{ij} \geqslant 0 \end{cases}$$

使用 LINDO 求得上述模型可以得到最少补偿为 58054 元，从结果可以发现，大部分销售点的蔬菜都是只由一个生产基地提供的，另外由于此时的约束条件更为严格，所以算出的最小补贴为 58054 元高于第一问的结果，这也是意料中的。

为了体现蔬菜生产基地减产 1 吨及销售点需求增加 1 吨对政府补偿的影响，利用 LINDO 的影子价格结果画出相应的结果图如下：

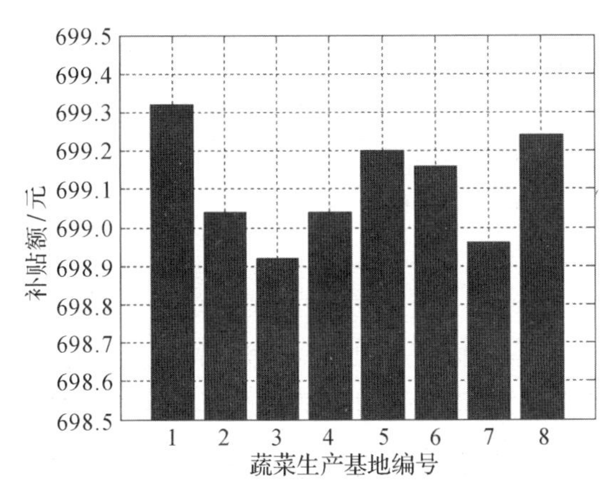

图 3-4　蔬菜生产基地减产 1 吨所增加的补偿额

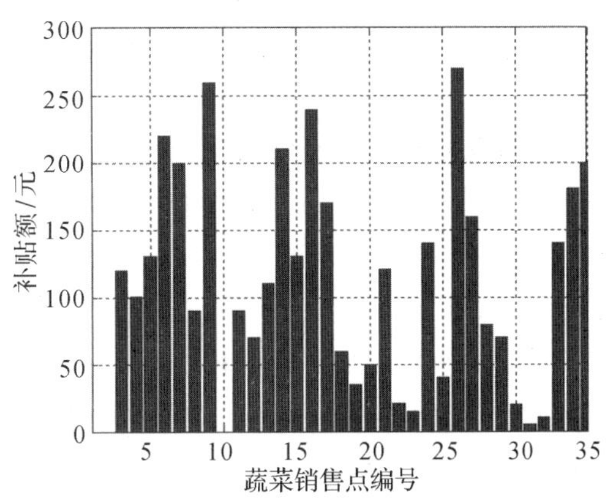

图 3-5　蔬菜销售点需求增加 1 吨所增加的补偿额

从上图可以看到：蔬菜生产基地减产 1 吨政府补偿额会增加 700 左右，各个蔬菜销售点需求增加 1 吨，政府补偿额会增加 150 左右，同样增加额高于第一问的结果。

通过以上两例可以看出：尽管所提问题的内容不同，但从构成数学问题的结构来看却属于同一优化问题，其结构具有如下特征：

(1)目标函数是决策变量的线性函数；

(2)约束条件都是决策变量的线性等式或不等式。

具有以上结构特点的模型就是线性规划模型，简记为 LP，它具有一般形式为：

$$\max(\min)\ f=c_1x_1+c_2x_2+\cdots+c_nx_n$$

$$\text{s. t.}\begin{cases}a_{11}x_1+a_{12}x_2+\cdots+a_{1n}x_n\leqslant(=,\geqslant)b_1\\a_{21}x_1+a_{22}x_2+\cdots+a_{2n}x_n\leqslant(=,\geqslant)b_2\\a_{m1}x_1+a_{m2}x_2+\cdots+a_{mn}x_n\leqslant(=,\geqslant)\ b_m\\x_1,x_2,\cdots,x_n\geqslant0\text{(或者不受限制))}\end{cases}$$

3.2　非线性规划 LINGO 程序设计基础

线性规划的应用范围十分广泛，但仍存在较大局限性，对许多实际问题不能处理。非线性规划比线性规划有着更强的适用性。事实上，客观世界中的问题多是非线性的，给予线性处理大多是近似的，是在做了科学的假设和简化后得到的。在实际问题中，有一些不能进行线性化处理，否则将严重影响模型对实际问题近似的可依赖性。但是，非线性规划问题在计算上通常比较困难，理论上的讨论，也不能像线性规划的问题那样，给出简捷的形式和透彻全面的结论。

例 3.3　板材切割问题

某钢管零售商从钢管厂进货，将钢管按照顾客的要求切割后售出。从钢管厂进货时得到的都是长度为 19m 原料钢管。现有一个客户需要长度为 4m 的钢管 50 根、长度为 6m 的钢管 20 根和长度为 8m 的钢管 15 根。应如何下料最节省？

零售商如果采用的不同切割模式太多，将会导致生产过程的复杂性，从而增加生产和管理成本。所以，该零售商规定采用的不同切割模式不能超过 3 种。此外，该客户除需要上述中的三种钢管外，还需要长度为 5m 的钢管 10 根，应如何下料最节省？

模型设计

问题一

首先，应当确定哪些切割模式是可行的，所谓一个切割模式，是指按照客户需要在原料钢管上安排切割的一种组合。例如，我们可以将长度为 19m 的钢管切割成 3 根长度为 4m 的钢管，余料为 7m；或者将长度为 19m 的钢管切割成长度为 4m、6m 和 8m 的钢管各 1 根，余料为 1m。显然，可行的切割模式可以有很多。

其次，应当确定哪些切割模式是合理的。通常，假设一个合理的切割模式的余料不应该大于或等于客户需要的钢管的最小尺寸。例如，将 19m 长的钢管切割成 3 根 4m 的钢管是可行的，但余料为 7m，可以进一步将 7m 的余料切割成 4m 钢管（余料为 3m），或者将 7m 的余料切割成 6m 钢管（余料为 1m）。在这种合理性假设下，切割模式一共有 7 种，如表 3-6 所示。

表 3-6　各种可行且合理的切割模式

	4m 钢管根数	6m 钢管根数	8m 钢管根数	余料/m
模式 1	4	0	0	3
模式 2	3	1	0	1
模式 3	2	0	1	3
模式 4	1	2	0	3
模式 5	1	1	1	1
模式 6	0	3	0	1
模式 7	0	0	2	3

问题化为在满足客户需要的条件下，按照哪些合理的模式，切割多少根原料钢管最为节省。所谓节省可以有两种标准：一是切割后剩余的总余料最小，二是切割原料钢管的总根数最少。下面将对这两个目标分别讨论。

决策变量：用 x_i 表示按照第 i 种模式（$i=1,2,\cdots,7$）切割的原料钢管的根数，显然它们应当是非负数。决策目标：以切割后剩余的总余量最小为目标，由表 3-6 可得到：

$$\min Z_1=3x_1+x_2+3x_3+3x_4+x_5+x_6+3x_7$$

以切割原料钢管的总根数最少为目标，则有：

$$\min Z_2=x_1+x_2+x_3+x_4+x_5+x_6+x_7$$

约束条件为满足客户的要求，则有：

$$\text{s. t.}\begin{cases}4x_1+3x_2+2x_3+x_4+x_5\geqslant 50\\ x_2+2x_4+x_5+3x_6\geqslant 20\\ x_3+x_5+2x_7\geqslant 15\end{cases}$$

【思考题】 请思考两种目标函数下,取得的最优方案是否相同?为什么?如果两种最优方案不同,请思考何种更为合理?

问题二

按照解问题一的思路,可以通过枚举法首先确定哪些切割模式是可行的,但由于需求的钢管规格增加到4种,所以枚举法的工作量较大。

表 3-7　各种可行且合理的切割模式

	4m 钢管根数	5m 钢管根数	6m 钢管根数	8m 钢管根数	余料/m
模式 1	0	0	0	2	3
模式 2	0	0	3	0	1
模式 3	0	1	1	1	0
模式 4	0	1	2	0	2
模式 5	0	2	0	1	1
模式 6	0	2	1	0	3
模式 7	1	0	1	1	1
模式 8	1	0	2	0	3
模式 9	1	1	0	1	2
模式 10	1	3	0	0	0
模式 11	2	0	0	1	3
模式 12	2	1	1	0	0
模式 13	2	2	0	0	1
模式 14	3	0	1	0	1
模式 15	3	1	0	0	2
模式 16	4	0	0	0	3

通过枚举法可以确定16种可行且合理的切割模式。决策变量:用 x_i 表示按照第 i 种模式($i=1,2,\cdots,16$)切割的原料钢管的根数,显然它们应当是非负数。决策目标:以切割原料钢管的总根数最少为目标,则有:

$$\min Z=\sum_{i=1}^{16}x_i$$

分析第二问的难点在于:该零售商规定采用的不同切割模式不能超过3种。为了实现该要求,引入额外的决策变量:用 r_i 表示采用第 i 种模式($i=1,2,\cdots,16$)。

$$r_i=\begin{cases}1,\text{采用第 } i \text{ 种模式}\\0,\text{不采用第 } i \text{ 种模式}\end{cases}$$

因此,对切割原料钢管的总根数最少的目标需要修正如下:

$$\min Z=\sum_{i=1}^{16}r_i x_i$$

以上目标函数可以理解为：所采用的切割模式下所用的原料钢管总数。

约束条件为满足客户的要求，则有：

$$\sum_{i=1}^{16} y_{ij} r_i x_i = d_j, j = 1,2,3,4$$

其中，d_j 表示用户对于第 j 种类型钢管的需求数，$j=1,2,3,4$ 分别表示长度为 4m、5m、6m、8m 的钢管。y_{ij} 表示表 3-7 中第 i 种模式、第 j 种类型钢管的根数。

下面介绍一种可带有普遍性、可以同时确定切割模式和切割计划的方法。同问题(1)类似，一个合理的切割模式的余料不应该大于或等于客户需要的钢管的最小尺寸(本题为 4m)。切割计划中只使用合理的切割模式，而由于本题中参数都是整数，所以合理的切割模式的余量不能大于 3m。此外，这里仅选择总根数最少为目标进行求解。

决策变量 由于不同切割模式不能超过 3 种，可以用 x_i 表示按照第 i 种模式($i=1,2,3$)切割的原料钢管的根数，显然它们应当是非负整数。设所使用的第 i 种切割模式下每根原料钢管生产长度为 4m、5m、6m 和 8m 的钢管数量分别为 $r_{1i}, r_{2i}, r_{3i}, r_{4i}$(非负整数)。

决策目标 以切割原料钢管的总根数最少为目标，即目标为：

$$\min x_1 + x_2 + x_3$$

约束条件 为满足客户的需求，应有

$$\text{s.t.}\begin{cases} r_{11}x_1 + r_{12}x_2 + r_{13}x_3 \geqslant 50 \\ r_{21}x_1 + r_{22}x_2 + r_{23}x_3 \geqslant 10 \\ r_{31}x_1 + r_{32}x_2 + r_{33}x_3 \geqslant 20 \\ r_{41}x_1 + r_{42}x_2 + r_{43}x_3 \geqslant 15 \end{cases}$$

每一种切割模式必须可行、合理，所以每根原料钢管的成品量不能超过 19m，也不能小于 16m(余料不能大于 3m)，于是：

$$\text{s.t.}\begin{cases} 16 \leqslant 4r_{11} + 5r_{21} + 6r_{31} + 8r_{41} \leqslant 19 \\ 16 \leqslant 4r_{12} + 5r_{22} + 6r_{32} + 8r_{42} \leqslant 19 \\ 16 \leqslant 4r_{13} + 5r_{23} + 6r_{33} + 8r_{43} \leqslant 19 \end{cases}$$

与 LINDO 相比，LINGO 软件主要具有两大优点：除具有 LINDO 的全部功能外，还可用于求解非线性规划问题，包括非线性整数规划问题；内置建模语言，允许以简练、直观的方式描述较大规模的优化问题，所需的数据可以以一定格式保存在独立的文件中。

LINGO 不询问是否进行敏感性分析，敏感性分析需要将来通过修改系统选项启动敏感性分析后，再调用“REPORT|RANGE”菜单命令来实现。现在同样可以把模型和结果报告保存在文件中。

一般来说，LINGO 中建立的优化模型可以由五个部分组成，或称为五“段”(SECTION)：

1. 集合段(SETS)：以“SETS” 开始，“ENDSETS”结束，定义必要的集合变量(SET)及其元素(MEMBER，含义类似于数组的下标)和属性(ATTRIBUTE，含义类似于数组)。

2. 目标与约束段：目标函数、约束条件等，没有“段”的开始和结束标记，因此实际上就是除其他四个段(都有明确的段标记)外的 LINGO 模型。这里一般要用到 LINGO 的内部函数，尤其是与集合相关的求和函数@SUM 和循环函数@FOR 等。

3. 数据段(DATA)：以 “DATA” 开始，“ENDDATA”结束，对集合的属性(数组)输入

必要的常数数据。格式为:“attribute(属性)=value_list(常数列表);”常数列表(value_list)中数据之间可以用逗号“,”分开,也可以用空格分开(回车等价于一个空格)。

4. 初始段(INIT):以“INIT”开始,“ENDINIT”结束,对集合的属性(数组)定义初值(因为求解算法一般是迭代算法,所以用户如果能给出一个比较好的迭代初值,对提高算法的计算效果是有益的)。如果有一个接近最优解的初值,对 LINGO 求解模型是有帮助的。定义初值的格式为:“attribute(属性)=value_list(常数列表);”

5. 计算段(CALC):以“CALC”开始,“ENDCALC”结束,对一些原始数据进行计算处理。在实际问题中,输入的数据通常是原始数据,不一定能在模型中直接使用,可以在这个段对这些原始数据进行一定的“预处理”,得到模型中真正需要的数据。

普通 LINGO 程序设计:

```
min = x1 + x2 + x3;
x1 * r11 + x2 * r12 + x3 * r13> = 50;
x1 * r21 + x2 * r22 + x3 * r23> = 10;
x1 * r31 + x2 * r32 + x3 * r33> = 20;
x1 * r41 + x2 * r42 + x3 * r43> = 15;
4 * r11 + 5 * r21 + 6 * r31 + 8 * r41< = 19;
4 * r12 + 5 * r22 + 6 * r32 + 8 * r42< = 19;
4 * r13 + 5 * r23 + 6 * r33 + 8 * r43< = 19;
4 * r11 + 5 * r21 + 6 * r31 + 8 * r41> = 16;
4 * r12 + 5 * r22 + 6 * r32 + 8 * r42> = 16;
4 * r13 + 5 * r23 + 6 * r33 + 8 * r43> = 16;
x1 + x2 + x3> = 26;
x1 + x2 + x3< = 31;
@gin(x1);@gin(x2);@gin(x3);@gin(r11);@gin(r12);@gin(r13);@gin(r21);@gin
(r22); @gin(r23);@gin(r31); @gin(r32); @gin(r33);@gin(r41);@gin(r42);@gin
(r43);
End
```

运行结果一:

```
Local optimal solution found.
Objective value:                    28.00000
Extended solver steps:                   291
Total solver iterations:                9681
```

建模化语言程序设计:

```
Model:
sets:
number/1..3/:x;
modes/1..4/:a,b;
mode(number,modes):r;
```

```
endsets
data:
a = 50,10,20,15;
b = 4,5,6,8;
enddata
min = @sum(number : x);
@for(modes(i):@sum(number(j):x(j) * r(j,i))> = a(i));
@for(number(i):@sum(modes(j):b(j) * r(i,j))< = 19);
@for(number(i):@sum(modes(j):b(j) * r(i,j))> = 16);
@sum(number : x) > = 26;
@sum(number : x) < = 31;
@for(number: @gin(x));
@for(mode:@gin(r));
End
```

运行结果二：

```
Local optimal solution found.
Objective value:                    28.00000
Objective bound:                    28.00000
Infeasibilities:                    0.000000
Extended solver steps:              166
Total solver iterations:            11142
```

例 3.4　太阳影子定位问题

如何确定视频的拍摄地点和拍摄日期是视频数据分析的重要方面，太阳影子定位技术就是通过分析视频中物体的太阳影子变化，确定视频拍摄的地点和日期的一种方法。

1. 建立影子长度变化的数学模型，分析影子长度关于各个参数的变化规律，并应用你们建立的模型画出 2015 年 10 月 22 日北京时间 9:00—15:00 之间天安门广场（北纬 39°54′26″，东经 116°23′29″）3 米高的直杆的太阳影子长度的变化曲线。

2. 根据某固定直杆在水平地面上的太阳影子顶点坐标数据，建立数学模型确定直杆所处的地点。将你们的模型应用于表 3-8 的影子顶点坐标数据，给出若干个可能的地点。

表 3-8　影子顶点坐标数据

北京时间	x 坐标/m	y 坐标/m
14:42	1.0365	0.4973
14:45	1.0699	0.5029
14:48	1.1038	0.5085
14:51	1.1383	0.5142
14:54	1.1732	0.5198

续表

北京时间	x 坐标/m	y 坐标/m
14:57	1.2087	0.5255
15:00	1.2448	0.5311
15:03	1.2815	0.5368
15:06	1.3189	0.5426
15:09	1.3568	0.5483
15:12	1.3955	0.5541
15:15	1.4349	0.5598
15:18	1.4751	0.5657
15:21	1.516	0.5715
15:24	1.5577	0.5774
15:27	1.6003	0.5833
15:30	1.6438	0.5892
15:33	1.6882	0.5952
15:36	1.7337	0.6013
15:39	1.7801	0.6074
15:42	1.8277	0.6135

(坐标系以直杆底端为原点，水平地面为 xOy 平面。直杆垂直于地面。测量日期：2015 年 4 月 18 日)

说明：本例题源自 2015 年全国大学生数学建模竞赛 A 题，题目相关附件可以从官网下载(http://www.mcm.edu.cn/problem/2015/cumcm2015problems.rar)。

问题分析

问题一：本小题要求建立影子长度变化模型，并将该模型应用于实际地理背景，进行太阳影子的仿真计算。考虑引起影子长度变化的直接因素是太阳高度角和杆子测量高度，据此分析影响太阳高度角变化的因子，最终得到影响影长变化的因子有太阳高度角、太阳赤纬角、太阳方位角和时角等参数。将模型应用到题目所给时间和位置上进行求解，绘制不同时刻下直杆太阳影子长度的变化曲线。

问题二：本小题要求根据已知某日期和时刻所对应的位置坐标，建立模型并应用到实际数据中，找出满足要求的地理位置。考虑所给数据中坐标系朝向未知，分析造成坐标变化的因素，考虑轨迹随时间的变化，基于坐标变化思想，对任意时刻的方位角求解。用最小二乘法使真实轨迹和计算轨迹偏差最小。

模型设计

问题一

考虑任意物体影子长度都是由太阳光照射引起的，且物体高度和太阳高度角是影响影长的两个直接因素。某一地点太阳高度角在不同时刻是变化的，由于地球存在公转，且地球地心一直在赤道平面上，故太阳直射点在南北回归线之间移动，进而要考虑物体所在地理纬度。考虑地球绕太阳公转时，地轴指向不变，导致太阳和地心连线与赤道平面夹角发生变化，故需考虑太阳赤纬角和太阳方位角。考虑地球自身在自转，故在探讨影子长度几何关系时还需要考虑时角等因素。

综上分析，在研究影子长度相关的几何参数时，考虑对太阳方位角、太阳赤纬角、太阳高度角和时角等参数进行分析定位，各参数的几何意义分别为：

太阳赤纬角 δ：太阳中心和地球中心的连线与地球赤道平面的夹角。其中，在春秋分时刻夹角最小为 0°，在夏至和冬至时角度达到最大为±23°26′36″；

太阳高度角 h：地球表面上任意一点和太阳的连线与地平线的夹角；

时角 t：单位时间内地球自转的角度，定义正午时角为 0°，记上午时角为负值，下午时角为正值。

太阳赤纬角是地球赤道面与日地中心连线的夹角，黄赤交角为黄道面与赤道面的交角，是赤纬角的最大值。查阅相关文献，目前地球的黄赤交角约为 23°26′，在日地二体系统中，选定地球为参照物，假设太阳沿赤道面绕地球做匀速圆周运动。定义积日零点为 2015 年 1 月 1 日，以 2015 年春分日为 3 月 21 日，与 2015 年 1 月 1 日相差 79 天。由于春分时 $\delta=0°$，因此以春分日为基准，则得到赤纬角的计算式为：

$$\sin\delta=\sin\theta_{tr}\sin\left[\frac{360}{365}(N-79)\right]$$

考虑太阳的运行轨迹，计算太阳对地球上某一物体的影子长度变化轨迹，查阅文献得到主要由当地的地理纬度和时间这两个因素决定。假设物体所在地理纬度记为 φ，地理经度记为 α，北京时间记为 t_0，北京时间所在经度记为 α_0，各参数的意义如下：

时角 t：考虑任一经度位置的物体在计算时角时都是以北京时间为基准，且规定正午时角为 0°。故得到时角计算式为：

$$t=15\times\left(t_0+\frac{\alpha-\alpha_0}{15}-12\right)$$

太阳高度角 h：入射至地表某点的太阳光线与该点切平面夹角，计算公式为：

$$h=\sin^{-1}(\sin\varphi\sin\delta+\cos\varphi\cos\delta\cos t),h\in[-90°,90°]$$

太阳赤纬角 δ：太阳中心和地球中心的连线与地球赤道平面的夹角，由赤纬角的理论推导得到公式为：

$$\sin\delta=\sin\theta_{tr}\sin\left[\frac{360}{365.2422}(N-79)\right]$$

综上分析得到，影子长度函数式为：

$$l=H\times\cot h=H\times\cot(\sin^{-1}(\sin\varphi\sin\delta+\cos\varphi\cos\delta\cos t))$$

考虑在影长模型中根据经纬度和时间对各个时刻的太阳高度角求解，进而求得影子长度。现将该模型应用到实际地理背景中，已知拍摄地点为天安门广场（北纬 39°54′26″，东经 116°23′29″）时，且拍摄时间为 2015 年 10 月 22 日北京时间 9:00—15:00。此时得到杆长为 3m 的物体在各整点时的影子长度如表 3-9 所示。

表 3-9 整点时影长汇总表

时刻	9:00	10:00	11:00	12:00	13:00	14:00	15:00
影长/m	7.64432	5.27726	4.20843	3.81407	3.94894	4.65806	6.26017

分析表 3-9 中数据可得，在该时段内呈现的影子长度先减小后增大，且总大于杆子实际长度。绘制影子长度随时间连续变化曲线如图 3-6 所示。

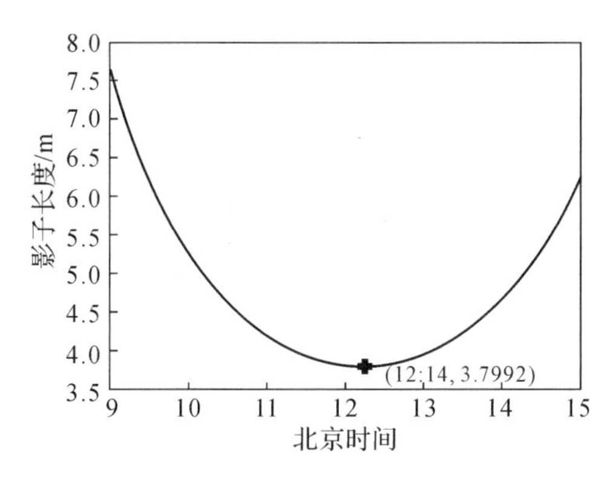

图 3-6 影长随时间连续变化曲线

分析图 3-6 中影子长度变化轨迹得到，影子长度在北京时间 12:14 时刻影子长度最短为 3.7992m，即此时刻太阳高度角最大为 38.296°。影子长度变化率先减小后增大，即越靠近北京时间 12:14 时刻，太阳高度角和影子长度单位时间的变化率越小，且曲线是连续变化的。联系实际背景可得，在北京时间 10 月 22 日，太阳直射点在南半球，且往南回归线方向移动，故相对应天安门这一地点的影子长度均大于实际长度是合理的，一定程度上也说明了模型的可靠性。

问题二

考虑对给定太阳顶点影子坐标数据，建立模型确定所观测点的地理位置。建立确定直杆所处位置与时间的数学模型，由于描述太阳状态的角度对时间十分敏感，无法直接使用北京时间，为了计算直杆所处地点，需要转换为真太阳时，即当地的地方时间，建立优化模型，运用最小二乘法使得预测影长轨迹与实际影长轨迹之间误差最小，进而得到可能的观测位置。

由问题一模型几何求解得到影长与太阳高度角之间函数关系为：

$$l=H\times\coth h$$

其中，h 为太阳高度角，$h=\arcsin(\sin\varphi\sin\delta+\cos\varphi\cos\delta\cos t)$。

考虑建立平面直角坐标系 xOy，x 轴正方向为正东，y 轴正方向为正北，则影长在 x 轴和 y 轴的分量分别为：

$$\begin{cases} x=\dfrac{l\ \sin A}{\tan h} \\ y=\dfrac{l\ \cos A}{\tan h} \end{cases}$$

其中，A 为太阳方位角。

考虑表 3-8 中所给出的 x 和 y 坐标数据没有规定坐标轴方向，由于任意两个时刻的坐标系角度是变化的，故需要统一坐标系。再用最小二乘法计算求解，将得到的影长坐标数据与真实坐标数据进行比较。坐标变换示意图如图 3-7 所示。

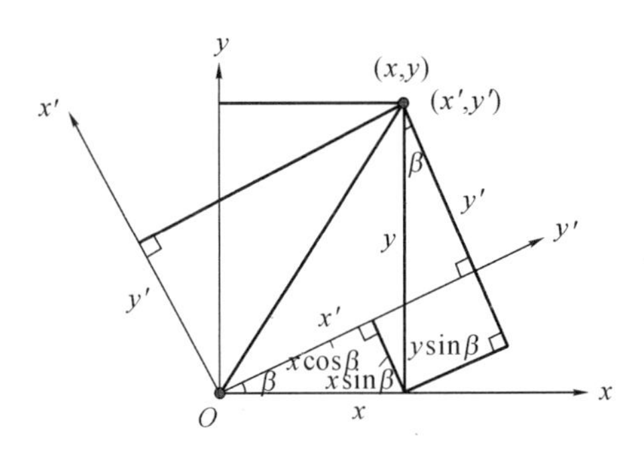

图 3-7 坐标转换示意图

将各时刻坐标系旋转 β 角后，由图 3-7 转换示意图分析得到新旧坐标变换公式为：

$$\begin{cases} x' = x\cos\beta + y\sin\beta \\ y' = -x\sin\beta + y\cos\beta \end{cases}$$

其中，β 为两平面直角坐标系变化前后旋转角度；x 和 y 为变化前坐标；x' 和 y' 为变化后坐标。

求解的目标是得到若干个可能的直杆所在地点，为使得阴影的长度和位置即轨迹与附件所给尽可能相近，利用最小二乘法建立如下优化模型。目标函数为：

$$\min f = \sum_{i=1}^{n} [(x'_i - x_i)^2 + (y'_i - y_i)^2]$$

其中，x_i 和 y_i 为真实的影子横纵坐标；x'_i 和 y'_i 为预测得到的影子横纵坐标。

约束条件为：

$$\begin{cases} \varphi \in [-90°, 90°] \\ \alpha \in [-180°, 180°] \end{cases}$$

参数关系为：

$$\begin{cases} \sin\delta = \sin\theta_{tr} \sin\left[\dfrac{360}{365.2422}(N-79)\right] \\ t = 15 \times \left(t_0 + \dfrac{\alpha - \alpha_0}{15} - 12\right) \\ h = \sin^{-1}(\sin\varphi\sin\delta + \cos\varphi\cos\delta\cos t) \end{cases}$$

对上述几何关系式中未知参数在全范围遍历使得计算得到轨迹与真实轨迹之间相对误差尽可能小，并运用最小二乘法，通过 MATLAB 对优化模型进行计算求解。通过对优化模型求解，得到满足影子轨迹最优和影子长度最优目标下的位置信息如表 3-10 所示。考虑优化模型求解后，得到通过影长优化的地理位置位于海南省。

表 3-10 优化模型求解结果

参数	经度	纬度	杆长	目标函数值
轨迹优化模型	108.48040°E	19.22691°N	2.042636m	3.99040×10^{-8}

3.3 整数规划数学模型

在某些线性规划模型中，变量取整数时才有意义。例如，不可分解产品的数目，如汽车、房屋、飞机等，或只能用整数来记数的对象。这样的线性规划称为整数线性规划，简称整数规划，记为 IP。整数规划分为两类：一类为纯整数规划，记为 PIP，它要求问题中的全部变量都取整数；另一类是混合整数规划，记之为 MIP，它的某些变量只能取整数，而其他变量则为连续变量。整数规划的特殊情况是 0－1 规划，其变量只取 0 或者 1。

例 3.5 最佳组队问题

某班准备从 5 名游泳队员中选择 4 人组成接力队，参加学校的 4×100m 混合泳接力比赛。5 名队员 4 种泳姿的百米成绩如下表所示，问应如何选拔队员组成接力队？

表 3-11 运动员训练成绩表

	甲	乙	丙	丁	戊
蝶泳	1′06″8	57″2	1′18″	1′10″	1′07″4
仰泳	1′15″6	1′06″	1′07″8	1′14″2	1′11″
蛙泳	1′27″	1′06″4	1′24″6	1′09″6	1′23″8
自由泳	58″6	53″	59″4	57″2	1′02″4

问题分析

从 5 名队员中选出 4 人组成接力队，每人一种泳姿，且 4 人的泳姿各不相同，使接力队的成绩最好。容易想到的一个办法是穷举法，组成接力队的方案共有 5！＝120 种，逐一计算并做比较，即可找到最优方案。显然，这不是解决这类问题的好办法，随着问题规模的变大，穷举法的计算量将是无法接受的。可以用 0－1 变量表示一个队员是否入选接力队，从而建立这个问题的 0－1 规划模型，借助现成的数学软件求解。

模型设计

记甲、乙、丙、丁、戊分别为队员 $i=1,2,3,4,5$；记蝶泳、仰泳、蛙泳、自由泳分别为泳姿 $j=1,2,3,4$。记队员 i 的第 j 种泳姿的百米最好成绩为 c_{ij}(s)，即：

表 3-12 运动员训练成绩表

c_{ij}	$i=1$	$i=2$	$i=3$	$i=4$	$i=5$
$j=1$	66.8	57.2	78.0	70.0	67.4
$j=2$	75.6	66.0	67.8	74.2	71.0
$j=3$	87.0	66.4	84.6	69.6	83.8
$j=4$	58.6	53.0	59.4	57.2	62.4

引入 0—1 变量 x_{ij}，若选择队员 i 参加泳姿 j 的比赛，记 $x_{ij}=1$，否则记 $x_{ij}=0$。根据组成接力队的要求，x_{ij} 应该满足两个约束条件：

- 每人最多只能入选 4 种泳姿之一；
- 每种泳姿必须有 1 人而且只能有 1 人入选；

当队员 i 入选泳姿 j 时，$c_{ij}x_{ij}$ 表示他（她）的成绩，否则 $c_{ij}x_{ij}=0$。于是接力队的成绩可以表示为 $Z=\sum_{j=1}^{4}\sum_{i=1}^{5}c_{ij}x_{ij}$，这就是该问题的目标函数。

综上，这个问题的 0—1 规划模型可写作：

$$\min Z=\sum_{j=1}^{4}\sum_{i=1}^{5}c_{ij}x_{ij}$$

$$\text{s.t.}\begin{cases}\sum_{j=1}^{4}x_{ij}\leqslant 1\\ \sum_{i=1}^{5}x_{ij}=1\\ x_{ij}\in\{0,1\}\end{cases}$$

程序设计

LINDO 程序的源代码如下：

```
Min66.8x11 + 75.6x12 + 87x13 + 58.6x14 + 57.2x21 + 66x22 + 66.4x23 + 53x24 + 78x31 +
67.8x32 + 84.6x33 + 59.4x34 + 70x41 + 74.2x42 + 69.6x43 + 57.2x44 + 67.4x51 + 71x52 +
83.8x53 + 62.4x54
s.t. x11 + x12 + x13 + x14< = 1 x21 + x22 + x23 + x24< = 1 x31 + x32 + x33 + x34< = 1
     x41 + x42 + x43 + x44< = 1 x11 + x21 + x31 + x41 = 1 x12 + x22 + x32 + x42 = 1
     x13 + x23 + x33 + x43 = 1 x14 + x24 + x34 + x44 = 1
end
int 20
```

最后一行表示 20 个决策变量全部为 0—1 变量。

```
Global optimal solution found.
Objective value:                    253.2000
Objective bound:                    253.2000
Infeasibilities:                    0.000000
Extended solver steps:              0
Total solver iterations:            0
Model Class:                        PILP
Total variables:                    20
Nonlinear variables:                0
Integer variables:                  20
Total constraints:                  9
Nonlinear constraints:              0
```

```
Total nonzeros:              52
Nonlinear nonzeros:          0
Variable    Value            Reduced Cost
X11         0.000000         66.80000
X12         0.000000         75.60000
X13         0.000000         87.00000
X14         1.000000         58.60000
X21         1.000000         57.20000
X22         0.000000         66.00000
X23         0.000000         66.40000
X24         0.000000         53.00000
X31         0.000000         78.00000
X32         1.000000         67.80000
X33         0.000000         84.60000
X34         0.000000         59.40000
X41         0.000000         70.00000
X42         0.000000         74.20000
X43         1.000000         69.60000
X44         0.000000         57.20000
X51         0.000000         67.40000
X52         0.000000         71.00000
X53         0.000000         83.80000
X54         0.000000         62.40000
```

求解得到结果为：$x_{14}=x_{21}=x_{32}=x_{43}=1$，其他变量为 0，成绩为 253.2″。即当选派甲、乙、丙、丁 4 人组成接力队，分别参加自由泳、蝶泳、仰泳、蛙泳的比赛。

例 3.6　体操队最佳阵容排序问题

有一场由四个项目(高低杠、平衡木、跳马、自由体操)组成的女子体操团体赛，赛程规定：每个队至多允许 10 名运动员参赛，每一个项目可以有 6 名选手参加。每个选手参赛的成绩评分从高到低依次为：10，9.9，9.8，…，0.1，0。每个代表队的总分是参赛选手所得总分之和，总分最多的代表队为优胜者。此外，还规定每个运动员只能参加全能比赛(四项全参加)与单项比赛这两类中的一类，参加单项比赛的每个运动员至多只能参加三项单项。每个队应有 4 人参加全能比赛，其余运动员参加单项比赛。

现某代表队的教练已经对其所带领的 10 名运动员参加各个项目的成绩进行了大量测试，教练发现每个运动员在每个单项上的成绩稳定在 4 个得分点上(见表 3-13)，她们得到这些成绩的相应概率也由统计得出(见表中第二个数据。如：8.4 和 0.15 表示取得 8.4 分的概率为 0.15)。试解答以下问题：

1. 每个选手的各单项得分按最悲观估算，在此前提下，请为该队排出一个出场阵容，使该队团体总分尽可能高。

2.若对以往的资料及近期各种信息进行分析得到:本次夺冠的团体总分估计为不少于236.2分,该队为了夺冠应排出怎样的阵容?以该阵容出战,其夺冠前景如何?得分前景(即期望值)又如何?

表 3-13 运动员各项目得分及概率分布表

	1(高低杠)		2(平衡木)		3(跳马)		4(自由体操)	
1	8.4	0.15	8.4	0.10	9.1	0.10	8.7	0.10
	9.0	0.50	8.8	0.20	9.3	0.10	8.9	0.20
	9.2	0.25	9.0	0.60	9.5	0.60	9.1	0.60
	9.4	0.10	10	0.10	9.8	0.20	9.9	0.10
2	9.3	0.10	8.4	0.15	8.4	0.10	8.9	0.10
	9.5	0.10	9.0	0.50	8.8	0.20	9.1	0.10
	9.6	0.60	9.2	0.25	9.0	0.60	9.3	0.60
	9.8	0.20	9.4	0.10	10	0.10	9.6	0.20
3	8.4	0.10	8.1	0.10	8.4	0.15	9.5	0.10
	8.8	0.20	9.1	0.50	9.0	0.50	9.7	0.10
	9.0	0.60	9.3	0.30	9.2	0.25	9.8	0.60
	10	0.10	9.5	0.10	9.4	0.10	10	0.20
4	8.1	0.10	8.7	0.10	9.0	0.10	8.4	0.10
	9.1	0.50	8.9	0.20	9.4	0.10	8.8	0.20
	9.3	0.30	9.1	0.60	9.5	0.50	9.0	0.60
	9.5	0.10	9.9	0.10	9.7	0.30	10	0.10
5	8.4	0.15	9.0	0.10	8.3	0.10	9.4	0.10
	9.0	0.50	9.2	0.10	8.7	0.10	9.6	0.10
	9.2	0.25	9.4	0.60	8.9	0.60	9.7	0.60
	9.4	0.10	9.7	0.20	9.3	0.20	9.9	0.20
6	9.4	0.10	8.7	0.10	8.5	0.10	8.4	0.15
	9.6	0.10	8.9	0.20	8.7	0.10	9.0	0.50
	9.7	0.60	9.1	0.60	8.9	0.50	9.2	0.25
	9.9	0.20	9.9	0.10	9.1	0.30	9.4	0.10
7	9.5	0.10	8.4	0.10	8.3	0.10	8.4	0.10
	9.7	0.10	8.8	0.20	8.7	0.10	8.8	0.10
	9.8	0.60	9.0	0.60	8.9	0.60	9.2	0.60
	10	0.20	10	0.10	9.3	0.20	9.8	0.20

续表

	1（高低杠）		2（平衡木）		3（跳马）		4（自由体操）	
8	8.4	0.10	8.8	0.05	8.7	0.10	8.2	0.10
	8.8	0.20	9.2	0.05	8.9	0.20	9.3	0.50
	9.0	0.60	9.8	0.50	9.1	0.60	9.5	0.30
	10	0.10	10	0.40	9.9	0.10	9.8	0.10
9	8.4	0.15	8.4	0.10	8.4	0.10	9.3	0.10
	9.0	0.50	8.8	0.10	8.8	0.20	9.5	0.10
	9.2	0.25	9.2	0.60	9.0	0.60	9.7	0.50
	9.4	0.10	9.8	0.20	10	0.10	9.9	0.30
10	9.0	0.10	8.1	0.10	8.2	0.10	9.1	0.10
	9.2	0.10	9.1	0.50	9.2	0.50	9.3	0.10
	9.4	0.60	9.3	0.30	9.4	0.30	9.5	0.60
	9.7	0.20	9.5	0.10	9.6	0.10	9.8	0.20

模型设计

通过对题目的分析可知：所有运动员的所有项目得分总和即为该团体总分，记为 P。引入 0—1 变量 x_{ij} 表示运动员 i 是否入选项目 j。b_{ij} 表示运动员 i 在项目 j 的最低得分。依题意，当运动员 i 入选项目 j 时，$b_{ij}x_{ij}$ 表示她在该项目得分最低的分数，否则 $b_{ij}x_{ij}=0$。

于是，队员在各单项得分按得分最低的分值估算时，该队团体总分可表示为：

$$P=\sum_{i=1}^{10}\sum_{j=1}^{4}b_{ij}x_{ij}$$

这就是在这种最悲观情况下该问题的目标函数。下面来分析约束条件：

由"每个队应有 4 人参加全能比赛"，即每个队参加全能比赛的人有且仅有 4 名，得：

$$\sum_{i=1}^{10}\prod_{j=1}^{4}x_{ij}=4$$

由每个项目可以有 6 名选手参加，每个项目的参赛选手不能超过 6 名，得：

$$\sum_{i=1}^{10}x_{ij}\leqslant 6$$

因此，在每个队员成绩确定的情况下，排出该队的一个出场阵容，使其团体总分尽可能高。可建立如下 0—1 规划模型：

$$\max P=\sum_{i=1}^{10}\sum_{j=1}^{4}b_{ij}x_{ij}$$

$$\text{s.t.}\begin{cases}\sum_{i=1}^{10}\prod_{j=1}^{4}x_{ij}=4\\\sum_{i=1}^{10}x_{ij}\leqslant 6\end{cases}$$

最悲观估计理解为参赛选手在各单项得分最差的情况。求解所得结果为：

表 3-14　悲观估计下运动员排布表

全能选手	高低杠	平衡木	跳马	自由操	总分
2,5,6,9	7,10	4,8	1,4	3,10	212.3

程序设计：

```
sets:
ry/1..10/;
xm/1..4/;
fa(ry,xm):b,x;
endsets
data:
b = 8.4  8.4  9.1  8.7
    9.3  8.4  8.4  8.9
    8.4  8.1  8.4  9.5
    8.1  8.7   9   8.4
    8.4   9   8.3  9.4
    9.4  8.7  8.5  8.4
    9.5  8.4  8.3  8.4
    8.4  8.8  8.7  8.2
    8.4  8.4  8.4  9.3
     9   8.1  8.2  9.1;
enddata
max = @sum(fa : b * x);
@for(xm(j):@sum(ry(i):x(i,j))< = 6);
@for(fa:@bin(x));
@sum(ry(i):@prod(xm(j):x(i,j))) = 4;
```

通过对于问题的分析，可知团队总分呈现类似正态分布。优化模型的目标函数调整如下：

$$\max \text{Prob}\left\{\sum_{i=1}^{10}\sum_{j=1}^{4} b_{ij}x_{ij} \geqslant 236.2\right\}$$

将非标准正态分布转化为标准正态分布：

$$\mu_0 = \frac{236.2 - \sum_{i=1}^{10}\sum_{j=1}^{4} e_{ij}x_{ij}}{\sqrt{\sum_{i=1}^{10}\sum_{j=1}^{4} d_{ij}x_{ij}}}$$

其中，e_{ij} 表示运动员 i 入选项目 j 时的平均得分，d_{ij} 表示运动员 i 入选项目 j 时的得分方差。

$$\text{Prob}\{\mu \geqslant \mu_0\} = 1 - \phi(\mu_0)$$

为了使得 Prob$\{\mu \geqslant \mu_0\}$获得最大值，可以转化为 $\phi(\mu_0)$的最小值。可以建立如下的优化数学模型：

$$\min \frac{236.2-\sum_{i=1}^{10}\sum_{j=1}^{4}e_{ij}x_{ij}}{\sqrt{\sum_{i=1}^{10}\sum_{j=1}^{4}d_{ij}x_{ij}}}$$

$$\text{s. t.}\begin{cases}\sum_{i=1}^{10}\prod_{j=1}^{4}x_{ij}=4\\ \sum_{i=1}^{10}x_{ij}\leqslant 6\end{cases}$$

3.4　多目标规划数学模型

多目标规划问题是数学规划的一个分支。研究多于一个目标函数在给定区域上的最优化，又称多目标最优化。在很多实际问题中，例如经济、管理、军事、科学和工程设计等领域，衡量一个方案的好坏往往难以用一个指标来判断，而需要用多个目标来比较，而这些目标有时不甚协调，甚至是矛盾的。因此，有许多学者致力于这方面的研究。1896 年法国经济学家帕雷托最早研究不可比较目标的优化问题，许多数学家做了深入的探讨，但尚未有一个完全令人满意的定义。

求解多目标规划的方法大体上有以下几种：一种是化多为少的方法，即把多目标化为比较容易求解的单目标，如主要目标法、线性加权法、理想点法等；另一种叫分层序列法，即把目标按其重要性给出一个序列，每次都在前一目标最优解集内求下一个目标最优解，直到求出共同的最优解。

例 3.7　选课策略

某学校规定，运筹学专业的学生毕业时必须至少学习过两门数学课、三门运筹学课程和两门计算机课。这些课程的编号、名称、学分、所属类别和先修课程要求如表 3-15 所示。如果某个学生既希望选修课的数量少，又希望所获得的学分多，它可以选择哪些课程。

表 3-15　课程信息表

课程编号	课程名称	学分	所属类别	先修课要求
1	微积分	5	数学	
2	线性代数	4	数学	
3	最优化方法	4	数学，运筹学	微积分，线性代数
4	数据结构	3	数学，计算机	计算机编程
5	应用统计	4	数学，运筹学	微积分，线性代数
6	计算机模拟	3	计算机，运筹学	计算机编程

续表

课程编号	课程名称	学分	所属类别	先修课要求
7	计算机编程	2	计算机	
8	预测理论	2	运筹学	应用统计
9	数学实验	3	运筹学,计算机	微积分,线性代数

模型设计

用 0—1 变量 $x_i=1$ 表示选修表中按编号顺序的 9 门课程($x_i=0$ 表示不选,$i=1,2,\cdots,9$)。问题的目标之一为选修的课程总数最少,即:

$$\min Z=\sum_{i=1}^{9}x_i$$

约束条件包括两个方面:

1.每人最少要 2 门数学课程、3 门运筹学课程和 2 门计算机课程。根据表中对每门课程所属类别的划分,这一约束可以表示为:

$$\begin{cases}x_1+x_2+x_3+x_4+x_5\geqslant 2\\x_3+x_5+x_6+x_8+x_9\geqslant 3\\x_4+x_6+x_7+x_9\geqslant 2\end{cases}$$

2.某些课程有先修课程的要求。例如“数据结构”的先修课程是“计算机编程”,这意味着如果 $x_4=1$,必须 $x_7=1$,这个条件可以表示为 $x_4\leqslant x_7$。“最优化方法”的先修课是“微积分”和“线性代数”的条件可表示为 $x_3\leqslant x_1$,$x_3\leqslant x_2$。这样,所有课程的先修课程要求可表示为如下的约束:

$$\begin{cases}x_3\leqslant x_1\\x_3\leqslant x_2\\x_4\leqslant x_7\\x_5\leqslant x_1\\x_5\leqslant x_2\\x_6\leqslant x_7\\x_8\leqslant x_5\\x_9\leqslant x_1\\x_9\leqslant x_2\end{cases}$$

如果一个学生既希望选修课程数少,又希望所获得的学分数尽可能多,则另有一个目标函数:

$$\max W=5x_1+4x_2+4x_3+3x_4+4x_5+3x_6+2x_7+2x_8+3x_9$$

我们把只有一个优化目标的规划问题称为单目标规划,而将多于一个目标的规划问题称为多目标规划。多目标规划的目标函数相当于一个向量:

$$\min(Z,-W)$$

上面符号为“向量最小化”的意思,注意其中已经通过对 W 取负号而将最大化变成最小化问题。

要得到多目标规划问题的解，通常需要知道决策者对每个目标的重视程度，称为偏好程度（权重分别为 a，b）。其中加权形式是最简单的一种。

$$\min(a\times Z-b\times W)$$

程序设计

```
min = x1 + x2 + x3 + x4 + x5 + x6 + x7 + x8 + x9;
x3 - x1<= 0;
x3 - x2<= 0;
x4 - x7<= 0;
x5 - x1<= 0;
x5 - x2<= 0;
x6 - x7<= 0;
x8 - x5<= 0;
x9 - x1<= 0;
x9 - x2<= 0;
x1 + x2 + x3 + x4 + x5>= 2;
x3 + x5 + x6 + x8 + x9>= 3;
x4 + x6 + x7 + x9>= 2;
@gin(x1);@gin(x2);@gin(x3);@gin(x4);@gin(x5);@gin(x6);@gin(x7);@gin(x8);
@gin(x9);
```

```
Global optimal solution found.
Objective value:                    6.000000
Objective bound:                    6.000000
Infeasibilities:                    0.000000
Extended solver steps:              0
Total solver iterations:            0

Variable        Value           Reduced Cost
      x1        1.000000        1.000000
      x2        1.000000        1.000000
      x3        1.000000        1.000000
      x4        0.000000        1.000000
      x5        0.000000        1.000000
      x6        1.000000        1.000000
      x7        1.000000        1.000000
      x8        0.000000        1.000000
      x9        1.000000        1.000000
```

例 3.8　一个飞行管理问题

在约 10000m 高空的某边长 160km 的正方形区域内，经常有若干架飞机作水平飞行，区域内每架飞机的位置和速度向量均由计算机记录其数据，以便进行飞行管理。当一架欲进入该区域的飞机到达边界区域边缘时，记录其数据后，要立即计算并判断是否会与其区域内的飞机发生碰撞。如果会碰撞，则应计算如何调整各架飞机飞行的方向角，以避免碰撞。现假设条件如下：

- 不碰撞的标准为任意两架飞机的距离大于 8km；
- 飞机飞行方向角调整的幅度不应超过 30°；
- 所有飞机飞行速度均为每小时 800km；
- 进入该区域飞机在到达区域边缘时，与区域内飞机的距离应在 60km 以上；
- 最多考虑 6 架飞机。

请你对这个避免碰撞的飞行管理问题建立数学模型。列出计算步骤，对以下数据进行计算(方向角误差不超过 0.01°)，要求飞机飞行方向角调整的幅度尽量小。注：方向角指飞行方向与 x 轴正向的夹角。

设区域 4 个顶点坐标为(0,0)，(160,0)，(160,160)，(0,160)。记录数据为：

飞机编号	横坐标 x/km	纵坐标 y/km	方向角/°
1	150	140	243
2	85	85	236
3	150	155	220.5
4	145	50	159
5	130	150	230
新进入	0	0	52

模型设计

首先，分析两架飞机不碰撞的条件。假设第 i 架飞机的初始位置表示为$(x_i^0, y_i^0, \theta_i^0)$。因此，$t$ 时刻第 i 架飞机的位置表示如下：

$$\begin{cases} x_i^t = x_i^0 + vt\cos\theta_i \\ y_i^t = y_i^0 + vt\sin\theta_i \end{cases}$$

$$\theta_i = \theta_i^0 + \Delta\theta_i$$

第 i 架飞机与第 j 架飞机不相撞的条件表达如下：

$$r_{ij}(t) = \sqrt{(x_i^t - x_j^t)^2 + (y_i^t - y_j^t)^2} > 8, 0 \leqslant t \leqslant \min\{T_i, T_j\}$$

其中，T_i 表示第 i 架飞机离开该区域时间，$\Delta\theta_i$ 表示第 i 架飞机的调整角度。

$$T_i = \mathrm{argmin}\{t>0: x_i^0 + vt\cos\theta_i = 0 \text{ or } x_i^0 + vt\cos\theta_i = 160 \text{ or } y_i^0 + vt\theta_i = 0 \text{ or } y_i^0 + vt\sin\theta_i = 160\}$$

最后的优化模型可以表达如下：

$$\min \sum_{i=1}^{6} |\Delta\theta_i|^2$$

$$\begin{cases} r_{ij}(t) = \sqrt{(x_i^t - x_j^t)^2 + (y_i^t - y_j^t)^2} > 8, 0 \leqslant t \leqslant \min\{T_i, T_j\} \\ \Delta\theta_i \leqslant \dfrac{\pi}{6} \end{cases}$$

通过LINGO软件计算可以得到最优的飞机角度调整模型。请问：以上的优化模型在建立的过程中是否需要修正呢？

在获得最小总调整角度下，可以有多种的决策方案，这也是LINGO软件求解的一个缺陷。因此，在获得最小总调整角度的同时，使得最大的调整角度最小。建立新的数学模型如下：

$$\min \max\{|\Delta\theta_i|\}$$

$$\begin{cases} r_{ij}(t) = \sqrt{(x_i^t - x_j^t)^2 + (y_i^t - y_j^t)^2} \leqslant 8, 0 \leqslant t \leqslant \min\{T_i, T_j\} \\ \Delta\theta_i \leqslant \dfrac{\pi}{6} \\ \sum\limits_{i=1}^{6} |\Delta\theta_i|^2 = \text{opt} \end{cases}$$

例 3.9　创意平板折叠桌

某公司生产一种可折叠的桌子，桌面呈圆形，桌腿随着铰链的活动可以平摊成一张平板（如图3-8所示）。桌腿由若干根木条组成，分成两组，每组各用一根钢筋将木条连接，钢筋两端分别固定在桌腿各组最外侧的两根木条上，并且沿木条有空槽以保证滑动的自由度（见图3-9）。桌子外形由直纹曲面构成，造型美观。

试建立数学模型讨论如下问题：折叠桌的设计应做到产品稳固性好、加工方便、用材最少。对于任意给定的折叠桌高度和圆形桌面直径的设计要求，讨论长方形平板材料和折叠桌的最优设计加工参数，如平板尺寸、钢筋位置、开槽长度等。对于桌高70cm、桌面直径80cm的情形，确定最优设计加工参数。

图3-8　平板折叠桌示意图

图3-9　平板折叠桌示意图

说明：本例题源自全国大学生数学建模竞赛

问题分析

本问题需要调整桌子的加工参数，使得桌子的稳固性好、加工方便、用材少。在给定桌子高度和桌面直径的情况下，可以调整的参数有：木板长度、木板厚度、桌腿宽度和钢筋位置。

桌子的稳固性可以从被压垮的难度、发生侧翻的难度以及桌腿的强度3方面进行分析。桌子的用料直接由木板的尺寸决定。桌子的加工过程主要是桌腿的开槽过程，因此，可以从开槽的深度、开槽的长度以及开槽的宽度占桌腿厚度的比例来评价桌子加工的难度。因此，要综合分析桌子的性能，只要对上述7个指标进行综合评价即可。利用多指标评价的方法，可以获得桌子加工参数的优取值。

模型设计

本问题需要调整桌子的加工参数，使得桌子的稳固性好、加工方便、用材少。这是一个典型的多目标规划数学问题。

稳固性的表现形式有三种：首先，在正常承重的情况下，桌子不能被轻易压垮；其次，在桌面一端受力时，桌子应该不易发生侧翻；另外，桌腿的粗细影响了桌腿的强度，桌腿的强度越大，桌子越牢固。对于用料的多少，在给定桌子直径的情况下，桌子的用料完全由长方形木板长度和厚度决定。而桌子的加工过程主要是对桌腿的开槽过程。因此，槽的长度和深度决定了加工的难度，槽越长，加工难度越大，槽越深，加工难度也越大。同时，桌腿的厚度决定了空槽和桌腿表面之间的距离，这个距离越小，加工难度越大。

综上所示，可以使用7个指标来综合评价桌子的性能：不易压垮的程度、不易侧翻的程度、桌腿的强度、木板的尺寸、开槽的长度、开槽的深度和桌腿的厚度。

选择用TOPSIS方法完成该多目标规划问题。按照分析，提取出如表3-16所示7个指标，并给出了每个指标所占的权重。认为桌子性能的重要性：稳固性＞用料＞加工难度。故表中各类指标权重大小之和的比例为7∶4∶3。由于稳固性越大越好，用料越少越好，加工难度越小越好，为了让TOPSIS统一按正理想解进行优化，取稳固性的权重为正值，用料和加工难度的权重为负值。

表3-16　多目标评价权重分析表

指标	不易压垮	不易侧翻	桌腿强度	木板尺寸	开槽长度	开槽深度	桌腿厚度
指标权重	2	3	3	−4	−1	−1	−1
所属类别	稳固性			用料	加工难度		
类别权重	7			−4	−3		

TOPSIS的具体算法步骤如下：

数据规范化处理：设多属性决策问题的决策矩阵 $A=(a_{ij})_{m\times n}$，规范化决策矩阵为 $B=(b_{ij})_{m\times n}$。

$$b_{ij}=\frac{a_{ij}}{\sqrt{\sum_{i=1}^{m}a_{ij}^2}}$$

构成加权矩阵：决策人给定各属性的权重 $w=(w_1,w_2,\cdots,w_n)$，加权矩阵计算如下：

$$x_{ij}=w_j\times b_{ij}$$

确定正负理想解：X^+、X^- 分别表示正理想解与负理想解。x_j^+、x_j^- 分别表示第 j 项指标的最优值与最劣值。

计算第 i 种备选方案到正负理想解的距离：

$$\begin{cases}D_i^+=\sqrt{\sum_{j=1}^{n}(x_j^+-x_{ij})^2}\\D^-=\sqrt{\sum_{j=1}^{n}(x_j^--x_{ij})^2}\end{cases}$$

计算第 i 种备选方案的综合评价指数：

$$f_i^* = \frac{D_i^-}{D_i^- + D_i^+}$$

f_i^* 的值越大，表示第 i 种备选方案越好。

指标 1：考虑桌子被压垮的情况

在桌面完全展开时，存在着内扣的桌腿，这些桌腿与外侧桌腿构成三角形稳定结构，对桌子的稳固性起着重要的作用。首先，在钢筋不存在的情况下，木条受重力 G_1 的作用。同时，由于上端铰链对桌腿有沿桌腿方向向上的拉力 F_L，桌腿有向外运动的趋势，为了使得受力平衡，钢筋对桌腿提供了一个垂直桌腿向内的支持力 T。于是钢筋受垂直桌腿向外的反作用力 T。

于是，可以进行外侧桌腿的受力情况。首先，外侧桌腿受到自身重力 G_2，桌面通过铰链传递的压力 F，以及地面的支撑力 N。而内扣的桌腿则通过钢筋传递了一部分重力给外侧桌腿，方向斜向下，记为 T。尽管钢筋的密度比木条大，但是由于钢筋的体积远小于中间桌腿的体积，故将钢筋的重力忽略不计，近似认为 T 的方向和内扣桌腿方向垂直。同时，为了使得外侧桌腿受力平衡，地面提供了静摩擦力 f。

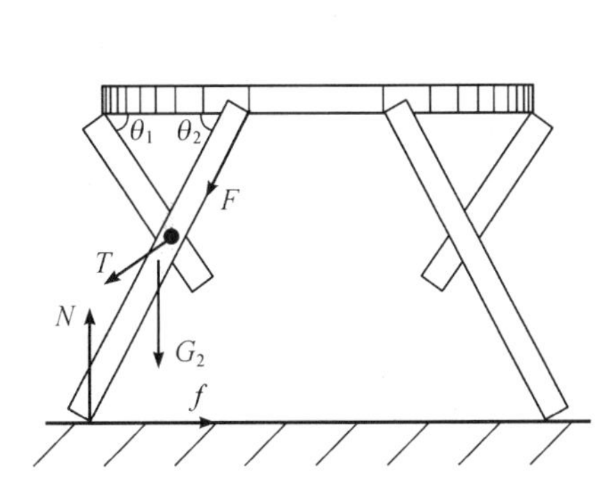

图 3-10　外侧桌腿的受力分析图

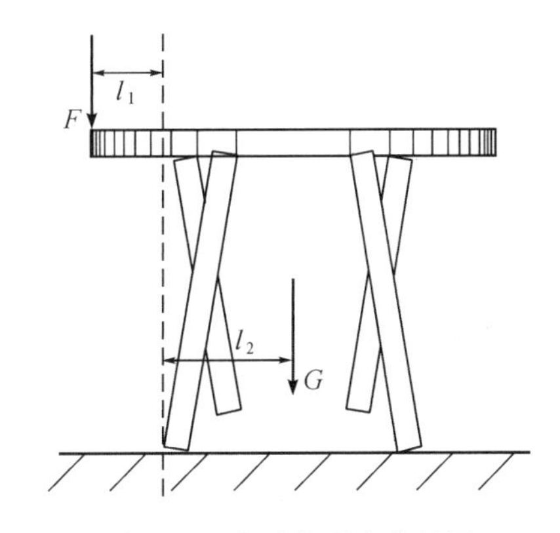

图 3-11　桌子的受力分析图

外侧桌腿的旋转角越大，能够使得桌子越不容易滑倒。基于上述结果，本文给出评价桌子稳固性的第一个指标：

$$Z_1 = \cos\theta_1 + \sin\theta_2$$

该指标反映了桌子在压力作用下，桌腿被撑开的可能性大小，其值越大，桌子越不容易滑倒。

指标 2：考虑桌子侧翻的情况

另一方面，在桌子边缘受力时，就有可能发生侧翻。若外侧桌腿的支撑点在桌面投影以内，在桌面边缘受力时，受力情况如图 3-11 所示。

经过分析，可以知道桌子本身的结构具有一定的稳固性。故在此情况下，可以认为桌子是一个刚体，对其进行受力分析，则有力矩平衡。于是，桌面边缘所能够承受的最大压力为：

$$F = \frac{Gl_2}{l_1}$$

桌子的重力 G 是固定的，要使桌子不易被掀翻，只要使得 l_2/l_1 的值尽可能大即可。于是，得到评价桌子稳固性的第二个指标：

$$Z_2=l_2/l_1$$

该指标的值越大，表示桌子稳固性越好。

指标 3：考虑桌腿的强度

该折叠桌的承重桌腿为外侧的桌腿，该桌腿越粗，则它的承重能力越强。桌腿的粗细可以用其截面面积来表示：

$$S=H\times\Delta W$$

其中，H 表示长方形平板的厚度，ΔW 表示桌腿宽度。

由于当桌腿足够粗时，若再增加桌腿的截面面积，使得其强度超过了使用范围，其意义就不大了。所以认为当桌腿截面的面积较小时，它对强度的贡献增长较快，而当桌腿截面的面积较大时，其对强度的贡献几乎不增长。于是选取桌腿强度的评价指标如下：

$$Z_3=1-\left(\frac{1}{2}\right)^{H\times\Delta W}$$

该指标的值越大，表示桌子的稳固性越好。

指标 4：考虑木板尺寸

显然，用料的多少由长方形木板的尺寸决定。在宽度 W 给定的情况下，木板的尺寸由长度 L 和厚度 H 共同决定，从而得出用料的评价指标：

$$Z_4=L\times H$$

该指标的值越大，表示桌子用料越多。

指标 5：考虑开槽长度

对于某一条桌腿，设其长度为 ρ，而需开槽长度为 l。开槽长度越长，加工难度越大。由于桌腿长短不一。使用相对长度来评价某一条桌腿上的相对槽长。可以认为：随着相对长度的增大，加工难度单调递增，相对长度越接近 1，加工难度增长越快。相对长度为 0 时，加工难度为 0；相对长度为 1 时，由于桌腿已被凿穿，故加工难度无穷大。于是，使用如下函数作为评价加工难度的第一个指标：

$$Z_5=\ln\frac{1}{1-\frac{l}{\rho}}$$

该指标的值越大，表示加工难度越大。

指标 6：考虑开槽深度

桌腿的宽度 ΔW 即桌腿开槽的深度。开槽深度越大，加工难度越大。但如果 ΔW 过小，则所需加工的桌腿数目 $W/\Delta W$ 就会过大，使得加工难度也随之变大。

因此，当开槽深度小于一定数值时，加工难度单调递减。当开槽深度大于某一值时，加工难度单调递增。于是，选取评价加工难度的第二个指标如下：

$$Z_6=\Delta W+\frac{6.25}{\Delta W}$$

该指标的值越大，表示加工难度越大。

指标 7:考虑桌腿的厚度

在开槽时,若空槽的宽度和桌腿的厚度越接近,则桌腿越容易被凿断,加工难度也就越大。设钢筋的直径为 H_0,桌腿的厚度为 H,则首先需要满足 $H>H_0$,若 H_0/H 的值越接近 1,则表示加工难度增长越快;若 H_0/H 的值越接近 0,则表示加工难度越小。于是,选取如下指标作为评价加工难度的第三个指标:

$$Z_7=\ln \frac{1}{1-\dfrac{H_0}{H}}$$

综上所述,可以给出了进行 TOPSIS 多目标规划的数学模型:

$$\begin{cases} f_i^* = \dfrac{D_i^-}{D_i^- + D_i^+} \\ D_i^+ = \sqrt{\sum\limits_{j=1}^{7}(Z_j^+ - Z_{ij})^2} \\ D_i^- = \sqrt{\sum\limits_{j=1}^{7}(Z_j^- - Z_{ij})^2} \end{cases}$$

按题意取桌面直径 $W=80$,桌高 $h=70$ 的情况,取参数木板长度 L、木板厚度 H、桌腿宽度 ΔW、钢筋位置 K。各优化参数的取值范围为:$(L,H,\Delta W,K)\in[160,180]\times[1,5]\times[2,8]\times[0.4,0.6]$。其中,$K$ 表示外侧桌腿上钢筋到铰链的距离是桌腿长度的 K 倍。同时,认为钢筋的直径 $H_0=1$,即木板的厚度 H 最小值为 1。

通过 MATLAB 编程求解,得到加工参数的优取值如表 3-17 所示。

表 3-17　加工参数表

参数	木板长度	木板厚度	桌腿宽度	钢筋位置
取值	172	3	5.71	0.4

由对称性,只给出其中 1/4 的桌腿的长度和对应的开槽长度如表 3-18 所示。

表 3-18　桌腿长度和开槽长度表

桌腿长度	71.1539	61.2564	55.3606	51.359	48.638	46.9292	46.1022
开槽长度	0.0000	8.2377	14.8421	20.0132	23.8120	26.3023	27.5343

3.5　目标规划数学模型以及贯序式算法

传统的线性规划与非线性规划模型有如下局限性:

• 传统的规划模型要求所求解的问题必须满足全部的约束条件,而实际问题中并非所有约束都需要严格的满足;

• 传统的规划模型只能处理单目标的优化问题,而对一些次目标只能转化为约束处理。

而在实际问题中,目标和约束时可以相互转化的,处理时不一定要严格区分;

• 传统的规划模型寻求最优解,而许多实际问题只需要找到满意解就可以了;

• 传统的规划模型处理问题时,将各个约束(也可看作目标)的地位看成同等重要,而在实际问题中,各个目标的重要性既有层次上的差别,也有在同一层次上不同权重的差别。

为了克服传统的规划模型的局限性,目标规划采用如下手段:

设置偏差变量:用偏差变量(deviational variables)来表示实际值与目标值之间的差异,令 d^+ 为超出目标的差值,称为正偏差变量;d^- 为未达到目标的差值,其中 d^+ 与 d^- 至少有一个为0。当实际值超过目标值时,有 $d^-=0,d^+>0$;当实际值未达到目标值时,有 $d^+=0$,$d^->0$;当实际值与目标值一致时,有 $d^+=d^-=0$。

在目标规划中,约束条件可以分为两类。一类是对资源有严格限制的约束条件,用严格的等式或不等式约束来处理,构成刚性约束;另一类是可以不严格限制的,连同原规划模型的目标,构成柔性约束。可以分析得到,如果希望不等式保持大于等于,则极小化负偏差;如果希望不等式保持小于等于,则极小化正偏差;如果希望等式保持等式,则同时极小化正、负偏差。

目标的优先级与权系数:在目标规划模型中,目标的优先级分成两个层次。第一个层次是目标分成不同的优先级,在计算目标规划时,必须先优化高优先级的目标,然后再优化低优先级的目标。通常以 $P_1,P_2,\cdots$ 表示不同的因子,并规定 $P_k \gg P_{k+1}$。第二个层次是目标处于同一优先级,但两个目标的权重不一样。因此,两目标同时优化,但用权重系数的大小来表示目标重要性的差别。

目标规划的一般模型如下:

设 x_j 是目标规划的决策变量,共有 m 个约束条件是刚性约束,可能是等式约束,也可能是不等式约束。设有 l 个柔性目标约束条件,其目标规划约束的偏差为 d^+,d^-。设有 q 个优先级别,分别为 $P_1,P_2,\cdots,P_q$。在同一个优先级 P_k 中,有不同的权重,分别记为 w_{kj}^+,w_{kj}^- $(j=1,2,\cdots,l)$。因此目标规划一般数学表达式:

$$\min z=\sum_{k=1}^{q}P_k\sum_{j=1}^{l}(w_{kj}^+d_j^+ + w_{kj}^-d_j^-)$$

$$\begin{cases}\sum\limits_{j=1}^{n}a_{ij}x_j \leqslant (=,\geqslant) b_i & i=1,2,\cdots,m\\ \sum\limits_{j=1}^{n}c_{ij}x_j + d_i^+ + d_i^- = g_i & i=1,2,\cdots,l\\ x_j \geqslant 0 & j=1,2,\cdots,n\\ d_i^+ \geqslant 0, d_i^- \geqslant 0 & i=1,2,\cdots,l\end{cases}$$

例 3.10　笔记本电脑生产销售问题

某计算机公司生产三种型号的笔记本电脑 A、B、C。这三种笔记本电脑需要在复杂的装配线上生产,生产1台 A、B、C 型号的笔记本电脑分别需要 5h,8h,12h。公司装配线在正常的生产时间是每月 1700h。公司营业部门估计 A,B,C 三种笔记本电脑的利润分别是 1000 元,1440 元,2520 元,而公司预计这个月生产的笔记本电脑能够全部售出。公司经理考虑以下目标：

第一目标：充分利用正常的生产能力，避免开工不足；

第二目标：优先满足老顾客的需求，A，B，C 三种型号的电脑 50 台，50 台，80 台，同时根据三种电脑的纯利润分配不同的权重因子；

第三目标：限制装配线加班时间，不允许超过 200h；

第四目标：满足各种型号电脑的销售目标，A，B，C 型号分别为 100 台，120 台，100 台，再根据三种电脑的纯利润分配不同的。

模型设计

装配线正常生产：设生产 A，B，C 型号的电脑分别为 x_1，x_2，x_3 台，d_1^- 为装配线正常生产时间未利用数，d_1^+ 为装配线加班时间。希望装配线正常生产，避免开工不足，因此装配线目标约束可以表示为：

$$\begin{cases} \min\ d_1^- \\ 5x_1+8x_2+12x_3+d_1^- -d_1^+ =1700 \end{cases}$$

销售目标：优先满足老客户的需求，并根据三种电脑的纯利润分配不同的权因子。A，B，C 三种型号电脑每小时的利润是 1000/5，1440/8，2520/12。因此，老客户的销售目标约束可以表示为：

$$\begin{cases} \min\ 20d_2^- +18d_3^- +21d_4^- \\ x_1+d_2^- -d_2^+ =50 \\ x_2+d_3^- -d_3^+ =50 \\ x_3+d_4^- -d_4^+ =80 \end{cases}$$

再考虑一般销售，类似上面的讨论，得到：

$$\begin{cases} \min\ 20^- d_5+18d_6^- +21d_7^- \\ x_1+d_5^- -d_5^+ =100 \\ x_2+d_6^- -d_6^+ =120 \\ x_3+d_7^- -d_7^+ =100 \end{cases}$$

加班限制：首先是限制装配线加班时间，不允许超过 200h，因此得到：

$$\begin{cases} \min\ d_8^8 \\ 5x_1+8x_2+12x_3+d_8^- -d_8^+ =1900 \end{cases}$$

其次装配线的加班时间尽可能少，即：

$$\begin{cases} \min\ d_1^+ \\ 5x_1+8x_2+12x_3+d_1^- -d_1^+ =1700 \end{cases}$$

写出目标规划的数学模型：

$$\min z=P_1d_1^- +P_2(20d_2^- +18d_3^- +21d_4^-)+P_3(20d_5^- +18d_6^- +21d_7^-)+P_4d_8^+ +P_5d_1^+$$

$$\begin{cases}5x_1+8x_2+12x_3+d_1^- -d_1^+=1700\\x_1+d_2^- -d_2^+=50\\x_2+d_3^- -d_3^+=50\\x_3+d_4^- -d_4^+=80\\x_1+d_5^- -d_5^+=100\\x_2+d_6^- -d_6^+=120\\x_3+d_7^- -d_7^+=100\\5x_1+8x_2+12x_3+d_8^- -d_8^+=1900\end{cases}$$

经 5 次计算得到 $x_1=100, x_2=55, x_3=80$。装配线生产时间为 1900h，满足装配线加班时间不超过 200h 的要求。能够满足老客户的需求，但未能达到销售目标。销售总利润为 380800 元。

程序设计

```
sets:
Level/1..5/: P, z, Goal;
Variable/1..3/: x;
S_Con_Num/1..8/: g, dplus, dminus;
S_Cons(S_Con_Num, Variable): C;
Obj(Level, S_Con_Num): Wplus, Wminus;
endsets
data:
P = ? ? ? ? ?;
Goal = ?, ?, ?, ?, 0;
g = 1700 50 50 80 100 120 100 1900;
C = 5 8 12 1 0 0 0 1 0 0 0 1 1 0 0 0 1 0 0 0 1 5 8 12;
Wplus = 0 0 0 0 0 0 0 00 0 0 0 0 0 0 0 0 0 0 0 0 0 0 1 0 0 0 0 0 0 0 01 0 0 0 0 0 0 0;
Wminus = 1 0 0 0 0 0 0 00 20 18 21 0 0 0 0 0 0 0 0 0 0 0 0 0 0 0 0 20 18 21 0 0 0 0 00 0 0 0;
enddata
min = @sum(Level: P * z);
@for(Level(i):z(i) = @sum(S_Con_Num(j):Wplus(i,j) * dplus(j))
 + @sum(S_Con_Num(j): Wminus(i,j) * dminus(j)));
@for(S_Con_Num(i):@sum(Variable(j): C(i,j) * x(j)) + dminus(i) - dplus(i) = g(i););
@for(Level(i) | i #lt# @size(Level):@bnd(0, z(i), Goal(i)););
```

例 3.11　工厂生产销售问题

已知三个工厂生产的产品供应给四个用户，各工厂生产量、用户需求及从各工厂到用户的单位产品的运输费用如表 3-19 所示。由于总生产量小于总需求量，上级部门经研究后，制订了调配方案 8 项指标，并制订了重要性次序。

表 3-19　运输信息表

	生产量	从工厂到用户的单位产品运输费/元			
		用户 1	用户 2	用户 3	用户 4
工厂 1	300	5	2	6	7
工厂 2	200	3	5	4	6
工厂 3	400	4	5	2	3

用户需求量

用户	1	2	3	4
需求量	200	100	450	250

第一目标:用户 4 为重要部门,需求量必须全部满足;

第二目标:供应用户 1 的产品中,工厂 3 的产品不少于 100 个单位;

第三目标:每个用户的满足率不低于 80%;

第四目标:应尽量满足各用户的需求;

第五目标:新方案的总运费不超过原方案的 10%;

第六目标:因道路限制,工厂 2 到用户 4 的线路应尽量避免运输任务;

第七目标:用户 1 和用户 3 的满足率应尽量保持平衡;

第八目标:力求减少总运费;

请列出相应的目标规划模型。

模型设计

设 x_{ij} 为工厂 i 调配给用户 j 的运量。供应约束应严格满足,即:

$$\begin{cases} x_{11}+x_{12}+x_{13}+x_{14}\leqslant 300 \\ x_{21}+x_{22}+x_{23}+x_{24}\leqslant 200 \\ x_{31}+x_{32}+x_{33}+x_{34}\leqslant 400 \end{cases}$$

供应用户 1 的产品中,工厂 3 的产品不少于 100 个单位,即:

$$x_{31}+d_1^- - d_1^+ = 100$$

需求约束,各用户的满足率不低于 80%,即:

$$\begin{cases} x_{11}+x_{21}+x_{31}+d_2^- - d_2^+ = 160 \\ x_{12}+x_{22}+x_{32}+d_3^- - d_3^+ = 80 \\ x_{13}+x_{23}+x_{33}+d_4^- - d_4^+ = 360 \\ x_{14}+x_{24}+x_{34}+d_5^- - d_5^+ = 200 \end{cases}$$

应尽量满足各用户的需求,即:

$$\begin{cases} x_{11}+x_{21}+x_{31}+d_6^- - d_6^+ = 200 \\ x_{12}+x_{22}+x_{32}+d_7^- - d_7^+ = 100 \\ x_{13}+x_{23}+x_{33}+d_8^- - d_8^+ = 450 \\ x_{14}+x_{24}+x_{34}+d_9^- - d_9^+ = 250 \end{cases}$$

新方案的总运费不超过原方案的 10%(原运输方案的运输费用为 2950 元),即:

$$\sum_{i=1}^{3}\sum_{j=1}^{5} c_{ij}x_{ij} + d_{10}^- - d_{10}^+ = 3245$$

工厂 2 到用户 4 的线路应尽量避免运输任务,即:

$$x_{24}+d_{11}^- - d_{11}^+ = 0$$

用户 1 和用户 3 的满足率应尽可能保持平衡，即：

$$(x_{11}+x_{21}+x_{31})-200/450(x_{13}+x_{23}+x_{33})+d_{12}^{-}-d_{12}^{+}=0$$

力求总运费最少，即：

$$\sum_{i=1}^{3}\sum_{j=1}^{5}c_{ij}x_{ij}+d_{13}^{-}-d_{13}^{+}=2950$$

目标函数为：

$$\min z=P_1 d_{+}^{-} P_2 d_1^{-}+P_3(d_2^{-}+d_3^{-}+d_4^{-}+d_5^{-})+P_3(d_2^{-}+d_3^{-}+d_4^{-}+d_5^{-})+P_4(d_6^{-}+d_7^{-}+d_8^{-}+d_9^{-})+P_5(d_{10}^{+}+P_6 d_{11}^{+})+P_7(d_{12}^{-}+d_{12}^{+})+P_8 d_{13}^{+}$$

程序设计

```
model:
sets:
Level/1..8/:P,z,Goal;
S_Con_Num/1..13/:dplus,dminus;
Plant/1..3/:a;
Customer/1..4/:b;
Routes(Plant,Customer):c,x;
Obj(Level,S_Con_Num):Wplus,Wminus;
endsets
data:
P = ? ? ? ? ? ? ? ?;
Goal = ? ? ? ? ? ? ? 0;
a = 300 200 400;
b = 200 100 450 250;
c = 5 2 6 7 3 5 4 6 4 5 2 3;
Wplus = 0 0 0 0 0 0 0 0 0 0 0 0 0 0 0 0 0 0 0 0 0 0 0 0 0 0 0 0 0 0 0 0 0 0 0 0 0 0 0 0 0 0 0 0
0 0 0 0 0 0 0 0 0 0 0 0 0 0 0 0 0 1 0 0 0 0 0 0 0 0 0 0 0 0 0 1 0 0 0 0 0 0 0 0 0 0 0 0 0 1 0 0 0 0 0
0 0 0 0 0 0 0 0 0;
Wminus = 0 0 0 0 0 0 0 0 1 0 0 0 0 1 0 0 0 0 0 0 0 0 0 0 0 0 0 1 1 1 1 0 0 0 0 0 0 0 0 0 0 0 0 0
1 1 1 1 0 0 0 0 0 0 0 0 0 0 0 0 0 0 0 0 0 0 0 0 0 0 0 0 0 0 0 0 0 0 0 0 0 0 0 0 0 0 0 0 0 1 0 0 0 0 0
0 0 0 0 0 0 0 0 0;
enddata
min = @sum(Level : P * z);
@for(Level(i):z(i) = @sum(S_Con_Num(j):Wplus(i,j) * dplus(j)) + @sum(S_Con_Num
(j):Wminus(i,j) * dminus(j)));
@for(Plant(i):@sum(Customer(j):x(i,j))< = a(i));
x(3,1) + dminus(1) - dplus(1) = 100;
@for(Customer(j):@sum(Plant(i):x(i,j)) + dminus(1 + j) - dplus(1 + j) = 0.8 * b(j);
@sum(Plant(i):x(i,j)) + dminus(5 + j) - dplus(5 + j) = b(j););
@sum(Routes : c * x) + dminus(10) - dplus(10) = 3245;
x(2,4) + dminus(11) - dplus(11) = 0;
```

```
@sum(Plant(i):x(i,1)) - 20/45 * @sum(Plant(i):x(i,3)) + dminus(12) - dplus(12) = 0;
@sum(Routes : c * x) + dminus(13) - dplus(13) = 2950;
@for(Level(i)|i#lt#@size(Level):@bnd(0,z(i),Goal(i)));
end
```

3.6　动态规划数学模型

动态规划是解决多阶段决策过程首先考虑的一种方法。1951年美国数学家贝尔曼等人根据一类多阶段决策问题的特性提出了解决这类问题的“最优化原理”，并研究了许多实际问题，从而创建了最优化问题的一种新方法——动态规划。

多阶段决策问题是指这样一类活动的过程：由于它的特殊性，可将它划分成若干个相互联系的过程，在它的每个过程都需要做出决策，并且一个阶段的决策确定以后，常影响下一个阶段的决策，从而影响整个决策的结果。多阶段决策问题就是要在允许的决策范围内，选择一个最优决策，使整个系统在预定的标准下达到最佳的效果。

我们研究某一个过程，这个过程可以分解为若干个互相联系的阶段。每一阶段都有其初始状态和结束状态，其结束状态即为下一阶段的初始状态。第一阶段的初始状态就是整个过程的初始状态，最后一阶段的结束状态就是整个过程的结束状态。在过程的每个阶段都需要做出决策，而每个阶段的结束状态依赖于其初始状态和该阶段的决策。动态规划问题就是要找出某种决策方法，使过程达到某种最优效果。

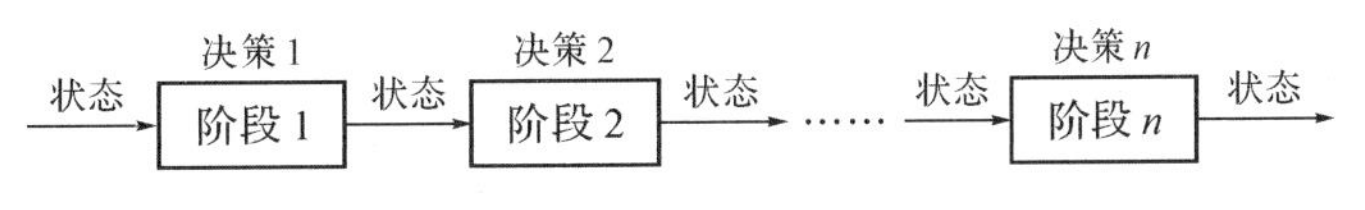

图3-12　多阶段决策示意图

阶段：用动态规划求解多阶段决策问题时，要根据具体的情况，将系统适当地分成若干个阶段，以便分阶段求解，描述阶段的变量称为阶段变量。

状态：状态表示系统在某一阶段所处的位置或状态。

决策：某一阶段的状态确定以后，从该状态演变到下一阶段某一状态所做的选择或决定称为决策。描述决策的变量称为决策变量，用$u_k(x_k)$表示在第k阶段的状态x_k时的决策变量，决策变量限制的范围称为允许决策集合，用$D_k(x_k)$表示第k阶段从x_k出发的允许决策集合。

策略：由每个阶段的决策$u_k(x_k)$，($k=1,2,\cdots,n$)组成的决策函数序列称为全过程策略或简称策略，用P表示，即：

$$P(x_1)=\{u_1(x_1),u_2(x_2),\cdots,u_n(x_n)\}$$

由系统的第k阶段开始到终点的决策过程称为全过程的后部子过程，相应的策略称为后部子过程策略，用$P_k(x_k)$表示k子过程策略，即：

$$P_k(x_k)=\{u_k(x_k),u_{k+1}(x_{k+1}),\cdots,u_n(x_n)\}$$

对于每个实际的多阶段决策过程，可供选取的策略由一定的范围限制，这个范围称为允许策略集合,允许策略集合中达到最优效果的策略称最优策略。

状态转移:某一阶段的状态及决策变量取定后,下一阶段的状态就随之而定。设第 k 阶段的状态变量为 x_k,决策变量为 $u_k(x_k)$,第 $k+1$ 阶段的状态为 x_{k+1},用 $x_{k+1}=T_k(x_k,u_k)$ 表示从第 k 阶段到第 $k+1$ 阶段的状态转移规律,称之为状态转移方程。

阶段效益:系统某阶段的状态一经确定,执行某决策所得的效益称为阶段效益,它是整个系统效益的一部分。它是阶段状态 x_k 和阶段决策 $u_k(x_k)$ 的函数,记为 $d_k(x_k,u_k)$。

指标函数:是系统执行某一策略所产生效益的数量表示,根据不同的实际情况,效益可以是利润、距离、时间、产量或资源的耗量等。指标函数可以定义在全过程上,也可以定义在后部子过程上,指标函数往往是各阶段效益的某种和式,取最优策略时的指标函数称为最优策略指标。

最后,根据动态规划原理得到动态规划的一般模型为:

$$\begin{cases} f_k(x_k)=\min\{d_k(x_k,u_k)+f_{k+1}(x_{k+1})\} \\ f_{N+1}(x_{N+1})=0, k=N,N-1,\cdots,1 \end{cases}$$

其中,$f_k(x_k)$ 为从状态 x_k 出发到达终点的最优效益,N 表示可将系统分成 N 个阶段。根据问题的性质,上式中的 min 有时是 max。

例 3.12 生产计划制订问题

设某厂计划全年生产某种产品 A,其四个季度的订货量分别是 600 件、700 件、500 件、1200 件。已知生产产品 A 的生产费用与产品数量的平方成正比,其比例系数是 0.005,厂内有仓库可存放未销售的产品,其存储费为每件每季度 1 元,问每个季度各应生产多少产品,才能使总费用最少?

模型设计

这是一个典型的多阶段决策问题,每个季度为一个阶段。取第 k 季度初具有的产品数为状态变量 x_k,第 k 季度需要生产的产品数为决策变量 u_k,由状态 x_k 采取决策 u_k 后的状态转移方程显然为:

$$x_{k+1}=x_k+u_k-A_k$$

其中 A_k 为已知,$A_1=600$,$A_2=700$,$A_3=500$,$A_4=1200$。

对现在的问题,效益就是费用,故阶段效益为:

$$d_k(x_k,u_k)=x_k+0.005u_k^2$$

若用 $f_k(x_k)$ 表示从状态 x_k 出发,采用最优策略到第四季度结束时的最小费用。则有如下的动态规划模型:

$$\begin{cases} f_k(x_k)=\min\{x_k+0.005u_k^2+f_{k+1}(x_{k+1})\} \\ f_5(x_5)=0, k=4,3,\cdots,1 \end{cases}$$

先从最后一个季度 $k=4$ 算起,求极值问题:

$$f_4(x_4)=\min_{u_4\geqslant 1200-x_4}\{x_4+0.005u_4^2\}$$

显然,应取 $u_4=1200-x_4$。于是,得:

$$f_4(x_4)=7200-11x_4+0.005x_4^2$$

再考虑 $k=3$,求极值问题:

$$f_3(x_3)=\min_{u_3\geq 500-x_3}\{x_3+0.005u_3^2+7200-11(x_3+u_3-500)+0.005(x_3+u_3-500)^2\}$$

利用微积分求极值方法，令$\dfrac{df_3(x_3)}{du_3}=0$，可以得到：

$$u_3=800-0.5x_3$$

$$f_3(x_3)=7550-7x_3+0.0025x_3^2$$

再考虑 $k=2$，求极值问题：

$$f_2(x_2)=\min_{u_2\geq 700-x_2}\{x_2+0.005u_2^2+7550-7(x_2+u_2-700)+0.0025(x_2+u_2-700)^2\}$$

利用微积分求极值方法，令$\dfrac{df_2(x_2)}{du_2}=0$，可以得到：

$$u_2=700-\frac{x_2}{3}$$

$$f_2(x_2)=10000-6x_2+0.005\times\frac{x_2^2}{3}$$

最后考虑 $k=1$，求极值问题：

$$f_1(x_1)=\min_{u_1\geq 600-x_1}\{x_1+0.005u_1^2+10000-6(x_1+u_1-600)+0.005\times\frac{(x_1+u_1-600)^2}{3}\}$$

令$\dfrac{df_1(x_1)}{du_1}=0$，可以得到 $u_1=600, x_1=0, f_1(x_1)=11800$。

因而这一生产——库存管理系统各季度的库存量和最优策略序列分别为：

$$x_1=0, x_2=0, x_3=0, x_4=300, u_1=600, u_2=700, u_3=800, u_4=900$$

应用这一策略，才能使总费用最少，为 11800 元。

例 3.13 机器生产方案

设有数量为 x_1 的某种机器可在高低两种负荷下进行生产。假设在高负荷下生产时，产品的年产量 S_1 和投入生产的机器数量 y 的关系为 $S_1=g(y)$，机器的完好率为 $a(0<a<1)$；在低负荷下进行生产时，产品的年产量 S_2 和投入生产的机器数量 z 的关系为 $S_2=h(z)$，机器的完好率为 $b(0<b<1)$。

现在要求制订一个 N 年的生产计划。在每年开始时，如何重新分配完好的机器在两种负荷下工作的数量，才能使 N 年内总产量最高。

模型设计

这是一个典型的多阶段决策问题，阶段数 k 表示年度。取第 k 年度初具有的完好机器数量为状态变量 x_k；取第 k 年度初分配给高负荷生产的机器数量为决策变量 u_k，这时分配给低负荷生产的机器数量自然为 x_k-u_k。

这里 x_k, u_k 均为连续变量，其非整数值可以这样理解：如 $x_k=0.6$ 表示 1 台机器在该年度正常工作的时间只有 60%，$u_k=0.3$ 表示 1 台机器在该年度只有 30% 的时间在高负荷下工作。

由状态 x_k 采取决策 u_k 后的状态转移方程为：

$$x_{k+1}=ax_k+b(x_k-u_k)$$

由于现在的问题效益就是产量，故阶段效益函数为：

$$d_k(x_k,u_k)=g(u_k)+h(x_k-u_k)$$

若用 $f_k(x_k)$ 表示从状态 x_k 出发，采用最优策略，到第 N 年结束时的最高产量，则根据最优化原理，得到动态规划模型为：

$$\begin{cases} f_k(x_k)=\min\{g(u_k)+h(x_k-u_k)+f_{k+1}(ax_k+b(x_k-u_k))\} \\ f_{N+1}(x_{N+1})=0, k=N, N-1, \cdots, 1) \end{cases}$$

当 x_1、N、a、b、g、h 都给定以后，解此动态规划模型即可获得问题的答案。

关于动态规划解的存在性以及具体解法在动态规划课中都有讨论，下面我们考虑一种简单情况(但也是实际情况)。这时，可用初等方法求解。

设 $x_1=100$(台)，$N=5$(年)，$a=0.7$，$b=0.9$，$g(y)=8y$，$h(z)=5z$，这时模型变成：

$$\begin{cases} f_k(x_k)=\max\{8u_k+5(x_k-u_k)+f_{k+1}(0.7x_k+0.9(x_k-u_k))\} \\ f_6(x_6)=0, k=5,4,\cdots,1 \end{cases}$$

当 $k=5$ 时：$f_5(x_5)=\max\limits_{0\leqslant u_5\leqslant x_5}\{8u_5+5(x_5-u_5)\}=8x_5$

当 $k=4$ 时：

$$f_4(x_4)=\max_{0\leqslant u_4\leqslant x_4}\{8u_4+5(x_4-u_4)+8(0.7u_4+0.9(x_4-u_4))\}=13.6x_4$$

当 $k=3$ 时：

$$f_3(x_3)=\max_{0\leqslant u_3\leqslant x_3}\{8u_3+5(x_3-u_3)+13.6(0.7u_3+0.9(x_3-u_3))\}=17.52x_3$$

当 $k=2$ 时：

$$f_2(x_2)=\max_{0\leqslant u_2\leqslant x_2}\{8u_2+5(x_2-u_2)+17.52(0.7u_2+0.9(x_2-u_2))\}=20.768x_2$$

当 $k=1$ 时：

$$f_1(x_1)=\max_{0\leqslant u_1\leqslant x_1}\{8u_1+5(x_1-u_1)+20.768(0.7u_1+0.9(x_1-u_1))\}=23.69x_1$$

由此可知，最优策略为 $\{u_1=0, u_2=0, u_3=x_3, u_4=x_4, u_5=x_5\}$，即头两年把年初的完好机器全部投入低负荷生产，后三年则全部投入高负荷生产。这时最高产量为 $f_1(x_1)=23690$。

利用状态转移方程可以求出每年年初尚有的完好机器数量为：

$$x_1=1000, x_2=900, x_3=810, x_4=567, x_5=397, x_6=278$$

上面讨论的问题，始端状态 $x_1=1000$ 台是给定的，但终端状态 x_6 没有限制，这样是砸锅卖铁式的"破坏性"生产，对再生产不利。因此，通常对终端状态是有要求的。例如，规定 $x_6=500$ 台，即 5 年后尚需保存完好机器 500 台。问这时如何安排生产，才能在满足这一要求的条件下产量最高。

由状态转移方程可得：$x_6=0.7u_5+0.9(x_5-u_5)=500$

即 $u_5=4.5x_5-2500$

这说明第 5 年度的决策变量已不能取其他值了，所以

$$f_5(x_5)=\max_{0\leqslant u_5\leqslant x_5}\{8u_5+5(x_5-u_5)\}=18.5x_5-7500$$

$$f_4(x_4)=\max_{0\leqslant u_4\leqslant x_4}\{8u_4+5(x_4-u_4)+18.5(0.7u_4+0.9(x_4-u_4))-7500\}=21.65x_4-7500$$

类似地可以得到：

$$f_3(x_3)=24.5x_3-7500$$

$$f_2(x_2)=27.1x_2-7500$$

$$f_1(x_1)=29.4x_1-7500$$

再利用状态转移方程求出每年年初尚有完好机器的数量为：$x_1=1000$，$x_2=900$，$x_3=$

810，$x_4=729$，$x_5=656$，$x_6=278$。由此得：$u_5=452$。

即头 4 年把好的机器全部投入低负荷生产，第 5 年将 452 台好机器投入高负荷生产，其余 656－452＝204 台好机器投入低负荷生产，最高产量为：

$$f_1(x_1)=29.4x_1-7500=21900$$

这时产量较自由终端时低一些。

我们指出，这类问题是很广泛的。例如，设有数量为 x_1 的某种资源，可以投入 A、B 两种生产，假设投入 A 种生产时，所得收入 S_1 和投入资源数量 y 的关系为 $S_1=g(y)$；投入 B 种生产时，所得收入 S_2 和投入资源数量 z 的关系为 $S_2=h(z)$，而且每次生产后可以将所剩资源回收再生产，设回收率分别为 $a(0<a<1)$ 及 $b(0<b<1)$。

现在让我们制订一个 N 年生产计划，将每次回收的资源如何重新分配给两种生产，才能使总收获最大。

3.7　思考题

1. 近浅海观测网的传输节点由浮标系统、系泊系统和水声通信系统组成（如图 3-13 所示）。某型传输节点的浮标系统可简化为底面直径 2m、高 2m 的圆柱体，浮标的质量为 1000kg。系泊系统由钢管、钢桶、重物球、电焊锚链和特制的抗拖移锚组成。锚的质量为 600kg，锚链选用无档普通链环，近浅海观测网的常用型号及其参数在表 3-20 中列出。钢管共 4 节，每节长度 1m，直径为 50mm，每节钢管的质量为 10kg。要求锚链末端与锚的链接处的切线方向与海床的夹角不超过 16°，否则锚会被拖行，致使节点移位丢失。水声通信系统安装在一个长 1m、外径 30cm 的密封圆柱形钢桶内，设备和钢桶总质量为 100kg。钢桶上接第 4 节钢管，下接电焊锚链。钢桶竖直时，水声通信设备的工作效果最佳。若钢桶倾斜，则影响设备的工作效果。钢桶的倾斜角度（钢桶与竖直线的夹角）超过 5°时，设备的工作效果较差。为了控制钢桶的倾斜角度，钢桶与电焊锚链链接处可悬挂重物球。

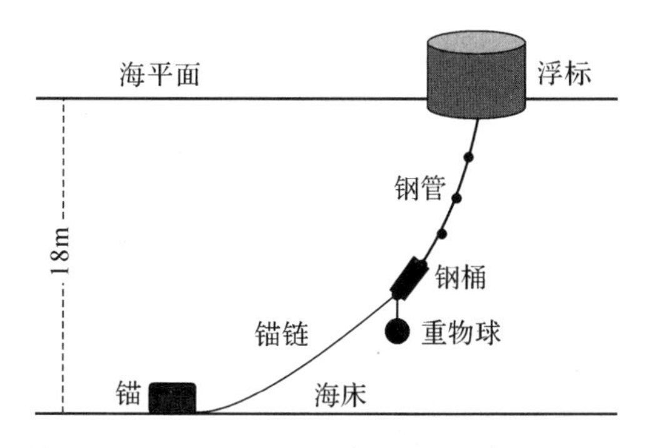

图 3-13　传输节点示意图（仅为结构模块示意图，未考虑尺寸比例）

系泊系统的设计问题就是确定锚链的型号、长度和重物球的质量，使得浮标的吃水深度和游动区域及钢桶的倾斜角度尽可能小。

问题 1　某型传输节点选用Ⅱ型电焊锚链 22.05m，选用的重物球的质量为 1200kg。现将该型传输节点布放在水深 18m、海床平坦、海水密度为(1.025×10^3)kg/m^3 的海域。若海水静止，分别计算海面风速为 12m/s 和 24m/s 时钢桶和各节钢管的倾斜角度、锚链形状、浮标的吃水深度和游动区域。

问题 2　在问题 1 的假设下，计算海面风速为 36m/s 时钢桶和各节钢管的倾斜角度、锚链形状和浮标的游动区域。请调节重物球的质量，使得钢桶的倾斜角度不超过 5°，锚链在锚点与海床的夹角不超过 16°。

问题 3　由于潮汐等因素的影响，布放海域的实测水深介于 16～20m 之间。布放点的海水速度最大可达到 1.5m/s、风速最大可达到 36m/s。请给出考虑风力、水流力和水深情况下的系泊系统设计，分析不同情况下钢桶、钢管的倾斜角度、锚链形状、浮标的吃水深度和游动区域。

说明：近海风荷载可通过近似公式 $F=0.625\times S\times v^2$ 计算，其中 S 为物体在风向法平面的投影面积(m^2)，v 为风速(m/s)。近海水流力可通过近似公式 $F=374\times S\times v^2$ 计算，其中 S 为物体在水流速度法平面的投影面积(m^2)，v 为水流速度(m/s)。

表 3-20　锚链型号和参数表

型号	长度/mm	单位长度的质量/kg·m^{-1}
Ⅰ	78	3.2
Ⅱ	105	7
Ⅲ	120	12.5
Ⅳ	150	19.5
Ⅴ	180	28.12

注：长度是指每节链环的长度。

说明：本例题源自 2016 年全国大学生数学建模竞赛 A 题。

2. 通常加油站都有若干个储存燃油的地下储油罐，并且一般都有与之配套的“油位计量管理系统”，采用流量计和油位计来测量进/出油量与罐内油位高度等数据，通过预先标定的罐容表(即罐内油位高度与储油量的对应关系)进行实时计算，以得到罐内油位高度和储油量的变化情况。

许多储油罐在使用一段时间后，由于地基变形等原因，罐体的位置会发生纵向倾斜和横向偏转等变化(以下称为变位)，从而导致罐容表发生改变。按照有关规定，需要定期对罐容表进行重新标定。图 1 是一种典型的储油罐尺寸及形状示意图，其主体为圆柱体，两端为球冠体。图 2 是罐体纵向倾斜变位的示意图，图 3 是罐体横向偏转变位的截面示意图。

请你们用数学建模方法研究解决储油罐的变位识别与罐容表标定的问题。

(1)为了掌握罐体变位后对罐容表的影响，利用如图 4 的小椭圆形储油罐(两端平头的椭圆柱体)，分别对罐体无变位和倾斜角为 $\alpha=4.10$ 的纵向变位两种情况做了实验，实验数据如附件 1 所示。请建立数学模型研究罐体变位后对罐容表的影响，并给出罐体变位后油位高度间隔为 1cm 的罐容表标定值。

(2)对于图 1 所示的实际储油罐，试建立罐体变位后标定罐容表的数学模型，即罐内储油量与油位高度及变位参数(纵向倾斜角度 α 和横向偏转角度 β)之间的一般关系。请利用罐体变位后在进/出油过程中的实际检测数据(附件2),根据你们所建立的数学模型确定变位参数,并给出罐体变位后油位高度间隔为10cm的罐容表标定值。进一步利用附件2中的实际检测数据来分析检验你们模型的正确性与方法的可靠性。(图5附件见原题)

说明:本例题源自2010年全国大学生数学建模竞赛A题,题目相关附件可以从官网下载(www.mcm.edu.cn/upload_cn/node/70/rd4LEPmmd1095c70a7fb9d0898a08495837d8c93.rar)。

3.在设计太阳能小屋时,需在建筑物外表面(屋顶及外墙)铺设光伏电池,光伏电池组件所产生的直流电需要经过逆变器转换成220V交流电才能供家庭使用,并将剩余电量输入电网。不同种类的光伏电池每峰瓦的价格差别很大,且每峰瓦的实际发电效率或发电量还受诸多因素的影响,如太阳辐射强度、光线入射角、环境、建筑物所处的地理纬度、地区的气候与气象条件、安装部位及方式(贴附或架空)等。因此,在太阳能小屋的设计中,研究光伏电池在小屋外表面的优化铺设是很重要的问题。

附件1—7提供了相关信息。请参考附件提供的数据,对下列三个问题,分别给出小屋外表面光伏电池的铺设方案,使小屋的全年太阳能光伏发电总量尽可能大,而单位发电量的费用尽可能小,并计算出小屋光伏电池35年寿命期内的发电总量、经济效益(当前民用电价按0.5元/kWh计算)及投资的回收年限。

在求解每个问题时,都要求配有图示,给出小屋各外表面电池组件铺设分组阵列图形及组件连接方式(串、并联)示意图,也要给出电池组件分组阵列容量及选配逆变器规格列表。

在同一表面采用两种或两种以上类型的光伏电池组件时,同一型号的电池板可串联,而不同型号的电池板不可串联。在不同表面上,即使是相同型号的电池也不能进行串、并联连接。应注意分组连接方式及逆变器的选配。

问题1:请根据山西省大同市的气象数据,仅考虑贴附安装方式,选定光伏电池组件,对小屋(见附件2)的部分外表面进行铺设,并根据电池组件对数量和容量进行分组,选配相应的逆变器的容量和数量。

问题2:电池板的朝向与倾角均会影响到光伏电池的工作效率,请选择架空方式安装光伏电池,重新考虑问题1。

问题3:根据附件7给出的小屋建筑要求,请为大同市重新设计一个小屋,要求画出小屋的外形图,并对所设计小屋的外表面优化铺设光伏电池,给出铺设及分组连接方式,选配逆变器,计算相应结果。

附件1:光伏电池组件的分组及逆变器选择的要求

附件2:给定小屋的外观尺寸图

附件3:三种类型的光伏电池(A单晶硅、B多晶硅、C非晶硅薄膜)组件设计参数和市场价格

附件4:大同典型气象年气象数据。特别注意:数据库中标注的时间为实际时间减1小时,即数据库中的11:00即为实际时间的12:00

附件5:逆变器的参数及价格

附件6:可参考的相关概念

附件7:小屋的建筑要求

说明:本例题源自2012年全国大学生数学建模竞赛B题,题目相关附件可以从官网下载(http://www.mcm.edu.cn/problem/2012/cumcm2012problems.rar)。

第四章　图与网络数学模型

图论起源于 18 世纪，1736 年瑞士数学家欧拉发表了第一篇图论文章“哥尼斯堡的七座桥”。近几十年来，由于计算机技术和科学的飞速发展，大大地促进了图论研究和应用，图论的理论和方法已经渗透到物理、化学、通讯科学、建筑学、生物遗传学、心理学、经济学、社会学等学科。

图论中所谓的“图”是指某类具体事物和这些事物之间的联系。如果我们用点表示这些具体事物，用连接两点的线段表示两个事物的特定联系，就得到了描述这个“图”的几何形象。图与网络是运筹学中的一个经典和重要的分支，所研究的问题涉及经济管理、工业工程、交通运输、计算机科学与信息技术、通信与网络技术等诸多领域。下面将要讨论的最短路径问题、旅行商问题、网络流问题等都是图与网络的基本问题。

图论问题有一个特点：它们都易于用图形的形式直观地描述和表达，数学上把这种与图相关的结构称为网络。与图和网络相关的最优化问题就是网络最优化或者称为网络优化问题。由于多数网络优化问题是以网络上的流为研究的对象，故网络优化又常常被称为网络流或网络流规划等。

4.1　最短路径数学模型

最短路径问题是图论研究中的一个经典算法问题，旨在寻找图（由结点和路径组成）中两结点之间的最短路径。用于解决最短路径问题的算法被称为“最短路径算法”，有时被简称作“路径算法”。最常用的路径算法有：Dijkstra 算法、SPFA 算法\Bellman-Ford 算法、Floyd 算法\Floyd-Warshall 算法、Johnson 算法、A * 算法。

对于图形 $G(V,E)$，如果 $(v_i,v_j)\in E$，则称点 v_i 与点 v_j 邻接。具有 n 个顶点的图的邻接矩阵是一个 $n\times n$ 的矩阵 $A=(a_{ij})_{n\times n}$，其元素计算方式如下：

$$a_{ij}=\begin{cases}1, & (v_i,v_j)\in E\\ 0, & \text{otherwise}\end{cases}$$

n 个顶点组成的赋权图具有一个 $n\times n$ 的赋权矩阵 $W=(w_{ij})_{n\times n}$，其元素计算方式如下：

$$w_{ij}=\begin{cases}d_{ij}, & (v_i,v_j)\in E\\ \infty, & \text{otherwise}\end{cases}$$

现在，提出从标号为 1 的顶点出发到标号为 n 的顶点终结的最短路径。引入 0－1 变量 x_{ij}，如果 $x_{ij}=1$ 说明弧 (v_i,v_j) 是组成最短路径的一部分。最短路径的数学模型如下：

$$\min \sum_{i=1}^{n}\sum_{j=1}^{n} w_{ij}x_{ij}$$

$$\sum_{j=1}^{n} x_{ij} - \sum_{j=1}^{n} x_{ji} = \begin{cases} 1, & i = 1 \\ -1, & i = n \\ 0, & \text{otherwise} \end{cases}$$

例 4.1　交巡警服务平台的设置与调度

为了更有效地贯彻实施交警的职能，需要在市区的一些交通要道和重要部位设置交巡警服务平台。试就某市设置交巡警服务平台的相关情况，建立数学模型分析研究下面的问题：

附件 1 中的图 4-1 给出了该市中心城区 A 的交通网络和现有的 20 个交巡警服务平台的设置情况示意图，相关的数据信息见附件 2。请为各交巡警服务平台分配管辖范围，使其在所管辖的范围内出现突发事件时，尽量能在 3 分钟内有交巡警（警车的速度为 60km/h）到达事发地。

对于重大突发事件，需要调度全区 20 个交巡警服务平台的警力资源，对进出该区的 13 条交通要道实现快速全封锁。实际中一个平台的警力最多封锁一个路口，请给出该区交巡警服务平台警力合理的调度方案。

根据现有交巡警服务平台的工作量不均衡和有些地方出警时间过长的实际情况，拟在该区内再增加 2～5 个平台，请确定需要增加平台的具体个数和位置。

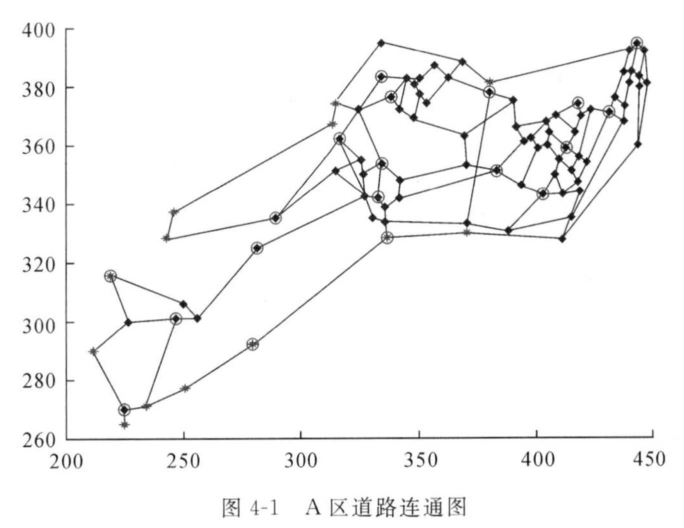

图 4-1　A 区道路连通图

说明：本例题源自 2011 年全国大学生数学建模竞赛 B 题，题目相关附件可以从官网下载（http://www.mcm.edu.cn/html_cn/node/a1ffc4c5587c8a6f96eacefb8dbcc34e.html）。

问题分析

第 1 问中要求我们为交巡警服务平台分配管辖范围。首先运用最短路径算法，求出各路口节点 j 到各交巡警服务平台的设置点 i 的最短路径 d_{ij}。为了尽量能在 3 分钟内有交巡警到达事发地的路口。由比例尺换算可知：当 $d_{ij} \leqslant 3\text{km}$ 时，可以认为路口节点 j 在交巡警服务平台的设置点 i 的管辖范围下。针对那些与距离自身最近的平台最短路径超出 3km 的路口节点,可以分配到与它们距离最近的交巡警服务平台。在上述分配情况下,考虑管辖范围的重叠性以及交巡警服务平台工作量的均衡问题。引入 0—1 规划思想,用各个交巡警服务平台管辖范围内的总发案率的最大值最小化来尽量满足工作量均衡这一目标;从而对管辖范围进行改进。

第 2 问中要求给出该区交巡警服务平台警力合理封锁的调度方案。模型的目标是让 13 个出入城区的路口在最短时间内全部达到封锁,即让 13 条路径中最长的那一条路径达到最短。运用 0—1 规划模型,通过 LINGO 软件进行求解,得到所有出入城区的路口全部达到封锁的最短时间。

第 3 问中要求确定需要增加平台的具体个数和位置。可以引入多目标规划模型,把交巡警服务平台的工作量均衡和出警时间最小作为目标函数,用$(20+n)$个交巡警服务平台管辖范围内总发案率的方差来衡量工作量均衡问题,用所有的出警时间中最大值来衡量出警时间。对模型进行简化,采取固定出警时间最大值的一个上界 T,使得总体交巡警服务平台的工作量达到最均衡。

第 1 问模型设计

由于突发事件基本上都发生在路口,故在讨论交巡警服务平台的管辖范围时,都是以各个路口节点作为考察对象进行研究。

为了使各交巡警尽量能在 3 分钟内到达事发地,必须计算出各路口节点 j 到各交巡警服务平台的设置点 i 的最短路径 d_{ij},由于警车的速度为 60km/h,所以首先统计所有的 $d_{ij} \leqslant$ 3km 时所对应的路口节点 j 和交巡警服务平台的设置点 i。

这是一个经典的最短路径问题,调用传统的最短路径模型,可得:

$$\min \sum_{i=1}^{n} \sum_{j=1}^{n} w_{ij} x_{ij}$$

$$\sum_{j=1}^{n} x_{ij} - \sum_{j=1}^{n} x_{ji} = \begin{cases} 1, & i = 1 \\ -1, & i = n \\ 0, & \text{otherwise} \end{cases}$$

求解如上模型,可以得到:除去这些在管辖范围内的路口节点外,有 6 个路口节点到离它最近的交巡警服务平台设置点的最短路径大于 3km。即在所有管辖范围之外,分别是:28,29,38,39,61,92。针对这 6 个路口节点,可以将它们分配到路径最短的交巡警服务平台的管辖范围下,分别是交巡警服务平台 15,15,16,2,7,20。部分交巡警服务平台的大致管辖范围如图 4-2 所示(其中星号☆代表最短路径大于 3km 的路口节点,三角形△代表交巡警服务平台,圆圈○代表大致的管辖范围)。

根据图 4-2,可以发现交巡警服务平台的管辖范围存在大量交叉重叠情况。考虑现实情况:一个路口节点由一个交巡警服务平台进行管辖,必须对管辖范围中的重叠路口进行优化分配。如果考虑将重叠路口分配给最近的交巡警平台时,使得部分平台的工作量偏大(见图 4-3)。

优化分配的原则是使交巡警服务平台工作量尽量均衡。记 x_j 为第 j 个路口节点的发案率,引入两个 0—1 变量 a_{ij} 与 t_{ij}。$A=(a_{ij})_{20\times 92}$ 表示决策变量矩阵,存储分配方案;$T=(t_{ij})_{20\times 92}$ 表示允许分配方案矩阵。其含义如下所示:

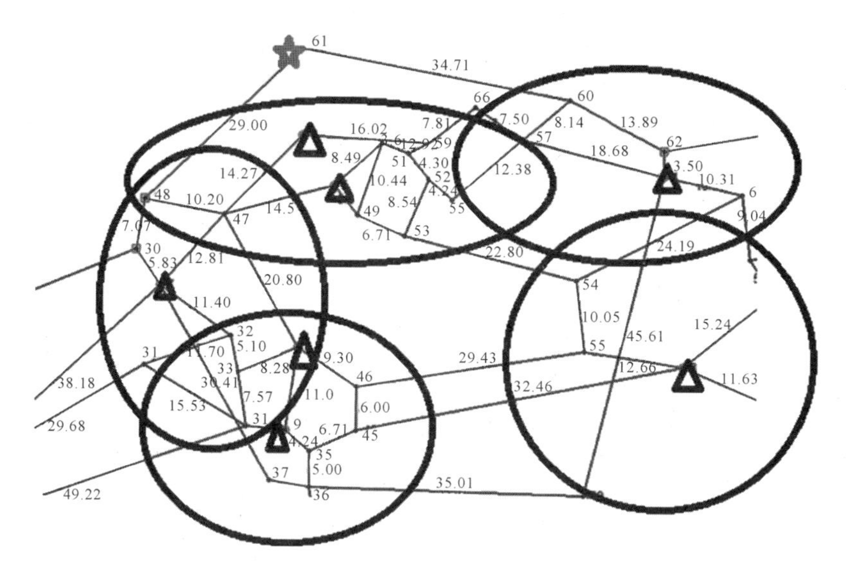

图 4-2　部分巡警服务平台的大致管辖范围

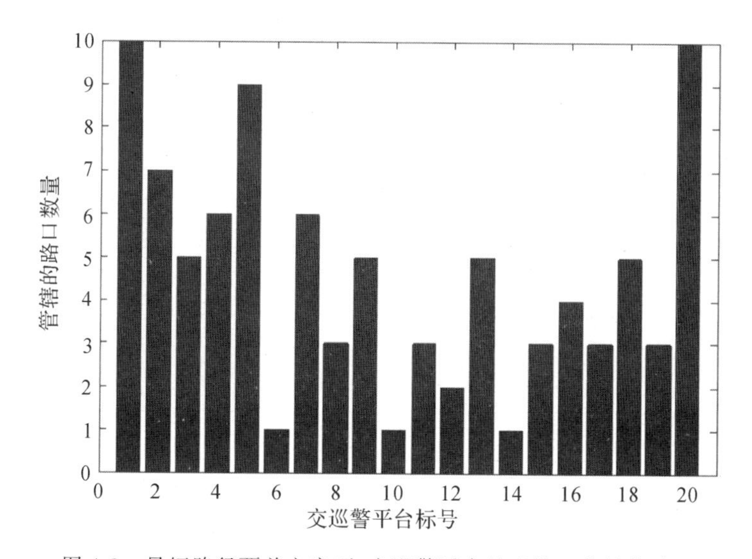

图 4-3　最短路径覆盖方案下，交巡警平台处理的工作量统计图

$$a_{ij}=\begin{cases}1, & i\to j\\ 0, & i\to j\end{cases}\quad t_{ij}=\begin{cases}1, & d_{ij}\leqslant 3\\ 0, & \text{else}\end{cases}$$

由于有 6 个路口节点到离它最近的交巡警服务平台设置点的最短路径大于 3km，故将它们分配到路径最短的交巡警服务平台的管辖范围下。其中，$t_{15,28}=1$，$t_{15,29}=1$，$t_{16,38}=1$，$t_{2,39}=1$，$t_{7,61}=1$，$t_{20,92}=1$。由于实际情况下一个路口节点由一个交巡警服务平台进行管辖，故 a_{ij} 必须满足约束条件：

$$\sum_{i=1}^{20} a_{ij}t_{ij}=1, j=1,2,\cdots,92$$

交巡警服务平台设置点 i 的管辖范围内的总发案率可以表示为：

$$A_i=\sum_{j=1}^{92} x_j a_{ij} t_{ij}, i=1,2,\cdots,20$$

用各个交巡警服务平台管辖范围内的总发案率的最大值最小化，来尽量满足工作量均衡这一目标。综上，这个优化模型如下：

$$\min \max \left\{ \sum_{j=1}^{92} x_j a_{ij} t_{ij} \right\}$$

$$\begin{cases} \sum_{i=1}^{20} a_{ij} t_{ij} = 1 \\ a_{ij} \in \{0,1\} \end{cases}$$

根据上述最大发案率最小化模型，通过 LINGO 进行求解，可以得到各个交巡警能服务平台的管辖范围见表 4-1。

表 4-1　考虑交巡警工作量均衡情况下的管辖范围

交巡警平台位置标号	管辖范围内的路口位置标号
1	1,67,70,71,75,77,78,79,80
2	2,39,40,43,66
3	3,44,54,55,68,76
4	4,57,58,60,62,63
5	5,47,49,50,53,59,
6	6,51,52,56,
7	7,30,33,48,61
8	8,35,36,37,45,46
9	9,32,34,
10	10,
11	11,26,27
12	12,25
13	13,21,22,23,24
14	14,
15	15,28,29,31
16	16,38,
17	17,41,42,69,72
18	18,73,83,85,86,90,91
19	19,64,65,74,82
20	20,81,84,87,88,89,92

经过工作量均衡优化后，各交巡警平台的工作量如图 4-4 所示。

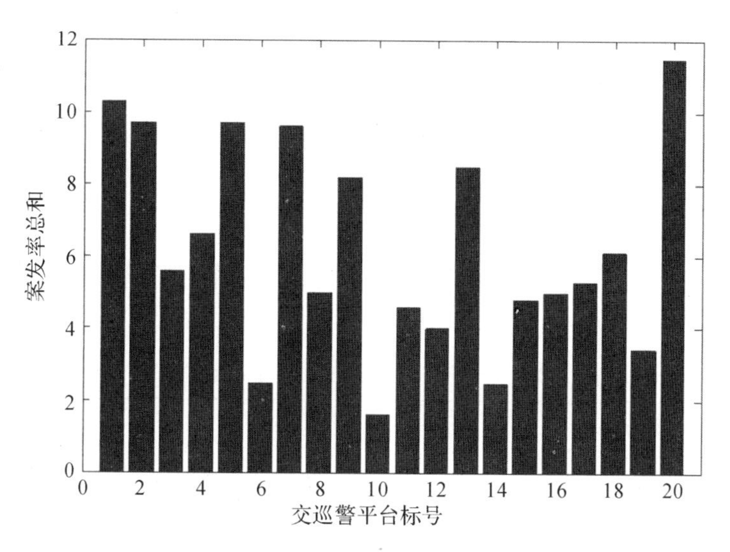

图 4-4　工作量均衡覆盖方案下，交巡警平台处理的工作量统计图

程序设计

```
sets:
pt/1..20/:a;
lk/1..92/:b;
fa(pt,lk):x,y;
endsets
data:
b = ;y = ;
enddata
min = @max(pt(i):@sum(lk(j):y(i,j) * b(j) * x(i,j)));
@for(fa(i,j):@bin(x(i,j)));
@for(lk(j):@sum(pt(i):x(i,j) * y(i,j)) = 1);
```

第 2 问模型设计

出入城区的路口节点 j 到交巡警服务平台的设置点 i 的最短路径为 d_{ij}，引入 0－1 变量 p_{ij} 用于表述封锁方案，其元素如下：

$$p_{ij}=\begin{cases}1, & i \to j\\ 0, & i \to j\end{cases}$$

根据实际一个平台的警力最多封锁一个路口，p_{ij} 应该满足两个约束条件：

- 每个交巡警服务平台的警力至多封锁一个路口，即 $\sum_{j=1}^{13} p_{ij} \leqslant 1$。
- 每个出入城区的路口节点必须有一个交巡警服务平台警力进行封锁，即 $\sum_{i=1}^{20} p_{ij} = 1$。

综上，0－1 整数规划模型如下所示：

$$\operatorname{minmax}\left\{\sum_{j=1}^{13} d_{ij} p_{ij}\right\}$$

$$\begin{cases}\sum_{i=1}^{20} p_{ij} = 1 \\ \sum_{j=1}^{13} p_{ij} \leqslant 1 \\ p_{ij} \in \{0,1\}\end{cases}$$

通过 LINGO 求解由上模型，得到警力调度方案可以保证发生重大突发事件后 8.01546 分钟，13 个出入城区的路口节点每个都有 1 个交巡警服务平台的警力进行封锁，可以得到如表 4-2 所示的警力调度方案。

表 4-2　最长路径最小化下的警力调度方案表

编号	调度方案	最短路径/km	所需时间/min
1	4→62	0.35	0.35
2	5→16	6.22797	6.22797
3	6→48	2.50641	2.50641
4	7→29	8.01546	8.01546
5	9→30	3.4923	3.4923
6	10→22	7.70792	7.70792
7	11→24	3.80527	3.80527
8	12→12	0	0
9	13→23	0.5	0.5
10	14→21	3.265	3.265
11	15→28	4.75184	4.75184
12	16→14	6.74166	6.74166
13	17→38	4.7557	4.7557

程序设计

```
sets:
pt/1..20/:a;
ck/1..13/:b;
fa(pt,ck):d,x;
endsets
data:
d = ;
enddata
min = @max(pt(i):@sum(ck(j):d(i,j) * x(i,j)));
@for(fa(i,j):@bin(x(i,j)));
@for(pt(i):@sum(ck(j):x(i,j))< = 1);
@for(ck(j):@sum(pt(i):x(i,j)) = 1);
```

第 3 问模型设计

增加交巡警服务平台的个数，一方面可以减轻个别平台的工作量，另一方面可以减小某些路口节点的出警时间。

记 n 为增加交巡警服务平台的个数，x_j 为第 j 个路口节点的发案率，$\bar{x}$ 为$(20+n)$个交巡警服务平台管辖范围内总发案率的均值。引入两个 0－1 变量 c_i 和 b_{ij}，其含义如下所示：

$$c_j=\begin{cases}1, & \text{set PS}\\0, & \text{otherwise}\end{cases}\qquad b_{ij}=\begin{cases}1, & i\rightarrow j\\0, & i\not\rightarrow j\end{cases}$$

由于针对每个路口节点，都必须有一个交巡警服务平台进行管辖，即必须满足约束条件：

$$\sum_{i=1}^{92}c_i b_{ij}=1$$

把交巡警服务平台的工作量均衡和出警时间最小作为目标函数。用交巡警服务平台管辖范围内总发案率的方差来衡量工作量均衡问题，用所有出警时间中的最大值来衡量出警时间(由于警车的时速一定，所以建立目标函数时用最长路径代替)；建立多目标函数如下所示：

$$\min \operatorname{std}\left\{\sum_{j=1}^{92}x_j b_{ij}c_i\right\}$$

$$\min \max\left\{\sum_{j=1}^{92}d_{ij}b_{ij}c_i\right\}$$

$$\begin{cases}\displaystyle\sum_{i=1}^{92}b_{ij}c_i=1\\ \displaystyle\sum_{i=1}^{92}c_i=20+n\\ c_j\in\{0,1\},b_{ij}\in\{0,1\}\end{cases}$$

将上述多目标规划模型进行简化，采取固定出警时间最大值作为上界，使得总体交巡警服务平台的工作量达到最均衡。针对不同的 n 值，通过 C＋＋进行编程，结果如表 4-3 所示。

表 4-3　增加不同平台个数下平台管辖范围内总发案率的方差和出警时间最大值表

增加的平台数	平台设置点标号	发案率方差值	出警时间最大值/min
0	/	4.3401	5.701
2	29,40	4.6506	4.19
3	29,40,89	3.8295	3.604
4	29,40,89,48	3.0573	＜=3
5	29,40,89,48,21	2.6437	＜=3

4.2 旅行商数学模型

旅行商问题(Traveling Salesman Problem,TSP)又译为旅行推销员问题、货郎担问题,简称为TSP问题,是最基本的路线问题。该问题是在寻求单一旅行者由起点出发,通过所有给定的需求点之后,最后再回到原点的最小路径成本。最早的旅行商问题的数学规划是由Dantzig(1959)等人提出。

"旅行商问题"常被称为"旅行推销员问题",是指一名推销员要拜访多个地点时如何找到在拜访每个地点一次后再回到起点的最短路径。规则虽然简单,但在地点数目增多后求解却极为复杂。以42个地点为例,如果要列举所有路径后再确定最佳行程,总路径数量之大,几乎难以计算出来。多年来,全球数学家绞尽脑汁试图找到一个高效的算法。TSP问题在物流中的描述是对应一个物流配送公司,欲将 n 个客户的订货沿最短路线全部送到。

TSP问题最简单的求解方法是枚举法。它的解是多维的、多局部极值的、趋于无穷大的复杂解空间,搜索空间是 n 个点的所有排列集合,大小为 $(n-1)!$。可以形象地把解空间看成是一个无穷大的丘陵地带,各山峰或山谷的高度即是问题的极值。求解TSP是在此不能穷尽的丘陵地带中攀登以达到山顶或谷底的过程。

对于图形 $G(V,E)$,n 个顶点的赋权图具有一个 $n\times n$ 的赋权矩阵 $W=(w_{ij})_{n\times n}$,其分量计算方式如下:

$$w_{ij}=\begin{cases} d_{ij}, & (v_i,v_j)\in E \\ \infty, & \text{otherwise} \end{cases}$$

引入0—1变量 x_{ij},如果 $x_{ij}=1$ 说明弧 (v_i,v_j) 是组成最佳路径的一部分。TSP的数学模型如下:

$$\min \sum_{i=1}^{n}\sum_{j=1}^{n} w_{ij}x_{ij}$$

$$\begin{cases} \sum\limits_{j=1}^{n} x_{ij} = 1 \\ \sum\limits_{j=1}^{n} x_{ji} = 1 \\ \sum\limits_{(i,j)\in s} x_{ij} \leqslant |s|-1, 2\leqslant |s| \leqslant n-1 \end{cases}$$

例4.2 碎纸片的拼接复原

破碎文件的拼接在司法物证复原、历史文献修复以及军事情报获取等领域都有着重要的应用。传统上,拼接复原工作需由人工完成,准确率较高,但效率很低。特别是当碎片数量巨大,人工拼接很难在短时间内完成任务。随着计算机技术的发展,人们试图开发碎纸片的自动拼接技术,以提高拼接复原效率。请讨论以下问题:

对于给定的来自同一页印刷文字文件的碎纸机破碎纸片(仅纵切),建立碎纸片拼接复原模型和算法，并针对附件1、附件2给出的中、英文各一页文件的碎片数据进行拼接复原。如果复原过程需要人工干预，请写出干预方式及干预的时间节点。复原结果以图片形式及表格形式表达（见【结果表达格式说明】）。

说明：本例题源自2013年全国大学生数学建模竞赛B题，题目相关附件可以从官网下载（http://www.mcm.edu.cn/problem/2013/cumcm2013problems.rar）。

模型设计

本题要求建立碎纸片拼接复原模型和算法将碎纸片进行恢复。由于碎片是仅纵切面碎片，故传统基于碎片的几何特征对碎片进行拼接并不适用。所以，利用每张碎纸片边缘像素点灰度值不同这一特征，对碎纸片进行拼接。

利用MATLAB软件的imread命令将题目中给出的图像数字化为一系列与灰度值有关的矩阵$M_i=(m_{xy}^i)$，进一步得到第i张图片最左（右）列像素点灰度值矩阵$L_i=(l_x^i)$、$R_i=(r_x^i)$；然后对各个灰度值进行分析，并确定碎纸片的正确排列。

采用如下思想确定第一张碎纸片：一般印刷文字的文件左右两端都会留下一部分空白留作批注等用。根据题意，得知碎纸片来自于印刷文字文件。因此，可以推断出第一张碎纸片的最左边是空白的。综上所述，最左边是空白的碎纸片极有可能是第一张碎纸片。

因此，要确定第一张碎纸片必须先找到最左列是空白的纸片，即L_i中各个元素皆为255的纸片。若将图像中的灰度值做如下处理，即：

$$p^i=\sum_{x=1}^{1980}(l_x^i-255)$$

当$p_i=0$时，这时i所代表的图像即为原图像的第1张碎纸片。当然，在实际处理时文件会遭到污染等特殊情况。故取p_i最小时，第i所代表的图像即为原图像的第1张碎纸片。

关于后续碎纸片拼接顺序的确定：此题中的碎纸片是由一整张图片通过纵切得到的，且无论是汉字还是英文，它们都应具有完整性。若将这一特征表现在灰度值上，得到一张碎纸片的最左列灰度值与另一张碎纸片的灰度值具有很高的匹配度，可以认为它们在原图像中是相连的。因此，可以利用每张碎片边缘的灰度值特征对碎片进行拼接。

在已经找出第一张碎纸片的基础上，只需将第一张碎纸片的最右列像素点的灰度值R_i与所余碎纸片的最左列像素点的灰度值L_i进行匹配。在这里，对每个像素点的灰度值做如下处理，即：

$$q_i=\sum_{x=1}^{1980}(r_x^1-l_x^i)$$

以原图的第二张碎纸片为例。为确定第二张碎纸片，需要将得到的第一张碎纸片的r_{1j}和剩下碎纸片的l_{ij}逐一代入公式。其中，使得q_i取得最小值的图像即为原图像的第二张碎纸片。

以此类推：在确定第m块碎片后，以$\min q_i=\sum\limits_{x=1}^{1980}(r_x^m-l_x^i)$作为目标函数，得到$q_i$最小值的图像即为原图像的第$m+1$块碎片。

但是，依次匹配偏差绝对值最小碎片会造成较大偏差（即所谓局部最佳与全局最佳之间的差别）。因此，类比TSP模型对问题进行转化。将19块碎片类比为旅行商的19个站点，碎片之间的偏差绝对值即为有向距离值。从全白的左端碎片开始拼接到第19块碎片，再拼接一块全白的右端碎片，寻找使拼接结果的总绝对偏差值最小的拼接方法。

引入两两之间的距离矩阵 $D=(d_{ij})_{19\times19}$ 和 0－1 决策变量矩阵 $E=(e_{ij})_{19\times19}$。以 d_{ij} 表达第 i 张图片位于第 j 图片左侧时，两者之间的距离，计算方式如下：

$$d_{ij}=\sum_{x=1}^{1980}(r_x^i-l_x^j)$$

易知，$d_{ij}\neq d_{ji}$。

据此，建立误差最小全局优化 TSP 模型：

$$\min\sum_{i=1}^{19}\sum_{j=1}^{19}e_{ij}d_{ij}$$

$$\begin{cases}\sum_{j=1}^{19}e_{ij}=1\\\sum_{j=1}^{19}e_{ji}=1\\\sum_{(i,j)\in s}e_{ij}\leqslant|s|-1,2\leqslant|s|\leqslant n-1)\end{cases}$$

程序设计

```
A = double(a);
fori = 1 : 1980
for j = 1 : 38
if A(i,j)< = 127
A(i,j) = 0;
else
A(i,j) = 1;
end
end
end
fori = 1 : 19
for j = 1 : 19
            D(i,j) = sum(abs(A(:,2 * i - 1) - A(:,2 * j)));
end
end
```

以下是计算 TSP 路径的程序：

```
MODEL:
sets:
cities/1..19/:level;
link(cities, cities): distance, x;
endsets
data:
distance = ;
```

```
enddata
n = @size(cities);
min = @sum(link(i,j)|i #ne# j: distance(i,j) * x(i,j));
@for(cities(i) :@sum(cities(j)| j #ne# i: x(j,i)) = 1;
                 @sum(cities(j)| j #ne# i: x(i,j)) = 1;
                        @for(cities(j)| j #gt# 1 #and# j #ne# i :level(j) >=
                        level(i) + x(i,j) - (n - 2) * (1 - x(i,j)) + (n - 3) * x(j,
                        i););); 
@for(link : @bin(x));
@for(cities(i) | i #gt# 1 : level(i)<= n - 1 - (n - 2) * x(1,i);level(i)>= 1 + (n
- 2) * x(i,1););
END
```

4.3 网络流模型

在以 V 为节点集、A 为弧集的有向图 $G=(V,A)$ 上定义如下的权函数，$L:A\to R$ 为弧上的权函数，弧 $(i,j)\in A$ 对应的权 $L(i,j)$ 记为 l_{ij}，称为弧 (i,j) 的容量下界；$U:A\to R$ 为弧上的权函数，弧 $(i,j)\in A$ 对应的权 $U(i,j)$ 记为 u_{ij}，称为弧 (i,j) 的容量上界，或直接称为容量；$D:A\to R$ 为顶点上的权函数，顶点 $i\in V$ 对应的权 $D(i)$ 记为 d_i，称为顶点 i 的供需量；此时所构成的网络称为流网络，可以记为 $N=(V,A,L,U,D)$。

由于只讨论 V、A 为有限集合的情况，所以对于弧上的权函数 L、U 和顶点上的权函数 D，可以直接用所有弧上对应的权组成的有限维向量表示。因此，L、U、D 有时直接称为权向量。由于给定有向图 $G=(V,A)$ 后，总是可以在它的弧集合和顶点集合上定义各种权函数，所以网络流一般也直接简称为网络。

在网络中，弧 (i,j) 的容量下界 l_{ij} 和容量上界 u_{ij} 表示的物理意义分别是：通过该弧发送某种“物质”时，必须发送的最小数量为 l_{ij}，而允许发送的最大数量为 u_{ij}。顶点 $i\in V$ 对应的供需量 d_i 则表示该顶点从网络外部获得的“物质”数量，或从该顶点发送到网络外部的“物质”数量。

对于网络 $N=(V,A,L,U,D)$，其上的一个流 f 是指从 N 的弧集 A 到 R 的一个函数，即对每条弧 (i,j) 赋予一个实数 f_{ij}（称为弧 (i,j) 的流量）。如果流 f 满足：

$$\begin{cases}\sum\limits_{j:(i,j)\in A} f_{ij}-\sum\limits_{j:(j,i)\in A} f_{ji}=d_i\\ l_{ij}\leqslant f_{ij}\leqslant u_{ij}\end{cases}$$

则称 f 为可行流。至少存在一个可行流的流网络称为可行网络。

当 $d_i>0$ 时，表示有 d_i 个单位的流量从该项点流出。因此，顶点 i 称为供应点或源，有时也形象地称为起始点或发点等；当 $d_i<0$ 时，表示有 $|d_i|$ 个单位的流量流入该点（或说被该顶点吸收）。因此，顶点 i 称为需求点或汇，有时也形象地称为终止点或收点等；当 $d_i=0$ 时，

顶点 i 称为转运点或平衡点、中间点等。此外，对于可行网络必有 $\sum_{i\in A} d_i = 0$。

一般来说，总是可以把 $L\neq 0$ 的网络转化为 $L=0$ 的网络进行研究。所以，除非特别说明，以后总是假设 $L=0$，并将此时的网络简记为 $N=(V,A,U,D)$。

在流网络 $N=(V,A,U,D)$ 中，对于流 f，如果 $f_{ij}=0((i,j)\in A)$，则称 f 为零流，否则为非零流。如果某条弧 (i,j) 上的流量等于其容量 $(f_{ij}=u_{ij})$，则称该弧为饱和弧；如果某条弧 (i,j) 上的流量小于其容量 $(f_{ij}<u_{ij})$，则称该弧为非饱和弧；如果某条弧 (i,j) 上的流量为 0 $(f_{ij}=0)$，则称该弧为空弧。

考虑如下流网络 $N=(V,A,U,D)$：节点 s 为网络中唯一的源点，t 为唯一的汇点，而其他节点为转运点。如果网络中存在可行流 f，此时称流 f 的流量为 d_s，通常记为 $v(f)$，即

$$v(f)=d_s=-d_t$$

对这种单源单汇的网络，如果并不给定 d_s 和 d_t，网络一般记为 $N=(V,A,U,D)$。最大流问题就是在 $N=(V,A,U,D)$ 中找到流值最大的可行流。可以看到，最大流问题的许多算法也可以用来求解流量给定的网络中的可行流。也就是说，解决最大流问题以后，对于在流量给定的网络中寻找可行流的问题，也就可以解决了。

因此，用线性规划的方法，最大流问题可以近视地描述如下：

$$\max\ v(f)$$

$$\text{s.t.}\begin{cases}\sum\limits_{j:(i,j)\in A} f_{ij}-\sum\limits_{j:(j,i)\in A} f_{ji}=\begin{cases}v(f), & i=s\\ -v(f), & i=t\\ 0, & \text{otherwise}\end{cases}\\ 0\leqslant f_{ij}\leqslant u_{ij}\end{cases}$$

最大流问题是一个特殊的线性规划问题。将会看到利用图的特点，解决这个问题的方法较之线性规划的一般方法要方便、直观得多。

4.4 思考题

1. 我国人民翘首企盼的第 29 届奥运会明年 8 月将在北京举行，届时有大量观众到现场观看奥运比赛，其中大部分人将会乘坐公共交通工具（简称公交，包括公汽、地铁等）出行。这些年来，城市的公交系统有了很大发展，北京市的公交线路已达 800 条以上，使得公众的出行更加通畅、便利，但同时也面临多条线路的选择问题。针对市场需求，某公司准备研制开发一个解决公交线路选择问题的自主查询计算机系统。

为了设计这样一个系统，其核心是线路选择的模型与算法，应该从实际情况出发考虑，满足查询者的各种不同需求。请你们解决如下问题：

（1）仅考虑公汽线路，给出任意两公汽站点之间线路选择问题的一般数学模型与算法。并根据附录数据，利用你们的模型与算法，求出以下 6 对起始站→终到站之间的最佳路线（要有清晰的评价说明）。

①S3359→S1828　　②S1557→S0481　　③S0971→S0485

④S0008→S0073　　⑤S0148→S0485　　⑥S0087→S3676

(2)同时考虑公汽与地铁线路,解决以上问题。

(3)假设又知道所有站点之间的步行时间,请你给出任意两站点之间线路选择问题的数学模型。

【附录1】基本参数设定

相邻公汽站平均行驶时间(包括停站时间):3分钟

相邻地铁站平均行驶时间(包括停站时间):2.5分钟

公汽换乘公汽平均耗时:　　5分钟(其中步行时间2分钟)

地铁换乘地铁平均耗时:　　4分钟(其中步行时间2分钟)

地铁换乘公汽平均耗时:　　7分钟(其中步行时间4分钟)

公汽换乘地铁平均耗时:　　6分钟(其中步行时间4分钟)

公汽票价:分为单一票价与分段计价两种,标记于线路后;其中分段计价的票价为:0~20站:1元;21~40站:2元;40站以上:3元

地铁票价:3元(无论地铁线路间是否换乘)

注:以上参数均为简化问题而做的假设,未必与实际数据完全吻合。

【附录2】公交线路及相关信息(见数据文件B2007data.rar)

说明:本例题源自2007年全国大学生数学建模竞赛B题,题目相关附件可以从官网下载(www.mcm.edu.cn/upload_cn/node/8/aCXDTfS5f6bafe0ae6e3f467d2df203b34ccedd1.rar)。

2.大气污染可引起地球气候异常,导致地震、旱灾等自然灾害频频发生,给人民的生命财产造成巨大损失。因此,不少国家政府都在研究如何有效监测自然灾害的措施。在容易出现自然灾害的重点地区放置高科技的监视装置,建立无线传感网络,使人们能准确而及时地掌握险情的发展情况,为有效地抢先救灾创造有利条件。科技的迅速发展使人们可以制造不太昂贵且具有通讯功能的监视装置。放置在同一监视区域内的这种监视装置(以下简称为节点)构成一个无线传感网络。如果监视区域的任意一点都处于放置在该区域内某一节点的监视范围内,则称该节点能覆盖该监视区域。研究能确保有效覆盖且数量最少的节点放置问题显然具有重要意义。

图4-5中,叉形表示一个无线传感网络节点,虚线的圆形区域表示该节点的覆盖范围。可见,该无线传感网络节点完全覆盖了区域B,部分覆盖了区域A。

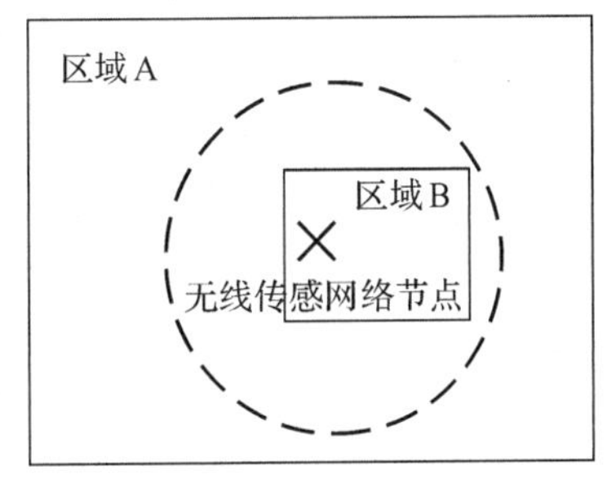

图4-5　无线传感网络覆盖示意图

网络节点间的通信设计问题是无线传感器网络设计的重要问题之一。如前所述,每个节点都有一定的覆盖范围,节点可以与覆盖范围内的节点进行通信。但是当节点需要与不在其覆盖范围内的节点通信时,需要其他节点转发才可以进行通信。

图4-6所示,节点C不在节点A的覆盖范围之内,而

节点B在A与C的覆盖范围之内，因此A可以将数据先传给B，再通过B传给C。行成一个A—B—C的通路。

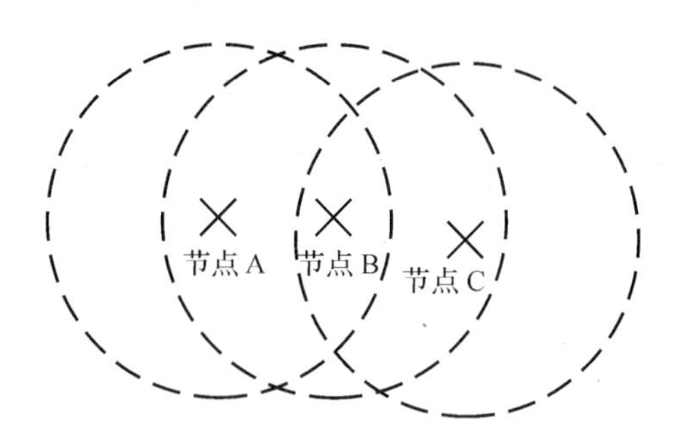

图4-6 无线传感网络节点通信示意图

请各参赛队查找相关资料，建立数学模型解决以下问题：

（1）在一个监视区域为边长$b=100$（长度单位）的正方形中，每个节点的覆盖半径均为$r=10$（长度单位）。在设计传感网络时，需要知道对给定监视区域在一定的覆盖保证下应放置节点的最少数量。对于上述给定的监视区域及覆盖半径，确定至少需要放置多少个节点，才能使得成功覆盖整个区域的概率在95%以上？

（2）在1所给的条件下，已知在该监视区域内放置了120个节点，它们位置的横、纵坐标如表4-4所示。请设计一种节点间的通信模型，给出任意10组两节点之间的通信通路，比如节点1与节点90如何通信等。

表4-4 120个节点的坐标

节点标号	X	Y	节点标号	X	Y	节点标号	X	Y	节点标号	X	Y
1	57	58	20	5	92	39	25	95	58	68	88
2	95	74	21	16	35	40	62	45	59	30	28
3	34	12	22	25	66	41	70	70	60	9	9
4	31	68	23	72	4	42	45	42	61	32	95
5	52	67	24	68	33	43	35	9	62	47	71
6	30	4	25	61	35	44	75	41	63	50	43
7	15	75	26	37	78	45	35	91	64	56	43
8	75	52	27	48	46	46	56	30	65	56	25
9	75	30	28	81	31	47	27	92	66	47	25
10	65	28	29	23	90	48	92	90	67	80	64
11	55	63	30	35	66	49	25	58	68	10	96
12	41	61	31	6	33	50	44	52	69	12	33
13	36	20	32	85	9	51	5	80	70	63	70
14	72	24	33	64	37	52	17	33	71	39	9
15	16	10	34	22	13	53	90	5	72	81	89
16	85	49	35	69	43	54	25	74	73	43	14
17	86	90	36	80	83	55	58	47	74	17	25
18	75	90	37	76	13	56	95	2	75	80	55
19	32	20	38	88	94	57	87	72	76	45	61

续表

节点标号	X	Y	节点标号	X	Y	节点标号	X	Y	节点标号	X	Y
77	92	40	88	29	63	99	8	89	110	22	28
78	78	22	89	40	83	100	15	95	111	17	80
79	89	45	90	4	11	101	45	90	112	50	10
80	51	51	91	74	44	102	70	82	113	55	20
81	40	90	92	41	25	103	90	78	114	87	22
82	65	49	93	39	21	104	84	78	115	72	98
83	76	7	94	95	51	105	20	70	116	55	79
84	30	98	95	72	76	106	40	71	117	7	2
85	26	34	96	79	8	107	55	70	118	85	20
86	28	99	97	78	44	108	5	95	119	35	50
87	25	8	98	10	80	109	73	18	120	10	68

(3)对用于监视旱情的遥测遥感网，由于地处边远地区，每个节点都只能以电池为能源，电池用尽节点即报废。实际情况下，节点的覆盖范围也会随着节点能量发生变化。针对表4-4的数据，从节能角度考虑设计，改进问题 2 中的通信模型。给出任意 10 组两节点之间的通信通路，比如节点 1 与节点 90 如何通信等。

3. 已知某地区有生产该物资的企业三家，大小物资仓库八个，国家级储备库两个，各库库存及需求情况见表 4-5，其分布情况见图 4-7。经核算该物资的运输成本为高等级公路 2 元/千米・百件，普通公路 1.2 元/千米・百件，假设各企业、物资仓库及国家级储备库之间的物资可以通过公路运输互相调运。

(1)请根据附件 2 提供的信息建立该地区公路交通网的数学模型。

(2)设计该物资合理的调运方案，包括调运量及调运线路，在重点保证国家级储备库的情况下，为给该地区有关部门做出科学决策提供依据。

(3)根据你的调运方案，20 天后各库的库存量是多少？

(4)因山体滑坡等自然灾害下列路段交通中断，能否用问题二的模型解决紧急调运的问题，如果不能，请修改你的模型。

中断路段：⑭㉓，⑪㉕，㉖㉗，⑨㉛

表 4-5　各库库存及需求情况　　(单位：百件)

单位	库存/百件				
	现有库存	预测库存	最低库存	最大库存	产量/天
企业 1	600	—	—	800	40
企业 2	360	—	—	600	30
企业 3	500	—	—	600	20

续表

单位	库存/百件				
	现有库存	预测库存	最低库存	最大库存	产量/天
仓库 1	200	500	100	800	—
仓库 2	270	600	200	900	—
仓库 3	450	300	200	600	—
仓库 4	230	350	100	400	—
仓库 5	800	400	300	1000	—
仓库 6	280	300	200	500	—
仓库 7	390	500	300	600	—
仓库 8	500	600	400	800	—
储备库 1	2000	3000	1000	4000	—
储备库 2	1800	2500	1000	3000	—

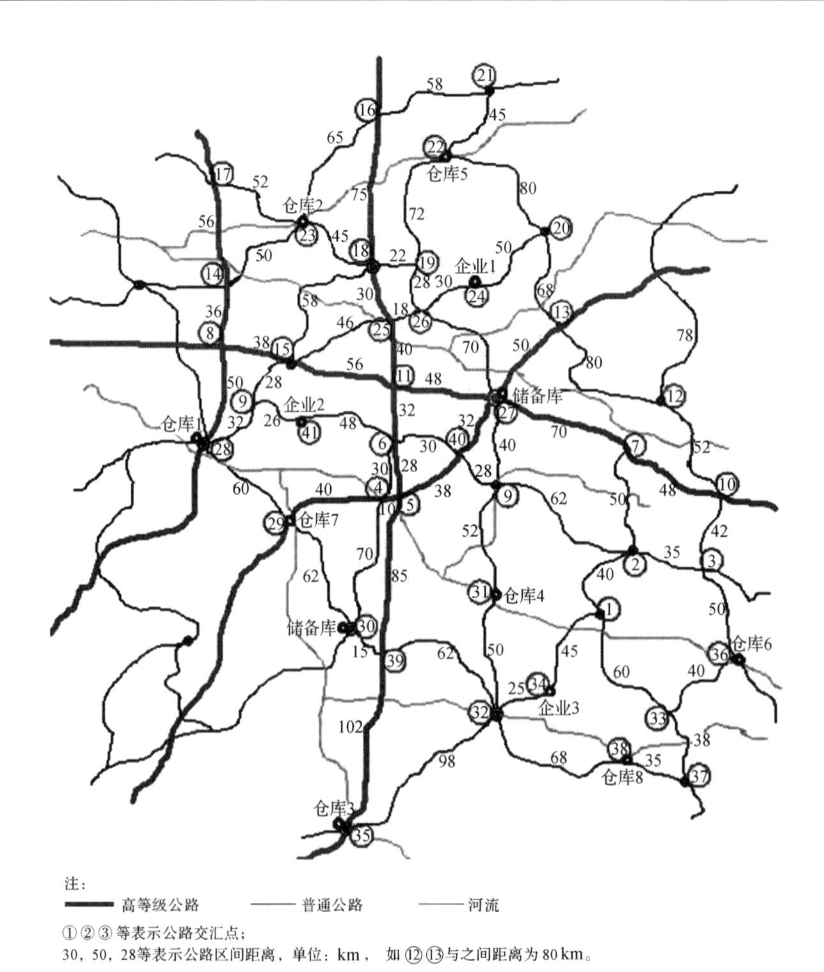

图 4-7　生产企业，物资仓库及国家级储备库分布

第五章　评价管理数学模型

现实世界中充斥着大量对于已有体系进行评价分析的问题，如各种形式的排序问题、高校学生奖学金评定问题等。通过对现有系统的评价，可以帮助管理者了解被评价对象目前所处状态，以及设计有效的方案改进被评价对象的不足之处。在评价管理数学模型领域有着许多经典且巧妙的数学方法，如层次分析法、灰色关联法、理想点法、模糊评价法、主成分分析法、熵权法、雷达图法等等。

5.1　层次分析数学模型

层次分析法(Analytic Hierarchy Process, AHP)是由美国运筹学家、匹兹堡大学教授T. L. Saaty于20世纪70年代创立的一种系统分析与决策的综合评价方法。该方法在充分研究人类思维过程的基础上，较合理地解决了定性问题定量化的处理过程。AHP的主要特点是通过建立递阶层次结构，把人类的判断转化到若干因素两两之间重要度的比较上，从而把难于量化的定性判断转化为可操作的重要度比较上面。在许多情况下，决策者可以直接使用AHP进行决策，极大地提高了决策的有效性、可靠性和可行性。但其本质是一种思维方式，它把复杂问题分解成若干个组成因素，又将这些因素按支配关系分别形成递阶层次结构，通过两两比较的方法确定决策方案相对重要度的总排序。整个过程体现了人类决策思维的基本特征，即分解、判断、综合，其克服了其他方法回避决策者主观判断的缺点。

运用层次分析法进行决策，大体上可分为四个步骤：

1. 分析系统中各因素之间的关系，建立系统的层次结构。

2. 对于同一层次的各元素关于上一层次中某一准则的重要性进行两两比较，构造两两比较矩阵。

3. 由判断矩阵计算被比较元素对于该准则的相对权重，并进行一致性检验。

4. 计算各层元素对系统目标的合成权重，计算被评价对象的总分并进行排序。

由于涉及的因素繁多，复杂问题的决策通常比较困难。应用AHP的第一步就是将问题涉及的因素条理化、层次化，构造出一个有层次的结构模型。在这个模型下，复杂问题的组成因素被分成若干组成部分，称之为元素。这些元素又按其属性及关系形成若干层次，上一层次的元素对下一层次的有关元素起支配作用，这些层次可以分为三类。

最高层：又称目标层。这一层次的元素只有一个。一般它是分析问题的预定目标或理想结果。

中间层：又称准则层。这一层次包括了为实现目标所涉及的中间环节，它可以由若干层次组成,包括所需考虑的准则和子准则。

最低层:又称方案层。这一层次包括了为实现目标可供选择的各种措施,决策方案等。

AHP 的层次结构如图 5-1 所示。

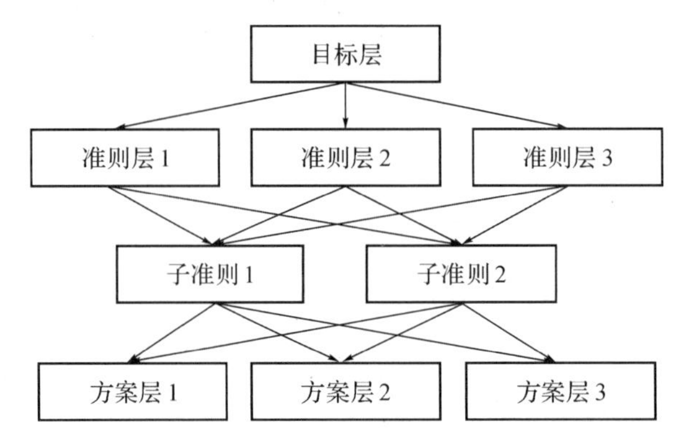

图 5-1　层次分析法层次结构

在层次结构中,层次数与问题的复杂程度及需分析的详尽程度有关。一般层次数不受限制,每一层次中每元素所支配的下一层次元素数不超过 9 个。因为支配元素过多会给两两比较判断带来困难。如果支配元素超过 9 个,可以考虑合并一些因素或增加层次数。层次结构应具有以下特点:

1. 从上到下顺序地存在支配关系,并用直线段表示。除目标层外,每个元素至少受上一层一个元素支配。除最后一层外,每个元素至少支配下一层次一个元素,上下层元素的联系比同一层次强,以避免同一层次中不相邻元素存在支配关系。

2. 整个结构中,层次数不受限制;最高层只有一个元素,每一个元素所支配的元素一般不超过 9 个,元素过多时可进一步分组。

层次分析法的特点之一是定性分析与定量计算相结合,定性问题定量化。应用 AHP 的第二步就是要在已有层次结构基础上构造两两比较的判断矩阵。在这一步中,决策者要反复回答问题:针对准则 C 所支配的两个元素 u_i 与 u_j 哪个更重要,并按 1～9 标度对重要程度赋值。表 5-1 给出了 1～9 标度的含义。

表 5-1　重要程度标度含义

标度	含义
1	u_i 与 u_j 具有相同的重要性
3	u_i 比 u_j 稍重要
5	u_i 比 u_j 重要
7	u_i 比 u_j 强烈重要
9	u_i 比 u_j 极端重要
2、4、6、8	u_i 比 u_j 重要性之比介于以上相邻两者之间
倒数	若 u_i 比 u_j 重要性之比为 a_{ij},则 u_j 对 u_i 之比为 $a_{ij}=\frac{1}{a_{ji}}$

这样对于准则 C,几个被比较元素通过两两比较构成一个判断矩阵 $A=(a_{ij})_{n\times n}$,其中 a_{ij} 就是元素 u_i 与 u_j 相对于 C 的重要度比值。

判断矩阵应满足:$a_{ij}>0,a_{ij}=\dfrac{1}{a_{ji}},a_{ii}=1$,具有这种性质的矩阵 A 称为正负反矩阵。由判断矩阵所具有的性质知:一个 n 阶判断矩阵只需给出其上三角或下三角的 $\dfrac{n(n-1)}{2}$ 个元素就可以了,即只需做 $\dfrac{n(n-1)}{2}$ 次两两比较判断。

若判断矩阵 A 同时具有如下性质:$\forall i,j,k \Rightarrow a_{ij}a_{jk}=a_{ik}$,则称矩阵 A 为一致性矩阵。并不是所有的判断矩阵都具有一致性!事实上,AHP 中多数判断矩阵(三阶以上)不满足一致性。一致性及其检验是 AHP 的重要内容。

AHP 的第三步要从给出的每一判断矩阵中求出被比较元素的排序权重向量,并通过一致性检验确定每一判断矩阵是否可以接受。权重计算方法主要有以下几种:和法、根法以及特征根法。

和法:取判断矩阵 n 个列向量(针对 n 阶判断矩阵)的归一化后算术平均值近似作为权重向量,即有:

$$\bar{\omega}_i=\frac{1}{n}\sum_{j=1}^{n}\frac{a_{ij}}{\sum_{k=1}^{n}a_{kj}},\quad i=1,2,\cdots,n$$

根法(几何平均法):将 A 的各个向量采用几何平均然后归一化,得到的列向量近似作为加权向量,即有:

$$\bar{\omega}_i=\frac{\left(\prod_{j=1}^{n}a_{ij}\right)^{\frac{1}{n}}}{\sum_{k=1}^{n}\left(\prod_{j=1}^{n}a_{jk}\right)^{\frac{1}{n}}},\quad i=1,2,\cdots,n$$

特征根法(EM):求判断矩阵的最大特征根及其对应的右特征向量,分别称为主特征根与右主特征向量,然后将归一化后的右主特征向量作为排序权重向量。特征根法是 AHP 中提出最早,也最为人们所推崇的方法。特征根法原理及算法如下所示。设 $\bar{\omega}=(\bar{\omega}_1,\bar{\omega}_2,\cdots,\bar{\omega}_n)^{\mathrm{T}}$ 是 n 阶判断矩阵 A 的排序权重向量,当 A 为一致性矩阵时,显然有如下性质:

$$A=\begin{bmatrix}\frac{\bar{\omega}_1}{\bar{\omega}_1} & \frac{\bar{\omega}_1}{\bar{\omega}_2} & \cdots & \frac{\bar{\omega}_1}{\bar{\omega}_n}\\ \frac{\bar{\omega}_2}{\bar{\omega}_1} & \frac{\bar{\omega}_2}{\bar{\omega}_2} & \cdots & \frac{\bar{\omega}_2}{\bar{\omega}_n}\\ \vdots & \vdots & & \vdots\\ \frac{\bar{\omega}_n}{\bar{\omega}_1} & \frac{\bar{\omega}_n}{\bar{\omega}_2} & \cdots & \frac{\bar{\omega}_n}{\bar{\omega}_n}\end{bmatrix}$$

可以验证 $A\bar{\omega}=n\bar{\omega}$,且 n 为矩阵 A 的最大特征值,A 的其余特征值为 0,A 的秩为 1。根据非负矩阵的 Perron 定理可知:正互反矩阵的最大特征根为正,且它对应的右特征向量为正向量,最大特征根 $\lambda_{\max}$ 为 A 的单特征根。特征根法是借用数值分析中计算正矩阵的最大特征根和特征向量的幂法实现。常用数学软件如 MATLAB 等也都具有这种功能。

下面介绍有关层次分析法理论的 Perron 定理和几个性质:

Perron 定理：设 n 阶方阵 A，$\lambda_{\max}$ 为 A 的模最大的特征根，那么 $\lambda_{\max}$ 必为正特征根，而且它所对应的特征向量为正向量。A 的任何其他特征根 λ，有 $|\lambda|<\lambda_{\max}$。$\lambda_{\max}$ 为 A 的单特征根，它所对应的特征向量除差一个常数因子外是唯一的。

一致性正互反矩阵 A 具有以下几个性质：

A^{T} 为一致性正互反矩阵；

A 的任一列均为任意指定一列的正数倍，因而 A 的秩为 1；

A 的最大特征根为 n，其余特征根为 0；

若 A 的最大特征根对应的特征向量为 $\bar{\omega}=(\bar{\omega}_1,\bar{\omega}_2,\cdots,\bar{\omega}_n)^{\mathrm{T}}$，则 $a_{ij}=\dfrac{\bar{\omega}_i}{\bar{\omega}_j}$；

n 阶正互反矩阵 $A=(a_{ij})_{n\times n}$ 是一致的当且仅当 $\lambda_{\max}=n$。

前面提到：在判断矩阵的构造中，并不要求判断矩阵具有一致性。这是由客观事物的复杂性与人类认识的多样性所决定的。1～9 标度也决定了三阶以上判断矩阵很难满足一致性。但要求判断有大体上的一致性是应该的，若出现甲比乙极端重要，乙比丙极端重要而丙又比甲极端重要的判断，一般是违背常识的。一个混乱的经不起推敲的判断矩阵有可能导致决策的失误，而且上述各种计算排序权重的方法当判断矩阵过于偏离一致性时，其可靠性程度也就值得怀疑了。因此，需要对判断矩阵的一致性进行检验，其检验步骤为：

1. 计算一致性指标 C. I. (Consistent Index)：$\text{C. I.}=\dfrac{\lambda_{\max}-n}{n-1}$。

2. 查找相应的平均随机一致性指标 R. I. (Random Index)，表 5-2 给出了 1～12 阶正互反矩阵的平均随机一致性指标。

3. 计算一致性比率 C. R. (Consistent Radio)：$\text{C. R.}=\dfrac{\text{C. I.}}{\text{R. I.}}$。

表 5-2　平均随机一致性指标数据

矩阵阶数	1	2	3	4	5	6
R. I.	0	0	0.52	0.89	1.12	1.26
矩阵阶数	7	8	9	10	11	12
R. I.	1.36	1.41	1.46	1.49	1.52	1.54

当 $\text{C. R.}<0.10$ 时，认为判断矩阵的一致性是可以接受的，否则应对判断矩阵做适当修正。

上面方法可以得到一组元素对其上一层次中某元素的权重向量。最终要得到各元素（特别是最低层中各方案）对于目标的排序权重，即所谓总排序权重，从而进行方案选择。总排序权重要自上而下地将单准则下的权重进行合成。

假定已经得到第 $k-1$ 层上 n_{k-1} 个元素相对于总目标的排序权重：$\bar{\omega}^{k-1}=\bar{\omega}_1^{(k-1)}$，$\bar{\omega}_2^{(k-1)},\cdots,\bar{\omega}_{n(k-1)}^{(k-1)\ \mathrm{T}}$，以及第 k 层 n_k 个元素对于第 $k-1$ 层上第 j 个元素为准则的单排序向量：$p_j^{(k)}=(p_{1j}^{(k)},p_{2j}^{(k)},\cdots,p_{n_kj}^{(k)})^{\mathrm{T}}$，其中不受 j 元素支配的元素权重取为 0。矩阵 $p^{(k)}=p_1^{(k)},p_2^{(k)},\cdots,p_{n_{k-1}}^{(k)}$ 是一个 $n_k\times n_{k-1}$ 阶矩阵，表示了第 k 层上元素对第 $k-1$ 层上各元素的排序，那么第 k 层上元素对目标的总排序向量 $\bar{\omega}^{(k)}$ 为：$\bar{\omega}^{(k)}=(\bar{\omega}_1^{(k)},\bar{\omega}_2^{(k)},\cdots,\bar{\omega}_{n_k}^{(k)})^{\mathrm{T}}=p^{(k)}\bar{\omega}^{(k-1)}$ 并且一般公式

为：$\bar{\omega}^{(k)}=p^{(k)}p^{(k-1)}\cdots p^{(3)}\bar{\omega}^{(2)}$。这里 $\bar{\omega}^{(2)}$ 是第 2 层上元素的总排序向量，也是单准则下排序向量。

例 5.1　企业资金分配问题

有家企业年末有留成，希望将此笔资金用于以下几个领域：发奖金、福利事业与引进新设备。但是，在利用企业留成时需要考虑以下几个方面：调动职工积极性、提高企业技术水平和改善职工生活条件。请建立数学模型合理使用企业留成，帮助企业将来更好地发展。

解题思路

在合理利用企业留成问题中有以下层次结构模型如图 5-2 所示，设诸判断矩阵如下，每个矩阵同时列出其最大特征根，右主特征向量及一致性比率等。

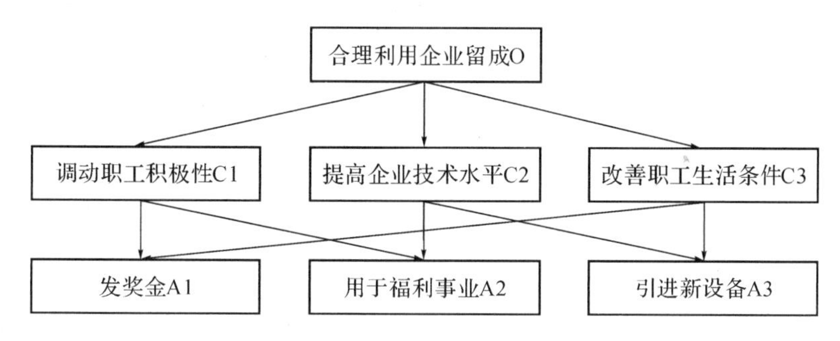

图 5-2　企业留成使用层次分析图

建立层次结构后，形成两两判断矩阵。目标层与准则层的判断矩阵、准则层与方案层的四个判断矩阵如表 5-3 所示。

表 5-3　两两判断矩阵

O	C_1	C_2	C_3	$\bar{\omega}_0$	
C_1	1	1/5	1/3	0.105	λ=3.038
C_2	5	1	3	0.637	C.I.=0.019
C_3	3	1/3	1	0.258	C.R.=0.033

C_2	A_2	A_3	$\bar{\omega}_{12}$	
A_2	1	1/5	0.167	λ=2
A_3	5	1	0.833	$C.I.=0$ $C.R.=0$

C_3	A_1	A_3	$\bar{\omega}_{13}$	
A_1	1	2	0.667	λ=2 $C.I.=0$
A_3	1/2	1	0.333	$C.R.=0$

C_1	A_1	A_2	$\bar{\omega}_1 1$	
A_1	1	3	0.75	λ=2 $C.I.=0$
A_2	1/3	1	0.25	$C.R.=0$

因此最终排序向量为：

$$W_2=\begin{bmatrix}0.75 & 0 & 0.667\\0.25 & 0.167 & 0.333\\0 & 0.833 & 0\end{bmatrix}\begin{bmatrix}0.105\\0.637\\0.258\end{bmatrix}=\begin{bmatrix}0.251\\0.218\\0.531\end{bmatrix}$$

于是，对于工厂合理使用企业留成利润，促进企业发展所考虑的三种方案的相对优先排序为：$A_3>A_2>A_1$（“>”表示优先于）利润分配比例为引进新设备应占 53.1%，用于发奖金应占 25.1%，用于改善福利事业应占 21.8%。

例 5.2　小区开放对道路通行的影响

2016 年 2 月 21 日，国务院发布《关于进一步加强城市规划建设管理工作的若干意见》，其中第十六条关于推广街区制，原则上不再建设封闭住宅小区，已建成的住宅小区和单位大院要逐步开放等意见，引起了广泛的关注和讨论。

除了开放小区可能引发的安保等问题外，议论的焦点之一是：开放小区能否达到优化路网结构，提高道路通行能力，改善交通状况的目的，以及改善效果如何。一种观点认为封闭式小区破坏了城市路网结构，堵塞了城市“毛细血管”，容易造成交通阻塞。小区开放后，路网密度提高，道路面积增加，通行能力自然会有提升。也有人认为这与小区面积、位置、外部及内部道路状况等诸多因素有关，不能一概而论。还有人认为小区开放后，虽然可通行道路增多了，相应地，小区周边主路上进出小区的交叉路口的车辆也会增多，也可能会影响主路的通行速度。

城市规划和交通管理部门希望你们建立数学模型，就小区开放对周边道路通行的影响进行研究，为科学决策提供定量依据，请选取合适的评价指标体系，用以评价小区开放对周边道路通行的影响。

说明：本例题源自全国大学生数学建模竞赛。

问题分析

小区的开放使得周边道路与小区内道路直接相连，路网结构相应发生变化，由此会对周边道路通行造成一定的影响。若要对小区开放前后对周边道路通行状况的影响进行评价，则需建立合适的评价指标体系。考虑到评价指标体系的全面性和系统性，可选取道路负荷状况、道路畅通状况、道路稳定状况以及道路安全状况四个方面作为评价周边道路通行状况评价指标。道路负荷状况即道路交通供需情况，可由道路平均负荷度表示；道路畅通状况反映道路运行的快捷性，可由三个方面表示，分别为：道路平均行程速度、道路通行时间指数、道路交通拥堵指数；道路稳定状况反映道路运行的可靠性，可由道路行程时间稳定指数表示；道路安全状况体现道路交通安全性，可由道路交通事故发生率表示。以小区开放对周边道路通行影响作为目标层，利用上述各指标作为准则层，将小区开放和不开放作为方案层，建立层次分析结构，计算小区开放和不开放的权值，并对小区开放前后周边道路通行状况进行评价。

模型设计

为评价小区开放对周边道路通行状况的影响，需建立一个道路通行状况评价体系，用于定量地分析各类道路通行状况，并定性地评价道路通行状况的优劣。首先确定一个评价体系建立原则，在该原则的指导下完成评价指标的选取，指标含义和计算方式的确立，最后利用层次分析法对道路通行状况进行综合评价。

建立全面、科学的评价体系，需要正确的指导原则。在建立道路通行状况评价体系时遵循以下三个原则：

(1)客观性原则：道路通行状况是一个实际性问题，在建立评价体系时应当遵循其实际规律，不能仅凭主观臆想构建体系。

(2)科学性原则：评价指标体系应当体现科学的态度。指标的选取缘由、指标的具体含义以及指标的计算方法都有科学的依据作支撑。在表述相关概念时，力求做到解释清晰，明白无误，没有遗漏、偷换概念。

（3）系统性原则：道路交通状况是一个较为广泛的概念，在建立评价指标体系时，需全面地、有层次地、由浅入深地选取指标。在每一级指标层上，保证每个指标相互之间的独立性和平行性，做到既能够涵盖最广的范围，又能清楚地区分指标的特点。

为了客观、科学、系统地评价小区开放前后对周边道路通行状况的影响，需从多个方面选取指标，对道路通行状况进行合理评价。可以从道路负荷程度、畅通程度、稳定程度和安全程度四个方面出发，选取道路负荷状况、道路畅通状况、道路稳定状况和道路安全状况作为评价指标体系中的指标，力求评价指标系统的客观性、科学性和系统性。

（1）道路负荷状况：道路负荷状况即实际交通量与道路通行能力之比，可反映道路交通情况。道路负荷越低，则表示道路通行状况越好，而道路负荷越高，则表示道路通行状况越糟糕。可以通过道路平均负荷度来反映道路交通负荷。

道路平均负荷度 $\overline{H}$ 是路段车流量与路段交通通行能力的比值，无单位。该指标用于评价路段的交通繁忙程度，可反映路段的交通供需水平。

$$\overline{H}=\frac{\sum_{i=1}^{n}Q_iL_i}{\sum_{i=1}^{n}C_iL_i}$$

其中，Q_i 表示路段 i 的流量，C_i 表示路段 i 的通行能力，L_i 表示路段 i 的长度；n 表示路段总数。

（2）道路畅通状况：道路畅通状况反映道路运行的快捷程度，也反映道路交通的拥堵程度。道路通行越畅通，则表示道路的通行质量越高，交通越不拥堵。可以选择道路平均行程速度、道路通行时间指数、道路交通拥堵指数三个方面来反映道路畅通状况。

①道路平均行程速度：道路平均行程速度 $\overline{V}$ 是指道路网内所有路段平均行程速度以车道行驶里程为权重的加权平均值。道路平均行程速度直接可反映道路的通畅程度。

$$V=\frac{\sum_{i=1}^{n}v_iVKT_i}{\sum_{i=1}^{n}VKT_i}$$

其中，n 表示路段总数，v_i 表示路段 i 的车辆平均行程速度，VKT_i 表示路段 i 的车道行驶里程。

②道路通行时间指数：道路通行时间指数 TTI 表示道路网中车辆从起点到终点的加权平均行程时间，道路通行时间指数越大，则从起点到终点所需时间越长。

$$TTI=\frac{\sum_{i=1}^{n}TI_iD_i}{\sum_{i=1}^{n}D_i}$$

其中，D_i 表示路段 i 的交通出行量，n 表示路段总数，TI_i 表示路段 i 的通行时间指数。

路段 i 的通行时间指数 TI_i 表示道路网中车辆从起点到终点，完成单位里程所需的平均行程时间。路段通行时间指数能够体现路段的畅通性。

$$TI_i=\frac{60\text{km/h}}{v_i}$$

其中，v_i 表示路段 i 的车辆平均行驶速度。

③道路交通拥堵指数：道路交通拥堵指数 P 是量化道路网整体拥堵程度的相对数，是道路通畅程度的重要表现形式。当指标值较大时，表示道路网内畅通程度低，较为拥堵；当指标值较小时，表示道路网内畅通程度高，不太拥堵。

道路交通拥堵指数 P 与道路网严重拥堵比例呈正相关。当道路网严重拥堵比例为 $a\%$ 时，道路交通拥堵指数 P 为：

$$P=\begin{cases}\dfrac{a}{2}, & 0\leqslant a\leqslant 4\\ 2+\dfrac{a-4}{2}, & 4<a\leqslant 8\\ 4+\dfrac{2(a-8)}{3}, & 8<a\leqslant 11\\ 6+\dfrac{2(a-11)}{3}, & 11<a\leqslant 14\\ 8+\dfrac{a-14}{5}, & 14<a<24\\ 10, & a\geqslant 24\end{cases}$$

（3）道路稳定状况：道路稳定状况体现道路运行的可靠性，反映道路运行的是否稳定。可以选取道路行程时间稳定指数来评价道路通行的稳定性。道路行程时间稳定指数 SI 表示在某一时间段内能够完成道路行程的可能性。

$$SI=\frac{\gamma_u-\gamma_l}{\tau_u-\tau_l}(\tau_u-CV)+\gamma_l$$

其中，CV 表示道路行程时间的变异系数，γ_u、γ_l 分别表示道路行程时间稳定指数等级的上、下边界值，τ_u、τ_l 分别为变异系数值类别的上、下边界值。

道路行程时间的变异系数 CV 等于道路上所有车辆的行程时间的标准差与其均值的商。在已知道路行程时间的变异系数后，可根据变异系数值进行等级划分，进而得到等级边界 γ_u、γ_l 和等级对应的变异系数边界值 τ_u、τ_l。

$$CV=\frac{\sqrt{\dfrac{1}{n}\sum_{i=1}^{n}(t_i-\bar{t})^2}}{\bar{t}}$$

其中，n 为道路上车辆通行量，t_i 为道路上第 i 辆车的行驶时间，$\bar{t}$ 为道路上车辆的平均行驶时间。

（4）道路安全状况：道路安全状况可由道路交通事故发生率表示。由于道路交通事故发生率 PI 可通过查阅资料直接得到，此处不再赘述道路交通事故发生率的计算公式。

以上从道路负荷状况、道路通畅状况、道路稳定状况和道路安全状况四个方面描述了影响道路通行状况的指标，整理得到道路通行状况的评价指标体系如图 5-3 所示。

为保证计算所得的指标真实可靠，本文选取河南省平顶山市光明路作为小区周边的道路。计算所需数据来源于《平顶山报》中的“市区四条南北路高峰期：最低时速 9.4km”。光

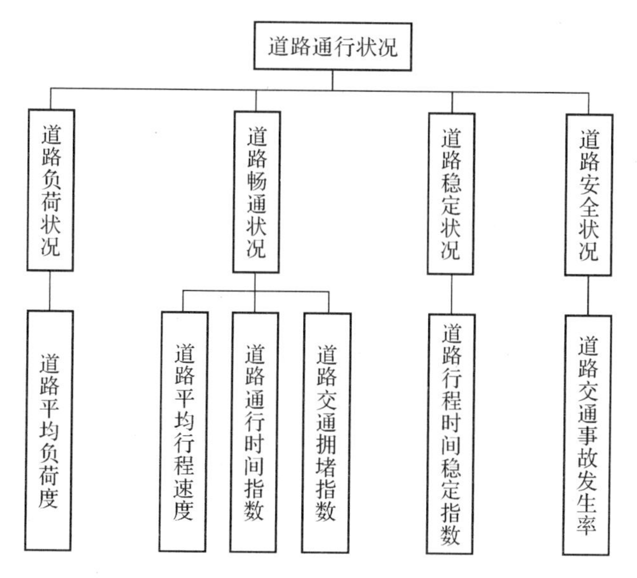

图 5-3　道路通行状况评价指标体系

明路一启蒙路以丁字形交叉，其道路交叉示意图如图 5-4 所示。

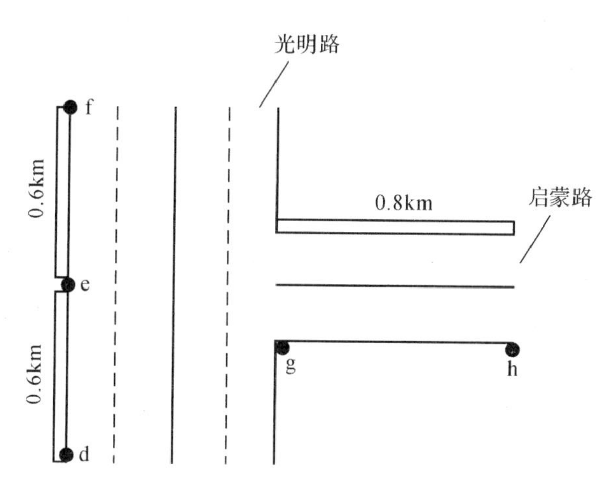

图 5-4　光明路-启蒙路道路交叉示意图

根据公式计算六个指标值。计算指标所需的必要数据及其计算结果如下：

①道路平均负荷度(见表 5-4)

表 5-4　道路平均负荷度计算

	路段	每小时车流量	路段通行能力	路段长度	道路平均负荷度
开放前	光明路	3462	6379.6	1.2	0.54
开放后	de 段	1604	6379.6	0.6	0.20
	ef 段	1509	6379.6	0.6	
	gh 段	349	3724.0	0.8	

②道路平均行程速度(见表5-5)

表5-5 道路平均行程速度计算

	路段	车辆平均行驶速度	路段长度	路段交通出行量	道路平均行程速度
开放前	光明路	16	1.2	349	16
开放后	de段	16	0.6	3113	17
	ef段	16	0.6	3113	
	gh段	30	0.8	349	

③道路通行时间指数(见表5-6)

表5-6 道路通行时间指数计算

	路段	车辆平均行驶速度	路段交通出行量	道路通行时间指数
开放前	光明路	16	349	3.75
开放后	de段	16	3113	3.57
	ef段	16	3113	
	gh段	30	349	

④道路交通拥堵指数

由于小区开放前交通拥堵里程比例为12.0%,小区开放后交通拥堵里程比例为10.8%。根据公式计算得到小区开放前后道路交通拥堵指数:

小区开放前:6.67;小区开放后:5.87。

⑤道路行程时间稳定指数(见表5-7)

表5-7 道路行程时间稳定指数计算

	CV	γ_u	γ_l	τ_u	τ_l	道路行程时间稳定指数
小区开放前	0.2548	10	9	0.2615	0.2541	9.90
小区开放后	0.2548	10	9	0.2670	0.2541	9.95

⑥道路交通事故发生率

根据资料可知,交叉道路的事故发生率约为30%,直道(即无交叉口)事故发生率约为70%。而当小区开放前,周边主干路为直道,小区开放后,小区内道路与主干路形成交叉口,因此可近似认为小区开放前道路交通事故发生率为30%,小区开放后道路交通事故发生率为70%。

要评价小区开放前后对周边道路通行的影响,因此需从实际出发。层次分析法需建立各指标之间的比较判断矩阵,而矩阵中的数值需以实际情况为基础。利用上述计算得到的客观的指标值,可得到相对符合实际的比较数据。

利用层次分析模型,先建立层次结构图。根据图5-3的评价指标体系,以评价指标体系的二级指标作为准则层,以小区开放对周边道路通行影响作为目标层,以小区开放和不开放作为方案层，建立层次结构图如图 5-5 所示。

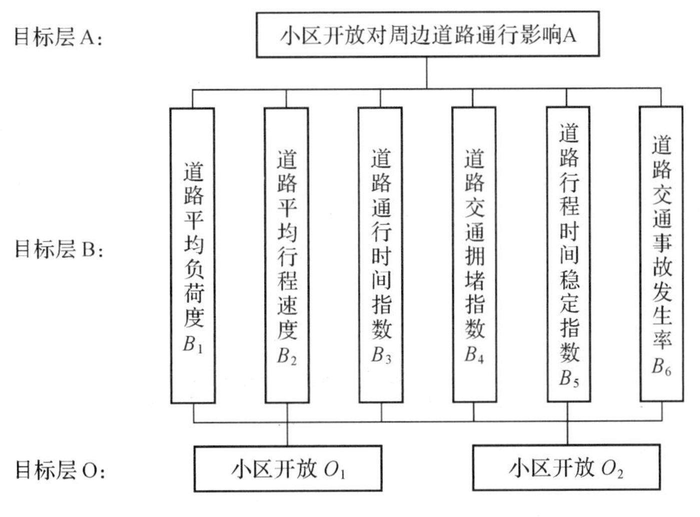

图 5-5　小区开放情况层次结构

根据计算所得的小区开放前后的六个指标值，建立目标层与准则层的比较判断矩阵如下：

$$A=\begin{bmatrix} 1 & 1 & 1 & 1 & 2 & 3 \\ 1 & 1 & 1 & 1 & 2 & 3 \\ 1 & 1 & 1 & \frac{1}{2} & 2 & 3 \\ 1 & 1 & 2 & 1 & 3 & 4 \\ \frac{1}{2} & \frac{1}{2} & \frac{1}{2} & \frac{1}{3} & 1 & 2 \\ \frac{1}{3} & \frac{1}{3} & \frac{1}{3} & \frac{1}{4} & \frac{1}{2} & 4 \end{bmatrix}$$

由于 C. R. <0.1，一致性检验通过。此时矩阵 A 最大特征值对应的特征向量为 $U=[0.2014,0.2014,0.1802,0.2575,0.0986,0.0609]$。

准则层与方案层的判断矩阵如下：

$$B_1=\begin{bmatrix} 1 & \frac{17}{5} \\ \frac{5}{17} & 1 \end{bmatrix}, B_2=\begin{bmatrix} 1 & \frac{17}{16} \\ \frac{16}{17} & 1 \end{bmatrix}, B_3=\begin{bmatrix} 1 & \frac{375}{357} \\ \frac{357}{375} & 1 \end{bmatrix}$$

$$B_4=\begin{bmatrix} 1 & \frac{6.67}{5.87} \\ \frac{5.87}{6.67} & 1 \end{bmatrix}, B_5=\begin{bmatrix} 1 & \frac{9.95}{9.9} \\ \frac{9.9}{9.95} & 1 \end{bmatrix}, B_3=\begin{bmatrix} 1 & \frac{3}{7} \\ \frac{7}{3} & 1 \end{bmatrix}$$

以上 6 个判断矩阵 C. R. <0.1，一致性检验通过。准则层与方案层的层次分析权重表如表 5-8 所示。

表 5-8 准则层与方案层的层次分析权重

	B_1	B_2	B_3	B_4	B_5	B_6	总排序权值
O_1	0.7391	0.5152	0.5123	0.5319	0.5013	0.3000	0.5496
O_2	0.2609	0.4848	0.4877	0.4681	0.4987	0.7000	0.4504

因此最终得到组合权向量 $\bar{\omega}=[0.5496,0.4504]$。由此可知，小区开放后对周边道路的通行状况的影响程度为 0.5496，小区开放前对周边道路的通行状况的影响程度为 0.4504。比较可知，小区开放后周边道路的通行状况比小区开放前好。

5.2 灰色关联数学模型

一般地，把信息完全明确的系统称为白色系统，把信息完全不明确的系统称为黑色系统，信息部分明确、部分不明确的系统称为灰色系统。当事物之间、因素之间、相互关系比较复杂，特别是表面现象，变化的随机性更容易混淆人们的直觉，掩盖事物的本质，使人们在认识、分析、预测、决策时，得不到全面的、足够的信息，不容易形成明确的概念。这些都是灰色因素，灰色的关联性在起作用。

假设 $X_0=(x_{10},x_{20},\cdots,x_{n0})^T$ 为母序列，$X_1=(x_{11},x_{21},\cdots,x_{n1})^T$，…，$X_m=(x_{1m},x_{2m},\cdots,x_{nm})^T$ 为子序列（比较序列），则定义 X_i 与 X_0 在第 k 点的关联系数 $y_i(k)$ 为：$y_i(k)=\dfrac{a+b\rho}{\Delta_i(k)+b\rho}$。

其中，$\Delta_i(k)=|x_{ki}-x_{0i}|$，$i=1,2,\cdots,m$，$k=1,2,\cdots,n$，$a=\min\limits_{1\leqslant k\leqslant n}\min\limits_{1\leqslant i\leqslant m}\Delta_i(k)$，$b=\max\limits_{1\leqslant k\leqslant n}\max\limits_{1\leqslant i\leqslant m}\Delta_i(k)$，$\rho$ 称为分辨系数，取 0～1 之间的数（通常取 $\rho=0.5$）。

X_i 与 X_0 之间的关联度为：$r_i=\dfrac{1}{n}\sum\limits_{k=1}^{n}y_i(k)$，$i=1,2,\cdots,m$。

灰色关联度分析应用非常广泛。例如当需要对 n 个方案进行评价时，有 m 个指标可以从不同的侧面正确地反映出被评价 n 个方案效益的情况。于是，可采取如下步骤：

1. **选定母指标**：选取对方案影响最重要的指标作为母指标，如选 X_j 为母指标。

2. **对原始数据（指标值）进行处理**：由于各指标的量纲不同，指标值的数量级也差别很大。为了用这些数据进行综合评价首先必须对原始数据进行无量纲、无数量级的处理。处理的方法通常有两种：均值化处理即分别求出各个指标原始数据的平均值，再用均值去除对应指标的每个数据，便得到新的数据；初值化处理即分别用原始数据每个指标的第一个数据去除对应指标的每一个数据，便得到新的数据。

3. **计算关联系数**：$y_i(k)=\dfrac{a+b\rho}{\Delta_i(k)+b\rho}$其中，${}_i(k)=|x_{ki}-x_{0i}|$，$i=1,2,\cdots,m$，$k=1,2,\cdots,n$，$a=\min\limits_{1\leqslant k\leqslant n}\min\limits_{1\leqslant i\leqslant m}\Delta_i(k)$，$b=\max\limits_{1\leqslant k\leqslant n}\max\limits_{1\leqslant i\leqslant m}\Delta_i(k)$，$\rho=0.5$。

4. **求关联度**：$r_i=\dfrac{1}{n}\sum\limits_{k=1}^{n}y_i(k)$，$i=1,2,\cdots,m$。

5. **求出各指标对应的权重**：$r'_j = \dfrac{r_j}{r_1 + r_2 + \cdots + r_m}$，$j = 1,2,\cdots,m$。

6. **构造综合评价模型**：$Z_k = r'_1 x_{k1} + r'_2 x_{k2} + \cdots + r'_m x_{km}$，$k=1,2,\cdots,m$。

7. **排序**：将各方案的指标值代入得到该方案效益综合得分 Z_k，依据综合得分从大到小排序，也就得到各方案综合效益的排序。

例 5.3　经济效益评价模型

经济效益是经济活动效果的综合反映，以最小消耗取得最大的产出和经济成果，是经济工作的总目标和基本要求。通过对企业经济效益进行综合评价，可使上级主管部门对所属参评单位的经济效益状况心中有数。通过综合评价，能使各被评价单位明确地知道自己所处的名次，分析其先进或落后的成因，从宏观上把握在经济效益方面争名次、上台阶的方向，从而充分发挥自身优势，积极参与市场竞争，取得更好的经济效益。经济效益综合评价还能对企业的发展起导向作用，使企业从产量增长型思维转换到注重经营效益型方面来，努力提高自身的综合实力和活力。表 5-9 是某年中国统计信息报刊载的国家统计局发布的关于我国 16 个省、直辖市的工业效益完成情况，试对其经济效益进行综合评价并排出名次。

表 5-9　各省市经济效益

地区	产品销售率/%	资金利用率/%	成本利用率/%	劳动生产率/(元/人)	流动资金周转次数/次	净产值率/%
北京	94.59	14.73	9.62	13797	1.62	28.10
天津	93.63	8.84	3.44	9825	1.66	23.97
河北	94.45	8.33	4.51	8000	1.51	27.44
辽宁	92.13	8.39	3.60	8400	1.38	27.76
上海	96.56	15.08	8.68	15169	1.77	26.20
江苏	90.44	10.32	4.16	8982	1.95	22.43
浙江	93.43	13.66	5.99	9073	1.96	24.40
福建	91.04	13.38	5.85	8754	2.20	26.85
江西	90.69	8.31	2.69	6221	1.69	25.53
山东	88.73	9.15	4.10	10411	1.68	27.19
河南	93.44	8.54	2.25	8003	1.48	29.77
湖北	92.73	10.64	4.81	7866	1.55	26.66
湖南	95.05	10.76	2.85	7711	1.52	29.75
广东	93.95	10.13	4.50	14064	1.76	25.76
海南	86.99	4.97	1.77	9574	1.11	25.25
四川	95.11	7.56	2.81	6498	1.28	27.85

解题思路

从投入产出理论出发,可以选取从不同侧面反映地区经济效益好坏的多个指标。我国新的工业生产考核评价指标体系含有六个指标,分别是工业产品销售率(%),工业资金利用率,工业成本利用率(%),工业劳动生产率(元/人),流动资金周转次数(次),工业净产值率(%)。由于各地区的这些指标常常是此大彼小,因此必须建立一个科学合理的综合评价模型,运用各地区的各指标值对被评价地区的经济效益做出客观、公正的综合评价和排序。

由六项指标内容易知,产品销售率是影响经济效益最重要的因素,所以选取该因素为母指标,并对表 5-9 中的数据进行均值化处理,如表 5-10 所示。

表 5-10 初始化数据

地区	ZB_1	ZB_2	ZB_3	ZB_4	ZB_5	ZB_6
北京	1.02060	1.44780	2.14880	1.44900	0.99234	1.05810
天津	1.01020	0.86885	0.76839	1.03180	1.01680	0.90259
河北	1.01900	0.81872	1.00740	0.84018	0.92496	1.03330
辽宁	0.99401	0.82462	0.80413	0.88219	0.84533	1.04530
上海	1.04180	1.48220	1.93890	1.59310	1.08420	0.98656
江苏	0.97578	1.01430	0.92922	0.94331	1.19450	0.84460
浙江	1.00800	1.34260	1.33800	0.95287	1.20060	0.91878
福建	0.98225	1.31510	1.30670	0.91937	1.34760	1.01100
江西	0.97848	0.81676	0.60087	0.65335	1.03520	0.96133
山东	0.95733	0.89932	0.91582	1.09340	1.02910	1.02380
河南	1.00810	0.83936	0.50258	0.84050	0.90658	1.12100
湖北	1.00050	1.04580	1.07440	0.82611	0.94946	1.00390
湖南	1.02550	1.05760	0.63660	0.80983	0.93109	1.12020
广东	1.01360	0.99564	1.00520	1.47700	1.07810	0.96999
海南	0.93856	0.48848	0.39537	1.00550	0.67994	0.95079
四川	1.02620	0.74304	0.62767	0.68244	0.78407	1.04870

则定义 ZB_i 与 ZB_0 在第 k 点的关联系数 $y_i(k)$ 为:$y_i(k)=\dfrac{a+b\rho}{\Delta_i(k)+b\rho}$,其中,$\Delta_i(k)=|x_{ki}-x_{0i}|$,$i=1,2,\cdots,m$,$k=1,2,\cdots,n$,$a=\min\limits_{1\leqslant k\leqslant n}\min\limits_{1\leqslant i\leqslant m}\Delta_i(k)$,$b=\max\limits_{1\leqslant k\leqslant n}\max\limits_{1\leqslant i\leqslant m}\Delta_i(k)$,$\rho=0.5$。

ZB_i 与 ZB_0 之间的关联度为:$r_i=\dfrac{1}{n}\sum\limits_{k=1}^{n}y_i(k)$,$i=1,2,\cdots,m$ 得到各个指标与母指标的关联系数如表 5-11 所示。

表 5-11　各指标与母指标的关联系数

指标	ZB_1	ZB_2	ZB_3	ZB_4	ZB_5	ZB_6
关联系数	1	0.76375	0.68859	0.76394	0.83576	0.91948

求出各指标对应的权重 $r'_j=\frac{r_j}{r_1+r_2+\cdots+r_m}$，$j=1,2,\cdots,m$，构造综合评价模型：$Z_k=r'_1x_{k1}+r'_2x_{k2}+\cdots+r'_mx_{km}$，$k=1,2,\cdots,m$ 得到各个地区的综合评价结果如表 5-12 所示。

表 5-12　各省市经济效益排名

地区名	综合评价值	排名	地区名	综合评价值	排名
上海	1.3153	1	河北	0.94598	9
北京	1.3105	2	湖南	0.94507	10
福建	1.1354	3	天津	0.93953	11
浙江	1.1125	4	辽宁	0.909	12
广东	1.0837	5	河南	0.89203	13
山东	0.98794	6	山西	0.85774	14
湖北	0.98294	7	四川	0.83813	15
江苏	0.98277	8	海南	0.76325	16

例 5.4　2010 年上海世博会影响力的定量评估

2010 年上海世博会是首次在中国举办的世界博览会。从 1851 年伦敦的“万国工业博览会”开始，世博会正日益成为各国人民交流历史文化、展示科技成果、体现合作精神、展望未来发展等的重要舞台。请你们选择感兴趣的某个侧面，建立数学模型，利用互联网数据，定量评估 2010 年上海世博会的影响力。

说明：本例题源自全国大学生数学建模竞赛。

模型设计

世博会是人类社会新思想、新观念、新成果、新文化和新发明的集中展现，被誉为世界经济和科学技术界的“奥林匹克”盛会。世博会能给举办国，特别是举办地带来良好的发展机遇，这是毋庸置疑的；对于其长远发展和品牌建设具有战略的意义，也是不可忽视的。

在进行城市品牌评价时，建立一个科学合理的城市品牌评价指标体系尤为重要，这关系到评价结果的准确性。为此，我们将通过一系列科学可行的分析方法进行指标的提炼和筛选，以期建立科学、规范的城市品牌影响力评价指标体系。

根据瑞士洛桑国际管理学院对于城市品牌影响力研究的结论，各个因素归类于用 5 个大类：经济、居民生活、旅游业、市政建设、科技发展来评价的城市品牌。

根据以上原则，以及瑞士洛桑国际管理学院对于城市品牌影响力研究的结论，选取 13 个指标作为评价城市品牌的依据，并将各个因素归类于 5 个大类：经济、居民生活、旅游业、市政建设、科技发展，最终得到城市品牌的综合评分。根据上海市 2000—2009 年鉴，得到各

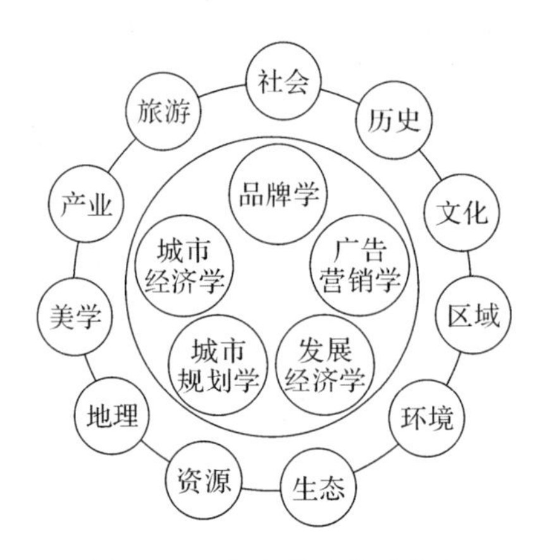

图 5-6　上海市品牌价值构成

个指标各年的数据，如表 5-13 所示。

表 5-13　2000—2009 年上海市各指标值数据

年份	地区生产总值/亿元	外商投资/亿美元	进出口总额/亿美元	人均生产总值/元	人均可支配收入/元	人均消费支出/元	失业率/%
2000	4771.17	63.9	547.1	30047	5565	4138	5.00
2001	5210.12	73.73	608.98	32333	5850	4753	5.40
2002	5741.03	105.76	726.64	35445	6212	5311	4.00
2003	6694.23	110.64	1123.97	40130	6658	5670	4.90
2004	8072.83	116.9	1600.26	46755	7337	6329	4.50
2005	9247.66	138.33	1863.65	52535	8342	7265	4.40
2006	10572.24	145.74	2274.89	58837	9213	8006	4.40
2007	12494.01	148.69	2829.73	68024	10222	8845	4.30
2008	14069.87	171.12	3221.38	75109	11385	9115	4.20
2009	15046.45	133.01	2777.31	78989	12324	9804	4.20

年份	游客量/万人	客运量/万人	绿化园林建设/公顷	交通/万辆车	专利申请受理量/项	专利授权量/项	
2000	8029.4	6893	12601	101.23	11337	4050	
2001	8458.26	6324	14771	119.84	12777	5371	
2002	9033.53	7326	18758	139.03	19970	6695	
2003	7923.48	7212	24426	173.76	22374	16671	
2004	8997.05	8968	26689	202.85	20471	10625	
2005	9583.29	9487	28865	221.74	32741	12603	
2006	10289.6	9619	30609	238.13	36042	16602	
2007	10865.6	10371	31795	253.6	47205	24481	
2008	11646.37	10927	34256	261.5	52835	24468	
2009	12989.92	11136	116929	285	62241	34913	

但是,每一项指标的单位都不相同,无法进行统一处理,先使用灰色关联分析来对每一元素进行标准化。

表 5-14　2000—2009 年上海市各指标值标准化后数据

年份	ξ_1	ξ_2	ξ_3	ξ_4	ξ_5	ξ_6	ξ_7
2000	0.33	0.33	0.33	0.33	0.33	0.33	0.64
2001	0.34	0.36	0.34	0.34	0.34	0.36	1.00
2002	0.36	0.45	0.35	0.36	0.36	0.39	0.33
2003	0.38	0.47	0.39	0.39	0.37	0.41	0.58
2004	0.42	0.50	0.45	0.43	0.40	0.45	0.44
2005	0.47	0.62	0.50	0.48	0.46	0.53	0.41
2006	0.53	0.68	0.59	0.55	0.52	0.61	0.41
2007	0.67	0.71	0.77	0.69	0.62	0.75	0.39
2008	0.84	1.00	1.00	0.86	0.78	0.80	0.37
2009	1.00	0.58	0.75	1.00	1.00	1.00	0.37
年份	ξ_8	ξ_9	$\xi_1 0$	$\xi_1 1$	$\xi_1 2$	$\xi_1 3$	
2000	0.34	0.36	0.33	0.36	0.33	0.33	
2001	0.36	0.33	0.34	0.42	0.34	0.34	
2002	0.39	0.39	0.35	0.49	0.38	0.35	
2003	0.33	0.38	0.36	0.61	0.39	0.46	
2004	0.39	0.53	0.37	0.71	0.38	0.39	
2005	0.43	0.59	0.37	0.78	0.46	0.41	
2006	0.48	0.61	0.38	0.84	0.49	0.46	
2007	0.54	0.76	0.38	0.89	0.63	0.60	
2008	0.65	0.92	0.39	0.92	0.73	0.60	
2009	1.00	1.00	1.00	1.00	1.00	1.00	

定义 ZB_i 与 ZB_0 在第 k 点的关联系数 $y_i(k)=\dfrac{a+b\rho}{\Delta_i(k)+b\rho}$,其中,$\Delta_i(k)=|x_{ki}-x_{0i}|$,$i=1,2,\cdots,m$,$k=1,2,\cdots,n$,$a=\min\limits_{1\leqslant k\leqslant n}\min\limits_{1\leqslant i\leqslant m}\Delta_i(k)$,$b=\max\limits_{1\leqslant k\leqslant n}\max\limits_{1\leqslant i\leqslant m}\Delta_i(k)$, $\rho=0.5$。

ZB_i 与 ZB_0 之间的关联度 $r_i=\dfrac{1}{n}\sum\limits_{k=1}^{n}y_i(k)$,$i=1,2,\cdots,m$,得到各个指标与母指标之间的关联系数。

求出各指标对应的权重 $r'_j=\dfrac{r_j}{r_1+r_2+\cdots+r_m}$, $j=1,2,\cdots,m$,构造综合评价模型 $Z_k=r'_1x_{k1}+r'_2x_{k2}+\cdots+r'_mx_{km}$, $k=1,2,\cdots,m$,得到上海市各年的综合评价结果如表 5-15 所示。

表 5-15　上海市各年品牌价值表

年份	2001	2002	2003	2004	2005	2006	2007	2008	2009
得分	0.1556	0.1654	0.1653	0.1815	0.2210	0.2628	0.3667	0.5055	0.7892

从上海市品牌指数值数据，可以看到世博会开与不开对上海市品牌指数的影响情况，发现城市品牌有明显的提升（见图 5-7，5-8）。

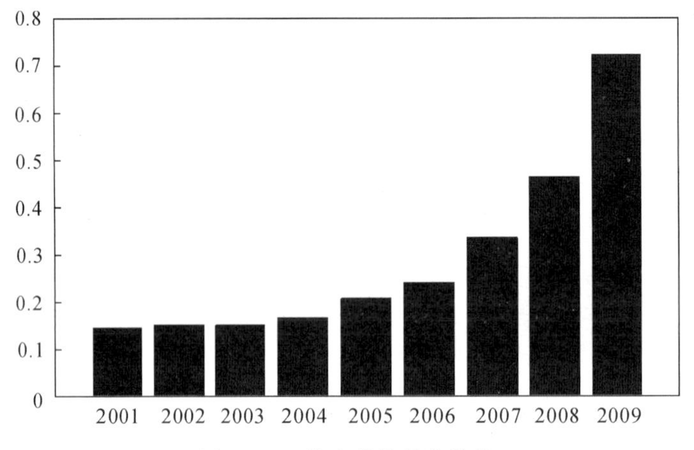

图 5-7　上海市品牌价值趋势

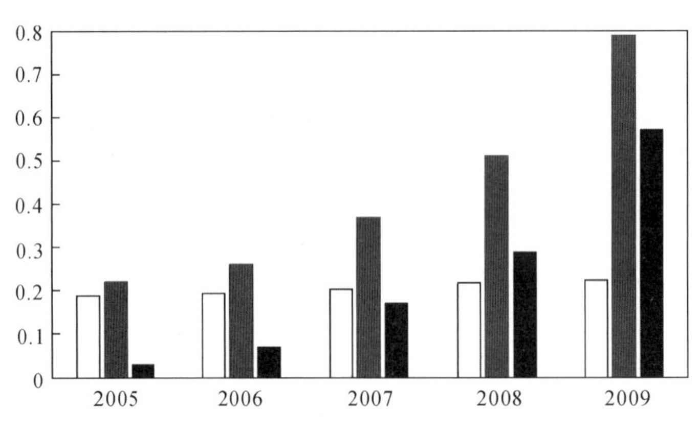

图 5-8　上海市是否举办世博会品牌价值对比

5.3　TOPSIS 理想点数学模型

TOPSIS 是一种解决多属性决策问题的评价方法，亦称理想点解法。这种方法通过构造评价问题的正理想解和负理想解，即各指标的最优解和最劣解。通过计算每个方案到理想方案（即靠近正理想解和远离负理想解）的相对贴近程度来对备选方案进行排序，从而选出最优方案。

用理想解法求解多属性决策问题的概念简单，只要在属性空间定义适当的距离测度就能计算备选方案与理想方案的距离。为了区分这两个备选方案与正理想解的距离相同的情况，引入备选方案与负理想解的距离，离负理想解远者为优。

对一个被评价的系统 $f(x_1, x_2, \cdots, x_n)$ 而言，假设理想解为 $(x_1^*, x_2^*, \cdots, x_n^*)$。定义第 i 种备选方案与理想解之间的距离如下：

$$D_i = g(X^i, X^*)$$

这里所指的距离通常是指欧式距离。需要指出的是：**正理想解是一个并不存在的虚拟的最佳方案，它的每个属性值都是决策矩阵中该属性的最优值；负理想解是虚拟的最差方案，它的每个属性值都是决策矩阵中该属性的最差值。**

TOPSIS 的具体算法步骤如下：

• **数据规范化处理**　设多属性决策问题的决策矩阵 $A=(a_{ij})_{m\times n}$，规范化决策矩阵为 $B=(b_{ij})_{m\times n}$。

$$b_{ij} = \frac{a_{ij}}{\sqrt{\sum_{i=1}^{m} a_{ij}^2}}$$

• **构成加权矩阵**　决策人给定各属性的权重 $w=(w_1, w_2, \cdots, w_n)$，加权矩阵计算如下：

$$x_i j = w_j \times b_{ij}$$

• **确定正、负理想解**　X^+、X^- 分别表示正理想解与负理想解。x_j^+、x_j^- 分别表示第 j 项指标的最优值与最劣值。

• **计算第 i 种备选方案到正负理想解的距离：**

$$\begin{cases} D_i^+ = \sqrt{\sum_{j=1}^{n} (x_j^+ - x_{ij})^2} \\ D_i^- = \sqrt{\sum_{j=1}^{n} (x_j^- - x_{ij})^2} \end{cases}$$

• **计算第 i 种备选方案的综合评价指数，并从大到小进行排序：**

$$f_i^* = (D_i^-)/(D_i^- + D_i^+)$$

例 5.5　研究生院评估问题

为了客观地评价我国研究生教育的实际状况和各研究生院的教学质量，国务院学位委员会办公室组织过一次对研究生院的评估。为了取得经验，先选 5 所研究生院，收集有关数据资料进行试评估(见表 5-16)。

表 5-16　五所研究生院指标数据(处理前)

原始数据	人均专著	生师比	科研经费	逾期毕业率
1	0.1	5	5000	4.7
2	0.2	6	6000	5.6
3	0.4	7	7000	6.7
4	0.9	10	10000	2.3
5	1.2	2	400	1.8

模型设计

数据预处理是建立数学模型的基础，常见初始数据的处理方法有以下几种：

- 标准 0—1 变换

$$b_{ij} = \frac{a_{ij} - \min\{a_{ij}\}}{\max\{a_{ij}\} - \min\{a_{ij}\}}$$

- 数据规范化变换

$$b_{ij} = \frac{a_{ij}}{\sqrt{\sum_{i=1}^{m} a_{ij}^2}}$$

- 标准化处理

$$b_{ij} = \frac{a_{ij} - \frac{1}{m} \sum_{i}^{m=1} a_{ij}}{\sqrt{\frac{1}{m-1} \sum_{i=1}^{m} (a_{ij} - \frac{1}{m} \sum_{i}^{m=1} a_{ij})^2}}$$

其中，$A=(a_{ij})_{n\times m}$ 表示题给的原始数据，$B=(b_{ij})_{n\times m}$ 表示处理完以后的数据(见表 5-17)。

表 5-17　五所研究生院指标数据(处理后)

初始化数据	人均专著	生师比	科研经费	逾期毕业率
1	0.0128	0.1791	0.1380	0.0455
2	0.0255	0.1791	0.1656	0.0542
3	0.0510	0.1493	0.1931	0.0648
4	0.1148	0.0597	0.2759	0.0222
5	0.1530	0	0.0110	0.0174

可以得到评价系统的正负理想解如下：

$$\begin{cases} X^{+} = [0.1530, 0, 0.2758, 0.0174] \\ X^{-} = [0.0128, 0.1791, 0.0110, 0.0648] \end{cases}$$

计算第 i 种备选方案到正负理想解的距离：

$$\begin{cases} D_i^{+} = \sqrt{\sum_{j=1}^{n} (x_j^{+} - x_{ij})^2} \\ D_i^{-} = \sqrt{\sum_{j=1}^{n} (x_j^{-} - x_{ij})^2} \end{cases}$$

计算第 i 种备选方案的综合评价指数，并从大到小进行排序(见表 5-18)：

$$f_i^{*} = \frac{D_i^{-}}{D_i^{+} + D_i^{+}}$$

表 5-18　五所研究生院综合指标得分

初始化数据	1	2	3	4	5
f_i^{*}	0.1875	0.2811	0.4594	0.9504	0.4350

例 5.6 葡萄酒的评价

确定葡萄酒质量时一般是通过聘请一批有资质的评酒员进行品评。每个评酒员在对葡萄酒进行品尝后对其分类指标打分,然后求和得到其总分,从而确定葡萄酒的质量。酿酒葡萄的好坏与所酿葡萄酒的质量有直接的关系,葡萄酒和酿酒葡萄检测的理化指标会在一定程度上反映葡萄酒和葡萄的质量。附件 1 给出了某一年一些葡萄酒的评价结果,附件 2 和附件 3 分别给出了该年份这些葡萄酒和酿酒葡萄的成分数据。请尝试根据酿酒葡萄的理化指标和葡萄酒的质量对这些酿酒葡萄进行分级。

说明:本例题源自 2012 年全国大学生数学建模竞赛 A 题,题目相关附件可以从官网下载(http://www.mcm.edu.cn/problem/2012/cumcm2012problems.rar)。

问题分析

该问题要求对酿酒葡萄的等级进行评价与分类,题目给出了酿酒葡萄的理化指标,综合考虑各类因素的情况进行综合评价。

综合评价的方法有多种,诸如模糊分析法、灰色关联等,对于多属性的问题,可以从借助“空间距离”角度来解决,这样就能用逼近理想解的排序模型,即 TOPSIS 法,其过程为:对酿酒葡萄的各个指标均找出最优值,设成正理想解;对酿酒葡萄的各个指标均找出最劣值,设成负理想解。分别计算每一个酿酒葡萄样本到正理想解和负理想解的距离,从而得到红(白)葡萄样品的评价值与排名,然后依据评价值确定等级范围,将葡萄样本进行分级。

最重要的问题是如何处理酿酒葡萄的指标,因其指标众多,做综合评价时不方便利用,所以指标的处理要体现两个特点:

(1)新指标基本可以代表所有测定的酿酒葡萄的理化指标;

(2)新指标对酿酒葡萄的评价值有着重要的贡献。

于是,可以采用主成分分析法,明确对酿酒葡萄质量有重要贡献的成分指标,如表5-19所示。

表 5-19 红葡萄样品 1 的主成分分析后 9 项成分得分

	成分 1	成分 2	成分 3	成分 4	成分 5	成分 6	成分 7	成分 8	成分 9
评价值	0.121	0.284	0.263	−0.107	0.0817	−0.139	−0.260	0.255	−0.054

TOPSIS 方法是一种逼近理想解的排序方法,其基本思想是把综合评价的问题转化为求各评价对象之间的差异——“距离”。即按照一定的法则先确定正负理想解,然后通过计算每一个被评价对象与正负理想解之间的距离,再加以比较进行排序。

步骤 1 评价指标的极性处理,得到极性一致化矩阵 R'。

红葡萄的指标 1、3、4、5、6、7 与白葡萄的指标 1、4、5、6 为极大型指标(指标越大,酿酒葡萄质量越高),其余指标为极小型(指标越小,酿酒葡萄质量越高)。下面统一对这些指标进行极大型处理,对于极小型指标的指标值做极大型变换:

$$r_{i1}^{*}=\frac{1}{r_{i1}}$$

最后,综合多项指标得到评价指标的极性一致化矩阵 R'。

步骤 2　评价指标的规范化处理。

通过极差变换得到规范化矩阵 $X=(x_{ij})_{m\times n}$。

步骤 3　确定正理想解 x^+ 及负理想解 x^-。

设正理想解 x^+ 的第 j 个属性值为 x_j^+，负理想解 x^- 的第 j 个属性值为 x_j^-。

$$\begin{cases} x_j^+ = \max\{x_{ij}\} \\ x_j^- = \min\{x_{ij}\} \end{cases}$$

步骤 4　计算被评价酿酒葡萄理化指标到正负理想解的欧氏距离。

$$\begin{cases} D_i^+ = \sqrt{\sum_{j=1}^{n}(x_j^+ - x_{ij})^2} \\ D_i^- = \sqrt{\sum_{j=1}^{n}(x_j^- - x_{ij})^2} \end{cases}$$

步骤 5　求综合评价值。

被评价酿酒葡萄理化指标项的综合评价值为：

$$f_i^* = \frac{D_i^-}{D_i^+ + D_i^+}$$

各理化指标越大，被评价的酿酒葡萄状态越接近正理想解，从而得到的综合评价值越大，其样品质量就越高；反之则越接近负理想解，综合评价值就越小，其样品质量就越低。用 MATLAB 计算出酿酒葡萄理化指标的综合评价值，部分结果见表 5-20 和 5-21。

表 5-20　红葡萄综合评价值

样品	样品 1	样品 2	样品 3	样品 4	……	样品 25	样品 26	样品 27
评价值	0.303	0.378	0.574	0.311	……	0.368	0.361	0.345

表 5-21　白葡萄综合评价值

样品	样品 1	样品 2	样品 3	样品 4	……	样品 26	样品 27	样品 28
评价值	0.4574	0.448	0.4918	0.493	……	0.4572	0.4832	0.4642

将酿酒葡萄的评价值进行排序，得到根据理化指标求得的葡萄质量等级排名如表 5-22 所示。

表 5-22　红、白葡萄质量评价值排名

红葡萄的排名	21,11,320,12,23,25,4,7,10,8,27,9,2,14,16,6,24,22,19,5,26,1,17,13,15,18
白葡萄的排名	11,4,3,12,9,25,10,27,14,6,20,7,8,19,21,17,28,15,1,26,24,13,16,2,5,23,22

为了将酿酒葡萄进行分类，我们将评价结果进行聚类分析，红葡萄酒的聚类分析图如图 5-9 和 5-10 所示。

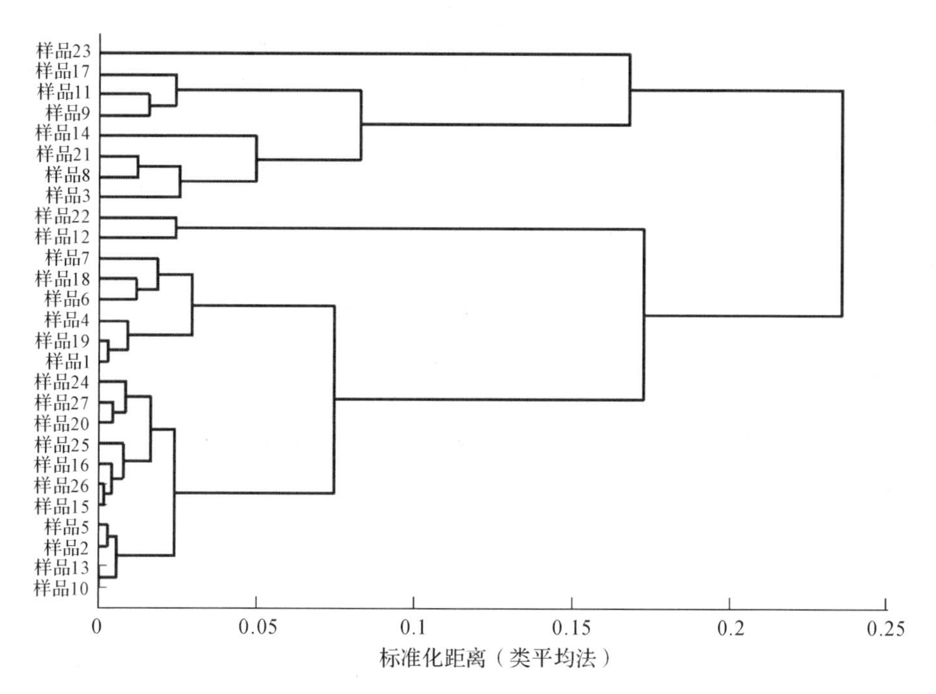

图 5-9 红葡萄等级接近程度聚类图

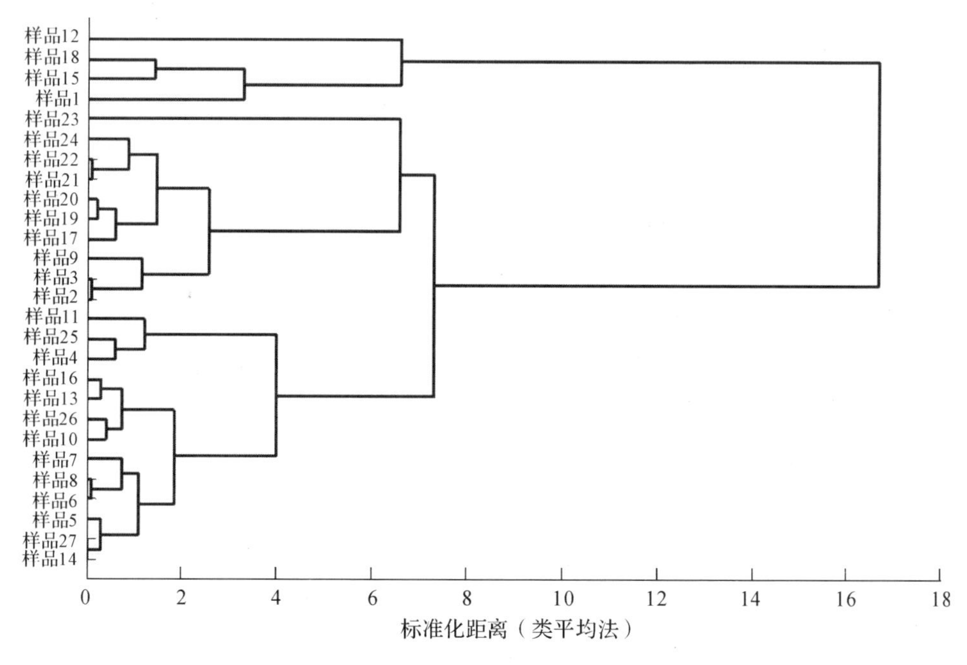

图 5-10 评酒员对红葡萄酒质量评分聚类图

用同样的方法对白葡萄进行聚类分析，由两者的聚类图可以为酿酒葡萄进行分级，一级为质量最好的酿酒葡萄，质量等级依次递减，分级结果如表 5-23 和 5-24 所示。

表 5-23 酿酒红葡萄分级

等级	一级	二级	三级	四级	五级
样本序号	23	3,8,14,21,	9,11,17,	1,2,4,5,6,7,10,13,15,16,18,19,20,24,25,26,27	12,22

表 5-24 酿酒白葡萄分级

等级	一级	二级	三级	四级	五级
样本序号	11,18	3,4,6,7,9,10,12,14,20,25,27	1,2,8,13,15,16,17,19,21,24,26,28	5,23	22

5.4 主成分分析数学模型

主成分分析也称主分量分析，旨在利用降维的思想，把多指标转化为少数几个综合指标。在实际问题研究中，为了全面、系统地分析问题，必须考虑众多影响因素。这些涉及的因素一般称为指标，在多元统计分析中也称为变量。因为每个变量都在不同程度上反映了所研究问题的某些信息，并且指标之间彼此有一定的相关性，因而所得的统计数据反映的信息在一定程度上有重叠。用统计方法研究多变量问题时，变量太多会增加计算量和增加分析问题的复杂性，人们希望在进行定量分析的过程中，涉及的变量较少，得到的信息量较多。

主成分分析法是一种数学变换的方法，它把给定的一组相关变量通过线性变换转成另一组不相关的变量，这些新的变量按照方差依次递减的顺序排列。在数学变换中保持变量的总方差不变，使第一变量具有最大的方差，称为第一主成分，第二变量的方差次大，并且和第一变量不相关，称为第二主成分。

主成分分析以最少的信息丢失为前提，将众多的原有变量综合成较少几个综合指标，通常综合指标（主成分）有以下特点：

- **主成分个数远远少于原有变量的个数**：原有变量综合成少数几个因子之后，因子将可以替代原有变量参与数据建模，这将大大减少分析过程中的计算工作量。

- **主成分能够反映原有变量的绝大部分信息**：因子并不是原有变量的简单取舍，而是原有变量重组后的结果，因此不会造成原有变量信息的大量丢失，并能够代表原有变量的绝大部分信息。

- **主成分之间应该互不相关**：通过主成分分析得出的新综合指标（主成分）之间互不相关，因子参与数据建模能够有效地解决变量信息重叠、多重共线性等给分析应用带来的诸多问题。

- **主成分具有命名解释性**：主成分分析法是研究如何以最少的信息丢失将众多原有变量浓缩成少数几个因子，如何使因子具有一定的命名解释性的多元统计分析方法。

主成分分析基本思想是设法将原来众多的具有一定相关性的指标 $X_1, X_2, \cdots, X_p$，重新组合成一组较少个数的互不相关的综合指标 F_m 来代替原来的指标。那么如何提取综合指标，使其既能最大程度地反映原变量 X_p 所代表的信息，又能保证新指标之间保持相互无关（信息不重叠）？

设 F_1 表示原变量的第一个线性组合所形成的主成分指标，即 $F_1=a_{11}X_1+a_{12}X_2+\cdots+a_{1p}X_p$。**由数学知识可知：每一个主成分所提取的信息量可用其方差来度量**。例如，方差 $\mathrm{Var}(F_1)$越大，表示 F_1 包含的信息越多。常常希望第一主成分 F_1 所含的信息量最大。因此，在所有的线性组合中选取的 F_1 应该是 $X_1,X_2,\cdots,X_p$ 所有线性组合中方差最大的，故称 F_1 为第一主成分。如果第一主成分不足以代表原来 p 个指标的信息，再考虑选取第二个主成分指标 F_2。为有效地反映原信息，F_1 已有的信息就不需要再出现在 F_2 中，即 F_2 与 F_1 要保持独立、不相关。用数学语言表达就是其协方差 $\mathrm{Cov}(F_1,F_2)=0$。所以，F_2 是与 F_1 不相关的 $X_1,X_2,\cdots,X_p$ 所有线性组合中方差最大者，故称 F_2 为第二主成分。依此类推构造出的 $F_1,F_2,\cdots,F_m$ 分别为原变量指标 $X_1,X_2,\cdots,X_p$ 的第一、第二、……、第 m 个主成分。

$$\begin{cases} F_1=a_{11}X_1+a_{12}X_2+\cdots+a_{1p}X_p \\ F_2=a_{21}X_1+a_{22}X_2+\cdots+a_{2p}X_p \\ \vdots \\ F_m=a_{m1}X_1+a_{m2}X_2+\cdots+a_{mp}X_p \end{cases}$$

根据以上分析可知：

• F_i 与 F_j 互不相关，即 $\mathrm{Cov}(F_i,F_j)=0$；

• F_1 是 $X_1,X_2,\cdots,X_p$ 一切线性组合(系数满足上述要求)中方差最大的。F_m 是与 F_1，$F_2,\cdots,F_{m-1}$都不相关的 $X_1,X_2,\cdots,X_p$ 所有线性组合中方差最大者。

由以上分析可见，主成分分析法的主要任务有两点：

(1)确定各主成分 F_i 关于原变量 X_j 的表达式，即系数 a_ij。从数学上可以证明：原变量协方差矩阵的特征根是主成分的方差，所以前 m 个较大特征根就代表前 m 个较大的主成分方差值；原变量协方差矩阵前 m 个较大的特征值 λ_i 所对应的特征向量就是相应主成分 F_i 表达式的系数 a_ij。

(2)计算主成分载荷。主成分载荷是反映主成分 F_i 与原变量 X_j 之间的相互关联程度：

$$P(Z_j,x_i)=\sqrt{\lambda_j a_{ji}}$$

主成分分析的具体步骤如下：

(1)计算协方差矩阵 $\Sigma=(s_{ij})_{p\times p}$：

$$s_{ij}=\frac{1}{n-1}\sum_{k=1}^{n}(x_{ki}-\overline{x}_i)(x_{kj}-\overline{x}_j)$$

(2)求出 Σ 的特征值 λ_i 及相应的正交化单位特征向量。

Σ 前 m 个较大的特征值 $\lambda_1\geqslant\lambda_2\geqslant\cdots\geqslant\lambda_m>0$ 就是前 m 个主成分对应的方差，λ_i 对应的单位特征向量 a_{ij} 就是主成分 F_i 关于原变量的系数。主成分的方差(信息)贡献率用来反映信息量的大小：

$$\alpha_i=\lambda_i/\sum_{i=1}^{m}\lambda_i$$

(3)选择主成分：最终要选择几个主成分是通过方差(信息)累计贡献率 $G(m)$来确定。

$$G(m)=\frac{\sum_{i=1}^{m}m\lambda_i}{\sum_{i=1}^{p}\lambda_i}$$

当累积贡献率大于 85%时，就认为能足够反映原来变量的信息。

(4)计算主成分载荷，原来变量 X_j 在诸主成分 F_i 上的荷载 $P(Z_j, x_i)=\sqrt{\lambda_j a_{ji}}$。

(5)计算主成分得分，计算样品在 m 个主成分上的得分：

$$F_i = a_{i1} X_1 + a_{i2} X_2 + \cdots + a_{ip} X_p$$

实际应用时，指标的量纲往往不同，所以在主成分计算之前应先消除量纲的影响。消除数据的量纲有很多方法，常用方法是将原始数据标准化，即做数据变换等。

例 5.7　经济效益体系评价问题

表 5-25 为 1984—2000 年宏观投资的数据，试对投资效益进行分析和排序。

表 5-25　1984—2000 年宏观投资数据

年份	投效系数 1	投效系数 2	固定资使用率	项目投产率	房屋竣工率
1984	0.71	0.49	0.41	0.51	0.46
1985	0.40	0.49	0.44	0.57	0.50
1986	0.55	0.56	0.48	0.53	0.49
1987	0.62	0.93	0.38	0.53	0.47
1988	0.45	0.42	0.41	0.54	0.47
1989	0.36	0.37	0.46	0.54	0.48
1990	0.55	0.68	0.42	0.54	0.46
1991	0.62	0.90	0.38	0.56	0.46
1992	0.61	0.99	0.33	0.57	0.43
1993	0.71	0.93	0.35	0.66	0.44
1994	0.59	0.69	0.36	0.57	0.48
1995	0.41	0.47	0.40	0.54	0.48
1996	0.26	0.29	0.43	0.57	0.48
1997	0.14	0.16	0.43	0.55	0.47
1998	0.12	0.13	0.45	0.59	0.54
1999	0.22	0.25	0.44	0.58	0.52
2000	0.71	0.49	0.41	0.51	0.46

解题思路

对原始数据进行标准化处理。将各指标值 a_{ij} 转化为标准化指标值 $\tilde{a}_{ij}$：

$$\tilde{a}_{ij} = \frac{a_{ij} - \frac{1}{17}\sum_{i=1}^{17} a_{ij}}{\sqrt{\frac{1}{17-1}\sum_{i=1}^{17}\left(a_{ij} - \frac{1}{17}\sum_{i=1}^{17} a_{ij}\right)^2}}$$

计算相关系数矩阵 $R=(r_{ij})_{n\times n}$：

$$r_{ij}=\frac{\sum_{k=1}^{17}\tilde{a}_{ik}\tilde{a}_{kj}}{17-1}$$

计算矩阵特征值和特征向量：相关矩阵 R 的特征值 $\lambda_1 \geqslant \lambda_2 \geqslant \cdots \geqslant \lambda_5 > 0$，及对应的标准化特征向量 $\mu_1, \mu_2, \cdots, \mu_5$。

$$\begin{cases} y_1=\mu_{11}\widetilde{X}_1+\mu_{12}\widetilde{X}_2+\cdots+\mu_{15}\widetilde{X}_5 \\ y_2=\mu_{21}\widetilde{X}_1+\mu_{22}\widetilde{X}_2+\cdots+\mu_{25}\widetilde{X}_5 \\ y_3=\mu_{31}\widetilde{X}_1+\mu_{32}\widetilde{X}_2+\cdots+\mu_{35}\widetilde{X}_5 \\ y_4=\mu_{41}\widetilde{X}_1+\mu_{42}\widetilde{X}_2+\cdots+\mu_{45}\widetilde{X}_5 \\ y_5=\mu_{51}\widetilde{X}_1+\mu_{52}\widetilde{X}_2+\cdots+\mu_{55}\widetilde{X}_5 \end{cases}$$

选择 p 个主成分，计算信息贡献率与累积贡献率：

$$\begin{cases} b_j=\dfrac{\lambda_j}{\sum_{i=1}^{5}\lambda_i} \\ c_k=\dfrac{\sum_{i=1}^{k}\lambda_i}{\sum_{i=1}^{5}\lambda_i} \end{cases}$$

计算综合得分：

$$Z=\sum_{i=1}^{p}b_j y_j$$

标准化处理数据如表 5-26 所示。

表 5-26　标准化处理数据

序号	特征值	信息贡献率	累积贡献率
1	3.1343	62.6866	62.6866
2	1.1683	23.3670	86.0536
3	0.3502	7.0036	93.0572
4	0.2258	4.5162	97.5734
5	0.1213	2.4266	100.0000

选取前三个主成分，可以使得特征向量累积贡献率超过 90%（见表 5-27）。

表 5-27　主成分处理数据

	$\widetilde{X}_1$	$\widetilde{X}_2$	$\widetilde{X}_3$	$\widetilde{X}_4$	$\widetilde{X}_5$
第一主成分	0.491	0.525	−0.487	0.067	−0.492
第二主成分	−0.293	0.049	−0.281	0.898	0.161
第三主成分	0.511	0.434	0.371	0.148	0.625

$$\begin{cases} y_1 = 0.491\widetilde{X}_1 + 0.525\widetilde{X}_2 - 0.487\widetilde{X}_3 + 0.067\widetilde{X}_4 - 0.492\widetilde{X}_5 \\ y_2 = -0.293\widetilde{X}_1 + 0.049\widetilde{X}_2 - 0.281\widetilde{X}_3 + 0.898\widetilde{X}_4 + 0.161\widetilde{X}_5 \\ y_3 = 0.511\widetilde{X}_1 + 0.434\widetilde{X}_2 + 0.371\widetilde{X}_3 + 0.148\widetilde{X}_4 + 0.625\widetilde{X}_5 \end{cases}$$

分别以三个主成分的贡献率为权重，构造主成分综合评价数学模型：

$$Z = 0.6269y_1 + 0.2337y_2 + 0.07y_3$$

程序设计

```
data = [ ]; % 输入原始数据
redata = zscore(data); % 计算数据标准化
redata1 = corrcoef(redata); % 计算相关系数矩阵
[x,y,z] = pcacov(redata1); % 计算特征值、特征向量、贡献率
```

例 5.8 “互联网＋”时代的出租车资源配置

出租车是市民出行的重要交通工具之一，“打车难”是人们关注的一个社会热点问题。随着“互联网＋”时代的到来，有多家公司依托移动互联网建立了打车软件服务平台，实现了乘客与出租车司机之间的信息互通，同时推出了多种出租车的补贴方案。请你们搜集相关数据，试建立合理的指标，并分析不同时空出租车资源的“供求匹配”程度。

说明：本例题源自全国大学生数学建模竞赛。

问题分析

为了对出租车资源供求匹配程度进行衡量，首先需要明确供求匹配的定义。从乘客的角度看：乘客希望出租车数量尽可能多，使得自身打车所需时间减小，而从司机的角度来看：司机希望该区域出租车数量尽可能少，使得该区域平均可获得收益提高；从资源合理配置的角度看：出租车数量不能随意增加也不能随意减少，它应该与区域内打车人数相对匹配。所以，在对不同时空出租车资源供求匹配程度衡量的过程中，要分别考虑需求度最大满足原则和供求一致性原则，根据不同原则下所希望达到的目的建立评价体系。在对不同时空下出租车资源供求匹配程度的比较分析时，多个衡量指标值无法得到直观的判断，需要对多个指标降维处理并按实际贡献度分配不同的权重整合成综合指标值。为了说明该综合指标值能准确反映该时空出租车资源供求匹配程度，还需代入实际数据进行分析说明。

模型设计

为了对不同时间和空间下出租车资源的供求匹配程度进行分析，首先对出租车资源“供求匹配”程度进行定义。出租车资源并不同于一般意义上的商品，对出租车资源的需求在于该服务提供的速度方面，即当需要打出租车时花多少时间能打到出租车。所以，出租车资源的“供求匹配程度”具体可表示为出租车数量对出租车需求量的满足程度。

由于对出租车的需求量实际上由顾客寻求服务所需时间、出租车司机提供服务的速度进行确定，故出租车需求量并不一定等于某时刻某地所需出租车的人数。假设某时刻出租车在一个区域内均匀分布，当该区域出租车密度大，打到一辆出租车所花费的时间相对较少，所以乘客希望该区域内出租车数量越多越好。但另一方面，出租车维护成本及某区域出租车所能获取的利润固定，作为司机希望该区域内出租车数量越少越好。这两点相互制约，存在一个平衡点，当该地出租车数量达到该平衡点时，认为出租车资源供求相互匹配。

为了对不同时间、不同空间下出租车资源供求匹配程度进行对比，需要使得供求匹配程度可量化，即对出租车资源供求匹配程度进行度量以确定匹配程度指标值。为了对出租车资源供求匹配程度进行全面清晰地描述，将度量系统分为四个层次：第一个层次为总体层，总体目标是要对出租车资源供求匹配程度进行衡量以确定供求匹配程度指标值。第二个层次为原则层，在对出租车资源供求匹配程度定义的分析中，可以总结两条原则：需求最大满足原则，即尽量满足乘客和出租车司机的意愿供求一致性原则，即区域内出租车数量与打车的人数应相对匹配，这两条原则确定了该区域内出租车的需求量。另外，市场对出租车数量的分布也存在导向作用。第三个层次为目标层，即在该原则下需要达到的目标，其中要满足乘客打车所需时间尽量短的意愿，需要使区域内出租密度尽量大；要满足出租车司机收益大的意愿，要求区域内出租车平均车费要尽量大；要使区域内出租车数量供求一致，要求区域内出租车数量与打车人数绝对值之差尽量小。第四个层次为指标层，建立出租车密度 ρ_{ij}、出租车司机平均收益 M_{ij}、出租车数量与打车人数绝对差值 Δ_{ij} 三个指标对三个目标的达成情况进行衡量。另外，考虑市场的导向作用，增加司机平均接单时长指标 t_{ij} 表示 i 时刻 j 地出租车司机接单的平均时间。出租车司机平均接单时间越短，说明出租车司机越倾向于在该区域内运营。具体度量系统用框图形式直观表示如图 5-11 所示。

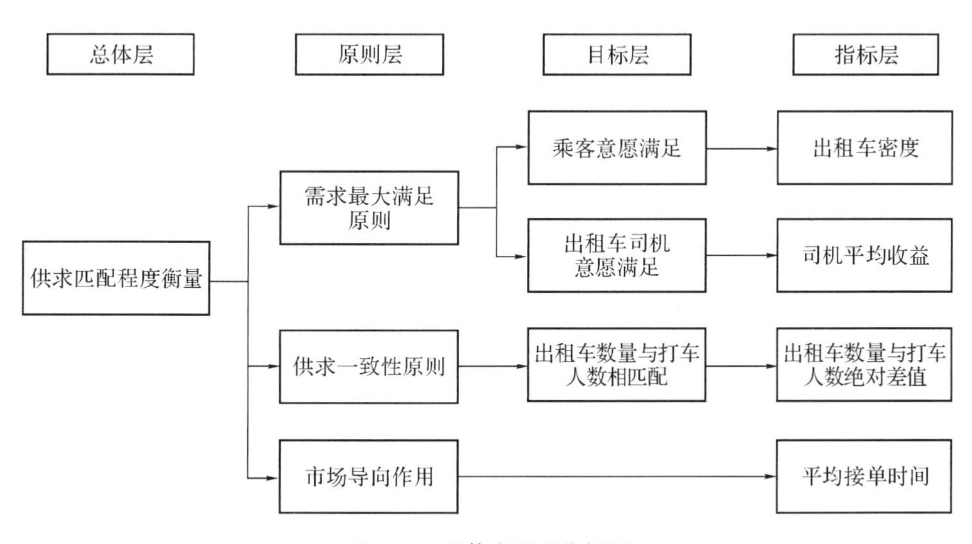

图 5-11　具体度量系统框图

对一小时内，半径一千米的区域圆统计其区域内出租车运营情况。其中，n_{ij} 表示 i 时刻 j 地出租车数量，S 表示区域圆面积，m_{ij} 表示 i 时刻 j 地出租车车费，d_{ij} 表示 i 时刻 j 地打车需求量，得到如下指标的定义式：

$$\begin{cases} \rho_{ij} = \dfrac{n_{ij}}{S} \\ M_{ij} = \dfrac{m_{ij}}{n_{ij}} \\ \Delta_{ij} = |n_{ij} - d_{ij}| \end{cases}$$

以杭州市为例，分析杭州市不同时空出租车资源的“供求匹配”程度。本着全面系统与突出重点相结合的原则，时间方面以 2 小时为时间间隔，以 2:00 为时间起点，考察全天 12

个时间段，分别编号 1，2，…，12；空间方面，为了全面的概括杭州市的交通情况，选择的考察区域包括高教园区、市区、郊区、科技园开发区、景区、火车站点，对应的地点分别为：下沙、朝晖、留下、滨江、西湖、火车东站，分别编号 1，2，…，6。从滴滴、快的智能出行平台可以得到具体数据。

由于数据是从打车软件平台获取，目前杭州市出租车基本都安装 GPS 系统，该平台获得的出租车数量可以近似等价该地拥有的出租车实际数量。但通过该平台获取的实时打车需求量仅是该时刻通过滴滴打车软件打出租车的人数，实际上通过打车软件打出租车只是众多打车方案之一，故对该数据进行处理。从《2015 年 6 月中国移动出行应用市场研究报告》中得到，截至 2015 年 6 月，滴滴打车所占市场份额为 80.2%，另外对人群打车方式调查得到使用打车软件打车所占比例约为 11.8%，故实际打车需求量 d'_{ij} 修正为：

$$d'_{ij}=\frac{d_{ij}}{0.802\times 0.118}$$

修正后得到的数据如表 5-28 所示。

表 5-28　修正数据表

时间	下沙	朝晖	留下	滨江	西湖	火车东站
2:00	63	85	32	21	11	32
4:00	11	21	11	11	11	42
6:00	53	11	42	32	11	32
8:00	275	254	32	127	53	53
10:00	433	11	53	349	53	169
12:00	232	148	116	180	21	254
14:00	497	180	32	687	11	85
16:00	338	243	21	285	32	95
18:00	962	454	53	106	63	190
20:00	190	148	21	254	74	53
22:00	602	148	11	507	148	254
24:00	11	74	32	32	32	42

可以得到不同时间和空间下衡量出租车资源供求匹配程度的四个评价指标值，但是为了使衡量结果能直接进行横向(空间)、纵向(时间)对比，使用主成分分析法确定能较全面反映供求匹配程度的主要成分，并按照其贡献度大小进行加权求和整合为一个综合供求匹配度衡量指标。具体方法如下：

1. 数据的标准化处理：对构建出的四个出租车资源供求匹配程度衡量指标进行分析，发现衡量指标 ρ_{ij}、M_{ij} 的值越高越能满足需求最大满足原则，而其余指标越小越能满足一致性原则，要对 4 个指标统一求解需要进行无量纲化处理。用 0－1 极差标准化变化对指标值进行处理：

$$\begin{cases}\rho_{ij}'=\dfrac{\rho_{ij}-\min\rho_{ij}}{\max\rho_{ij}-\min\rho_{ij}}\\ M_{ij}'=\dfrac{M_{ij}-\min M_{ij}}{\max M_{ij}-\min M_{ij}}\\ \Delta_{ij}'=\dfrac{\max\Delta_{ij}-\Delta_{ij}}{\max\Delta_{ij}-\min\Delta_{ij}}\\ t_{ij}'=\dfrac{\max t_{ij}-t_{ij}}{\max t_{ij}-\min t_{ij}}\end{cases}$$

2. 协方差矩阵求解：为了方便求解协方差矩阵，根据标准化后的值求解这 4 个分指标的协方差矩阵 $\Sigma=(s_{ij})_{p\times p}$。编写 MATLAB 程序求解得：

$$\Sigma=\begin{bmatrix}1 & -0.3233 & 0.9183 & 0.2611\\ -0.3233 & 1 & -0.2759 & -0.0701\\ 0.9183 & -0.2759 & 1 & 0.2102\\ 0.2611 & -0.0701 & 0.2102 & 1\end{bmatrix}$$

3. 主成分的选取：使用 MATLAB 对协方差矩阵进行求解，得到该矩阵的特征向量：

$$V=\begin{bmatrix}-0.6433 & 0.7178 & -0.2646 & -0.0307\\ 0.3396 & 0.0410 & -0.7759 & 0.5301\\ -0.6289 & -0.6937 & -0.3472 & -0.0517\\ -0.2746 & -0.0420 & 0.4555 & 0.8458\end{bmatrix}$$

求出其对应的特征值从大到小排列为：

$$\lambda=[2.18,0.9338,0.8075,0.0788]$$

从而确定出 4 个主成分，但实际上我们只需要其中的小部分即可对整体情况进行描述。引入信息贡献率 b_j 与累积贡献率 c_j，计算方法如下：

$$\begin{cases}b_j=\dfrac{\lambda_j}{\sum\limits_{i=1}^{4}\lambda_i}\\ c_j=\dfrac{\sum\limits_{i=1}^{j}\lambda_i}{\sum\limits_{i=1}^{4}\lambda_i}\end{cases}$$

当所取贡献率总和达到 85％时，认为所选指标可以比较全面地概括各项指标的性质。于是，找出前 3 个主成分的贡献率之和超过 85％，即将其用于综合指标的测定。

4. 综合指标的确定：将以上选出的主成分进一步整合成一个综合指标从而对不同时空的出租车资源的“供求匹配”程度进行定量描述，使用加权求和的方法对各成分进行统一。由于各主成分的方差贡献率不同，其在综合指标中所占的权重也不同。根据前 3 个主成分的贡献率及上述方程可以得到这 3 个主成分中每个主成分所占比重分别为 $w=[0.5560,0.2480,0.2060]$。根据特征根向量可以得到各主成分的表达式为：

$$\begin{cases}Q_1=-0.6433x'_1+0.7178x'_2-0.2646x'_3-0.0307x'_4\\ Q_2=0.3396x'_1+0.0410x'_2-0.7759x'_3+0.5301x'_4\\ Q_3=-0.6289x'_1-0.6937x'_2-0.3472x'_3-0.0517x'_4\end{cases}$$

从而确定出租车资源的“供求匹配”程度综合指标为：

$$F = \sum_{i=1}^{3} w_i Q_i$$

从而得到综合指标值结果如表 5-29 所示。

表 5-29　综合指标值评价数据

时间	下沙	朝晖	留下	滨江	西湖	火车东站
2:00	−0.7576	0.4412	−1.6046	−1.2101	−1.3162	−0.9468
4:00	−1.0207	0.1920	−1.5595	−1.5808	−1.6213	−1.2289
6:00	−0.12162	0.0704	−1.7158	−1.2519	−1.3309	−1.2901
8:00	−0.3071	0.3889	−1.5682	−0.9484	−1.2684	−1.1374
10:00	−0.5303	−0.1695	−1.4466	−1.0353	−1.5396	−1.3689
12:00	−1.4828	−0.3084	−1.6836	−1.3706	−1.3439	−1.3192
14:00	−1.3360	−1.1323	−1.7752	−1.1155	−1.6563	−1.5113
16:00	−1.4695	0.8096	−1.5055	−0.9333	−1.6077	−1.5088
18:00	−1.2195	−0.4619	−1.5924	−0.8920	−1.1155	−1.1726
20:00	−0.4160	−0.0719	−1.2381	−1.3380	−.9196	−1.5259
22:00	−1.1209	0.5208	−1.2731	−1.3946	−1.3359	−0.6507
24:00	−0.7593	−0.7122	−1.3204	−1.2562	−1.3167	−1.3968

不同时间出租车资源供求匹配程度分析：以下沙高教园区为例，可以发现早上 8 时，下沙出租车资源的供求匹配程度在这一天中最高；在 12 时，供求匹配程度最低，且一天中出租车资源的供求匹配程度变化较大。对该结果进行深入分析发现：由于下沙处于高教园区，出租车服务群体主要为学生和教师，出租车主要在上学时间与放学时间存在于该区域。在上课时间，由于客源稀少，出租车会转移到市区或其他客源更丰富的地区，导致该时段出租车资源供求匹配程度降低。另一方面，晚上 8 时左右为学生外出娱乐高峰，在该时段更多出租车涌入该区域，使得供求匹配程度出现小高峰。综上，该区域供求匹配综合指标值的变化与该地实际情况相匹配，说明了提出的出租车资源供求匹配程度度量模型准确可行。

不同空间出租车资源供求匹配程度分析：以 8 时为例，可以看出早上 8 时朝晖的综合指标值最大，即说明了该区域附近的出租车资源供求匹配程度最高，相反地，可以知道留下街道附近的出租车资源供求匹配程度最低。结合实际情况发现，朝晖属于杭州市中心住宅办公区域，早上 8 时由于上班及外出潮，该地区活动人口达到峰值，由于市场导向，该地出租车资源供求匹配程度自然相对较高。而同一时刻，景区和车站枢纽均未迎来其人流高峰，故出租车资源供求匹配程度相对较低。

5.5 几类经典的评价体系数学模型

例 5.9　节能减排与大气环境

环境保护是重大民生问题，随着社会对环境保护的日益重视，人们越来越重视环境的改善，工业革命以来，世界各国尤其是西方国家经济的飞速发展是以大量消耗能源资源为代价的，并且造成了生态环境的日益恶化。

试根据我国近年污染物总量减排和大气环境相关数据，并结合经济发展情况，根据附录中的数据，结合你们收集到的相关资料，建立数学模型，完成以下问题：

建立模型对全国各省会城市的大气环境质量做出定量的综合评价，并对 2012 年各地区大气的污染状况进行分析比较。

模型设计

要求建立模型对全国各省会城市的大气环境质量做出定量的综合评价，并对 2012 年各地区大气的污染状况进行分析比较，从《中国统计年鉴》中可以查阅到 2003－2010 年期间主要城市空气质量指标，根据空气质量指数计算方法 $IAQI_P=\frac{IAQI_{Hi}-IAQI_{Lo}}{BP_{Hi}-BP_{Lo}}(C_P-BP_{Lo})+IAQI_{Lo}$，及空气质量指数计算方法 $AQI=\max\{IAQI_1,IAQI_2,\cdots,IAQI_n\}$，计算出各城市的各年份空气质量指数（AQI），用 AQI 作为综合评价的指标，比较各城市大气环境质量的优劣，从而对全国各省会城市的大气环境质量做出定量的综合评价。

其中，C_P 表示污染物 P 的质量浓度值，BP_{Hi} 表示与 C_P 相近的污染物浓度限值的高位值，BP_{Lo} 表示与 C_P 相近的污染物浓度限值的低位值，$IAQI_P$ 表示污染物 P 的空气质量指数。建立三种污染物的指标计算模型：

$$\begin{cases} IAQI_{PM_{10}}=\dfrac{IAQI_{PM_{10_{Hi}}}-IAQI_{PM_{10_{Lo}}}}{BP_{PM_{10_{Hi}}}-BP_{PM_{10_{Lo}}}}(C_{PM_{10}}-BP_{PM_{10_{Lo}}})+IAQI_{PM_{10_{Lo}}} \\ IAQI_{SO_2}=\dfrac{IAQI_{SO_{2_{Hi}}}-IAQI_{SO_{2_{Lo}}}}{BP_{SO_{2_{Hi}}}-BP_{SO_{2_{Lo}}}}(C_{SO_2}-BP_{SO_{2_{Lo}}})+IAQI_{SO_{2_{Lo}}} \\ IAQI_{NO_2}=\dfrac{IAQI_{NO_{2_{Hi}}}-IAQI_{NO_{2_{Lo}}}}{BP_{NO_{2_{Hi}}}-BP_{NO_{2_{Lo}}}}(C_{NO_2}-BP_{NO_{2_{Lo}}})+IAQI_{NO_{2_{Lo}}} \end{cases}$$

通过计算，可以得到各省会城市三种污染物 IAQI 值，再通过公式 $AQI=\max\{IAQI_1,IAQI_2,\cdots,IAQI_n\}$ 得到各省会城市在 2003—2010 年的 AQI 值，以杭州为例如表 5-30 所示。

表 5-30　2003—2010 年杭州的 AQI 数据

	2003	2004	2005	2006	2007	2008	2009	2010	平均
AQI	85.0	80.0	81.0	81.0	79.0	80.0	74.0	74.0	79.25

从结果可以看出，以 2010 年为例，海口的 AQI 最低，为 40.0，低于全国省会城市平均水平的 46.25%，而兰州的 AQI 最高，为 153.0，高于全国省会城市平均水平的 1.06%。纵观各年份各省会城市的空气质量指数，很明显，海口、拉萨、南宁等空气质量指数均较小，尤以海口为最佳，而兰州、太原、北京的空气质量指数很高，空气质量需要引起注意。

例 5.10　长江水质的评价和预测

水是人类赖以生存的资源，保护水资源就是保护我们自己，对于我国大江大河水资源的保护和治理应是重中之重。专家们呼吁："以人为本，建设文明和谐社会，改善人与自然的环境，减少污染。"

问题给出了长江沿线 17 个观测站（地区）近两年主要水质指标的检测数据，以及干流上 7 个观测站近一年的基本数据（站点距离、水流量和水流速）。通常认为一个观测站（地区）的水质污染主要来自于本地区的排污和上游的污水。请对长江近两年的水质情况做出定量的综合评价，并分析各地区水质的污染状况。

说明：本例题源自 2005 年全国大学生数学建模竞赛 A 题，题目相关附件可以从官网下载（http://www.mcm.edu.cn/problem/2005/cumcm2005problems.rar）。

解题思路

随着我国工农业的高速发展，排入长江的污染物种类日益增多，若仅用单项指标，往往不能客观反映水质的污染状况，为此可以通过层次分析法建立水环境生态综合指数评价标准，即水环境 ECI 评价标准。ECI 评价标准为动态指标体系，由总指标和三个一级指标构成。总指标即为生态综合指数 ECI，三个一级指标分别为理化指标 G、营养指标 N 和重金属指标 HM。

在综合多种评价因子时，以权值反映不同评价因子对评价对象的重要程度。建立两两比较矩阵，从而确定归一化权重，如表 5-31 所示。

表 5-31　归一化权重指标及其系数

	营养指标	重金属指标	理化指标
权重系数	0.6	0.2	0.2

总指标 ECI 的计算公式如下：$ECI=(0.6N+0.2G+0.2HM)\times 100$。

二级指标的构成如图 5-12 所示，其中理化指标 G 包括 pH 和溶解氧 DO，营养指标 N 为氨氮 NH_3-N，金属指标 HM 为高锰酸盐指数 CODMn。

为了求得 ECI，还需引入使用较为普遍的单项评价参数用以表示二级指标对水质的影响程度。记 C_i，C_{si} 分别表示二级指标 i 的实测浓度和水环境标准中的允许浓度。

pH 评价参数：$I_{pH}=\dfrac{C_i-7.5}{C_{si}(\max,\min)-7.5}$；

DO 评价参数：$I_{DO}=\dfrac{C_{i\max}-C_i}{C_{i\max}-C_{si}}$；

查 2003 年 6 月至 2005 年 5 月 DO 最大值为 14.4mg/L，则取 $C_{i\max}=14.4$mg/L。根据题目所给条件 7.5mg/L 的溶解氧相当于饱和溶解氧的 90%，得到 $C_{si}=7.5/0.9$mg/L。

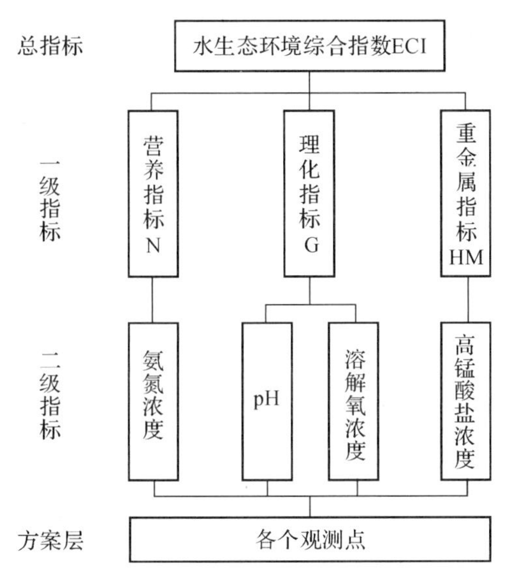

图 5-12 ECI 系统

NH_3-N 评价参数:营养指数按照修正的 TSI(卡尔森指数)法计算,这是在国际上被广泛采用的一种方法。

$$TSI(NH_3\text{-}N)=10\left(7.77+\frac{1.5\ln(NH_3\text{-}N)}{\ln 2.5}\right)$$

重金属评价参数:污染物的危害程度随其浓度的增加而增加的评价参数。

$$I_{Mn}=\frac{C_i}{C_{si}}$$

综上所述,ECI 可由这四个评价参数加权得到。考虑到二级指标 pH 和 DO 对水质的影响相当,可近似认为权重相等,所以我们得到:

$$ECI=(0.6TSI(NH_3\text{-}N)+0.2(I_{pH}+I_{DO})+0.2I_{Mn})\times 100$$

将 2003 年 6 月到 2004 年 9 月的 4 个主要项目的数据代入模型,得到 ECI 评价结果如表 5-32 所示。

表 5-32 各个地点指标数据表

调查地点	pH	DO	NH_3-N	CODMn	ECI
四川攀枝花	0.64	0.628	1.078	1	97.346
重庆朱沱	0.667	0.66	1.174	0.725	98.225
湖北宜昌南津关	0.42	0.839	1.356	0.8	109.933
湖南岳阳城陵矶	0.327	0.34	1.573	1.225	125.571
江西九江河西水厂	0.013	0.801	0.991	0.575	79.079
安徽安庆皖河口	0.013	0.774	1.288	0.675	98.658
江苏南京林山	0.16	0.885	1.145	0.875	96.68
四川乐山岷江大桥	0.073	0.83	1.498	0.525	109.422

续表

调查地点	pH	DO	NH_3-N	CODMn	ECI
四川宜宾凉姜沟	0.86	0.661	1.114	0.525	92.519
四川泸州沱江二桥	0.453	0.591	1.385	0.925	112.022
湖北丹江口胡家岭	0.78	0.651	1.037	0.5	86.551
湖南长沙新港	0.493	0.886	1.673	0.975	133.689
湖南岳阳岳阳楼	0.047	0.627	1.708	0.65	122.234
湖北武汉宗关	0.367	0.821	1.225	0.575	96.882
江西南昌滁槎	0.74	1.171	1.818	0.275	133.717
江西九江蛤蟆石	0.093	0.746	1.174	0.575	90.354
江苏扬州三江营	0.113	0.761	1.468	0.9	114.839

经过分析以上数据，可以看到 pH 接近 7.5，ECI 较低；溶解氧的浓度越大，ECI 越低；氨氮含量和高锰酸盐指数越低，ECI 也越小。这与《地表水环境质量标准》的等级划分是一致的。ECI 评价标准将多项指标合而为一，用一个综合数值定量表示出来，更有其优越性。

此外，参照了国内外各种指数的分组方法，结合长江水环境的具体情况，为 ECI 设计了四级标准(见表 5-33)，通过对综合指数进一步分级，就能从整体上更为全面地了解和把握各地区的水质状况。

表 5-33　ECI 评价体系数据表

分级	生态综合指数 ECI	评语
A	<50	水体生态系统健康状态良好，清洁
B	50～100	水体生态系统健康状态一般，轻污染
C	100～150	水体生态系统健康状态偏差，中污染
D	>150	水体生态系统健康状态差，重污染

综合两年来的数据可以看出湖北、湖南、四川等地区的污染比较严重。

5.6 思考题

1. 高等教育事关高素质人才培养、国家创新能力增强、和谐社会建设的大局，因此受到党和政府及社会各方面的高度重视和广泛关注。培养质量是高等教育的一个核心指标，不同的学科、专业在设定不同的培养目标后，其质量需要有相应的经费保障。高等教育属于非义务教育，其经费在世界各国都由政府财政拨款、学校自筹、社会捐赠和学费收入等几部分组成。对适合接受高等教育的经济困难的学生，一般可通过贷款和学费减、免、补等方式获得资助，品学兼优者还能享受政府、学校、企业等给予的奖学金。

学费问题涉及每一个大学生及其家庭，是一个敏感而又复杂的问题：过高的学费会使很多学生无力支付，过低的学费又使学校财力不足而无法保证质量。学费问题近来在各种媒体上引起了热烈的讨论。

请你们根据中国国情，收集诸如国家大学生均拨款、培养费用、家庭收入等相关数据，并据此通过数学建模的方法，就几类学校或专业的学费标准进行定量分析，得出明确、有说服力的结论。数据的收集和分析是你们建模分析的基础和重要组成部分。你们的论文必须观点鲜明、分析有据、结论明确。

最后，根据你们建模分析的结果，给有关部门写一份报告，提出具体建议。

2.随着社会、经济的发展，城市道路交通问题越来越复杂，也越来越引人关注。城市道路交通资源是有限的，各种交通工具，特别是机动车(包括摩托车、电动三轮车等)，对安全和环境的影响必须得到控制，而人们出行的需求是不断增长的，出行方式也是多种多样的，包括使用公共交通工具。因此，不加限制地满足所有人的要求和愿望是不现实的，也是难以为继的，必须有所倡导、有所发展、有所限制。不少城市采取的限牌、限号、收取局部区域拥堵费、淘汰污染超标车辆及其他管理措施收到了较好的效果，也得到了公众的理解。

为了让一项政策，如“禁摩限电”，得到大多数人的支持，对它进行科学的、不带意识形态的论证是必要的。请从深圳的交通资源总量(即道路通行能力)、交通需求结构、各种交通工具的效率及对安全和环境的影响等因素和指标出发，建立数学模型并进行定量分析，提出一个可行的方案。需要的数据资料在难以收集到的情况下，可提出要求。

3.水资源，是指可供人类直接利用，能够不断更新的天然水体。主要包括陆地上的地表水和地下水。

风险，是指某一特定危险情况发生的可能性和后果的组合。

水资源短缺风险，泛指在特定的时空环境条件下，由于来水和用水两方面存在不确定性，使区域水资源系统发生供水短缺的可能性以及由此产生的损失。

近年来，我国特别是北方地区水资源短缺问题日趋严重，水资源成为焦点话题。

以北京市为例，北京是世界上水资源严重缺乏的大都市之一，其人均水资源占有量不足 $300m^3$，为全国人均的 1/8，世界人均的 1/30，属重度缺水地区，表 5-34 中所列的数据给出了 1979—2000 年北京市水资源短缺的状况。北京市水资源短缺已经成为影响和制约首都社会和经济发展的主要因素。政府采取了一系列措施，如南水北调工程建设、建立污水处理厂、产业结构调整等。但是，气候变化和经济社会不断发展，水资源短缺风险始终存在。如何对水资源风险的主要因子进行识别，对风险造成的危害等级进行划分，对不同风险因子采取相应的有效措施规避风险或减少其造成的危害，这对社会经济的稳定、可持续发展战略的实施具有重要的意义。

《北京统计年鉴 2009》及市政统计资料提供了北京市水资源的有关信息。利用这些资料和你自己可获得的其他资料，讨论以下问题：

评价判定北京市水资源短缺风险的主要风险因子是什么？

影响水资源的因素很多，例如：气候条件、水利工程设施、工业污染、农业用水、管理制度，人口规模等。

建立一个数学模型对北京市水资源短缺风险进行综合评价，做出风险等级划分并陈述理由。对主要风险因子，如何进行调控，使得风险降低？

对北京市未来两年水资源的短缺风险进行预测，并提出应对措施。

以北京市水行政主管部门为报告对象，写一份建议报告。

表 5-34　1979—2000 年北京市水资源短缺的状况

年份	总用水量/亿立方米	农业用水/亿立方米	工业用水/亿立方米	第三产业及生活等其他用水/亿立方米	水资源总量/亿立方米
1979	42.92	24.18	14.37	4.37	38.23
1980	50.54	31.83	13.77	4.94	26.00
1981	48.11	31.60	12.21	4.30	24.00
1982	47.22	28.81	13.89	4.52	36.60
1983	47.56	31.60	11.24	4.72	34.70
1984	40.05	21.84	14.376	4.017	39.31
1985	31.71	10.12	17.20	4.39	38.00
1986	36.55	19.46	9.91	7.18	27.03
1987	30.95	9.68	14.01	7.26	38.66
1988	42.43	21.99	14.04	6.40	39.18
1989	44.64	24.42	13.77	6.45	21.55
1990	41.12	21.74	12.34	7.04	35.86
1991	42.03	22.70	11.90	7.43	42.29
1992	46.43	19.94	15.51	10.98	22.44
1993	45.22	20.35	15.28	9.59	19.67
1994	45.87	20.93	14.57	10.37	45.42
1995	44.88	19.33	13.78	11.77	30.34
1996	40.01	18.95	11.76	9.30	45.87
1997	40.32	18.12	11.10	11.10	22.25
1998	40.43	17.39	10.84	12.20	37.70
1999	41.71	18.45	10.56	12.70	14.22
2000	40.40	16.49	10.52	13.39	16.86

注：2000 年以后的数据可以在《北京统计年鉴 2009》上查到。

深圳也是我国严重缺水的城市。你们也可取代北京，对深圳水资源短缺风险进行相应的研究。

第六章　预测分析数学模型

预测问题在现实世界中也是经常遇见的，它的一般要求是分析过去已有数据的内在趋势，并据此对未来的数据进行预测，以便指导以后的工作或对问题做进一步的研究。许多数学建模初学者可能认为预测是一门非常高深的学问，其实预测类数学问题并不难解决，本章将为大家撩开预测神秘的面纱。在本章中展现了几种不同的预测方法：多项式拟合、非多项式拟合、灰色预测、时间序列等，旨在帮助大家了解不同背景下不同预测方法的应用。

6.1　多项式拟合数学模型

在数学建模的某些问题中，通常要处理由实验或测量得到的大批量数据，处理这些数据的目的是为进一步研究该问题提供数学手段。插值与数据拟合就是通过分析这些已知数据从而确定某类函数的参数或寻找某个近似函数，使所得的函数与已知数据具有较高的拟合精确度，并且能够使用数学的工具分析数据所反映对象的性质。

插值　通过每个测试数据点，得到测试函数。其中基本的插值方式包括多项式插值、拉格朗日插值、样条插值等。

拟合　通过以残差的平方和最小为原则，得到测试函数不一定经过所有的测试数据点。其中主要以最小二乘拟合为主。

例 6.1　长江水资源预测问题

长江水质的污染程度日趋严重，已引起了相关政府部门和专家们的高度重视。由全国政协与中国发展研究院联合组成“保护长江万里行”考察团，从长江上游宜宾到下游上海，对沿线 21 个重点城市做了实地考察，揭示了一幅长江污染的真实画面，其污染程度让人触目惊心。假如不采取更有效的治理措施，长江未来水质污染的发展趋势将更加严峻。长江过去十年排污量数据表见表 6-1 所示。

表 6-1　长江过去十年排污量数据表

年份	1995	1996	1997	1998	1999	2000	2001	2002	2003	2004
排污量/亿吨	174	179	183	189	207	234	220.5	256	270	285

请根据以上数据，预测 2005—2014 年长江的排污量！

既然拟合和插值能够完成相似的工作，我们是选择拟合还是插值？

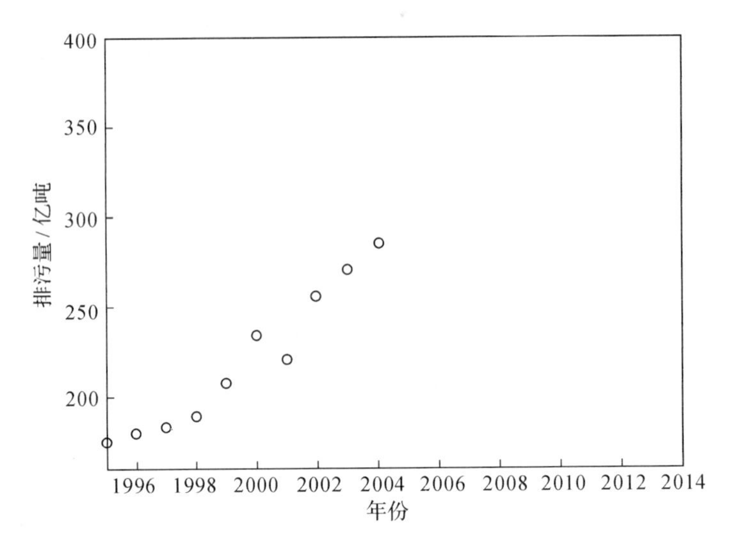

图 6-1　历史数据散点图

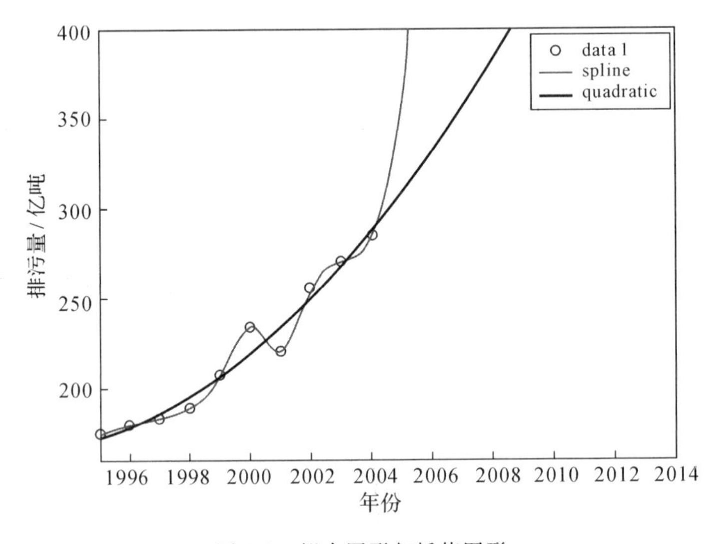

图 6-2　拟合图形与插值图形

从图 6-1 与图 6-2 中,可以清楚地发现数据拟合与数据插值之间的区别。

• 插值是通过每个测试数据点得到测试函数,这是基本的插值方式。插值是指已知某函数在若干离散点上的函数值或者导数信息,通过求解该待定形式的插值函数以及待定系数,使得该函数在给定离散点上满足约束(函数过该点)。插值函数又叫作基函数,如果该基函数定义在整个定义域上,叫作全域基,否则叫作分域基。常用的插值(根据待定函数的形式)主要有多项式插值和样条插值。

• 拟合是以残差平方和最小为原则,得到的测试函数不一定经过所有的测试数据点。简单地讲,所谓拟合是指已知某函数的若干离散函数值,通过调整该函数中若干待定系数,使得该函数与已知数据集的差别最小。如果待定函数是线性,就叫线性拟合或者线性回归,否则叫作非线性拟合或者非线性回归。函数表达式也可以是分段函数,这种情况下的拟合叫作样条拟合。

从几何意义上讲，拟合是给定了空间中的一些点，从一个已知函数形式但某些未知参数的连续曲面中找到一个可以最大限度地逼近这些点的函数；而插值是找到一个(或几个分片光滑的)连续曲面来穿过这些点。

所谓多项式拟合，主要是采用多项式函数形式来进行拟合、来逼近数据所呈现的趋势。多项式的系数可以采取最小二乘法进行计算。首先大家需要了解一下最小二乘法的基本原理。

给定数据点为(x_i,y_i)，$i=1,2,3,\cdots,N$，Φ为所有次数不超过$n(n\leqslant N)$的多项式构成的函数类。现设有某一多项式$p_n(x)=\sum_{k=0}^{n}a_kx^k\in\Phi$，可以充分表现数据的趋势，那么它应该满足以下条件：

$$R=\sum_{i=1}^{N}(p_n(x_i)-y_i)^2=\sum_{i=1}^{N}(\sum_{k=0}^{n}a_kx_i^k-y_i)^2=\min$$

满足上式的$p_n(x)$称为最小二乘拟合多项式。特别地，当$n=1$时称为线性拟合或直线拟合。显然R是系数$a_0,a_1,\cdots,a_n$的多元函数。因此，上述多项式拟合问题即为求R的极值问题。由多元函数求极值的必要条件，得到如下方程组：

$$\frac{\partial R}{\partial a_j}=2\sum_{i=1}^{N}(\sum_{k=0}^{n}a_kx_i^k-y_i)x_i^j=0$$

可以证明，由上面方程形成的方程组存在唯一解。从中可以解得多项式的系数a_j，从而可得拟合多项式$p_n(x)$。R称为最小二乘拟合多项式$p_n(x)$的平方误差，可以作为拟合好坏的一个参数。

多项式拟合的一般步骤可归纳为：

- 通过已知数据画出数据散点图，确定拟合多项式的次数n；
- 计算$\sum_{i=1}^{N}x_i^j$和$\sum_{i=0}^{N}x_i^jy_i$；
- 建立多项式系数方程组，求解多项式系数；
- 得到拟合多项式$p_n(x)=\sum_{k=0}^{n}a_kx^k$。

例 6.2　农作物用水量预测及智能灌溉方法

随着水资源供需矛盾的日益加剧，发展节水型农业势在必行。智能灌溉应用先进的信息技术实施精确灌溉，以农作物实际需水量为依据，提高灌溉精确度，实施合理的灌溉方法，进而提高水的利用率。

按照经济学的观点，灌溉水量是农业生产中的生产资源的投入量，而作物产量是农业生产品的产出量，因此作物产量与水之间存在着一种投入与产出的数学关系，这种关系被称为水分生产函数。作物水分生产函数的单因子模型中自变量的形式可以为灌水量、实际腾发量、土壤含水量等，因变量的形式可以为作物产量、平均产量、边际产量等。基于表 6-2 中作物全生命周期实测需水量与产量的对应数据，建立该作物全生育期的水分生产函数的模型，即总产量与需水量之间的解析关系，给出详细过程及拟合效果。

表 6-2 作物全生命周期实测需水量与产量

处理号	1	2	3	4	5	6	7	8	9	10
需水量/(m³·亩⁻¹)	187.14	238.38	283.12	315.37	337.65	356.21	387.68	414.46	435.57	456.82
产量/(kg·亩⁻¹)	247.63	361.18	430.37	462.89	476.88	483.25	483.05	472.01	456.23	434.08

解题思路

本题要求根据数据得出作物的全生命周期的水分生产函数，即总产量与需水量的解析关系。给出数据量较少只有 10 组，可供选择的拟合模型较多。我们先对数据特征进行观察，再进行拟合模型的选择。根据一般经验，首先以需水量为自变量，产量为因变量画出散点图(见图 6-3)。

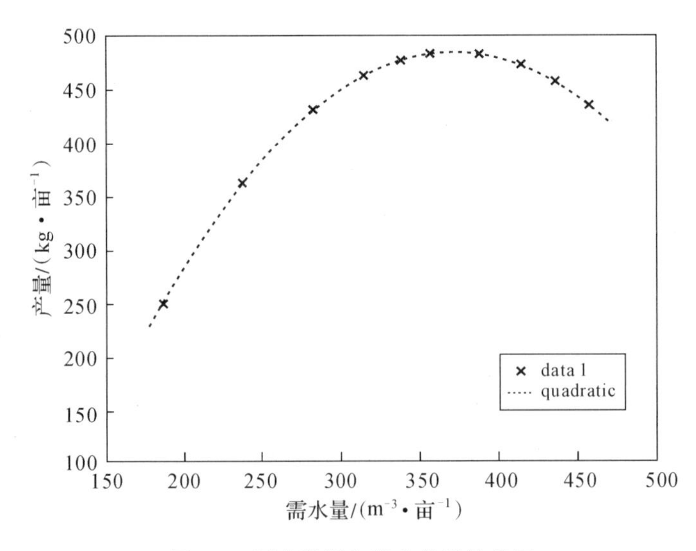

图 6-3 历史数据与拟合曲线效果图

$$Y=-0.007a^2+5.186a-478.472$$

由于数据的限制，此生产函数能较好地描述需水量在 200m³/亩到 450m³/亩时的函数关系。在低于此范围的情况下，报酬递增阶段我们可以引入线性模型进行描述。

什么是数学模型？这个能够解决预测问题的拟合方法就是数学模型！什么是数学建模？这个拟合过程就是数学建模。

选取拟合次数的准则是什么呢？

- 多项式拟合的次数不宜过高，一般控制在 3 次以内！
- 多项式拟合的残差平方和越小，说明拟合效果越好！

MATLAB 程序设计一多项式拟合

在 MATLAB 中完成多项式拟合，有两种形式：

1. 采用 Polyfit、Polyval 等命令，在 M-file 中完成程序编写。

2. 在 M-file 中输入拟合数据，进行画点图，采用 Basic-fitting 工具箱进行多项式拟合。下面我们用一个简单的实例对这两种拟合方式进行说明。

例 6.3　世界人口预测模型

人类社会进入 20 世纪以来，在科学技术和生产力飞速发展的同时，世界人口也以空前的规模增长。统计数据显示，世界人口数据如表 6-3 所示。

表 6-3　世界人口数据

年份	1625	1830	1930	1960	1974	1987	1999
人口/亿人	5	10	20	30	40	50	60

可以看出，人口增长十亿的时间，由一百年缩短为十二三年。我们赖以生存的地球，已经携带着它的 60 亿子民踏入 21 世纪。由于人口数量的迅速膨胀和环境质量的急剧恶化，人们才猛然醒悟，开始研究人类和自然的关系、人口数量的变化规律，以及如何进行人口控制等问题。

根据 1625—1999 年世界人口数量，预测 2000 年以后的世界人口发展趋势！

Part 1 MATLAB 程序

```
Year = [1625,1830,1930,1960,1974,1987,1999]; % 输入自变量 - 年份
Population = [5,10,20,30,40,50,60]; % 输入应变量 - 人口数量
Year1 = 1625 : 2020; % 输入需要检验的年份 - 1625 年～2020 年
Year2 = 2000 : 2020; % 输入需要预测的年份
[P2,S2] = polyfit(Year,Population,2)
Population1 = polyval(P2,Year1); % 计算拟合结果
Population2 = polyval(P2,Year2); % 计算拟合结果
plot(Year,Population,' * ', Year2,Population2,'X',Year1,Population1);
legend('实际数据','拟合数据')
xlabel ('年份') ;
ylabel ('人口数量(亿人)')
```

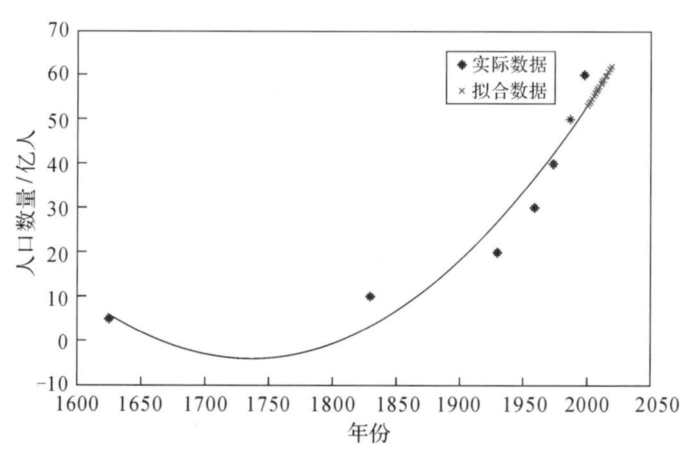

图 6-4　二次拟合预测效果图形

```
Year = [1625,1830,1930,1960,1974,1987,1999]; % 输入自变量 - 年份
```

```
Population = [5,10,20,30,40,50,60]; % 输入应变量 - 人口数量
Year1 = 1625 : 2020; % 输入需要检验的年份 - 1625 年～2020 年
Year2 = 2000 : 2020; % 输入需要预测的年份
[P2,S2] = polyfit(Year,Population,3)
Population1 = polyval(P2,Year1); % 计算拟合结果
Population2 = polyval(P2,Year2); % 计算拟合结果
plot(Year,Population,' * ', Year2,Population2,'X',Year1,Population1);
legend('实际数据', '拟合数据')
xlabel ('年份') ;
ylabel ('人口数量(亿人)')
```

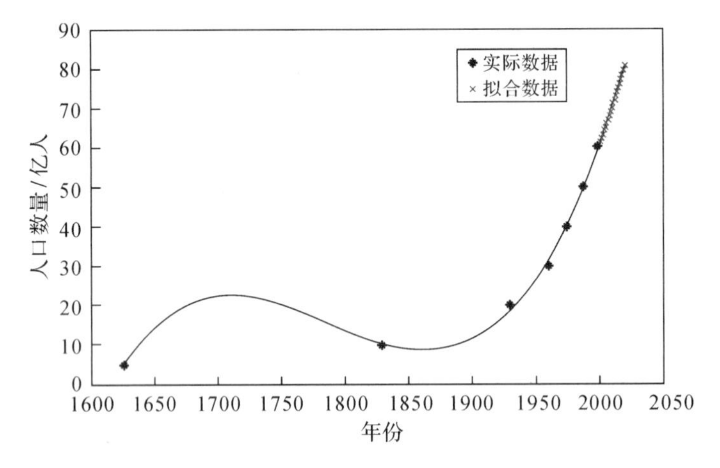

图 6-5 三次拟合预测效果图形

Part 2 Basic-fitting 程序

• 步骤 1:画出数据散点图。

```
Year = [1625,1830,1930,1960,1974,1987,1999]; % 输入自变量 - 年份
Population = [5,10,20,30,40,50,60]; % 输入应变量 - 人口数量
plot(Year,Population,'X'); % 画出拟合数据散点图
xlabel ('年份');
ylabel ('人口数量(亿人)')
```

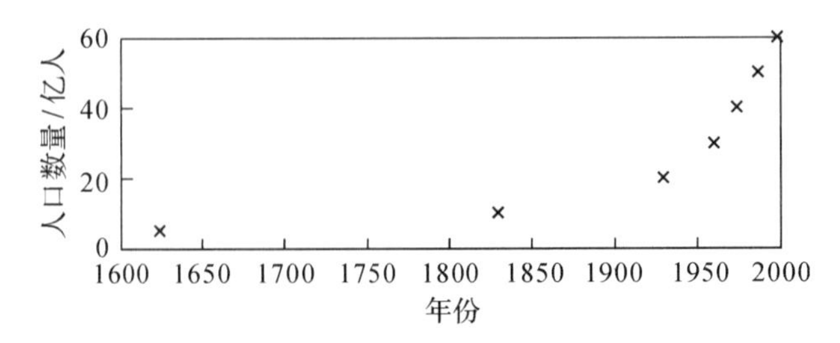

图 6-6 历史数据散点图

• 步骤 2：做出相应的预测 Tool－＞Basic fitting。

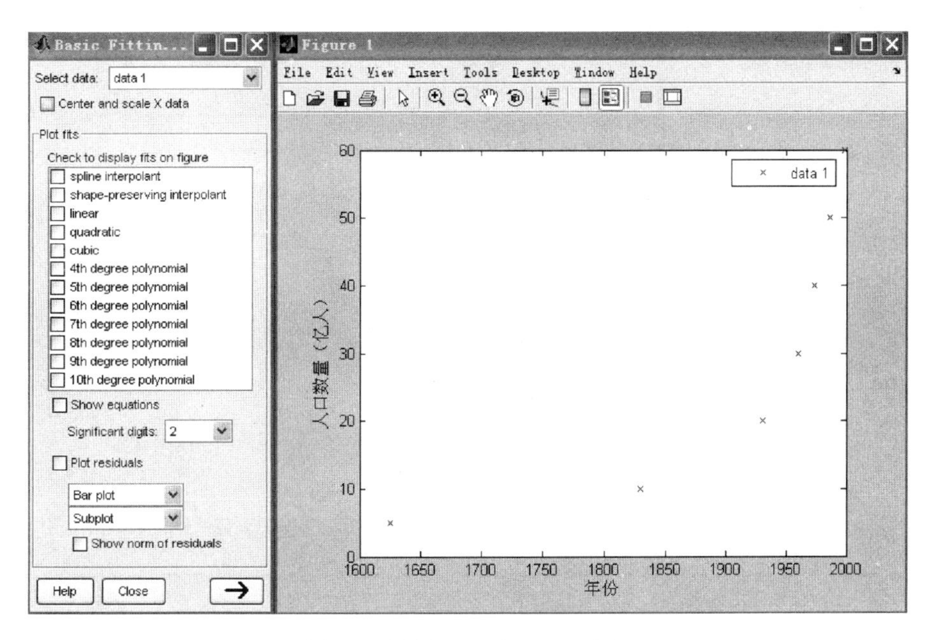

图 6-7　调用 Basic-fitting 工具箱

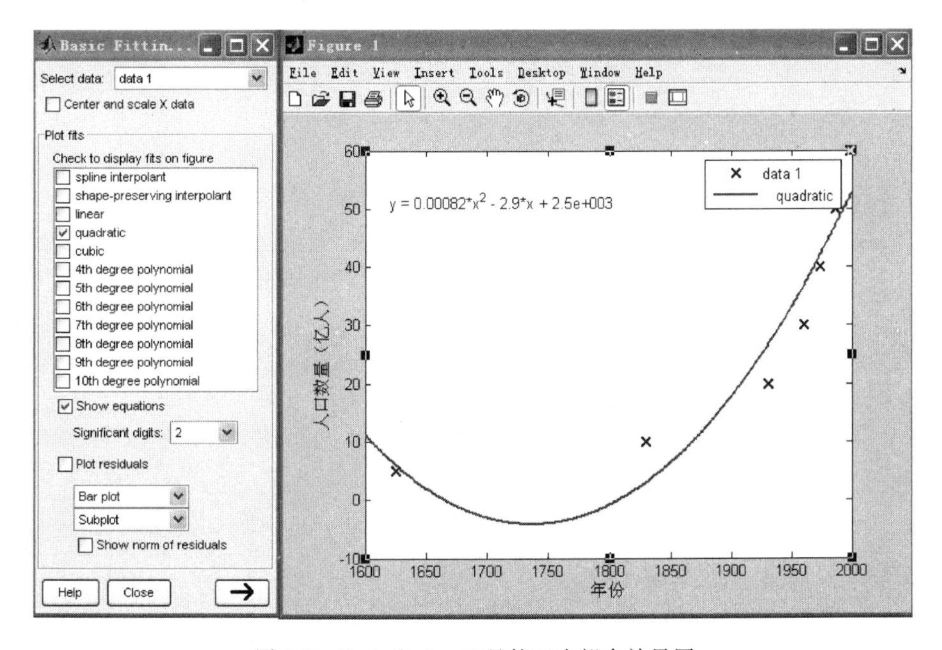

图 6-8　Basic-fitting 工具箱二次拟合效果图

• 步骤 3：对多种拟合方式进行比较并计算残差。

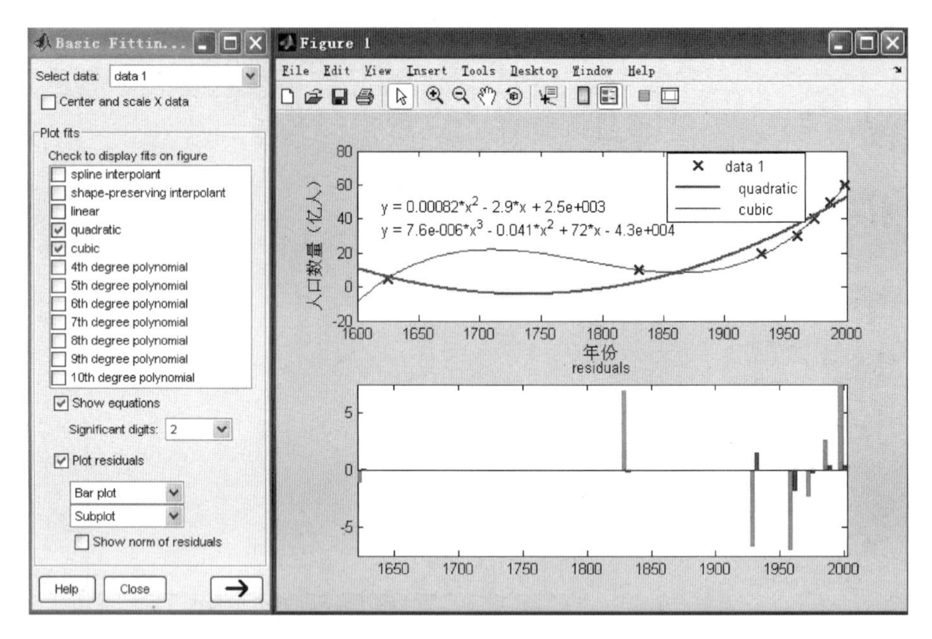

图 6-9　Basic-fitting 工具箱多种拟合效果对比图

6.2　非多项式拟合数学模型

6.2.1　Malthusian 拟合 & Logistic 拟合

前面我们介绍的多项式拟合应用范围广泛，但多项式拟合毕竟有其局限性。有时我们需要对非多项式特征的测试数据进行拟合，并预测其后期数据。其中 Malthusian 与 Logistic 是非多项式拟合的两种典型代表，分别对应于两种典型的物理含义（即资源无限与资源受限）。

例 6.4　美国人口预测数学模型

表 9-1 给出的近一个世纪的美国人口统计数据（以百万为单位），建立模型预测 2000 年以后的美国人口数量，对模型做检验。

表 6-4　美国近一个世纪的人口统计数据

年份	1900	1910	1920	1930	1940	1950	1960	1970	1980	1990	2000
人口/百万	76.0	92.0	106.5	123.2	131.7	150.7	179.3	204.0	226.5	251.4	281.4

在拟合中，只有一件事情是需要我们自己做的，其他都可以交给数学软件来完成。这就是确定函数形式，无论是多项式拟合，还是非多项式拟合，确定函数形式是至关重要的！

两百多年前的英国人口学家马尔萨斯（Malthus，1766—1834 年）调查了英国一百多年的人口统计资料，得出了人口增长率不变的假设，并据此建立了著名的人口指数增长模型。

记时刻 t 的人口数量 $x(t)$，当考察一个国家或一个较大地区的人口时，这是一个很大的整数。为了利用微积分这一数学工具，可将其视为连续、可微函数。假设人口增长率为常数 r，即有：

$$x(t+\Delta t)-x(t)=rx(t)\Delta t$$

可以发现人口数量的增长是呈现指数形式，即表达式：$x(t)=Ae^{rt}$。

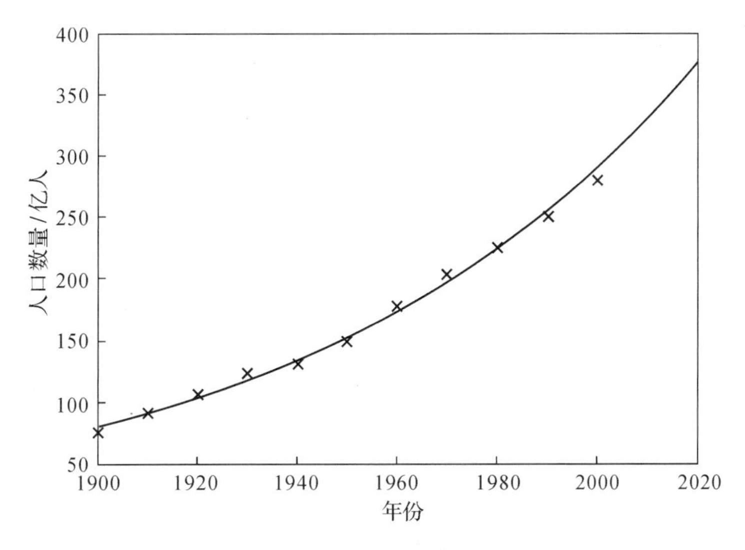

图 6-10　Malthus 拟合效果图

运用 1900—2000 年的数据进行分析拟合，得到拟合函数（见表 6-5）：

$$x(t)=1.9618\times10^{-9}\times e^{0.012861t}$$

表 6-5　美国人口预测数据表

年份	2001	2002	2003	2004	2005	2006	2007	2008	2009	2010
人口/百万	294.6	298.4	302.2	306.1	310.1	314.1	318.2	322.3	326.5	330.7

```
MATLAB 程序设计 - Malthus 拟合
X = 1900 : 10 : 2000; % 输入应变量 - 已知年份
Y = [76,92,106.5,123.2,131.7,150.7,179.3 ,204,226.5,251.4,281.4]; % 输入自变量
YY = log(Y); % 采用对数处理
[P,S] = polyfit(X,YY,1); % 进行线性拟合
XX = 1900 : 2020; % 输入预测时间
YYY = exp(P(2)). * exp(P(1). * XX); % 计算预测时间内的人口数
plot(X,Y,'X',XX,YYY) % 画图
```

Malthus 模型的缺点：Malthus 拟合模型是否完善呢？其实这个模型有一个严重的缺点，就是当时间无限远时，预测的数据将会趋向无穷大。即在考虑人类的宏观调控，自然资源有限的情况下，这明显是不可能的。人类不会让长江水资源无限污染，人类也不可能无限繁衍。计划生育就是中国政府对此做出的宏观调控。Malthus 模型反映的是在种群生长下

的缺陷，没有反映环境和资源对群体自然增长的影响，没有反映各生物成员之间为了争夺有限的生活场所和食物所进行的竞争，没有反映食物和养料的紧缺对增长率的影响。为克服这一缺陷，引入自限模型，又称 Logistic 模型。

设在所考察的自然环境下，群体可能达到的最大总数（称为生存极限数）为 K。若开始时群体的自然增长率为 r，随着群体的增长，增长率下降，一旦群体总数达到 K，群体停止增长，即增长率为零。

通过以上分析，阻滞作用体现在对人口增长率 r 的影响上，使得 r 随着人口数量 x 的增加而下降。若将 r 表示为 x 的函数 $r(x)$，则它应是减函数。于是，方程可写作：

$$\begin{cases}\dfrac{\mathrm{d}x}{\mathrm{d}t}=r(x)x\\ x(0)=x_0\end{cases}$$

对 $r(x)$ 的一个最简单的假设：设 $r(x)$ 为 x 的线性函数，即用 $r(1-\dfrac{x(t)}{K})$ 来描述。于是，数学模型就可以改进为：

$$\begin{cases}\dfrac{\mathrm{d}x}{\mathrm{d}t}=r(1-\dfrac{x(t)}{K}x)\\ x(0)=x_0\end{cases}\Rightarrow x(t)=\frac{K}{1+(\dfrac{K}{x_0}-1)e^{-rt}}$$

上式方程中右端的因子 $r(x)$ 体现人口自身的增长趋势，因子 $(1-\dfrac{x(t)}{K})$ 则体现了资源和环境对人口增长的阻滞作用。显然，x 值越大，前一因子越大，后一因子越小，群体增长是两个因子共同作用的结果。

同例 6.3，在前面已经运用 Malthus 模型对数据进行了拟合分析，在此我们运用 Logistic 模型加以预测分析。面对这样的非多项式拟合，我们应该采用何种方式？下面是美国人口 Logistic 修正拟合图形（见图 6-11）的 MATLAB 程序。

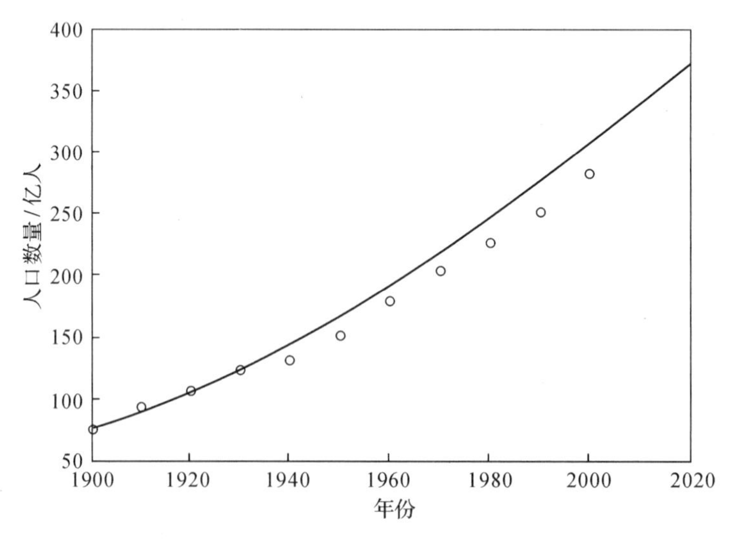

图 6-11　美国人口 Logistic 修正拟合图形

```
MATLAB 程序设计 - Logistic 拟合
X = 1900 : 10 : 2000; % 输入自变量 - 已知年份
Y = [76.0,92.0,106.5,123.2,131.7,150.7,179.3,204.0,226.5,251.4,281.4];
for i = 1 : length(Y) - 1
YY(i) = (Y(i+1) - Y(i))/Y(i);
end
P = polyfit(Y(2 : end),YY,1); % 进行线性拟合
r = P(2)/10;xmax = - P(2)/P(1);
XXX = 1900 : 10 : 2020; % 输入需要预测的时间
YYY = xmax./(1 + (xmax/Y(1) - 1).* exp( - r.* (XXX - 1900))); % 输入需要预测的时间
plot(X,Y,'o',XXX,YYY)
```

例 6.5　草履虫数量预测数学模型

有人曾用草履虫做试验，将 5 个草履虫放在盛有 0.5mL 营养液的小试管中，连续 6 天观察草履虫的个数。他发现开始时，草履虫的增长率为 230.9%，后来增长率逐渐缓慢，第 4 天草履虫的数量达到最高水平 375 个。若用自限模型，时刻 t(天)草履虫个数为：

$$N(t)=\frac{375}{1+74e^{-2.309t}}$$

将上述公式计算的结果和观察值画在同一张图里，易见两者吻合程度相当满意(见图 6-12)。

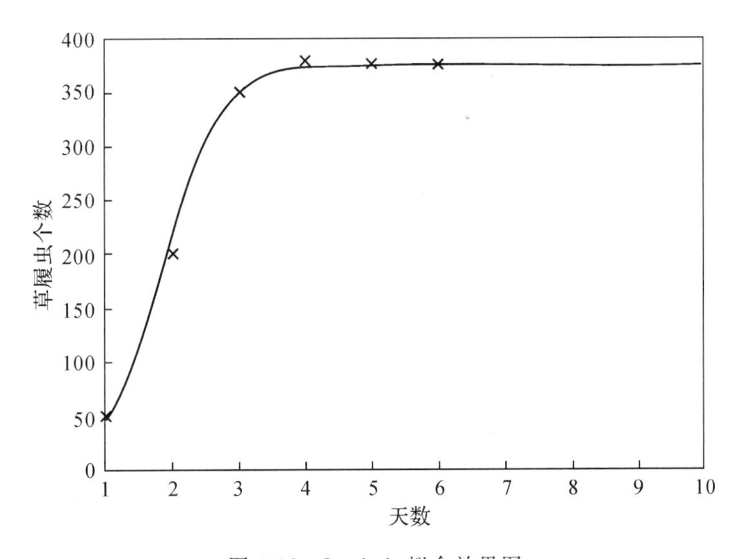

图 6-12　Logistic 拟合效果图

6.2.2　非多项式拟合程序设计

前面已经介绍 Malthus、Logistic 模型两种预测模型，这是两种典型的数学模型。但是这两种拟合方式可以实现的非多项式模型是非常有限的，如何自定函数形式进行数据拟合是本节所要介绍的内容。在 MATLAB 中完成非多项式拟合，有两种形式：

1. 采用 lsqcurvefit(@myfun,x0,xdata,ydata)和 nlinfit(X,y,fun,beta0)等最常用的命

令，在 M-file 中完成程序编写。

2. 在 M-file 中输入拟合数据，画散点图，采用 cftool 工具箱进行非多项式拟合。下面我们用实例对这两种拟合方式进行说明！

例 6.6 输入输出测量问题

有一个原理未知的黑箱系统：在这个系统中每输入一个数据都会输出一个数据。经过若干次试验，测量数据如表 6-6 所示。为了能够深入对该黑箱进行研究，请找出输入与输出之间的关系式。

表 6-6 输入输出数据表

输入	3.6	7.7	9.3	4.1	8.6	2.8	1.3	7.9	10.0	5.4
输出	16.5	150.6	263.1	24.7	208.5	9.9	2.7	163.9	325.0	54.3

解题思路

首先使用 MATLAB 画出数据的散点图，以便观察数据的规律，如图 6-13 所示。

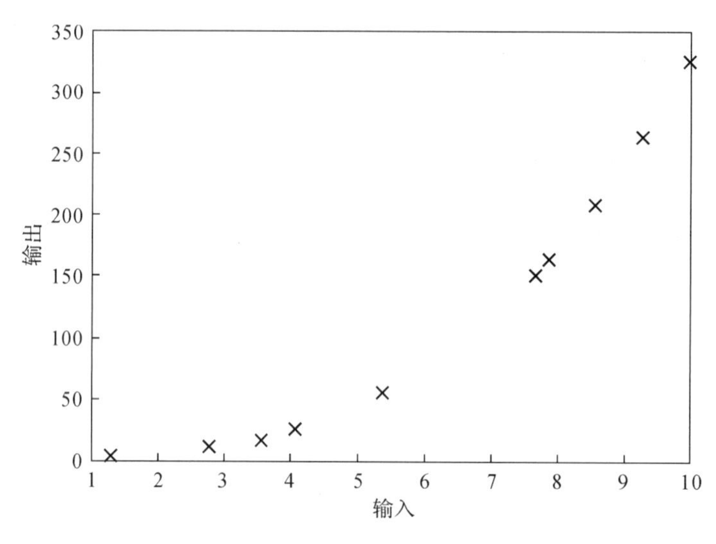

图 6-13 输入输出数据散点图

通过对于图像所呈现规律的分析，可以认为可用以下函数对数据进行描述。其中，x 表示系统的输入，y 表示系统的输出；参数 a，b，c 就是通过拟合需要求解的参数。

$$y=ax^2+b\sin x+cx^3$$

估计一般形式拟合函数参数的 MATLAB 源程序如下所示：

- 首先需要通过 MATLAB 新建 M 文件，命名为 myfun. m，其内容如下：

```
function F = myfun(x,xdata)
F = x(1) * xdata.^2 + x(2) * sin(xdata) + x(3) * xdata.^3;
```

- 然后在 Command Window 窗口中键入命令进行参数拟合，其内容如下：

```
xdata = [3.6 7.7 9.3 4.1 8.6 2.8 1.3 7.9 10.0 5.4];
```

```
ydata = [16.5 150.6 263.1 24.7 208.5 9.9 2.7 163.9 325.0 54.3];
x0 = [10, 10, 10] ;
[x,resnorm] = lsqcurvefit(@myfun,x0,xdata,ydata)
```

在以上命令中，首先建立一个 M 文件，用于存放自定的函数形式，参数 x 与 data 就是函数参数接口。在命令窗口输入的命令中，第一、二行为测量数据，第三行 x_0 是参数预估计数值，而第四行核心程序就是对参数进行估计。在程序运行后得到的 x 是一个 1×3 的数组，分别代表 a,b,c；而 resnorm 得到的将是该拟合函数所产生的拟合平方误差。可得到拟合函数如下所示：

$$y=0.2269x^2+0.3385\sin x+0.3021x^3$$

使用 M 文件编程过程中，需要注意将 M 文件存放在当前的运行目录下，并且以函数名命名，否则将会发生编译错误。

例 6.7　公司销售量预测问题

为了指导生产，现有一家公司对本年度前十个月的销售量做了数据统计，统计数据如表 6-7所示。该公司希望能够通过统计数据进行分析，找出数据内在的关系式，并对该年的后两个月进行销售量预测(表 6-7)。

表 6-7　某公司前十个月的销售量统计数据

月份	1	2	3	4	5	6	7	8	9	10
销售量	10	16	21	26	30	34	38	41	45	49

解题思路

首先使用 MATLAB 画出数据的散点图，以便观察数据的规律，如图 6-14 所示。

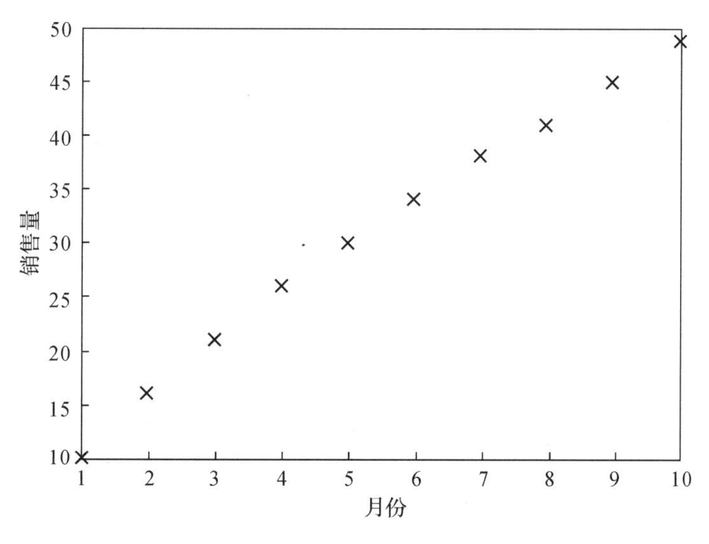

图 6-14　某公司前十个月的销售量散点图

通过对于图所呈现规律的分析，可以认为用以下函数对数据进行描述。其中，x 表示月份，y 表示公司的销售量；参数 a,b,c 就是通过拟合需要求解的参数。

$$y=ax+b\ln x+c$$

估计一般形式拟合函数参数的 MATLAB 源程序如下所示：

• 首先需要通过 MATLAB 新建一个 M 文件，命名为 myfun. m，其内容如下：

```
function yy = myfun(beta0,x)
a = beta0(1);b = beta0(2);c = beta0(3);
yy = c * x + b * log(x) + a;
```

• 然后在 Command Window 窗口中键入命令进行参数拟合，其内容如下：

```
x = [1 2 3 4 5 6 7 8 9 10];
y = [10 16 21 26 30 34 38 41 45 49];
beta0 = [3 6 5];
betafit = nlinfit(x,y,'myfun1',beta0)
```

在以上命令中，首先建立一个 M 文件，用于存放自定的函数形式。在命令窗口中输入的命令中，第一、二行为测量数据，第三行 beta0 是参数预估计数值，而第四行核心程序就是对参数进行估计。在程序运行后得到的是一个 1×3 的数组，分别代表 a,b,c，可以得到拟合函数如下所示：

$$y=6.7347\times x+4.6543\times\ln x+3.1337$$

在 Matlab 6.5 以上的环境下，在左下方有一个“Start”按钮，在目录“Toolboxes”下有一个“Curve Fitting”，点开“Curve Fitting Tool”，出现数据拟合工具界面，基本上所有的数据拟合和回归分析都可以在这里进行。也可以在命令窗口中直接输入“cftool”，打开工具箱。

• Step 1：输入数据。

```
xdata = [3.6 7.7 9.3 4.1 8.6 2.8 1.3 7.9 10.0 5.4];
ydata = [16.5 150.6 263.1 24.7 208.5 9.9 2.7 163.9 325.0 54.3];
```

• Step 2：将数据导入 Cftool 工具箱 Data－＞Data Sets。

在 Data Sets 页面里，在 X Data 选项中选取 xdata 向量，Y Data 选项中选取 ydata 向量，如果两个向量的元素数相同，那么 Create data set 按钮就激活了，此时点击它，生成一个数据组，显示在下方 Data Sets 列表框中。

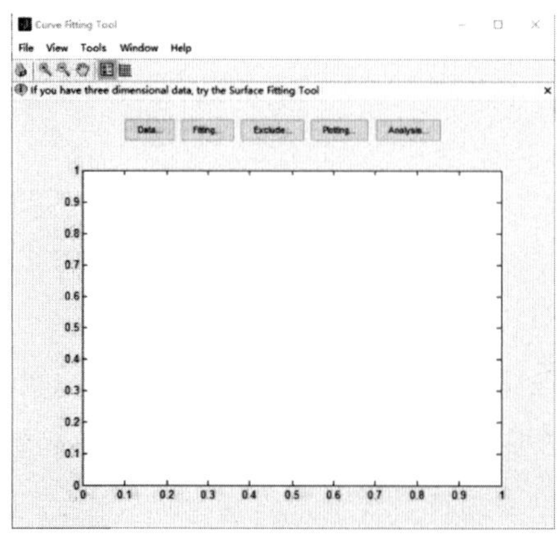

图 6-15　cftool 工具箱基本界面

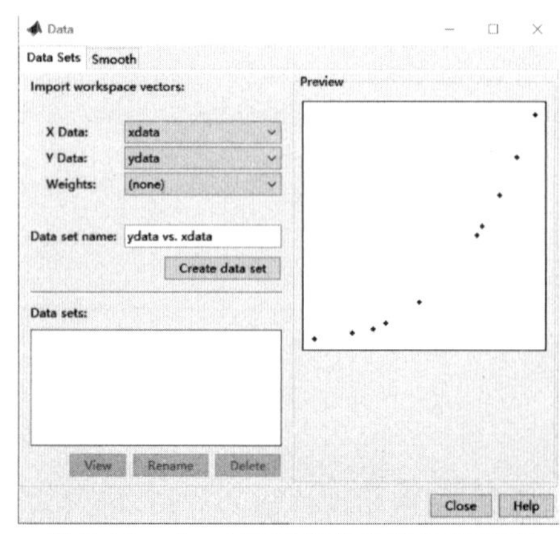

图 6-16　cftool 工具箱的数据处理界面

• Step 3:选取函数进行拟合 Fitting－＞New Fit。

在 Data Set 选框中选中刚才建立的数据组,然后在 Type of fit 选框中选取拟合类型。

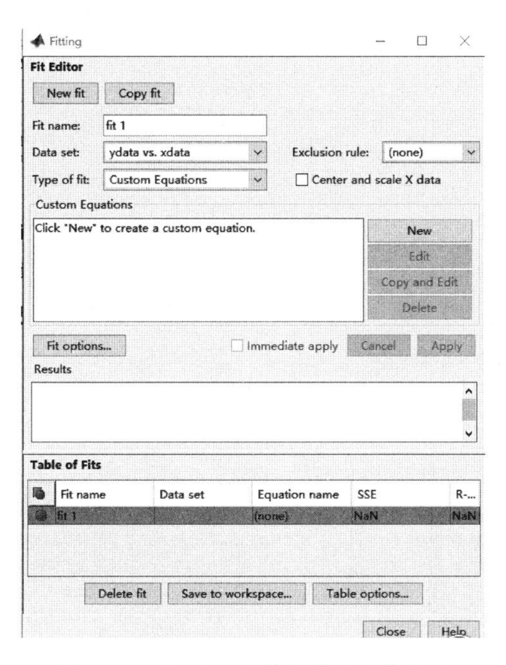

图 6-17　cftool 工具箱的拟合函数界面

• Step 4:计算拟合结果 Apply。

在这个 Type of fit 选框中选择好合适的类型,点击 Apply 按钮,就开始进行拟合或者回归了。此时在窗口上就会出现一条拟合的曲线。

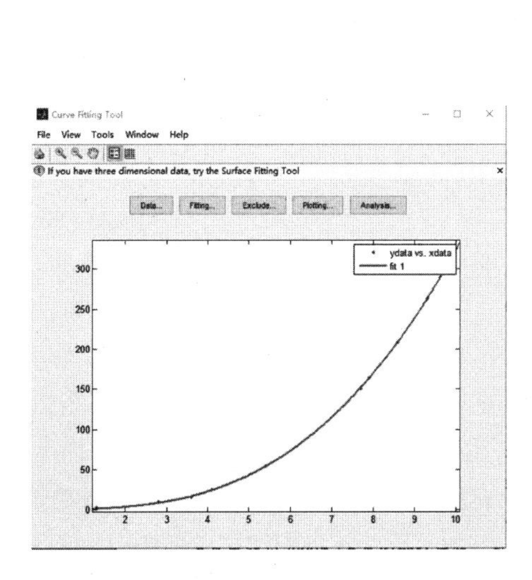

图 6-18　cftool 工具箱的数据拟合界面

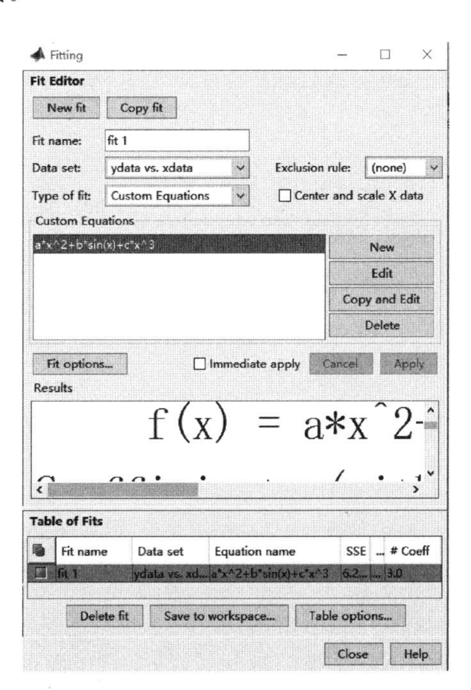

图 6-19　cftool 工具箱的拟合处理界面

• Step 5:查看拟合结果。

在 Fitting 对话框中的 Results 文本框中显示有此次拟合的主要统计信息。

```
General model : f(x) = a * x^2 + b * sin(x) + c * x^3
Coefficients (with 95 % confidence bounds):
     a =      0.2269   (0.1333, 0.3205)
     b =      0.3385   ( - 0.6654, 1.342)
     c =      0.3022   (0.2917, 0.3126)
Goodness of fit:
SSE: 6.295        R - square: 0.9999
Adjusted R - square: 0.9999       RMSE: 0.9483
```

• Step 6:查看拟合分析 Analysis。

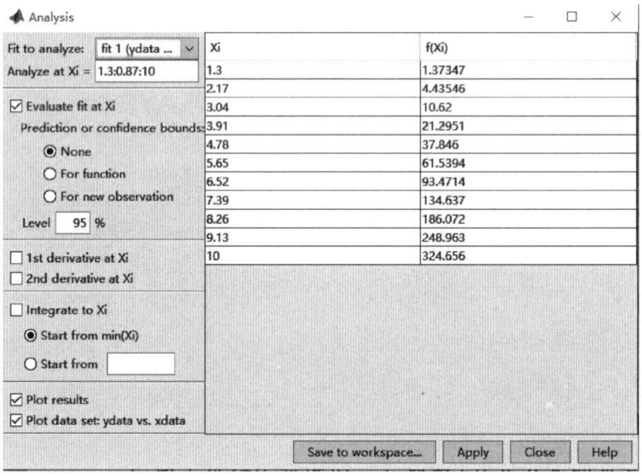

Xi	f(Xi)
1.3	1.37347
2.17	4.43546
3.04	10.62
3.91	21.2951
4.78	37.846
5.65	61.5394
6.52	93.4714
7.39	134.637
8.26	186.072
9.13	248.963
10	324.656

图 6-20 cftool 工具箱的结果分析界面

6.3 灰色预测模型及其程序设计

数据预测类问题大部分情况是基于已有历史数据的基础上的,通过历史数据推断其固有的规律。这样的估计方法需要有大量的历史数据支持。当只有少量数据时,内部数据规律不能很好地反映出来。这样的预测会带来较大的误差。基于以上缺陷,针对小数据预测估计题目,有专家学者提出了一种灰色预测方法,对小数据问题进行预测。

灰色预测法是一种对含有不确定因素的系统进行预测的方法。灰色系统是介于白色系统和黑色系统之间的一种系统。灰色系统内的一部分信息已知,另一部分信息未知,系统内各因素间具有不确定的关系。灰色预测通过鉴别系统因素之间发展趋势的相异程度,即进行关联分析,并对原始数据进行生成处理来寻找系统变动的规律,生成有较强规律性的数据序列,然后建立相应的微分方程模型,从而预测事物未来发展趋势的状况。其用等时距观测到的反映预测对象特征的一系列数量值构造灰色预测模型,预测未来某一时刻的特征量,或达到某一特征量的时间。

灰色预测模型可以分为三类：灰色时间序列预测，即用观察到的反映预测对象特征的时间序列来构造灰色预测模型，预测未来某一时刻的特征量，或达到某一特征量的时间；畸变预测，即通过灰色模型预测异常值出现的时刻，预测异常值什么时候出现在特定时区内；系统预测，通过对系统行为特征指标建立一组相互关联的灰色预测模型，预测系统中众多变量间的相互协调关系的变化。

为了弱化原始时间序列的随机性，在建立灰色预测模型之前，需先对原始时间序列进行数据处理，经过数据处理后的时间序列即称为生成列。灰色系统常用的数据处理方式有累加和累减两种。

累加生成数指一次累加生成，记原始序列为 $X^{(0)}=\{x^{(0)}(1),x^{(0)}(2),\cdots,x^{(0)}(n)\}$，一次累加生成序列为：$X^{(1)}=\{x^{(1)}(1),x^{(1)}(2),\cdots,x^{(1)}(n)\}$。其中，$x^{(1)}(k)=\sum_{i=0}^{k}x^{(0)}(i)=x^{(1)}(k-1)+x^{(0)}(k)$。

累减生成是累加生成逆运算，记原始序列为 $X^{(1)}=\{x^{(1)}(1),x^{(1)}(2),\cdots,x^{(1)}(n)\}$。一次累减生成序列为：$X^{(0)}=\{x^{(0)}(1),x^{(0)}(2),\cdots,x^{(0)}(n)\}$。其中 $x^{(0)}(k)=x^{(1)}(k)-x^{(1)}(k-1)$。规定 $x^{(1)}(0)=0$。

GM(1,1)表示一阶、一个变量的灰色系统模型，令 $X^{(0)}$ 表示需要建模的序列，$X^{(1)}$ 为 $X^{(0)}$ 的一次累加生成序列，则有 $x^{(1)}(k)=\sum_{i=0}^{k}x^{(0)}(i)$。定义 $Z^{(1)}$ 为 $X^{(1)}$ 的紧邻均值生成序列：$z^{(1)}(k)=\frac{x^{(1)}(k)+x^{(1)}(k-1)}{2}$，可建立如下灰微分方程：

$$x^{(0)}(k)+az^{(1)}(k)=b$$

记$(\hat{\alpha})=(a,b)^T$，则灰微分方程的最小二乘估计参数满足下式：

$$\hat{\alpha}=(B^{\mathrm{T}}B)^{-1}B^TY_n$$

$$B=\begin{bmatrix}\frac{-[x^{(1)}(1)+x^{(1)}(2)]}{2} & 1\\ \frac{-[x^{(1)}(2)+x^{(1)}(3)]}{2} & 1\\ \vdots & \vdots\\ \frac{-[x^{(1)}(n-1)+x^{(1)}(n)]}{2} & 1\end{bmatrix}\quad Y=\begin{bmatrix}x^{(0)}(2)\\ x^{(0)}(3)\\ \vdots\\ x^{(0)}(n)\end{bmatrix}^{\mathrm{T}}$$

称$\frac{\mathrm{d}X^{(1)}}{\mathrm{d}t}+aX^{(1)}=b$ 为灰微分方程 $x^{(0)}(k)+az^{(1)}(k)=b$ 的白化方程，也称为影子方程。综上所述，可以得到：

白化方程$\frac{\mathrm{d}X^{(1)}}{\mathrm{d}t}+aX^{(1)}=b$ 的解也称为时间响应函数：

$$\widehat{x^{(1)}(t)}=(x^{(1)}(0)-\frac{b}{a})\mathrm{e}^{-at}+\frac{b}{a}$$

GM(1,1)灰微分方程 $x^{(0)}(k)+az^{(1)}(k)=b$ 的时间响应序列为：

$$\widehat{x^{(1)}(k+1)}=(x^{(1)}(0)-\frac{b}{a})\mathrm{e}^{-ak}+\frac{b}{a}$$

取 $x^{(1)}(0)=x^{(0)}(1)$，则有：

$$\overline{x^{(1)}(k+1)}=(x^{(0)}(1)-\frac{b}{a})\mathrm{e}^{-ak}+\frac{b}{a}$$

将值还原得到：

$$\overline{x^{(0)}(k+1)}=\overline{x^{(1)}(k+1)}-\overline{x^{(1)}(k)}$$

GM(1,1)模型的检验分为三个部分：残差检验、关联度检验以及后验差检验。

残差检验：残差 $\varepsilon=|(\hat{X})-X^{(0)}|$，相对误差 $\xi=\frac{\varepsilon}{X^{(0)}}$。

关联度检验如下，$\lambda\in[0,1]$称为分辨系数，一般取 $\lambda=0.5$。

$$\rho^{(i)}(k)=\frac{\min_i\max_k|x^{(0)}(k)-x^{(1)}(k)|+\lambda\max_i\max_k|x^{(0)}(k)-x^{(1)}(k)|}{|x^{(0)}(k)-x^{(1)}(k)|+\lambda\max_i\max_k|x^{(0)}(k)-x^{(1)}(k)|}$$

后验差检验：

$$C=\frac{\sqrt{\frac{\sum[\varepsilon_i-\frac{\sum\varepsilon_i}{n}]^2}{n-1}}}{\sqrt{\frac{\sum[X^{(0)}(k)-\frac{\sum X^{(0)}(k)}{n}]^2}{n-1}}}$$

查后验差检验判别参照表 6-8，可以判断模型的精度。

表 6-8　灰色预测精度表

C	≤0.35	≤0.5	≤0.65	>0.65
模型精度	优	合格	勉强合格	不及格

例 6.8　房地产价格体系评估问题

改革开放以来，我国的房地产业取得了巨大的成就。虽然国内房地产业还处于发展的初期阶段，但是房地产业在国民经济的地位和作用却越来越重要，它已成为促进国内经济发展的新经济增长点，几年来有关房地产业方面的研究也成为热点之一。房价始终是我国房地产市场最为尖锐的问题。调查显示，1992—2004 年的 13 年间，全国城市住房平均售价上涨了近 10 倍，部分城市上涨幅度还要比这个数据大得多，远远超过我国国民收入水平的涨幅。国家发展和改革委员会、国家统计局最新发布的调查报告显示，2004 年第一季度 35 个大中城市就有 9 个城市房价涨幅超过 10 个百分点，另外有 7 个城市土地交易价格涨幅超过 10 个百分点。

宁波、杭州、上海是中国沿海发展的重点城市，这三个城市的房地产价格也呈现一定程度的上升趋势。2000—2006 年这三个城市的房地产价格指数如表 6-9 所示（当年指数以去年为 100 计算）：

表 6-9　2000—2006 年三个城市房地产价格指数数据表

年份	2000	2001	2002	2003	2004	2005	2006
宁波市	105.5	107.2	116.4	116.6	113.9	106.4	102.2
杭州市	104.9	105.8	106.9	106.1	111.7	109.7	102.6
上海市	98.6	104.4	107.3	120.1	115.9	109.7	98.7

根据表中 2000—2006 年宁波、杭州和上海三市的房地产价格指数的变化状况，建立数学模型对 2008—2010 年这三个城市的房地产价格指数的变化趋势进行预测。

解题思路

对灰色系统进行预测，需要执行以下步骤：

数据生成处理：将原始数据，即历年的房地产价格指数做某种数学处理。在灰色系统建模理论中，可以采用累加生成的方法，所谓累加生成就是将原始数据按时间序列依次累加。

构造数据矩阵 B 和数据向量 Y，根据灰色理论该数据矩阵 B 如下所示：

$$B=\begin{bmatrix} \dfrac{-[x^{(1)}(1)+x^{(1)}(2)]}{2} & 1 \\ \dfrac{-[x^{(1)}(2)+x^{(1)}(3)]}{2} & 1 \\ \vdots & \vdots \\ \dfrac{-[x^{(1)}(6)+x^{(1)}(7)]}{2} & 1 \end{bmatrix} \quad Y=\begin{bmatrix} x^{(0)}(2) \\ x^{(0)}(3) \\ \vdots \\ x^{(0)}(7) \end{bmatrix}^{\mathrm{T}}$$

参数 α 与 μ 的确定 $U=\begin{bmatrix}\alpha\\ \mu\end{bmatrix}=(B^TB)^{-1}B^TY_n$，将数据矩阵和数据向量代入式子进行求解。其中 U_1,U_2,U_3 分别表示宁波、杭州、上海的数据。

$$U_1=\begin{bmatrix}\alpha\\ \mu\end{bmatrix}=\begin{bmatrix}0.0144\\ 116.823\end{bmatrix},U_2=\begin{bmatrix}\alpha\\ \mu\end{bmatrix}=\begin{bmatrix}0.00052\\ 107.36\end{bmatrix},U_3=\begin{bmatrix}\alpha\\ \mu\end{bmatrix}=\begin{bmatrix}0.0063\\ 112.07\end{bmatrix}$$

预测模型的建立：根据灰色理论，预测模型的一般形式为微分方程，即：

$$\frac{\mathrm{d}X^{(1)}}{\mathrm{d}t}+aX^{(1)}=b\Rightarrow\overline{x^{(1)}(k+1)}=(x^{(1)}(0)-\frac{b}{a})\mathrm{e}^{-ak}+\frac{b}{a}$$

由于由该模型解得的各年份预测值为一次累加数据，需将 $\overline{x^{(1)}(k)}$ 还原为原始数据 $\overline{x^{(0)}(k)}$。根据累加生成法反处理，可以得到：

$$\overline{x^{(0)}(k)}=\overline{x^{(1)}(k)}-\overline{x^{(1)}(k-1)}$$

计算三个城市在 2008—2010 年三年的房地产价格指数预测原始数据如表 6-10 所示。

表 6-10　三个城市房地产价格指数预测原始数据表

年份	2008	2009	2010
宁波	104.979	103.475	101.992
杭州	106.937	106.881	106.825
上海	106.946	106.271	105.599

灰色预测模型的 MATLAB 源程序如下所示：

• 首先需要通过 MATLAB 新建一个 M 文件，命名为 GM11，其内容如下：

```
function[X, c, error1, error2] = GM11(X0,k)
format long;
n = length(X0);
X1 = [];
X1(1) = X0(1);
for i = 2 : n
    X1(i) = X1(i - 1) + X0(i);
end
for i = 1 : n - 1
    B(i,1) = - 0.5 * (X1(i) + X1(i + 1));
    B(i,2) = 1;
    Y(i) = X0(i + 1);
end
alpha = (B' * B)^( - 1) * B' * Y';
a = alpha(1,1);
b = alpha(2,1);
d = b/a;
c = X1(1) - d;
X2(1) = X0(1);
X(1) = X0(1);
for i = 1 : n - 1
    X2(i + 1) = c * exp( - a * i) + d;
    X(i + 1) = X2(i + 1) - X2(i);
end
for i = (n + 1):(n + k)
    X2(i) = c * exp( - a * (i - 1)) + d;
    X(i) = X2(i) - X2(i - 1);
end
for i = 1 : n
    error(i) = X(i) - X0(i);
    error1(i) = abs(error(i));
    error2(i) = error1(i)/X0(i);
end
c = std(error1)/std(X0);
```

• 然后在 Command Window 窗口中键入命令进行预测，其内容如下：

```
k = 3;
X0 = [98.6   104.4   107.3   120.1   115.9   109.7   98.7];
[X,c,error1,error2] = GM11(X0,k)
```

6.4　时间序列数学模型

时间序列是指将某种现象某一个统计指标在不同时间上的各个数值,按时间先后顺序排列而形成的序列。时间序列法是一种定量预测方法,亦称简单外延方法,在统计学中作为一种常用的预测手段被广泛应用。时间序列分析(Time Series Analysis)是一种动态数据处理的统计方法。该方法基于随机过程理论和数理统计学方法,研究随机数据序列所遵从的统计规律,以用于解决实际问题。时间序列构成要素是:现象所属的时间,反映现象发展水平的指标数值。

时间序列预测主要是以连续性原理作为依据的。连续性原理是指客观事物的发展具有合乎规律的连续性,事物发展是按照它本身固有的规律进行的。在一定条件下,只要规律赖以发生作用的条件不产生质的变化,则事物的基本发展趋势在未来就还会延续下去。

时间序列预测法可用于短期预测、中期预测和长期预测。根据对资料分析方法的不同,又可分为:简单序时平均数法、加权序时平均数法、移动平均法、加权移动平均法、趋势预测法、指数平滑法、季节性趋势预测法、市场寿命周期预测法等。

简单序时平均数法,也称算术平均法。即把若干历史时期的统计数值作为观察值,求出算术平均数作为下期预测值。这种方法基于下列假设:“过去这样,今后也将这样”,把近期和远期数据等同化和平均化,因此只能适用于事物变化不大的趋势预测。

设观测序列为 $y_1, y_2, \cdots, y_T$,取移动平均项为 N,且满足 $N<T$。一次简单移动平均值计算公式为:

$$M_t^{(1)}=\frac{y_t+y_{t-1}+\cdots+y_{t-N+1}}{N}$$

当预测目标的基本趋势是在某一水平上下波动时,可用一次简单移动平均方法建立预测模型:

$$\widehat{y_{t+1}}=M_t^{(1)}=\frac{y_t+y(t-1)+\cdots+y_{t-N+1}}{N}$$

其标准误差为:

$$S=\sqrt{\frac{\sum_{t=N+1}^{T}(\hat{y}_t-y_t)^2}{T-N}}$$

加权序时平均数法,就是把各个时期的历史数据按近期和远期影响程度进行加权,求出平均值,作为下期预测值。

设观测序列为 $y_1, y_2, \cdots, y_T$,加权序列平均计算公式为:

$$M_{tw}=\frac{w_1 y_t+w_2 y_{t-1}+\cdots+w_N y_{t-N+1}}{w_1+w_2+\cdots+w_N}$$

上式中,w_i 为 y_{t-i+1} 的权重,它体现相应的观测值在加权平均数中的重要性。利用加权移动平均数来做预测,其预测公式为:

$$\widehat{y_{t+1}}=M_{tw}$$

在加权移动平均法中，w_i 的选择具有一定的经验性。一般的原则是：近期数据的权数大，远期数据的权数小。至于大到什么程度和小到什么程度，则需要按照预测者对序列的了解和分析来确定。

上述几种方法虽然简便，能迅速求出预测值，但由于没有考虑整个社会经济发展的新动向和其他因素的影响，所以准确性较差。应根据新的情况，对预测结果做必要的修正。

指数平滑法，即根据历史资料的上期实际数和预测值，用指数加权的办法进行预测。此法实质是由内加权移动平均法演变而来的一种方法，优点是只要有上期实际数和上期预测值，就可计算下期的预测值，这样可以节省很多数据和处理数据的时间，减少数据的存储量，方法简便。

一次移动平均实际上认为近期数据对未来值影响相同，而以前的数据对未来值没有影响。但是，二次及更高次移动平均数的权数却不是，且次数越高，权数的结构越复杂，但永远保持对称的权数，即两端项权数小，中间项权数大，不符合一般系统的动态性。指数平滑法可满足这一要求，而且具有简单的递推形式。指数平滑法根据平滑次数的不同，又分为一次指数平滑法、二次指数平滑法和三次指数平滑法等。

• 一次指数平滑法：设观测序列为 $y_1, y2, \cdots, y_T$，α 为加权系数，$0<\alpha<1$。一次指数平滑公式为：

$$S_t^{(1)} = \alpha y_t + (1-\alpha) S_{t-1}^{(1)} = S_{t-1}^{(1)} + \alpha(y_t - S_{t-1}^{(1)}) = \alpha \sum_{j=0}^{\infty} (1-\alpha)^j y_{t-j}$$

以这种平滑值进行预测，就是一次指数平滑法。预测模型为：

$$\widehat{y_t + 1} = S_t^{(1)}$$

在进行指数平滑时，加权系数的选择是很重要的。α 的大小规定了在新预测值中新数据和原预测值所占的比重。α 值越大，新数据所占的比重就越大，原预测值所占的比重就越小，反之亦然。若选取 $\alpha=0$，则 $y_{\widehat{t+1}} = \hat{y}_t$，即下期预测值就等于本期预测值，在预测过程中不考虑任何新信息；若选取 $\alpha=1$，则 $\widehat{y_{t+1}} = y_t$，即下期预测值就等于本期观测值，完全不相信过去的信息。这两种极端情况很难做出正确的预测。因此，α 值应根据时间序列的具体性质在 0～1之间选择。具体如何选择一般可遵循下列原则：① 如果时间序列波动不大，比较平稳，则 α 应取小一点。以减少修正幅度，使预测模型能包含较长时间序列的信息；② 如果时间序列具有迅速且明显的变动倾向，则 α 应取大一点。使预测模型灵敏度高一些，以便迅速跟上数据的变化。

• 二次指数平滑法：设观测序列为 $y_1, y_2, \cdots, y_T$，α 为加权系数，$0<\alpha<1$。二次指数平滑公式为：

$$\begin{cases} S_t^{(1)} = \alpha y_t + (1-\alpha) S_{t-1}^{(1)} \\ S_t^{(2)} = \alpha S_t^{(1)} + (1-\alpha) S_{t-1}^{(2)} \end{cases}$$

上式中，$S_t^{(1)}$ 为一次指数的平滑值，$S_t^{(2)}$ 为二次指数的平滑值。从某时期开始具有直线趋势时，类似趋势移动平均法，可用直线趋势预测模型为：

$$\widehat{y_{t+m}} = 2S_t^{(1)} - S_t^{(2)} + \frac{\alpha m}{1-\alpha}(S_t^{(1)} - S_t^{(2)}), m=1,2,\cdots$$

• 三次指数平滑法：设观测序列为 $y_1, y_2, \cdots, y_T$，α 为加权系数，$0<\alpha<1$。三次指数平滑公式为：

$$\begin{cases} S_t^{(1)} = \alpha y_t + (1-\alpha) S_{t-1}^{(1)} \\ S_t^{(2)} = \alpha S_t^{(1)} + (1-\alpha) S_{t-1}^{(2)} \\ S_t^{(3)} = \alpha S_t^{(2)} + (1-\alpha) S_{t-1}^{(3)} \end{cases}$$

上式中，$S_t^{(1)}$ 为一次指数的平滑值，$S_t^{(2)}$ 为二次指数的平滑值，$S_t^{(3)}$ 为三次指数的平滑值。当时间序列的变动表现为二次曲线趋势时，可用如下预测模型为：

$$\widehat{y_{t+m}} = 3S_t^{(1)} - 3S_t^{(2)} + S_t^{(3)} + \frac{\alpha m}{2(1-\alpha)^2}[(6-5\alpha)S_t^{(1)} - 2(5-4\alpha)S_t^{(2)} + (4-3\alpha)S_t^{(3)}]$$
$$+ \frac{\alpha^2 m}{2(1-\alpha)^2}[S_t^{(1)} - 2S_t^{(2)} + S_t^{(3)}]$$

季节趋势预测法，根据经济事物每年重复出现的周期性季节变动指数，预测其季节性变动趋势。推算季节性指数可采用不同的方法，常用的方法有季（月）别平均法和移动平均法两种：季（月）别平均法就是把各年度的数值分季（月）加以平均，除以各年季（月）的总平均数，得出各季（月）指数。这种方法可以用来分析生产、销售、原材料储备、预计资金周转需要量等方面的经济事物的季节性变动；移动平均法就是应用移动平均数计算比例求典型季节指数。

例 6.9　流域水流量预测问题

某地有两水库及两个水电站，位置如图 6-21 所示。

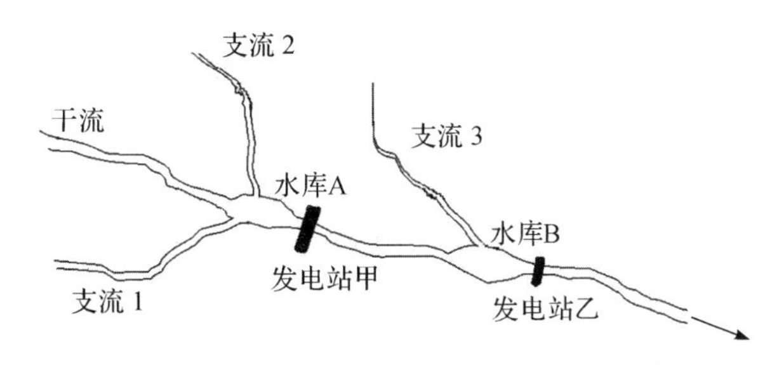

图 6-21　水电站位置图形

请根据该河流的支流 1 近 30 年的流量数据预测当年支流 1 每月的流量（见表 6-11）。

表 6-11　近 30 年支流 1 每月的流量数据表

1 月	2 月	3 月	4 月	5 月	6 月	7 月	8 月	9 月	10 月	11 月	12 月
70.418	141.34	49.64	163.88	46.478	153.91	72.235	168.59	73.998	174.61	80.04	188.15
102.31	139.11	88.921	145.61	83.564	165.28	94.395	173.79	111.04	173.64	105.79	181.27
109.55	138.31	103.43	138.62	106.53	141.2	113.75	156.4	127.74	171.43	124.83	184.33
122.72	111.51	125.6	127.49	120.83	128.97	135.39	137.46	152.11	148.02	147.7	159.1
138.27	92.9	130.13	104.35	149.36	118.73	157.93	119.6	160.84	123.47	180.54	135.05
145.49	81.783	143.11	76.241	152.5	88.903	161.26	109.42	172.72	104.18	192.57	111.46
128.85	35.159	138.75	60.549	163.47	66.212	179.24	71.274	172.28	71.356	177.2	88.63
132.47	74.211	152.1	80.21	174.99	84.125	165.59	98.679	167.87	102	179.25	114.18

续表

1月	2月	3月	4月	5月	6月	7月	8月	9月	10月	11月	12月
118.22	92.62	133.32	108.38	148.69	124.49	149.35	123.38	150.05	139.43	170.31	138.72
91.244	118.6	117.08	125.53	136.72	133.83	137.04	133.2	137.16	151.49	151.41	158.03
67.346	141.11	100.15	133.67	103.89	165.48	119.2	144.05	126.61	161.78	144.34	169.17
43.481	146.03	77.451	145.09	90.42	155.78	92.099	156.07	98.706	175.98	112.57	184.76
65.275	154.4	54.461	155.95	54.624	153.87	71.387	178.99	69.096	175.99	79.614	179.08
93.02	137.52	76.577	142.79	88.424	156.27	93.393	166.07	110.74	172.36	103.4	183.98
118.68	140.44	104.28	145.64	115.37	152.2	122.15	154.47	131.87	165.28	135.57	175.48
128.02	114.94	127.54	127.89	129.29	141.68	148.51	141.04	144.8	148.01	156.11	161.06
133.2	93.046	138.65	108.64	145.83	109.78	154.75	122.75	169.1	130.85	163.37	143.85
152.1	83.55	137.9	81.327	162.71	102.71	166.82	102.93	166.4	115.37	185.64	107.19
142.38	40.875	155.96	61.483	170.49	63.235	180.24	64.284	188.95	78.218	185.34	81.055
136.73	71.833	148.48	78.574	162.52	95.296	161.06	99.967	173.31	105.44	189.53	127.98
117.46	98.872	137.16	109.52	144.08	111.15	156.82	128.18	167.75	136.9	170.21	156.23
87.827	120.63	117.49	134.84	128.71	144.38	148.6	137.65	150.61	157.3	158.8	166.2
79.421	136.69	107.61	143.45	104.85	144.65	112.49	147.88	122.52	171.85	131.09	173.19
43.185	149.62	66.858	157.41	81.252	165.71	87.329	171.38	109.05	178.5	110.97	190.13
66.263	150.76	51.402	152.55	68.786	169.38	59.426	174.23	80.443	174.91	92.278	191.16
89.975	142.97	84.556	153	94.1	164.68	90.085	185.57	99.679	182.35	121.01	174.19
115.16	132.69	100.6	133.98	110.37	161.78	119.76	159.62	129.77	166.64	137.19	177.02
135.38	117.28	112.62	120.95	140.9	131.65	127.98	143.96	141.82	153.36	172.65	159.98
143.9	88.026	137.58	105.34	152.03	135.48	145.58	120.23	163.09	128.83	172.75	142.72
70.418	73.892	143.28	72.494	171.59	88.513	157.34	106.46	165.7	110.26	190.98	116.43

模型准备

本题要求在前 30 年的历史流量数据基础上，预测当年支流 1 的流量。通过对数据的预分析，流量与枯水期、丰水期有关。按照 12 个月的周期对每年的变化情况对比分析，可以看出支流 1 流量的趋势变化曲线形态发生季节性的变化，每年同月呈现出大致相同的变化方向，以 12 个月为周期往复循环。支流 1 的数据属于周期性数据，且各周期具有近似的平均值，所以采用时间序列的季节水平模型。

通过分析后建立了季节性水平模型：$\mu_T=\mu\rho_T$。其中 μ_T 表示在第 T 个月的期望值，μ 表示每个月的平均水平，ρ_T 表示第 T 个月的季节比。同时为了简化计算，把 μ 在第 T 个月的估算值设为$\widehat{\alpha_T}$，季节比$\widehat{\rho_{T+x}}$的估计值设为$\widehat{\gamma_{T+x}}$，利用这些估计值即可求出未来各月份的预测值。

第一阶段，先将时间序列前 T 个数据分成 N 个周期，周期长度是 $M(T=360,N=30,M=12)$。

$$\begin{bmatrix} x_1 & x_2 & \cdots & x_M \\ x_{M+1} & x_{M+2} & \cdots & x_{2M} \\ \vdots & \vdots & \vdots & \vdots \\ x_{(N-1)M+1} & x_{(N-1)M+2} & \cdots & x_{NM} \end{bmatrix}$$

$\bar{x}_i$ 为 30 年中每一年的平均期望：

$$\bar{x}_i = \frac{1}{12}\sum_{j=1}^{12} x_{12(j-1)+i}$$

第 T 个月的季节比：

$$\hat{\gamma}_i = \begin{Bmatrix} \dfrac{x_t}{\bar{x}_1} \\ \dfrac{x_{12+t}}{\bar{x}_2} \\ \vdots \\ \dfrac{x_{12(30-1)+t}}{\bar{x}_{30}} \end{Bmatrix}$$

每一年内每一个月的平均季节比：

$$\hat{r}_i = \frac{1}{30}\sum_{j=0}^{29} \widehat{\gamma_{i+12j}}$$

令 $a_0=\bar{x}_1$，从 $t=1$ 开始，一直到 $t=360$，应用下列递推关系式：

$$\begin{cases} \hat{a}_t = \alpha\left(\dfrac{x_t}{\hat{\gamma}_t}\right) + (1-\alpha)\widehat{a_{t-1}} \\ \widehat{a_{t+12}} = \gamma\left(\dfrac{x_t}{\hat{a}_t}\right) + (1-\gamma)\hat{r}_t \end{cases}$$

对每一年内季节比进行规范化处理，使其平均值等于 1。因此必须先求出各个月季节比的平均值：

$$\bar{r}_j = \frac{1}{12}\sum_{i=1}^{12} \widehat{r_{12(j-1)+i}}$$

然后，将各个月的季节比除以各个月季节比的平均值来修正季节比：

$$\gamma_{12(j-1)+i} = \frac{\widehat{r_{12(j-1)+i}}}{\bar{r}_i}$$

经过上面几步，所得的估计值是 α_T 和 $\gamma_{T+1},\gamma_{T+2},\cdots,\gamma_{T+12}$，未来第 τ 个月的预测值为：

$$\widehat{x_T(\tau)} = \widehat{a_T}\gamma_{T+\tau}$$

第二阶段得到 N_1 个新观测值，可求出 T 个月后的第 τ 个月的预测值：

$$\begin{cases} \widehat{a_{T+i}} = \alpha\left(\dfrac{x_{T+i}}{\widehat{\gamma_{T+i}}}\right) + (1-\alpha)\widehat{a_{T+i-1}} \\ \gamma_{T+i} = \gamma\left(\dfrac{x_{T+i}}{\widehat{a_{T+i}}}\right) + (1-\gamma)\gamma_{T+i-1} \end{cases}$$

利用更新的估值得出 $T+N_1$ 个月未来第 τ 个月的预测值：

$$\widehat{x_{T+N_1}(\tau)}=\widehat{a_T+N_1}\gamma_{T+N_1+\tau}$$

利用 DPS 软件，可以估计周期均值的平滑参数：$\alpha=0.18$，估计周期比值的平滑参数：$\beta=0.18$，周期平均值：$A=146.78$；预测模型：$X_t(\tau)=146.78\gamma(t+\tau)$，得到 2007 年支流 1 的预测流量（单位：万立方米）如表 6-12 所示。

表 6-12　支流 12007 年 12 个月的预测流量数据表　（单位：万立方米）

月份	1	2	3	4	5	6	7	8	9	10	11	12
支流 1	110	136	154	167	181	182	180	173	155	135	110	78

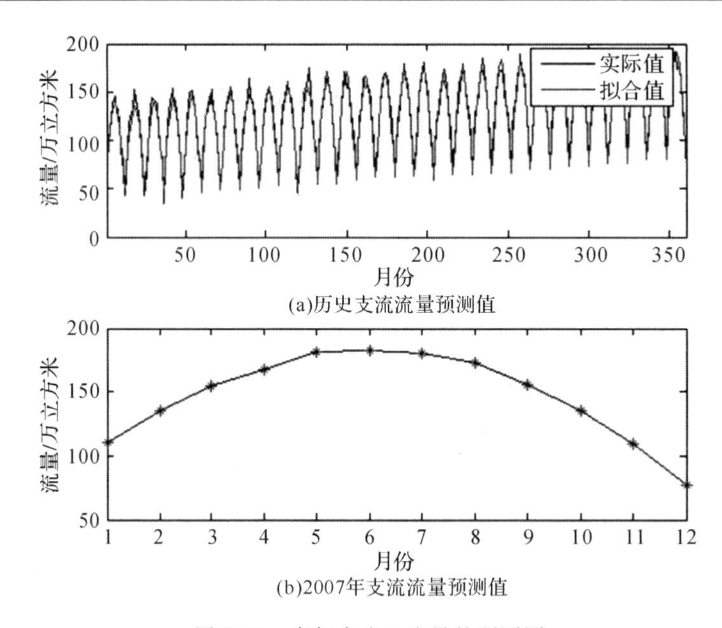

图 6-22　当年支流 1 流量的预测图

20 世纪 70 年代，G. E. P. Box 和 G. M. Jenkins 的 *Time series Analysis：Forecasting and Control* 一书的问世，对时间序列分析方法应用产生了很大的影响。该书作者提出用简单的差分自回归滑动平均模型（ARMA）来分析时间序列资料，并用它来进行预报和控制。与前面介绍的平稳时间序列、周期时间序列模型相比，Box-Jenkins 的建模方法在数学上较为完善，预测的精度较高。ARMA 时间序列分为三种类型：AR 序列，即自回归序列（Auto Regressive Model）；MA 序列，即滑动平均序列（Moving Average Model）；ARMA 序列，即自回归滑动平均序列（Auto Regressive Moving Average Model）。

ARMA 建模的思路是：假设所研究的时间序列是由某个随机过程产生，用实际统计序列去建立、估计该随机过程的自回归滑动平均模型，并用此模型求出预测值。可见，时间序列分析包括以下几个步骤：分析时间序列的随机特性；用实际统计序列数据构造预测模型；根据最终所得到模型做出最佳预测。

在进行时间序列分析组建预测预报模型时，往往希望模型具有更强的代表性，即既包括 p 阶自回归，又包括 q 阶移动平均的混合模型。这样的模型称为自回归-移动平均模型，有如下形式：

$$\phi_1 y_{t-1} + \phi_2 y_{t-2} + \cdots + \phi_p y_{t-p} + y_t = \varepsilon_t + \theta_1 \varepsilon_{t-1} + \theta_2 \omega_{t-2} + \cdots + \theta_q \varepsilon_{t-q}$$

上式左边是模型的自回归部分，非负整数 p 称为自回归阶次，实参数($\phi_1, \phi_2, \cdots, \phi_p$)称为自回归系数；右边是模型的移动平均部分，非负整数 q 称为移动平均阶次，实参数(θ_1，$\theta_2, \cdots, \theta_q$)称为移动平均系数。其中，参数估计可以通过最小二乘估计、最小平方和估计、极大似然估计等方法迭代求出参数的估计值。一般可以通过统计软件进行求解，比如 SPSS，DPS 等软件。在 DPS 软件中，集成了时间序列的求解模块，可以直接用该软件求解。

例 6.10　旅游需求的预测预报

我国的旅游资源极其丰富，是一个国际旅游大国。合理规划、正确地预测预报旅游需求，对于促进我国各地区的经济发展和文化交流有着重要意义。

现在要求选择合适的旅游城市或地区，对旅游需求的预测和预报建立数学模型，来帮助有关部门进一步规划好旅游资源。具体说：对所选的旅游城市或地区，根据能够查到的关于旅游需求的预测预报资料，并结合从相关旅游部门了解到的情况，分析旅游资源、环境、交通、季节、费用和服务质量等因素对旅游需求的影响，建立关于旅游需求预测预报的数学模型。

可以利用国内外已有的与旅游需求预测预报相关的数学建模资料和方法，分析这些建模方法能否直接搬过来，做出合理、正确的预测预报；如果不行的话，请对这些方法的优缺点做出评估，并提出改进的办法。

解题思路

由于我国旅游数据统计不完善，影响旅游的因素错综复杂，想找到影响预测的主要因素比较困难。用时间序列法进行客流量预测，在移动平均法的基础上，利用一次指数平滑技术，分别用不同的权，得到三组预测值。影响旅游需求的因素涉及客源地、目的地等诸多因素，如人口规模、个人可支配收入、旅游资源丰度、吸引力、供给形象、距离、旅游价格、交通费用等。

在指数平滑法中，加权系数的选择很重要。α 的大小规定了新的预测值中新的数据占原预测值的比重。α 值越大，新的数据所占的比重就越大，原预测值占的比重就越小，反之亦然。可得：

$$\widehat{y_{t+1}} = \hat{y}_t + \alpha(y_t - \hat{y}_t)$$

可以看出，新的预测值根据预测误差对原预测值进行修正得到。α 值的大小体现了修正的幅度，α 值越大，修正幅度越大；α 值越小，修正幅度越小。因此，α 值既代表预测模型对时间序列数据变化的反应速度，同时又决定了预测模型均匀误差的能力。

一般来说，初始值对以后的预测值影响比较大，这时需要研究如何正确确定初始值。最简单的做法是取最初几期的平均值作为初始值。以印度 1995—2004 年来华旅游的人数为例，分别取 $\alpha=0.2, 0.5, 0.8$ 得到预测值如表 6-13 所示。

表 6-13　印度 1995—2004 年来华旅游人数预测表　　(单位：万)

年份	t	旅游人数 y_t	$\alpha=0.2$ 的($\hat{y}_t$)	误差 ε_1	$\alpha=0.5$ 时($\hat{y}_t$)	误差 ε_2	$\alpha=0.8$ 时($\hat{y}_t$)	误差 ε_3
1995	1	4.500	5.050	0.112	5.050	0.112	5.050	0.112
1996	2	5.510	4.904	0.109	4.752	0.137	4.601	0.164
1997	3	6.050	5.025	0.169	5.131	0.151	5.328	0.119

续表

年份	t	旅游人数 y_t	$\alpha=0.2$ 的($\hat{y}_t$)	误差 ε_1	$\alpha=0.5$ 时($\hat{y}_t$)	误差 ε_2	$\alpha=0.8$ 时($\hat{y}_t$)	误差 ε_3
1998	4	6.570	5.230	0.203	5.590	0.149	5.905	0.101
1999	5	8.420	5.498	0.347	6.080	0.277	6.437	0.235
2000	6	12.090	6.026	0.496	7.250	0.404	8.023	0.336
2001	7	15.940	7.284	0.543	9.670	0.393	11.276	0.292
2002	8	21.630	9.015	0.577	12.805	0.400	15.007	0.297
2003	9	21.910	11.485	0.475	17.082	0.220	20.089	0.083
2004	10	30.940	13.565	0.561	19.496	0.369	21.544	0.303
2005	11		17.043		25.218		29.061	
均值				0.359		0.261		0.204

由表 6-13 得到年度平均误差分别为 0.359、0.261、0.204，误差较大，预测值偏小，把预测值加上误差值，进行两次调整：$\hat{y}_t=\hat{y}_t(1+\varepsilon)$，得到调整表 6-14。

表 6-14　印度 1995—2004 年来华旅游人数(万)调整表

年份	t	旅游人数 y_t	$\alpha=0.2$ 的($\hat{y}_t$)	误差 ε_1	$\alpha=0.5$ 时($\hat{y}_t$)	误差 ε_2	$\alpha=0.8$ 时($\hat{y}_t$)	误差 ε_3
1995	1	4.50	10.496	1.33	7.321	0.627	6.810	0.513
1996	2	5.51	10.284	0.866	6.952	0.262	6.260	0.136
1997	3	6.05	9.076	0.500	7.506	0.241	7.249	0.198
1998	4	6.57	9.446	0.438	8.178	0.245	8.035	0.223
1999	5	8.42	9.930	0.179	8.894	0.056	8.758	0.040
2000	6	12.09	10.986	0.091	10.605	0.123	10.916	0.097
2001	7	15.94	13.156	0.175	14.145	0.113	15.342	0.038
2002	8	21.63	16.282	0.238	18.731	0.123	20.418	0.044
2003	9	21.91	20.742	0.053	24.988	0.140	27.332	0.247
2004	10	30.94	24.508	0.208	28.518	0.078	29.313	0.053
2005	11		22.651		29.253		32.839	
均值				0.408		0.201		0.159

由表 6-14 可知，在两次误差调整以后，不考虑 2003 年非典的影响，在 $\alpha=0.8$ 时，近年的误差在 5%左右，效果良好。即使有了 2003 年的影响，2004 年的误差也只有 5%，基本没有受到奇异点的影响。

仅用时间序列的一次指数平滑预测一种方法来解决该问题略显单薄。它忽略了影响旅游流的其他因素，直接对客流量进行预测，并根据相近几期的差异来平滑近期数据，使预测值接近真实值。但是预测有其本身的滞后性，存在一定的误差。所以还应对模型进行进一步探讨和分析，例如其他指标和因素的影响，建立某种评价指标等。

下面利用时间序列分析模型对北京市旅游需求进行预测。线性指数平滑方法是一种重要的时间序列预测法，它的基本思想是先对原始数据进行处理，处理后的数据称为平滑值，然后再根据平滑值计算构成预测模型。该模型可以克服移动平均方法对最近观察值等权看待的不足，通过将各期观察值按时间顺序加权的方法可以从最近的观察值中提取更多关于未来的有用信息。运用上述方法对1978—2000年海外来京旅游人数进行时间序列分析(见表6-15和表6-16)，对2001—2005年的旅游人数进行预测得到线性趋势如图6-23所示。

表6-15　1978—2005年海外来京旅游人数表　(单位：万)

年份	1978	1979	1980	1981	1982	1983	1984	1985	1986	1987
接待人数	19.0	25.0	28.6	39.4	45.7	50.9	65.7	93.7	99.0	108.1
年份	1988	1989	1990	1991	1992	1993	1994	1995	1996	1997
接待人数	120.4	64.5	100	132	174.8	202	203	207	218.9	229.8
年份	1998	1999	2000	2001	2002	2003	2004	2005		
接待人数	220.1	252.4	282.1	286.0	310.0	185.0	316.0	362.0		

表6-16　用线性指数平滑方法预测2001—2005年旅游人数相对误差

年份	2001	2002	2003	2004	2005
相对误差/%	24.24	25.84	31.71	18.54	25.28

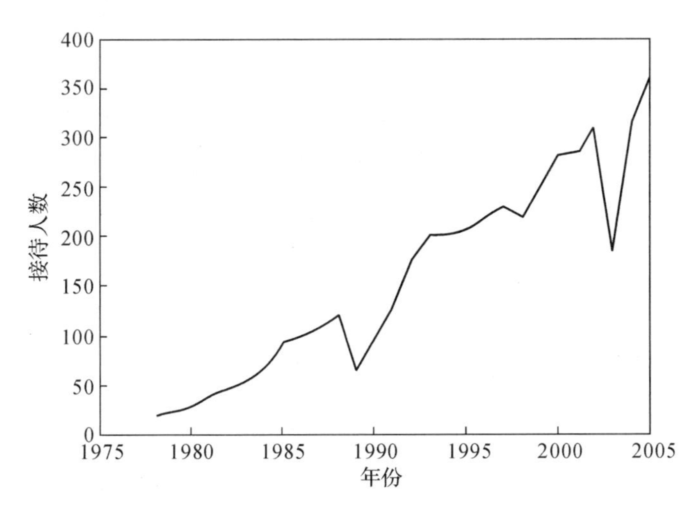

图6-23　2001—2005年旅游人数线性指数平滑方法预测

计算结果表明，最后5年的预测相对误差较大，主要是出现奇异点(如1989年旅游人数)时，线性指数平滑模型无法及时调整加权系数造成的，同时奇异点的出现造成了相对误差的平均化。为克服这一点，下面对模型进行改进。

所利用的方法是在二次指数平滑方法的基础上，不断根据反馈信号来调整加权系数，使预测模型更加符合实际变化规律。其基本思想是：在每一个周期t，定义两个误差信号：$E_t=\gamma e_t+(1-\gamma)E_{t-1}$，$A_t=\gamma|e_t|+(1-\gamma)A_{t-1}$。其中，$E_t$为平滑误差，$A_t$为平滑绝对误差，$e_t=y_t-(\hat{y}_t)$，$(\hat{y}_t)$为$t-1$时期对$t$时期的预测值，$\gamma$也是加权系数，一般取$\gamma=0.1,0.2$。

定义 t 期跟踪信号 C_t 为：$C_t=\frac{E_t}{A_t}$。由于预测误差 e_t 完全由随机误差造成，可认为 e_t 服从均值为 0 的正态分布，则 $E(E_t)=0$。故在模型正确的情况下，有 $C_t\in[-1,1]$。令 $\alpha=|C_t|$，这样加权系数 α 就可以根据 C_t 的变化进行逐期自动调整，使预测模型不断适应实际过程的变化。通过此方法对 2001—2005 年海外来京旅游人数做出预测误差如表 6-17 所示。

表 6-17　自适应指数平滑方法预测 2001—2005 年海外来京旅游人数相对误差

年份	2001	2002	2003	2004	2005
相对误差/%	6.43	5.37	71.27	42.35	34.96

自适应指数平滑方法在不出现奇异点时，预测值与真实值相当接近。但是当特殊情况出现时，自适应指数平滑方法对真实情况的反映仍然比较欠缺，甚至自适应能力出现较大波动。

自回归模型的基本思想是将当前值看作过去观测值 $y_{t-1},y_{t-1},\cdots,y_{t-p}$ 的线性组合。基本形式表示为：$y=\phi_1 y_{t-1}+\phi_2 y_{t-2}+\cdots+\phi_p y_{t-p}+\varepsilon_t$。

其中，$\phi_1,\phi_2,\cdots,\phi_p$ 为模型参数；ε_t 为白噪声序列且 $\varepsilon_t\sim N(0,\sigma_\varepsilon^2)$ 反映其他随机因子的干扰。

移动平均模型的思想是将当前值 y_t 看作过去各期白噪声 $\varepsilon_{t-1},\varepsilon_{t-2},\cdots,\varepsilon_{t-p}$ 的线性组合。基本形式表示为：$y_t=\varepsilon_t-\theta_1\varepsilon_{t-1}-\theta_2\varepsilon_{t-2}-\cdots-\theta_q\varepsilon_{t-q}$，其中 $\theta_1,\theta_2,\cdots,\theta_q$ 为模型参数。

自回归移动平均模型在建立一个实际时间序列的模型时，常可以把前两种模型结合起来得到 ARMA 模型。一般情况下，$p,q\leqslant 3$。该模型的基本式为：

$$y_t-\phi_1 y_{t-1}-\phi_2 y_{t-2}-\cdots-\phi_p y_{t-p}=\varepsilon_t-\theta_1\varepsilon_{t-1}-\theta_2\varepsilon_{t-2}-\cdots-\theta_q\varepsilon_{t-q}$$

积合自回归移动平均模型是在实际情况中常常出现一种不稳定性，即齐次非平稳性。可以通过对这样的时间序列进行一次或者多次差分，可以将非平稳时间序列转化成平稳时间序列。

定义差分算子：$\nabla y_t=y_t-y_{t-1}$，则差分算子与移位算子之间存在以下关系：$\nabla=1-B$，同样高阶差分可以表示为 $\nabla^d=(1-B)^d$。

对于参数 d 的确定通常运用观察法使差分后的序列保持平稳。一般的，$d\leqslant 2$。对于 p、q 的确定，常常通过模式识别的方式对 ACF(自然回归系数)和 PACF(偏相关系数)的分析，确定 p、q 的可能取值。通过对 p、q 的有限组合，计算出各组的 AIC(信息准则拟合优度)或 SBC(贝叶斯准则拟合优度)值，最后取出拟合优度最小的 p、q 组合。

在本模型中，首先通过差分的方法使研究的时间序列成为稳定性时间序列。通过观察，当 $d=2$ 时，处理后的时间序列保持平稳。运用 SPSS 软件可以得到 ACF、PACF 图，根据这两个图可以得出可能的 p、q 组合。通过对可能的 p、q 进行组合得到如表 6-18 所示的结果。

表 6-18　不同 p,q,d 组合的 AIC 值

p	d	q	AIC
0	2	0	293.54
0	2	1	273.42

续表

p	d	q	AIC
0	2	2	274.86
1	2	0	281.76
1	2	1	273.05
1	2	2	276.35

可以看出，(1,2,1)ARMA 的 AIC 值最小。因此本模型中确定的参数为 $p=1,d=2,q=1$。此时，表达式对应系数为 $\phi(1)=-0.29,\theta_1=0.952$，常数项 $c=0.511$。

用 ARMA 方法计算出 2001—2005 年预测人数相对误差如表 6-19 所示。

表 6-19　ARMA 方法对 2001—2005 年预测人数相对误差

年份	2001	2002	2003	2004	2005
相对误差/%	−3.49	0.78	−76.53	24.89	17.58

ARMA 方法从精度上有如下优势：

当趋势平稳，不出现奇异点时，预测值与真实值较为接近；

奇异点出现时，ARMA 方法可以及时调整，使今后几年的预测误差迅速降低，其适应性较自适应指数平滑方法更加明显。

在实际预测中，为了使预测更加准确，决策者往往要考虑实际情况，对奇异数据进行处理，称这种方法为“滤波”。在本模型中，通过较为简单的线性插值的方法对 1989 年和 2003 年的数据进行“滤波”处理，并用自适应指数平滑方法和 ARMA 方法对处理后的数据进行再预测。

表 6-20　数据滤波后自适应指数平滑方法和 ARMA 方法的预测值对比差

年份	2001	2002	2003	2004	2005
相对误差 1/%	7.19	6.00	2.66	1.72	11.48
相对误差 2/%	−6.20	3.18	−5.59	−3.59	8.98

6.5　思考题

1. 据记载，国外有研究报告将广州预测为受洪灾损失最重的城市，也将深圳列为洪灾损失严重的城市（见附件 1 和附件 2）。

有关专家和专业人员认为该报告结论与事实存在出入（见附件 3），因而怀疑其所用方法及支撑数据的正确性与准确性。

请收集深圳市的相关资料，通过数学建模的方法，分析经济合作与发展组织（OCED）研究报告（附件 2）中可能存在的问题，并基于你们的建模分析对 2020 年和 2050 年深圳可能遭受的洪灾损失做出预测，同时对比评价你们的模型与研究报告所用模型的优缺点。

基于你们的研究结果，请给普通百姓写一份不超过一页的建议书，说明研究报告和你们的结果是怎样得到的，并提出一些建议，使普通百姓能够正确对待信息时代所谓科学结论快速传播带来的问题，比如预测给人们带来的不确定性和焦虑感？

请给深圳市政府写一份不超过一页的建议书，除了说明研究报告和你们的结果是怎样得到的、可信度如何以及市政府应该做什么等（包括后续研究应该做些什么）。

说明：本例题源自 2014 年深圳杯大学生数学建模竞赛 D 题，相关附件可以从官网下载（http://www.m2ct.org/view-page.jsp? editId=12&uri=D9CA9CD3-709C-75CA-64CF-7A5D6AFAE170&gobackUrl = modular-list.jsp&pageType = smxly&menuType = flowUp1）。

2. 近年来乘坐邮轮旅游的人越来越多，邮轮公司的发展也非常迅速。如何通过合理的定价吸引更多的旅游者，从而为邮轮公司创造更多的收益，这也是众多邮轮公司需要探讨和解决的问题。

邮轮采用提前预订的方式进行售票，邮轮出发前 0 周至 14 周为有效预定周期，邮轮公司为了获得每次航行的预期售票收益，希望通过历史数据预测每次航行 0 周至 14 周的预订舱位人数、预订舱位的价格，为保证价格的平稳性，需要限定同一航次相邻两周之间价格浮动比，意愿预订人数（填写信息表未交款的人数）转化为实际预订人数（填写信息表并交款的人数）与定价方案密切相关。

已知某邮轮公司拥有一艘 1200 个舱位的邮轮，舱位分为三种，250 个头等舱位，450 个二等舱位，500 个三等舱位。该邮轮每周往返一次，同一航次相邻两周之间价格浮动比不超过 20%。现给出 10 次航行的实际预订总人数、各航次每周实际预订人数非完全累积表、每次航行预订舱位价格表、各舱位每航次每周预订平均价格表及意愿预订人数表、每次航行升舱后最终舱位人数分配表（详见附件中表 sheet1—sheet5），邀请你们为公司设计定价方案，需解决以下问题：

1. 预测每次航行各周预订舱位的人数，完善各航次每周实际预订人数非完全累积表 sheet2。（至少采用三种预测方法进行预测，并分析结果。）

2. 预测每次航行各周预订舱位的价格，完善每次航行预订舱位价格表 sheet3。

3. 依据附件中表 sheet4 给出的每周预订价格区间以及每周意愿预订人数，预测出公司每周给出的预订平均价格。

4. 依据附件中表 sheet1—sheet4，建立邮轮每次航行的最大预期售票收益模型，并计算第 8 次航行的预期售票收益。

5. 在头等、二等舱位未满的情况下，游客登船后，可进行升舱（即原订二等舱游客可通过适当的加价升到头等舱，三等舱游客也可通过适当的加价升到头等舱、二等舱）。请建立游客升舱意愿模型，为公司制订升舱方案使其预期售票收益最大。

说明：本例题源自第八届电工杯大学生数学建模竞赛 B 题，相关附件可以从官网下载（http://www.saikr.com/c/nd/2020）。

3. 某著名的旅游景区中的宾馆主要提供举办会议和游客使用。客房通过电话或互联网预订，这种预定具有很大的不确定性，客户很可能由于各种原因取消预订。宾馆为了争取更大的利润，一方面要争取客户，另一方面要降低客户取消预订遭受的损失。为此，宾馆采用一些措施。首先，要求客房提供信用卡号，预付第一天房租作为定金。如果客户在前一天中午以前取消预订，定金将如数退还，否则定金将被没收。其次，宾馆采用变动价格，根据市场需求情况调整价格，一般来说旅游旺季价格比较高，淡季价格略低。

(1)请建立客房预订价格的数学模型，并对以下实例做分析。表 6-21 给出了某宾馆 2005 年 10 月至 2010 年 3 月期间，每月标准间平均价格，用你的模型说明价格变动的规律，并据此估计未来一年内的标准房参考价格。你还可以收集更多的数据来佐证你模型的价值(要求注明出处)。

(2)在旅游旺季，宾馆往往可以预订出超过实际套数的客房数，以减低客户取消预定时宾馆的损失。当然这样做可能会带来新的风险，因为万一届时有超出客房数的客户出现，宾馆要通过升级客房档次或赔款来解决纠纷，为此宾馆还会承担信誉风险。某宾馆有总统套房 20 套，豪华套房 100 套，标准间 500 套。试为该宾馆制订合理的预定策略，并论证你的理由。

表 6-21　某宾馆 2005 年 10 月至 2010 年 3 月标准间月平均价格　　单位:元

时间	价格	时间	价格	时间	价格
2005.10	328	2007.04	401	2008.10	534
2005.11	263	2007.05	439	2008.11	498
2005.12	251	2007.06	397	2008.12	402
2006.01	241	2007.07	463	2009.01	397
2006.02	249	2007.08	509	2009.02	416
2006.03	316	2007.09	474	2009.03	451
2006.04	344	2007.10	508	2009.04	486
2006.05	360	2007.11	458	2009.05	507
2006.06	320	2007.12	412	2009.06	458
2006.07	344	2008.01	369	2009.07	493
2006.08	384	2008.02	403	2009.08	562
2006.09	368	2008.03	436	2009.09	474
2006.10	401	2008.04	447	2009.10	528
2006.11	363	2008.05	483	2009.11	436
2006.12	336	2008.06	439	2009.12	398
2007.01	366	2008.07	514	2010.01	442
2007.02	331	2008.08	550	2010.02	404
2007.03	390	2008.09	489	2010.03	428

第七章　微分与差分方程数学模型

在自然学科(如物理、化学、生物、天文)以及在工程、经济、军事、社会等学科中存在大量的问题可以用微分方程来描述,需要建立微分方程模型,读者必须掌握元素法(微元法)。所谓元素法(有关元素法,在高等数学中已有介绍),从某种角度上讲,就是无穷小分析的方法,它是以自然规律的普遍性为依据并且以局部规律的独立假定为基础。在解决各种实际问题时,微分方程用得极其广泛。

微分方程模型并不是新的事物,很久以来它一直伴随在大家身边。可以说有了数学并要用数学去解决实际问题时就一定要使用数学的语言、方法去近似地刻画这个实际问题。在数学应用的许多领域到处都可以找到微分方程模型的身影。例如:自由落体运动规律;人口控制与预测等。只不过在当前随着科学技术的发展,各门学科定量化分析的加强以及使用数学工具来解决各种问题的要求日益普遍的条件下,微分方程模型作为数学在实际问题的应用的主要手段之一,它的作用显得愈发突出,从而受到了更加普遍的重视。

在数学建模中,机理型问题大都是通过建立微分方程数学模型加以解决的。其中典型的微分方程模型有人口问题中的 Malthus 模型与 Logistic 模型,医疗问题中的简单传染病模型与一般传染病模型,种群问题中的种群竞争模型与战斗模型。下面来介绍以上模型的一般表述方式,并以例题加以说明。

7.1　传染病传播数学模型

随着卫生设施的改善,医疗水平的提高及人类文明的不断发展,诸如霍乱、天花等曾经肆虐全球的传染性疾病已经得到了有效的控制。但是,一些新的、不断变异着的传染病毒却悄悄地向人类袭来。20 世纪 80 年代的艾滋病毒开始肆虐全球,至今仍在蔓延;2003 年春,来历不明的 SARS 病毒突袭人间,给人们的生命财产带来了极大的危害。

长期以来,建立传染病的数学模型来描述传染病的传播过程、分析受感染人数的变化规律、探索制止传染病蔓延的手段等,一直是有关专家关注的一个热点问题。不同类型传染病的传播过程有其不同的特点,在这里不可能从医学角度分析各种传染病的传播特点,而只能是按照一般的传播机理来建立数学模型。

首先,介绍一个最简单的传染病模型。设时刻 t 的病人人数 $x(t)$ 是连续、可微函数,并且每个病人每天有效接触(足以使人致病的接触)的平均人数是常数 λ。考察 $t\sim t+\Delta t$ 这段时间内病人人数的增加,于是就有如下表达式:

$$x(t+\Delta t)-x(t)=\lambda x(t)\Delta t\Rightarrow\frac{x(t+\Delta t)-x(t)}{\Delta t}=\lambda x(t)$$

再设 $t=0$ 时，有 x_0 个病人。并对上式取 $\Delta t\to 0$ 时的极限，得到如下微分方程及其解：

$$\begin{cases}\dfrac{dx}{dt}=\lambda x\\ x(0)=x_0\end{cases}\Rightarrow x(t)=x_0e^{\lambda t}$$

结果表明，随着时间 t 的增加，病人人数 $x(t)$ 将无限增长，这显然是不符合实际的。上述建模失败的原因是：在病人有效接触的人群中，有健康人也有病人，而其中只有健康人才可以被传染为病人，所以模型需要改进。在模型中必须区别这两种人；人群的总人数是有限的，且随着病人人数的增加，健康人的人数在逐渐减少，因此病人的人数不会无限地增加下去。为此做如下改进：

假设在疾病传播期内所考察地区的总人数不变，既不考虑生死，也不考虑迁移。人群分为易感染者和已感染者两类，以下简称健康者和病人，并记时刻 t 这两类人在总人数 N 中所占的比例分别为 $s(t)$ 和 $i(t)$。每个病人每天有效接触的平均人数是常数 λ，λ 称为日接触率。当病人与健康者有效接触时，使健康者受感染变为病人。

根据上述假设，每个病人每天可使 $\lambda s(t)$ 个健康者变为病人。因为病人人数为 $Ni(t)$，所以每天共有 $\lambda Ns(t)i(t)$ 个健康者被感染。于是，$\lambda Ns(t)i(t)$ 就是病人人数 $Ni(t)$ 的增加率，即有如下模型：

$$\begin{cases}N\dfrac{di}{d}t=\lambda Ns(t)i(t)\\ i(t)+s(t)=1\\ i(0)=i_0\end{cases}\Rightarrow i(t)=\frac{1}{1+(\frac{1}{i_0}-1)e^{-\lambda t}}$$

当 $i=0.5$ 时，$\frac{di}{dt}$ 达到最大值，这个时刻为 $t_m=\lambda^{-1}\ln(\frac{1}{i_0}-1)$。

这时病人增加得最快，可认为是医院门诊量最大时刻，预示传染病高潮的到来，也是医疗卫生部门关注的时刻。t_m 与 λ 成反比，因为日接触率 λ 表示该地区的卫生水平，λ 越小卫生水平越高。所以改善保健设施，提高卫生水平可以推迟传染病高潮的到来。当 $t\to\infty$ 时，$i\to 1$。即所有人终将被传染，全变为病人，这显然不符合实际情况。其原因是模型中没有考虑到病人可以治愈，人群中的健康者只能变成病人，病人不会再变成健康者。

为了修正上述结果必须重新考虑模型的假设，在下面的模型中将讨论病人可以治愈的情况。有些传染病如伤风、痢疾等愈后免疫性很低，可以假定无免疫性。于是病人被治愈后变成健康者，健康者还可以被感染再变成病人。

每天被治愈的病人数占病人总数的比例为常数 μ，称为日治愈率。病人治愈后成为仍可被感染的健康者，显然 $1/\mu$ 是这种传染病的平均传染期。模型修正为：

$$\begin{cases}N\dfrac{di}{dt}=\lambda Ns(t)i(t)-\mu Ni(t)\\ i(t)+s(t)=1\\ i(0)=i_0\end{cases}$$

可以得到模型的解表述如下：

$$i(t)=\begin{cases}\left[\dfrac{\lambda}{\lambda-\mu}+\left(\dfrac{1}{i_0}-\dfrac{\lambda}{\lambda-\mu}\right)e^{-(\lambda-\mu)t)}\right]^{-1}, & \lambda=\mu\\ \left(\lambda t+\dfrac{1}{i_0}\right)^{-1}, & \lambda\neq\mu\end{cases}$$

定义 $\sigma=\lambda/\mu$，由 λ 和 $1/\mu$ 的含义可知，σ 是整个传染期内每个病人有效接触的平均人数，称为接触数。利用 σ，模型可改写为：

$$\frac{\mathrm{d}i}{\mathrm{d}t}=-\lambda i(t)\left[i(t)-\left(1-\frac{1}{\sigma}\right)\right]$$

接触数 $\sigma=1$ 是一个阈值。当 $\sigma>1$ 时，$i(t)$ 的增减性取决于 i_0 的大小，但其极限值 $i(\infty)=1-\frac{1}{\sigma}$ 随着 σ 的增加而增加；当 $\sigma<1$ 时病人比例 $i(t)$ 越来越小，最终趋于零，这是由于传染期内健康者变成病人的人数不超过原来病人数。

大多数传染病如天花、流感、肝炎、麻疹等治愈后均有很强的免疫力，病愈的人既非健康者（易感染者）也非病人（已感染者），他们已经退出传染系统。这种情况比较复杂，下面将进一步分析这一过程。

假设在疾病传播期内所考察地区的总人数不变，既不考虑生死，也不考虑迁移。人群分为健康者、病人和病愈免疫的移出者，三类人在总人数中占的比例分别记作 $s(t)$，$i(t)$ 和 $r(t)$；病人的日接触率为常数 λ，日治愈率为常数 μ，传染期接触数为 $\sigma=\lambda/\mu$。

由假设可知 $s(t)+i(t)+r(t)=1$。对于病愈免疫的移出者而言应有如下表达式：

$$\frac{\mathrm{d}r}{\mathrm{d}t}=\mu i(t)$$

记初始时刻的健康者和病人的比例分别是 s_0 和 i_0，且不妨假设移出者的初始值 $r_0=0$，则得到如下微分方程模型：

$$\begin{cases}\frac{\mathrm{d}i}{\mathrm{d}t}=\lambda s(t)i(t)-\mu i(t)\\ \frac{\mathrm{d}s}{\mathrm{d}t}=-\lambda s(t)i(t)\\ i(0)=i_0,s(0)=s_0\end{cases}$$

上式即为所要建立的数学模型，由于此方程无法求出 $s(t)$ 和 $i(t)$ 的解析解，因此只能采用数值计算（具体应用时可使用数学软件来完成），也可以在相平面 $s-t$ 上讨论分析 s、t 之间的关系。

在微分方程模型中，$\sigma=\lambda/\mu$ 是一个重要参数，由于微分方程模型无解析解，因此 λ、μ 都很难估计。而当一次传染病结束后，可以获得 s_0 和 s_∞，这时可采用下式对 σ 进行估计。

$$\sigma=\frac{\ln s_0-\ln s_\infty}{s_0-s_\infty}$$

当同样的传染病到来时，如果估计 λ、μ 没有多大变化，那么就可以用上面得到的 σ 分析这次传染病的蔓延过程。

在各类实际问题中产生的微分方程模型，其中大部分微分方程是无法求得解析解，而只能采用数值解。而求数值解必须给定各种参数，在 MATLAB 软件中有专门求解的命令，例如对上述微分方程组我们可以编写如下：

MATLAB 程序：

• 编写 M 文件

```
function y = ill(t,x)
a = 1;b = 0.3;   % 给定方程中的参数 λ = 1、μ = 0.3
```

```
y=[a*x(1)*x(2)-b*x(1),-a*x(1)*x(2)]';
```

• 在 Command Window 窗口输入

```
st=0:30;
x0=[0.02,0.98];  %给定方程中的初值 i(0)=0.02,s(0)=0.98
[t,x]=ode45('ill',st,x0);[t,x]
plot(t,x(:,1),t,x(:,2)),grid,pause
plot(x(:,2),x(:,1)),grid
```

• 运算后得到 t、i、s 的一组数据(共 31 组)及 i(t)、s(t)的图形:

```
ans =
        0      0.0200     0.9800
   1.0000      0.0390     0.9525
   2.0000      0.0732     0.9019
      ………………………
  28.0000      0.0028     0.0402
  29.0000      0.0022     0.0401
  30.0000      0.0017     0.0401
```

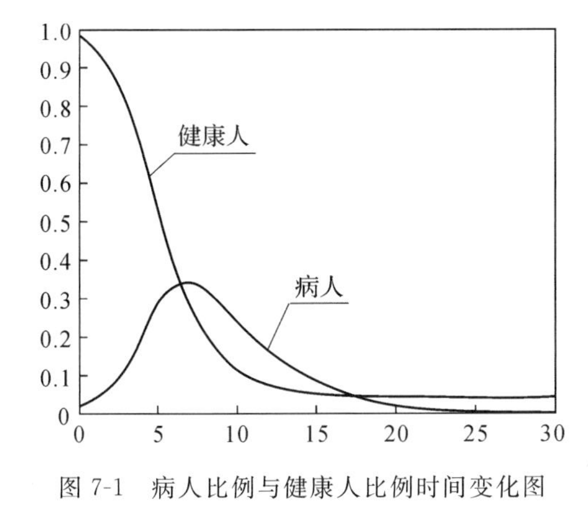

图 7-1　病人比例与健康人比例时间变化图

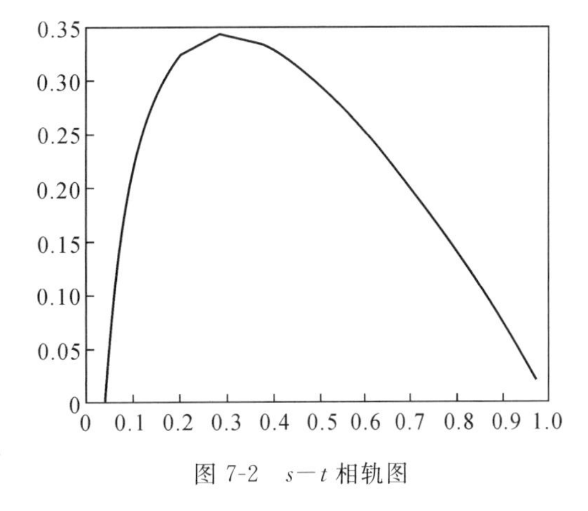

图 7-2　$s-t$ 相轨图

例 7.1　SARS 传播问题

SARS(Severe Acute Respiratory Syndrome,严重急性呼吸道综合征,俗称:非典型肺炎)。2003 年 SARS 的暴发和蔓延给我国的经济发展和人民生活带来了很大影响,从中得到了许多重要的经验和教训,认识到定量地研究传染病的传播规律、为预测和控制传染病蔓延创造条件的重要性。请对 SARS 的传播建立数学模型,具体要求如下:

(1)对提供的一个早期的模型(原题附件中给出),评价其合理性和实用性。

(2)建立模型,说明为什么优于早期的模型;特别要说明怎样才能建立一个真正能够预测以及能为预防和控制提供可靠、足够的信息的模型,这样做的困难在哪里?对于卫生部门所采取的措施做出评论,如:提前或延后 5 天采取严格的隔离措施,对疫情传播所造成的影响做出估计。

说明:本例题源自2003年全国大学生数学建模竞赛A题,相关附件可以从官网下载(//www.mcm.edu.cn/upload_cn/node/4/8VbUsa6o4d16e9d2402227edff8be22a5255b200.doc)。

解题思路

基于微分方程的思想,把整个社会看成一个系统,在SARS流行期间,死亡的人、已经康复的患者(不再可能再次感染)就看成是已经退出系统。而对于被隔离起来的患者和疑似病人也不再具有传染能力,也就不再是传染源。并且将政府等方面采取的措施融合在了一起,体现于方程的各等量关系中,于是提出这个模型:

记时刻 t 健康人和病人在总人数 N 中所占的比例分别为 $s(t)$ 和 $i(t)$。每个病人每天有效接触的平均人数是常数 λ_1,假设每个病人每天可使 $\lambda_1 s(t)$ 个健康者变为病人。因为病人人数为 $Ni(t)$,所以每天共有 $\lambda_1 Ni(t)s(t)$ 个健康者被感染,$\lambda_1 Ni(t)s(t)$ 就是病人数 $Ni(t)$ 的增加量。因为每天被治愈率为 μ,死亡率为 η,所以每天有 $\mu Ni(t)$ 个病人被治愈,有 $\eta Ni(t)$ 个病人死亡。那么病人的感染为:

$$\frac{N\mathrm{d}i}{\mathrm{d}t}=\lambda_1 Ni(t)s(t)-\mu Ni(t)-\eta Ni(t)$$

由于 $s(t)+i(t)+r(t)=1$,对于退出者:$\frac{\mathrm{d}r}{\mathrm{d}t}=i\psi$,其中 ψ 为所有退出者比例之和,即 $\psi=\mu+\eta$。故SARS患者率模型的方程建立如下:

$$\begin{cases}\dfrac{\mathrm{d}i}{\mathrm{d}t}=\lambda_1 s_1(t)i(t)-\mu i(t)-\eta i(t)\\ \dfrac{\mathrm{d}s}{\mathrm{d}t}=-\lambda_1 s_1(t)i(t)\\ i(0)=i_0, s(0)=s_0\end{cases}$$

与前面同样的分析,得到疑似患者率模型:

$$\begin{cases}\dfrac{\mathrm{d}l}{\mathrm{d}t}=\lambda_2 s_2(t)l(t)-\alpha l(t)\\ \dfrac{\mathrm{d}s_2}{\mathrm{d}t}=-\lambda_2 s_2(t)l(t)\end{cases}$$

其中,α 表示疑似病人被确诊为病人的比例。

7.2 药物动力学数学模型

药物动力学是研究药物体内药量随时间变化规律的科学。它采用动力学的基本原理和数学的处理方法,结合机体的具体情况推测体内药量(或浓度)与时间的关系,并求算相应的药物动力学参数,定量地描述药物在体内的变化规律。

为了揭示药物在体内吸收、分布、代谢及排泄过程的定量规律,通常从给药后的一系列时间采血样,测定血中的药物浓度;然后对血药浓度-时间数据进行分析。

最简单的房室模型是一室模型。采用一室模型意味着可以近似地把机体看成一个动力学单元，它适用于给药后药物瞬间分布到血液、其他体液及各器官、组织中，并达成动态平衡的情况。

C 代表在给药后时间 t 的血药浓度，V 代表房室的容积，K 代表药物的一级消除速率常数，故消除速率与体内药量成正比，D 代表所给剂量。

快速静脉注射时，由于快速且药物直接从静脉输入，故吸收过程可略而不计。设在时间 t 体内药物量为 $x(t)$，假设体内药量减少速率与当时的药量成正比，故有下列方程：

$$\begin{cases}\dfrac{\mathrm{d}x(t)}{\mathrm{d}t}=-Kx(t)\\ x(0)=D\end{cases}\Rightarrow x(t)=D\mathrm{e}^{-Kt}$$

注意到房室的容积为 V，初始时刻 $t=0$ 时，血药浓度为 C_0，则有：

$$C(t)=\frac{x(t)}{V}=C_0\mathrm{e}^{-Kt}$$

恒速静脉滴注时，药物以恒定速度 K_0 进入血液中。体内药量 $x(t)$ 随时间 t 变化的微分方程如下：

$$\begin{cases}\dfrac{\mathrm{d}x(t)}{\mathrm{d}t}=K_0-Kx(t)\\ x(0)=0\end{cases}\Rightarrow x(t)=\frac{K_0}{K}(1-\mathrm{e}^{-Kt})$$

注意到房室的容积为 V，药物浓度 $C(t)$ 可以计算如下：

$$C(t)=\frac{x(t)}{V}=\frac{K_0}{VK}(1-\mathrm{e}^{-Kt}$$

二室模型是从动力学角度把机体设想为两部分，分别称为中央室和周边室。V_1 代表中央室的容积，k_{10} 代表药物从中央室分解的速率，k_{12} 和 k_{21} 分别代表药物从中央室到周边室和反方向的转移速率，其余符号同前。

设在时刻 t，中央室和周边室中的药物量分别为 $x_1(t)$ 和 $x_2(t)$，则可写出下列微分方程组：

$$\begin{cases}\dfrac{\mathrm{d}x_1(t)}{\mathrm{d}t}=k_{21}x_2-(k_{12}+k_{10})x_1\\ \dfrac{\mathrm{d}x_2(t)}{\mathrm{d}t}=k_{12}x_1-k_{21}x_2\\ x_1(0)=D\\ x_2(0)=0\end{cases}\Rightarrow\begin{cases}x_1(t)=\dfrac{D(\alpha-k_{21})}{\alpha-\beta}\mathrm{e}^{-\alpha t}+\dfrac{D(k_{12}-\beta)}{\alpha-\beta}\mathrm{e}^{-\beta t}\\ x_2(t)=\dfrac{Dk_{12}}{\alpha-\beta}(\mathrm{e}^{-\beta t}-\mathrm{e}^{-\alpha t})\end{cases}$$

其中，α 和 β 由下列关系式决定：

$$\begin{cases}\alpha+\beta=k_{12}+k_{21}+k_{10}\\ \alpha\times\beta=k_{10}\times k_{21}\end{cases}$$

药物浓度 $C(t)$ 可以计算如下：

$$C(t)=\frac{D(\alpha-k_{21})}{V(\alpha-\beta)}\mathrm{e}^{-\alpha t}+\frac{D(k_{12}-\beta)}{V(\alpha-\beta)}\mathrm{e}^{-\beta t}$$

例 7.2　酒后血液酒精测量问题

据报道，2003 年全国交通事故死亡人数为 10.4372 万，其中因饮酒驾车造成的占有相当比例。针对这种严重的交通情况，国家质量监督检验检疫局于 2004 年 5 月 31 日发布了新的《车辆驾驶人员血液、呼气酒精含量阈值与检验》国家标准。新标准规定：车辆驾驶人员血液中的酒精含量≥20mg/dmL，<80mg/dmL 为饮酒驾车（原标准<100mg/dmL），血液中的酒精含量≥80mg/dmL为醉酒驾车（原标准≥100mg/dmL）。

大李在中午 12 点喝了一瓶啤酒，下午 6 点检查时符合新的驾车标准。紧接着他在吃晚饭时又喝了一瓶啤酒，为了保险起见他待到凌晨 2 点才驾车回家，又一次遭遇检查时被定为饮酒驾车。这让他既懊恼又困惑，为什么喝同样多的酒，两次检查结果会不一样呢？请参考下面给出的数据建立饮酒后血液中酒精含量的数学模型，对大李碰到的情况做出解释：在 3 瓶啤酒或半斤低度白酒后多长时间内驾车就会违反上述标准，分别对以下情况进行分析：酒是在很短时间内喝的；酒是在较长一段时间（比如 2 小时）内喝的。

怎样估计血液中的酒精含量在什么时间最高。根据模型论证：如果天天喝酒，是否还能开车？

已知：人的体液占人的体重的 65%至 70%，其中血液只占体重的 7%左右；而药物（包括酒精）在血液中的含量与在体液中的含量大体是一样的。体重约 70kg 的某人在短时间内喝下 2 瓶啤酒后，隔一定时间测量他的血液中的酒精含量，数据如表 7-1 所示。

表 7-1　酒精含量测试表

时间/h	0.25	0.5	0.75	1	1.5	2	2.5	3	3.5	4	4.5	5
酒精含量/（$mg \cdot dmL^{-1}$）	30	68	75	82	82	77	68	68	58	51	50	41
时间/h	6	7	8	9	10	11	12	13	14	15	16	
酒精含量/（$mg \cdot dmL^{-1}$）	38	35	28	25	18	15	12	10	7	7	4	

解题思路

考虑饮酒后，酒精在人体内的变化情况，酒精饮入体内首先进入胃中，然后再随着血液循环进入体液，然后再由体液分解排出体外。所以可以对问题进行如下化简：在酒精吸收和分解的过程中，考虑酒精在进入胃的过程中没有损失，而胃内的酒精只向体液中渗透，并不考虑体液中的酒精反向渗透回胃内。因为酒精在体液中的浓度和酒精在血液中的浓度大体一样，所以不把血液和体液分开考虑，而把它们看成是一个整体。所以建立模型时就把胃看成一个空间，把血液和体液整体看成另一个空间，而这两个空间的关系是酒精从胃渗透向体液，而体液中的酒精只是通过分解排出。

首次饮酒后，经过 6h 后再次饮酒，这个时候血液中的酒精浓度计算应该是：首次饮酒在血液中残留继续分解，而第二次饮酒还要经过一个吸收和分解的过程，所以再过 8h 测出的血液中的酒精浓度和首次饮酒也有关系。在短时间喝一定量的酒，经过模型可直接求解出各个时刻的血液酒精浓度；而对于长时间饮酒可以认为酒是匀速饮入，对时间进行分割，然后在每个小时间段内看成是快速饮入定量的酒。无论是短时间饮酒还是长时间饮酒，都可以根据模型很容易求出血液中酒精的含量在何时最大。

这个问题的本身尚有一些不确定的因素，比如说身体素质会影响人对酒精的吸收与分解。为了简化问题，假设酒精从胃部向体液的转移速率及向外排除的速率分别与胃部和体液中的酒精浓度成正比。基于上述对问题的讨论，对于短时间内饮入酒精的情况可以建立体内酒精二室模型框图，如图 7-3 所示。

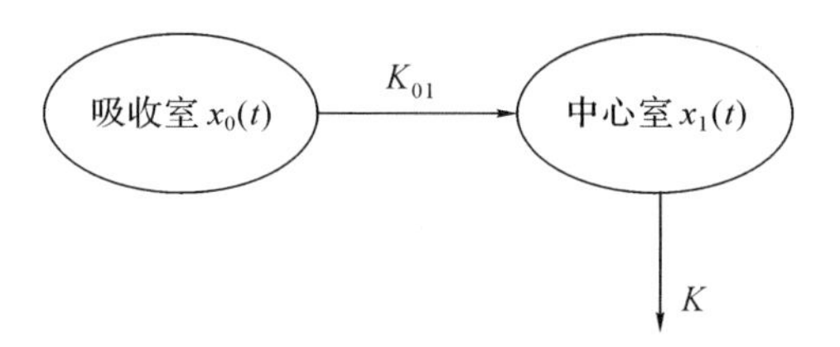

图 7-3　体内酒精二室模型框图

用吸收室代表胃，用中心室代表体液。首先对吸收室建立微分方程，考虑到酒精在短时间内进入吸收室，可得如下微分方程组：

$$\begin{cases}\dfrac{\mathrm{d}x_0}{\mathrm{d}t}=k_{01}x_0(t)\\ x_0(0)=D_0\end{cases}\Rightarrow x_0(t)=D_0\mathrm{e}^{-k_{01}t}$$

对中心室创建微分方程，可得如下表达式：

$$\begin{cases}\dfrac{\mathrm{d}x_1}{\mathrm{d}t}=k_{01}x_0(t)-kx_1(t)\\ x_1=c_1v_1\end{cases}\Rightarrow\begin{cases}\dfrac{\mathrm{d}c_1}{\mathrm{d}t}=\dfrac{D_0k_{01}\ \mathrm{e}^{-k_{01}t}}{v_1}-kc_1(t)\\ c_1(0)=0\end{cases}\Rightarrow c_1(t)=\frac{D_0k_{01}(\mathrm{e}^{-kt}-\mathrm{e}^{-k_{01}t})}{v_1(k_{01}-k)}$$

通过题中所给实验数据来拟合求出两个系数：k_{01}、k。每瓶啤酒的体积为 640mL，啤酒的酒精度约为 4%，酒精的密度为 800mg/mL，所以可以计算得到每瓶啤酒中含有酒精为 20480mg。体液占体重的 65%～70%，体液的密度约为 1.05×10^5mg/dmL。可以计算 70kg 的人的体液约为 467dmL。所以，对于题中实验数据，可以确定 D_0（代表饮入的酒精量）等于 40960mg，v_1（人体的体液的体积）467 百毫升。体液中酒精浓度和血液中酒精浓度相同。

用函数 $c_1(t)=\dfrac{D_0k_01(\mathrm{e}^{-kt}-\mathrm{e}^{-k_{01}t}}{v_1(k_{01}-k)}$ 拟合题中实验数据得：$k_{01}=2.6853$，$k=0.1474$，所以得到拟合函数（拟合方法在第六章有所介绍）：

$$c_1(t)=-90.8029(\mathrm{e}^{-2.6853t}-\mathrm{e}^{-0.1474t})$$

得到的拟合图像如图 7-4 所示，其中 y 轴表示酒精血液浓度，x 轴表示时间。

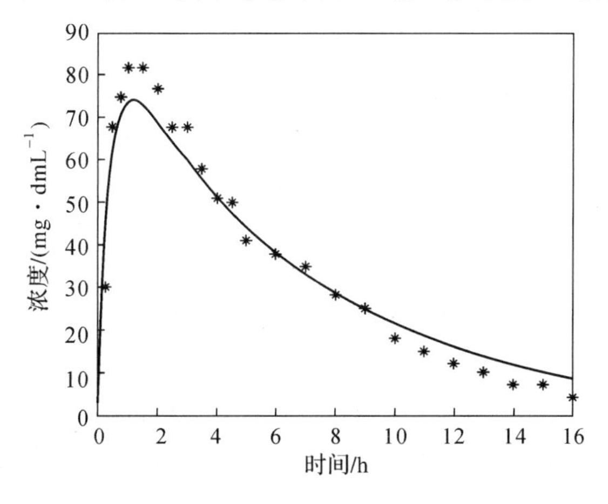

图 7-4　参数拟合效果图

快速喝 1 瓶啤酒时，酒精浓度的函数：$c_1(t)=-46.4014(e^{-2.6853t}-e^{-0.1474t})$，如图 7-5 所示。快速喝 3 瓶啤酒时，酒精浓度变化函数：$c_1(t)=-139.2042(e^{-2.6853t}-e^{-0.1474t})$，如图 7-6 所示。

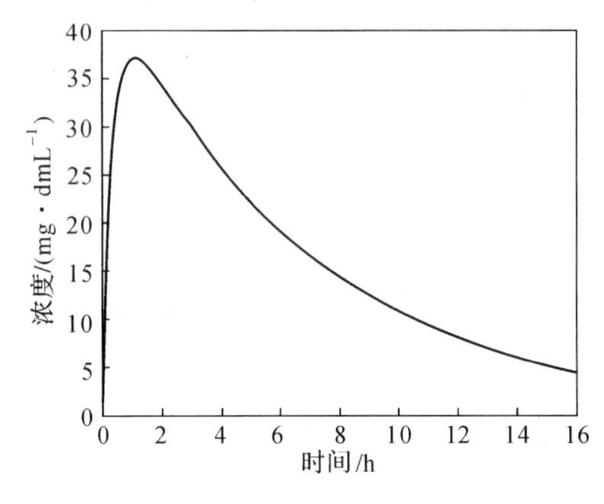

图 7-5　快速饮 1 瓶啤酒后血液中酒精浓度图

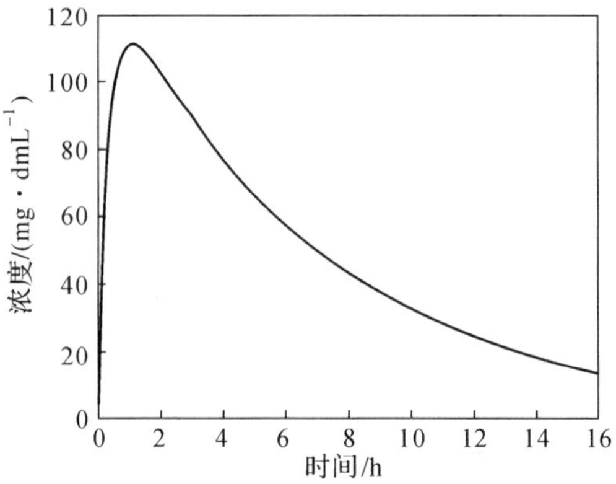

图 7-6　快速饮 3 瓶啤酒后血液中酒精浓度图

经过计算，在饮酒 13.1629h 内血液中酒精浓度＞20mg/dmL，违反标准。在饮酒 3.7574h 内血液中酒精浓度大于 80mg/dmL，属于醉酒驾车。

7.3　污染物传播数学模型

有关环境污染的数学模型较全面的介绍可以参看《环境数学模型》等书籍。关于水资源污染、土壤污染、大气污染等都可以建立微分方程数学模型进行描述，在本小节中仅选取两个例子进行介绍。

例 7.3　长江水资源管理问题

水是人类赖以生存的资源，保护水资源就是保护我们自己，对于我国大江大河水资源的保护和治理应是重中之重。专家们呼吁："以人为本，建设文明和谐社会，改善人与自然的环境，减少污染。"附件给出了长江沿线 17 个观测站(地区)近两年主要水质指标的检测数据，以及干流上 7 个观测站近一年的基本数据(站点距离、水流量和水流速)。通常认为一个观测站(地区)的水质污染主要来自于本地区的排污和上游的污水。一般说来，江河自身对污染物都有一定的自然净化能力，即污染物在水环境中通过物理降解、化学降解和生物降解等使水中污染物的浓度降低。反映江河自然净化能力的指标称为降解系数。事实上，长江干流的自然净化能力可以认为是近似均匀的。根据检测可知，主要污染物高锰酸盐指数和氨氮的降解系数通常介于 0.1～0.5 之间，比如可以考虑取 0.2(单位：1/d)。其中某个月的 17 个观测站的数据如表 7-2 所示，其他数据可以参看该年题目附件。请研究下列问题：研究、分析长江干流近一年主要污染物高锰酸盐和氨氮的污染源主要在哪些地区？

表 7-2　2003 年 6 月 17 个站点的数据表

点位名称	断面情况	主要监测项目			
		pH	DO /mg·L^{-1}	CODMn /mg·L^{-1}	NH_3-N /mg·L^{-1}
四川攀枝花	干流	7.60	6.80	0.2	0.10
重庆朱沱	干流(川—渝省界)	7.63	8.41	2.8	0.34
湖北宜昌南津关	干流(三峡水库出口)	7.07	7.81	5.8	0.55
湖南岳阳城陵矶	干流	7.58	6.47	2.9	0.34
江西九江河西水厂	干流(鄂—赣省界)	7.34	6.19	1.7	0.13
安徽安庆皖河口	干流	7.52	6.54	3.2	0.22
江苏南京林山	干流(皖—苏省界)	7.78	6.90	3.1	0.11
四川乐山岷江大桥	岷江(与大渡河汇合前)	7.66	4.20	5.8	0.53
四川宜宾凉姜沟	岷江(入长江前)	8.01	7.63	2.4	0.25
四川泸州沱江二桥	沱江(入长江前)	7.63	4.02	3.6	1.06
湖北丹江口胡家岭	丹江口水库(库体)	8.63	10.20	1.8	0.10
湖南长沙新港	湘江(洞庭湖入口)	7.42	6.45	4.3	0.99
湖南岳阳岳阳楼	洞庭湖出口	7.73	6.26	1.4	0.21
湖北武汉宗关	汉江(入长江前)	8.00	6.43	2.4	0.17
江西南昌滁槎	赣江(鄱阳湖入口)	6.64	5.18	1.1	0.92
江西九江蛤蟆石	鄱阳湖出口	7.28	6.87	2.7	0.15
江苏扬州三江营	夹江(南水北调取水口)	7.29	6.90	1.6	0.15

说明：本例题源自 2005 年全国大学生数学建模竞赛 A 题，相关附件可以从官网下载(www.mcm.edu.cn/upload_cn/node/6/ApZSNGdie87d9a8a0f1cc6c6b316c39598f59007.rar)。

解题思路

对于研究分析干流污染源的分布问题，必须就站点距离、水流量、水流速和降解系数等因素，对本地区和上游的排污情况进行综合考虑。易知，某地的污染总量为该地区污染物观测浓度和水流量的乘积。确定某地的废水排放量，关键求出来自上游的污染物到该地区后的剩余浓度 C_{ei}。

按照河流水质管理需求，可以不考虑排放物在河流中的混合过程，即假设在排污口断面完成与水的均匀混合，可以建立一维水质模型来求解剩余浓度 C_{ei}。根据质量守恒定律，C_{ei} 满足如下偏微分方程：

$$V\frac{\partial C_{ei}}{\partial x}=D\frac{\partial^2 C_{ei}}{\partial x^2}-KC_{ei}$$

若不计纵向扩散作用，方程可简化为：

$$\begin{cases} V\dfrac{\mathrm{d}C_{ei}}{\mathrm{d}x}= \quad KC_{ei} \\ C_{ei}(x_{i-1})=C_i-1 \end{cases} \Rightarrow C_{ei}=C_{i-1}\mathrm{e}^{-K\frac{x_i-x_{i-1}}{V}}$$

由此，得到各地的实际排放量 $d_i=(C_i-C_{ei})\times R_i$。其中 D 是纵向离散系数，V 为水流速，x_i、C_i、d_i、R_i 分别表示第 i 个观察点的横坐标、观测浓度、污染物排放量、水流量。

将 2004 年 4 月到 2005 年 4 月的数据代入求解，可以得到各地 13 个月的高锰酸盐和氨氮的排放量。通过内梅罗公式，对每个监测点 13 个月的污染物排放量求内梅罗均值，得到最后数据如表 7-3 所示。

$$I=(\frac{I_{\max}^2+\bar{I}^2}{2})^{0.5}$$

式中：I 为内梅罗均值；$I_{\max}$ 为各年污染物的最大排放量；$\bar{I}$ 为各年污染物的加和均值。与一般算术平均值相比，内梅罗均值不仅考虑了加和平均，而且突出了高值的影响。可以说，这种处理方法充分利用了数据，并有效顾及了数据的整体和波动两个方面，得出的结论更加客观、更加可靠。

表 7-3　长江沿岸观测站污染物排放量数据表(部分)

观测点	CODMn	NH_3-N
四川攀枝花	27948.80	2670.19
重庆朱沱	150809.49	5870.19
湖北宜昌南津关	134404.33	11420.33
湖南岳阳城陵矶	157876.13	12417.05
江西九江河西水厂	107487.67	13437.60
安徽安庆皖河口	86207.45	6827.64
江苏南京林山	139088.26	4960.09

从表可以看出，重庆朱沱 、湖北宜昌南津关、湖南岳阳城陵矶高锰酸盐排放比较大，湖北宜昌南津关、湖南岳阳城陵矶、江西九江河西水厂氨氮的排放比较大。尤其是湖南和湖北，对两种主要污染物的排放量都比较大，国家应当集中力量治理这些污染大户。

例 7.4　城市表层土壤重金属污染分析

随着城市经济的快速发展和城市人口的不断增加，人类活动对城市环境质量的影响日益突出。对城市土壤地质环境异常的查证，以及如何应用查证获得的海量数据资料开展城市环境质量评价，研究人类活动影响下城市地质环境的演变模式，日益成为人们关注的焦点。

按照功能划分，城区一般可分为生活区、工业区、山区、主干道路区及公园绿地区等，分别记为 1 类区、2 类区、…、5 类区，不同的区域环境受人类活动影响的程度不同。

现对某城市城区土壤地质环境进行调查。为此，将所考察的城区划分为间距 1km 左右的网格子区域，按照每 km^2 1 个采样点对表层土（0～10cm 深度）进行取样、编号，并用 GPS 记录采样点的位置。应用专门仪器测试分析，获得了每个样本所含的多种化学元素的浓度数据。另一方面，按照 2km 的间距在那些远离人群及工业活动的自然区取样，将其作为该城区表层土壤中元素的背景值。

附件 1 列出了采样点的位置、海拔高度及其所属功能区等信息，附件 2 列出了 8 种主要重金属元素在采样点处的浓度，附件3列出了8种主要重金属元素的背景值。

现要求你们通过数学建模来完成以下任务：

(1) 给出8种主要重金属元素在该城区的空间分布，并分析该城区内不同区域重金属的污染程度。

(2) 通过数据分析，说明重金属污染的主要原因。

(3) 分析重金属污染物的传播特征，由此建立模型，确定污染源的位置。

说明：本例题源自2011年全国大学生数学建模竞赛A题，相关附件可以从官网下载(www.mcm.edu.cn/upload_cn/node/140/LOsf8a1w1cfbe73ef037f2f60e5c144c0f96a94f.rar)。

解题思路

在建立模型之前，首先需要引入两个假设：当某一区域所有的受污染点与伪污染源的海拔高度相对平坦时，认为上述所有点均在同一水平面上；污染源之间相距足够远，即某污染源附近的受污染点只受到离它最近污染源的作用，其他污染源的作用可以忽略。

依据文献以孔隙介质中溶质的质量浓度为基础的一维扩散方程为：

$$R_d \frac{\partial C_e}{\partial t}=\frac{\partial}{\partial x}\left[D(C_e)\frac{\partial C_e}{\partial x}\right]+v\frac{\partial C_e}{\partial x}$$

式中，t 为时间，x 为距离，C_e 为孔隙中溶质的质量浓度，$D(C_e)$ 表示随溶质的质量浓度而改变的扩散系数，R_d 表示孔隙介质中溶质的有效扩散系数，v 为流体的流速。

假定溶质的质量浓度在短时间内不随时间变化，且扩散系数 $D(C_e)$ 及阻滞因子 R_d 为常数，则上式可以写为：

$$D\frac{\mathrm{d}^2 C_e}{\mathrm{d}x^2}+v\frac{\mathrm{d}C_e}{\mathrm{d}x}=0$$

C_0 为污染源浓度。得到质量浓度 C_e 随一维距离的 x 方程为：

$$C_e(x)=C_0 e^{-\frac{v}{D}x}$$

上述得到一维扩散方程，这样就可以围绕某种重金属元素的局部最大值(伪污染源)，搜索周围的受污染点，得到采样点的测量值。然后利用污染源(其位置、浓度待求解)的扩散方程得到这几个采样点的计算值，在最小二乘法的准则下使计算值与测量值的误差平方和最小(越接近0越好)则需要求解：

$$\min\sum_{i=1}^{n}(C_0\mathrm{e}^{-\frac{v}{D}\sqrt{(x_0-x_i)^2+(y_0-y_i)^2}})^2$$

其中(x_0,y_0)为污染源的位置，而(x_i,y_i)为采样点的位置与浓度(见图7-7)。

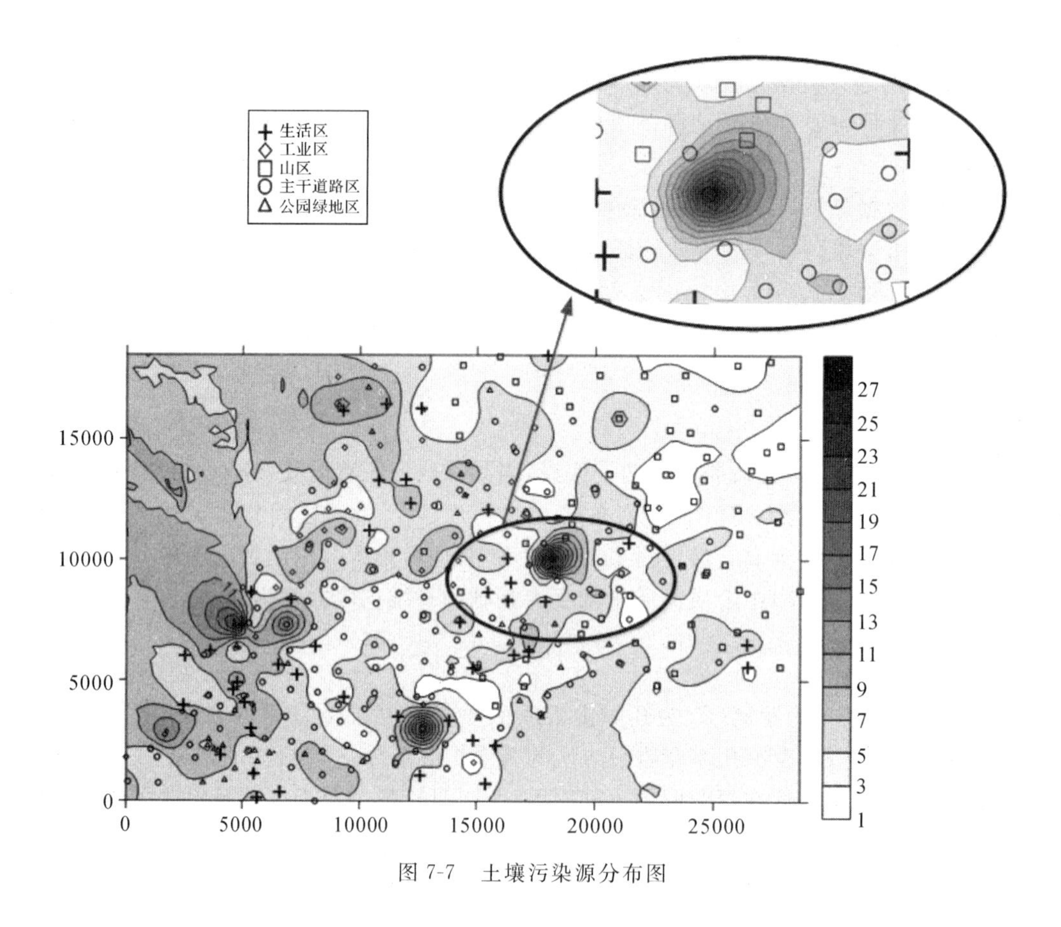

图 7-7　土壤污染源分布图

7.4　传播数学模型

意大利数学家沃特拉(Volterra)为解释第一次世界大战期间某海港鱼量的变化而建立了一个关于捕食鱼与被食鱼生长情形的数学模型。沃特拉把所有的鱼分为两类:捕食鱼与被食鱼,在时刻 t,被食鱼的总数为 $x(t)$,而捕食鱼的总数为 $y(t)$。因为被食鱼所需的食物很丰富,它们本身的竞争并不激烈,如果不存在捕食鱼的话,被食鱼的增加应遵循指数增长率 $\frac{\mathrm{d}x}{\mathrm{d}t}=ax$,$a$ 为常数,表示自然净相对增长率。但因捕食鱼的存在,致使其增长率降低,设单位时间内捕食鱼与被食鱼相遇的次数为 $bx(t)y(t)$,具有如下表达式:

$$\frac{\mathrm{d}x}{\mathrm{d}t}=ax-bxy$$

类似的,沃特拉认为捕食鱼的自然减少率(因缺少被食鱼)同它们存在的数目成反比,即为 $-cy$。自然增加率则同它们本身存在数目 y 及食物(被食鱼数目)x 成正比,即 dxy,d 为常数,反映被食鱼对捕食鱼的供养能力,于是得到如下种群竞争模型:

$$\begin{cases}\dfrac{\mathrm{d}x}{\mathrm{d}t}=x(a-by)\\ \dfrac{\mathrm{d}y}{\mathrm{d}t}=y(-c+\mathrm{d}x)\end{cases}$$

上式表示当不存在人类捕鱼活动时，捕食鱼与被食鱼应遵循的规律，称为 Volterra 被食-捕食模型。

对甲、乙两种群，假设种群甲和乙的数量分别为 $x(t)$、$y(t)$，则可用下列方程表示种群甲、乙相互竞争同一资源时的生长状况：

$$\begin{cases}\dfrac{\mathrm{d}x}{\mathrm{d}t}=x(a-by)\\ \dfrac{\mathrm{d}y}{\mathrm{d}t}=y(c-\mathrm{d}x)\end{cases}$$

这里系数 a、b、c、d 均为正数，这方程称为两种群竞争模型。当系数 c、d 为负数时，两种群互相促进，互为依赖，这样的模型成为共生模型。

更一般地，可用下列的一般方程(统称为 Volterta 模型)表示相互干扰的种群甲、乙的生长情况：

$$\begin{cases}\dfrac{\mathrm{d}x}{\mathrm{d}t}=x(a+bx+cy)\\ \dfrac{\mathrm{d}y}{\mathrm{d}t}=y(d+ex+fy)\end{cases}$$

其中 a、b、c、d、e、f 为常数，可正可负或为 0，视两种群的相互关系而定，一般分竞争、共生、被食-捕食等类型。更一般的两种群竞争系统可表示为如下形式：

$$\begin{cases}\dfrac{\mathrm{d}x}{\mathrm{d}t}=xM(x,y)\\ \dfrac{\mathrm{d}y}{\mathrm{d}t}=yN(x,y)\end{cases}$$

其中 $M(x,y)$、$N(x,y)$ 分别为相对于 x、y 的增长率。

例 7.5 AIDS 传播问题

艾滋病是当前人类社会最严重的瘟疫之一，从 1981 年发现以来的 30 多年间，它已经吞噬了近 3000 万人的生命。

艾滋病的医学全名为“获得性免疫缺损综合征”，英文简称 AIDS，它是由艾滋病毒(医学全名为“人体免疫缺损病毒”，英文简称 HIV)引起的。这种病毒破坏人的免疫系统，使人体丧失抵抗各种疾病的能力，从而严重危害人的生命。人类免疫系统的 CD4 细胞在抵御 HIV 的入侵中起着重要作用，当 CD4 被 HIV 感染而裂解时，其数量会急剧减少，HIV 将迅速增加，导致 AIDS 发作。

艾滋病治疗的目的，是尽量减少人体内 HIV 的数量，同时产生更多的 CD4，至少要有效地降低 CD4 减少的速度，以提高人体免疫能力。迄今为止人类还没有找到能根治 AIDS 的疗法，目前的一些 AIDS 疗法不仅对人体有副作用，而且成本也很高。许多国家和医疗组织都在积极试验、寻找更好的 AIDS 疗法。

现在得到了美国艾滋病医疗试验机构(ACTG)公布的两组数据。ACTG320 是同时服用 zidovudine(齐多夫定),lamivudine(拉美夫定)和 indinavir(茚地那韦)3 种药物的 300 多名病人每隔几周测试的 CD4 和 HIV 的浓度(每毫升血液里的数量)。193A 是将 1300 多名病人随机地分为 4 组,每组按下述 4 种疗法中的一种服药,大约每隔 8 周测试的 CD4 浓度(这组数据缺 HIV 浓度,它的测试成本很高)。4 种疗法的日用药分别为:600mg zidovudine 或 400mg didanosine(去羟基苷),这两种药按月轮换使用;600mg zidovudine 加 2.25mg zalcitabine(扎西他滨);600mg zidovudine 加 400mg didanosine;600mg zidovudine 加 400mg didanosine,再加 400mg nevirapine(奈韦拉平)。

完成以下问题:利用附件的数据,预测继续治疗的效果,或者确定最佳治疗终止时间(继续治疗指在测试终止后继续服药,如果认为继续服药效果不好,则可选择提前终止治疗)。利用附件的数据,评价 4 种疗法的优劣(仅以 CD4 为标准),并对较优的疗法预测继续治疗的效果,或者确定最佳治疗终止时间。

说明:本例题源自 2006 年全国大学生数学建模竞赛 B 题,相关附件可以从官网下载(http://www.mcm.edu.cn/upload_cn/node/7/jyCv143L6bf0f8122cef899ad6311648ed58d908.rar)。

解题思路

CD4 与 HIV 基本呈现出一种此消彼长的态势。就像两支部队,在人体这个战场上你争我夺,进行一场大战。因此可以用战争模型来解释。将 CD4 和 HIV 看作处于敌对状态的两支大军,CD4 数量的减少和 HIV 的增多,可以看成是当 HIV 得到了有力的增援后,对 CD4 进攻占据优势,消灭了很多 CD4。反之,当 CD4 得到有力的增援后,将会成功地抵挡住 HIV 的进攻,同时对 HIV 兵力造成极大的消耗。将药物看作是在这场战争中大大增加 CD4 增援率与大大降低 HIV 增援率的一个因素。

用 $x_1(t)$与 $x_2(t)$来表示交战双方 t 时刻的兵力。由于两军进行短兵相接的正面作战,认为其中一方的战斗减员率只与敌方兵力有关,可以简单认为与对方军力成正比。用 b 表示 HIV 对 CD4 的杀伤率,用 c 表示 CD4 对 HIV 的杀伤率。于是,CD4 的战斗减员率即为 $bx_2(t)$,HIV 的战斗减员率即为 $cx_1(t)$。

将 CD4 和 HIV 数量增多看作它们得到了增援。这个增援是由自身的复制等原因引起的。在战争模型中,与己方兵力有关,令 CD4 和 HIV 的增援率为 $\alpha x_1(t)$和 $\beta x_2(t)$。由此,可以用以下战争模型加以描述:

$$\begin{cases}\dfrac{\mathrm{d}x_1}{\mathrm{d}t}=\alpha x_1-bx_2\\[2ex]\dfrac{\mathrm{d}x_2}{\mathrm{d}t}=-cx_1+\beta x_2\end{cases}\Rightarrow x_2=\frac{\dfrac{\mathrm{d}x_1}{\mathrm{d}t}-\alpha x_1}{-b}$$

上述模型可以变化为以下形式的微分方程:

$$\frac{\mathrm{d}\,\dfrac{\dfrac{\mathrm{d}x_1}{\mathrm{d}t}-\alpha x_1}{-b}}{\mathrm{d}t}=-cx_1+\beta\,\frac{\dfrac{\mathrm{d}x_1}{\mathrm{d}t}-\alpha x_1}{-b}$$

定义参数 r_1、r_2 如下表示:

$$r_{1,2}=b\times\frac{\dfrac{\alpha+\beta}{b}\pm\sqrt{\left(\dfrac{(\alpha+\beta)}{b}\right)^2-\dfrac{4(\alpha\beta-bc)}{b^2}}}{2}$$

通过求解微分方程可以得到：$x_1(t)=C_1e^{r_1t}+C_2e^{r_2t}$。类似可以得到 $x_2(t)$。

7.5　马尔可夫数学模型

马氏链模型是关于随机动态系统的一类模型，适用于时间、状态都离散并具有无后效性（或马尔可夫性）的场合。所谓无后效性就是系统未来的状态只与系统现在的状态有关，与以前的状态无关。

马氏链模型在经济、社会、生态、遗传等许多领域中有着广泛的应用。值得提出的是，虽然它是解决随机转移过程的工具，但是一些确定性系统的状态转移问题也能用马氏链模型处理，本节首先介绍一些马氏链的简单模型。

例 7.6　商店销售问题

某商店每月考察一次经营情况，其结果用销路好与销路坏两种状态中的一种表示。已知如果本月销路好，则下月仍保持这种状态的概率为 0.5；如果本月销路坏，下月转变为销路好的概率为 0.4。试分析若开始商店处于销路好，那么经过若干月能保持销路好的概率为多大？如果开始商店处于销路坏的状况呢？

解题思路

商店的经营状况是随机的，每月转变一次。用随机变量 X_n 表示第 n 个月的经营状况。$X_n=1$ 表示销路好，$X_n=2$ 表示销路坏，X_n 称为这个经营系统的状态。用 $a_i(n)$ 表示第 n 个月处于状态 i 的概率（$i=1,2$），即 $a_i(n)=P\{X_n=i\}$。用 P_{ij} 表示本月处于状态 i，下月转为状态 j 的概率（$i,j=1,2$），即 $P_{ij}=P\{X_{n+1}=j/X_n=i\}$。$a_i(n)$ 称为状态概率，P_{ij} 称为状态转移概率。这里，X_{n+1} 只与 X_n 和 P_{ij} 有关，而与系统以前的状态 $X_{n-1},X_{n-2},\cdots$ 无关，即无后效性。由此，利用全概率公式容易得到以下离散方程组：

$$\begin{cases} a_1(n+1)=a_1(n)\ p_{11}+a_2(n)\ p_{21} \\ a_2(n+1)=a_1(n)\ p_{12}+a_2(n)\ p_{22} \end{cases}$$

根据已知条件，$p_{11}=0.5$，$p_{21}=0.4$，所以显然有 $p_{12}=1-p_{11}=0.5$，$p_{22}=1-p_{21}=0.6$。当商店开始销路好，即 $a_1(0)=1$，$a_2(0)=0$ 时，用上式可以算出 $a_1(n)$、$a_2(n)$，结果如表 7-4 所示。由数字变化规律可以看出，当 $n\to\infty$ 时，$a_1(n)\to4/9$、$a_2(n)\to5/9$。当商店开始时销路坏时，用同样的方法可以得到结果如表 7-5 所示。

表 7-4　开始销路好时状态概率的变化表

N	0	1	2	3	…	∞
$a_1(n)$	1	0.5	0.45	0.445	……	4/9
$a_2(n)$	0	0.5	0.55	0.555	……	5/9

表 7-5　开始销路坏时状态概率的变化表

N	0	1	2	3	…	∞
$a_1(n)$	0	0.4	0.44	0.444	……	4/9
$a_2(n)$	1	0.6	0.56	0.556	……	5/9

对照表 7-4,7-5 可以看出，虽然对于各个 n，具体的数字不完全相同。但是当 $n\to\infty$ 时却会得到完全一样的结果，即 $n\to\infty$ 时的状态概率趋于稳定值，且这个稳定值与初始状态无关，后面将仔细讨论这个问题。

例 7.7　微量元素检测问题

考察微量元素磷在自然界中的转移情况，假定磷元素只分布在土壤、草牛羊等生物体，及上述系统之外（如河流中）这三种自然环境里。每经过一段时间磷在上述三种环境里的比例会发生变化，变化具有无后效性。假定经过一定时间，土壤中的磷有 30％被草吸收，又被牛羊吃掉，有 20％排至系统之外，50％仍在土壤中；生物体中的磷有 40％因草枯死、牛羊排泄又回到土壤中，40％移出系统，20％留在生物体内；而磷一旦移出系统之外，就 100％地不再进入系统。假定磷在土壤、生物体和系统外的初始比例是 0.5∶0.3∶0.2，试研究经过若干段时间后磷在三种环境中的转移情况。

解题思路

磷在三种环境中的分布及其变化是确定性的。但是如果把它在某种环境如土壤中的比例视为处于这种状态的概率（将全部含量作为一个整体），把它的变化比例视为转移概率，就能用随机转移的马氏链模型来解决这个问题，时间用 $n=0,1,2,\cdots$ 进行离散化，$X_n=1,2,3$ 分别表示第 n 时期磷处于土壤、生物体和系统外三种状态。$a_i(n)$ 表示状态概率，即分布比例（$i=1,2,3$）。P_{ij} 表示由 $X_n=i$ 到 $X_{n+1}=j$ 的转移概率，即变化的比例。状态的转移具有无后效性，利用全概率公式并将 P_{ij} 的数字代入得到：

$$\begin{cases} a_1(n+1)=a_1(n)p_{11}+a_2(n)p_{21}+a_3(n)p_{31}=0.4a_1(n)+0.4a_2(n) \\ a_2(n+1)=a_1(n)p_{12}+a_2(n)p_{22}+a_3(n)p_{32}=0.3a_1(n)+0.2a_2(n) \\ a_3(n+1)=a_1(n)p_{13}+a_2(n)p_{23}+a_3(n)p_{33}=0.2a_1(n)+0.4a_2(n)+a_3(n) \end{cases}$$

以初始状态概率 $a_1(0)=0.5, a_2(0)=0.3, a_3(0)=0.2$ 代入上式计算，结果列入表 7-6。从表中可以看出，当 $n\to\infty$ 时，$a_1(n)\to 0, a_2(n)\to 0, a_3(n)\to 1$。这表示磷终将全部移出系统。事实上，不论初始条件如何，$n\to\infty$ 时的结果都是一样的。顺便指出，如果开始磷全部在系统外，即处于状态 3，有 $a_1(0)=a_2(0)=0, a_3(0)=1$。那么对于任意的 n 都有 $a_1(n)=a_2(n)=0, a_3(n)=1$，即一旦进入状态 3 就永远不会转移到其他状态。

表 7-6　状态概率的变化表

N	0	1	2	3	…	10	…	∞
$a_1(n)$	0.5	0.37	0.27	0.195	……	0.02	……	0
$a_2(n)$	0.3	0.21	0.15	0.111	……	0.011	……	0
$a_3(n)$	0.2	0.42	0.58	0.694	……	0.969	……	1

通过这两个例子有助于了解下面给出的马氏链的基本概念：

按照系统的发展，将时间离散化为 $n=0,1,2,\cdots$。对每个 n，系统的状态用随机变量 X_n 表示。设 X_n 可以取 k 个离散值 $X_n=0,1,2,\cdots,k$，且 $X_n=i$ 的概率记作 $a_i(n)$，即状态概率。从 $X_n=i$ 到 $X_{n+1}=j$ 的概率记作 P_{ij}，即转移概率。如果 X_{n+1} 只与 X_n 和 P_{ij} 有关，而与系统以前的状态 $X_{n-1},X_{n-2},\cdots$ 无关，那么这种离散状态按照离散时间的随机转移过程称为马氏链。由状态转移的无后效性和全概率公式可以写出马氏链的基本方程为：

$$a_i(n+1)=\sum_{j=1}^{k}a_j(n)p_{ij}$$

其中 $a_i(n)$ 和 P_{ij} 应满足：

$$\begin{cases}\sum_{i=1}^{k}a_i(n)=1\\ p_{ij}\geqslant 0\\ \sum_{i=1}^{k}p_{ij}=1\end{cases}$$

引入状态概率向量和转移矩阵：$a(n)=(a_1(n),a_2(n),\cdots,a_k(n))$，$P=(p_{ij})_{k\times k}$，则基本方程可以表示为：$a(n+1)=a(n)P$。由此还可以得到：$a(n)=a(0)P^n$。

上式表明，转移矩阵 P 是非负阵，P 的行和为 1，称满足上式的矩阵 P 为随机矩阵。容易看出，对于马氏链模型最基本的问题是构造状态 X_n 及写出转移矩阵 P，一旦有了 P，那么给定初始状态概率 $a(0)$ 就可以计算任意时间 n 的状态概率 $a(n)$。

从上面两例的计算结果可以看出，这两个马氏链之间有很大的差别，事实上它们属于马氏链的两个重要类型，下面分别介绍这些类型。

正则链　商店销路问题表示的一类马氏链的特点式，从任意状态出发经过有限次转移都能达到另外的任意状态。给出如下的定义：一个有 k 个状态的马氏链，如果存在正整数 N，使从任意状态 i 出发经 N 次转移都以大于零的概率达到状态 j，则称为正则链。

若马氏链的转移矩阵为 P，则它是正则链的充要条件是：存在正整数 N 使 $P^N>0$（指 P^N 的每一个元素大于零）。从商店销路问题已经知道，从任意初始状态 $a(0)$ 出发，$n\to\infty$ 时状态概率 $a(n)$ 趋于与 $a(0)$ 无关的稳定值。事实上有如下的定理：

正则链存在唯一的极限状态概率 $w=(w_1,w_2,\cdots,w_k)$，使得当 $n\to\infty$ 时状态概率 $a(n)\to w$ 与初始状态概率 $a(0)$ 无关。w 又称稳态概率，满足：$wP=w,\sum_{i=1}^{k}w_i=1$。还不难看出，$\lim_{n\to\infty}P^n$ 存在，记作 P^∞，并且 P^∞ 的每一行都是稳态概率 w。如果记 $P^\infty=(p_{ij}^\infty)$，那么有 $p_{ij}^\infty=w_i$。

吸收链　土壤磷问题的特点是状态 3 的转移概率 $p_{33}=1$，于是系统一旦进入状态 3 就再不会离开它，可以把它看作“吸收”其他状态的一个状态，并且从状态 1 或 2 出发，可以经有限次转移到达状态 3。土壤磷问题表示了如下定义的一类重要的马氏链。

转移概率 $p_{ii}=1$ 的状态 i 称为吸收状态，如果马氏链至少包含一个吸收状态，并且从每一个非吸收状态出发，都能以正概率经有限次的转移到达某个吸收状态，那么这个马氏链称为吸收链。

吸收链的转移矩阵可以写成简单的标准形式。若有 r 个吸收状态，$k-r$ 个非吸收状态，

则转移矩阵 P 可表示为：

$$P=\begin{pmatrix} I_{r\times r} & 0 \\ R & Q \end{pmatrix}$$

其中 $k-r$ 阶方阵 Q 的特征值 $\lambda(Q)$ 满足 $|\lambda(Q)|<1$。这要求矩阵 $R_{(k-r)\times r}$ 中必含有非零元素，以满足从任一非吸收状态出发经有限次转移可达到某吸收状态的条件。

例 7.8　市场占有量分析问题

为了预测 A、B、C 三个厂家生产的某种抗病毒药在未来的市场占有情况，进行市场调查。主要调查以下两件事：(1)目前的市场占有情况：若购买该药的总共 1000 家对象(购买力相当的医院、药店等)中，买 A、B、C 三药厂的各有 400 家、300 家、300 家，那么 A、B、C 三药厂目前的市场占有份额分别为 40%、30%、30%，称(0.4，0.3，0.3)为目前市场的占有分布或称初始分布。(2)查清使用对象的流动情况：流动情况的调查可通过发放信息调查表来了解顾客以往的资料或将来的购买意向，也可从下一季度的订货单得出，从订货单可以得到相关数据如表 7-7 所示。

表 7-7　顾客订货情况表

下一季度订货情况	合计				
来自		A	B	C	
	A	160	120	120	400
	B	180	90	30	300
	C	180	30	90	300
合计		520	240	240	1000

解题思路

假定在未来的时期内，顾客相同间隔时间的流动情况不因时期的不同而发生变化，以 1、2、3 分别表示顾客买 A、B、C 三厂家药的三个状态，以季度为模型的步长(即转移一步所需的时间)，那么根据表可以得模型的转移概率矩阵：

$$P=\begin{pmatrix} p_{11} & p_{12} & p_{13} \\ p_{21} & p_{22} & p_{23} \\ p_{31} & p_{32} & p_{33} \end{pmatrix}=\begin{pmatrix} 0.4 & 0.3 & 0.3 \\ 0.6 & 0.3 & 0.1 \\ 0.6 & 0.1 & 0.3 \end{pmatrix}$$

矩阵中的第一行(0.4，0.3，0.3)表示目前是 A 厂的顾客下一季度有 40% 仍买 A 厂的药，转为买 B 厂和 C 厂的各有 30%。同样，第二行、第三行分别表示目前是 B 厂和 C 厂的顾客下一季度的流向。

由 P 可以计算任意的 k 步转移矩阵，如三步转移矩阵：

$$P^{(3)}=\begin{pmatrix} 0.4 & 0.3 & 0.3 \\ 0.6 & 0.3 & 0.1 \\ 0.6 & 0.1 & 0.3 \end{pmatrix}^3=\begin{pmatrix} 0.496 & 0.252 & 0.252 \\ 0.504 & 0.252 & 0.244 \\ 0.504 & 0.244 & 0.252 \end{pmatrix}$$

从这个矩阵的各行可知三个季度以后各厂家顾客的流动情况。如从第二行(0.504，0.252，0.244)知，B 厂的顾客三个季度后有 50.4% 转向买 A 厂的药，25.2% 仍买 B 厂的药，

24.4%转向买C厂的药。

设 $S^{(k)}=(p_1^{(k)},p_2^{(k)},p_3^{(k)})$ 表示预测对象 k 季度以后的市场占有率，初始分布则为 $S^{(0)}=(p_1^{(0)},p_2^{(0)},p_3^{(0)})$，市场占有率的预测模型为 $S^{(k)}=S^{(0)}P^k$。

已知 $S^{(k)}=(0.4,0.3,0.3)$，由此可预测任意时期A、B、C三个厂家的市场占有率。三个季度以后的预测值为：

$$S^{(3)}=S^{(0)}P^3=(0.4,0.3,0.3)\begin{pmatrix}0.496 & 0.252 & 0.252\\ 0.504 & 0.252 & 0.244\\ 0.504 & 0.244 & 0.252\end{pmatrix}=(0.5008,0.2496,0.2496)$$

大致上，A厂占有一半的市场，B厂、C厂各占四分之一。依次类推下去可以求得以后任一个季度的市场占有率，最终达到一个稳定的市场占有率。

当市场出现平衡状态时，可得方程如下：

$$(p_1,p_2,p_3)=(p_1,p_2,p_3)\begin{pmatrix}0.4 & 0.3 & 0.3\\ 0.6 & 0.3 & 0.1\\ 0.6 & 0.1 & 0.3\end{pmatrix}\Rightarrow\begin{cases}p_1=0.4p_1+0.6p_2+0.6p_3\\ p_2=0.3p_1+0.3p_2+0.1p_3\\ p_3=0.3p_1+0.1p_2+0.3p_3\end{cases}\Rightarrow\begin{cases}p_1=0.5\\ p_2=0.25\\ p_3=0.25\end{cases}$$

p_1,p_2,p_3 就是A、B、C三家的最终市场占有率。

例7.9　遗传问题

豆科植物茎的颜色有绿有黄，生猪的毛有黑有白、有粗有细。人类会出现先天性疾病如色盲等，这些都是基因遗传的结果。基因从一代到下一代的转移是随机的，并且具有无后效性，因此马氏链模型是研究遗传学的重要工具之一，这里给出的简单模型属于完全优势基因遗传理论的范畴。

生物的外部特征，如豆科植物茎的颜色、人的皮肤或头发，由生物体内相应的基因决定。基因分优势基因和劣势基因两种，分别用 d 和 r 表示。每种外部表征由体内的两个基因决定，而每个基因都可以是 d 或 r 中的一个，于是有三种基因类型，即 dd、dr 和 rr，分别称为优种、混种和劣种，用 D、H 和 R 表示。含优种 D 和混种 H 基因类型的个体，外部表征呈优势，如豆科植物的茎呈绿色，人的皮肤或头发有色素；含劣种 R 基因类型的个体，外部表征呈劣势，如豆科植物的茎呈黄色，人的皮肤或头发无色素。

生物繁殖时，后代随机地继承母亲两个基因中的一个和父亲两个基因中的一个，形成它的两个基因。一般两个基因中哪一个遗传下去是等可能的，所以父母的基因类型就决定了每一后代基因类型的概率。父母基因类型的组合有全是优种 DD，全是劣种 RR，一优种一混种 DH(父为 D，母为 H 或父为 H，母为 D)6种状况。通过简单的计算可以得到对每种组合其后代各种类型的概率(见表7-8)。

表7-8　父母机型后代继承概率表

父母基因类型		DD	RR	DH	DR	HH	HR
后代各种基因的概率	D	1	0	1/2	0	1/4	0
	H	0	0	1/2	1	1/2	1/2
	R	0	1	0	0	1/4	1/2

解题思路

这是自然界中生物群体的一种常见的，也是最简单的交配方式。考察一个群体，假设雄性和雌性的比例相等，并且有相同的基因类型分布，即雄性和雌性的 D、H、R 的数量比例相等。所谓随机交配是指对于每一个不论属于 D、H 或 R 的雌性（或雄性）个体，都以 $D:H:R$ 的数量比例为概率，与一个不论属于 D、H 或 R 的雄性（或雌性）个体交配，其后代则按照前面所说的方式等可能地继承其母亲和父亲的各一个基因，来决定它的基因类型。假定在初始一代的群体中，三种基因类型的数量比例 $D(dd):H(dr):R(rr)=a:2b:c$，满足 $a+2b+c=1$，记 $p=a+b$，$q=b+c$，则群体中的优势基因 d 与劣势基因 r 的数量比例为 $d:r=p:q$，且 $p+q=1$。以下讨论随机交配方式产生的一系列后代群体中的基因类型分布。

用 $X_n=1,2,3$ 分别表示第 n 代的一个体属于 D、H 及 R 基因类型，即 3 种状态。$a_i(n)$ 表示个体属于第 i 种状态的概率，$i=1,2,3$ 可视为第 n 代的群体属于第 i 种基因类型的比例。转移概率 p_{ij} 可用下式计算：

$$p_{ij}=P\{\text{一个后代具有基因 } j/\text{母亲具有基因 } i\}$$

在已知母亲基因类型的条件下，后代的基因类型取决于父亲的基因类型。值得指出的是，在计算 p_{ij} 时与其考虑被随机选择为父亲的三种不同基因类型比例 $a:2b:c$，不如直接考察从雄性群体中以 $p:q$ 的比例获得优势基因 d 和劣势基因 r。譬如 $p_{11}=P\{$后代 $D(dd)$/母亲 $D(dd)\}$，为使后代是 $D(dd)$ 只需从雄性群体中获得 d，所以 $p_{11}=p$，类似的有 $p_{12}=P\{$(后代 $H(dr)$)/(母亲 $D(dd)$)$\}=q$，$p_{13}=P\{$(后代 $R(rr)$)/(母亲 $D(dd)$)$\}=0$，$p_{21}=P\{$(后代 $D(dd)$)/(母亲 $H(dr)$)$\}=0$。后代需以 1/2 的概率从母体获得 d，同时以 p 的概率从雄性群体中获得 d，所以 $p_{21}=p/2$；同理有 $p_{22}=P\{$后代 $H(dr)$/母亲 $H(dr)\}=1/2$，$p_{23}=q/2$。用同样的方法算出 p_{31}、p_{32}、p_{33} 后得到转移矩阵：

$$P=\begin{bmatrix} p & q & 0 \\ p/2 & 1/2 & q/2 \\ 0 & p & q \end{bmatrix}$$

对于基因类型的初始分布，即初始状态概率 $a(0)=(a,2b,c)$，其中 $a,2b,c$ 满足：$p=a+b$，$q=b+c$。利用马氏链基本方程可以得到：

$$\begin{cases} a(1)=a(0)P=(p^2,2pq,q^2) \\ a(2)=a(0)P=(p^2,2pq,q^2) \end{cases}$$

显然这个分布将保持下去，这表明不管初始一代基因类型分布如何，只要是从群体中随机选择的，那么在随机交配方式中第一代继承者的基因类型分布为 $D:H:R=p^2:2pq:q^2$，并永远不变。这个结果在遗传学中称为 Hardy-Weinberg 平稳定律。利用定理容易知道上式表示的是一个正则链，由于算出其稳定分布也是 $\bar{\omega}=(p^2,2pq,q^2)$。表明当初始一代不是从群体中选取，而是随意指定时（如 $a(0)=(1,0,0)$），在随机交配方式下经过足够长的时间，3 种基因类型的分布也趋向上述稳定分布。

这个模型得到结果的正确性已由观察和试验证明。如自然界中通常有 $p=q=1/2$，于是三种基因类型的平稳分布为 $D(dd):H(dr):R(rr)=0.25:0.50:0.25$，而优种 D 和混种 H 的外部表征呈优势。据观察，豆科植物呈绿色（优势表征）约占 0.75，与上面的结果相一致。

最后观察在随机交配下三种基因类型的首次返回平均转移次数，即平均经过多少代，每种基因类型首次回到原来的类型。据定理，D、H、R 类型的首次返回平均换代数目为：$\mu_{11}=\frac{1}{p^2}$，$\mu_{22}=\frac{1}{2pq}$，$\mu_{33}=\frac{1}{q^2}$。

即一个群体中基因 d 越多（p 越大），基本类型 $D(dd)$ 的平均换代数目越小。

7.6　L 矩阵差分方程数学模型

第六章介绍了拟合预测方式，在拟合预测方式中，只需指定预测函数的形式，其他的都由数学软件完成。拟合不需考虑数据内部的本质关系，只是根据数据的图像特征，猜测预测函数的形式。这种方式有时是不科学的，但是在缺乏进一步资料的情况下，拟合手段也许已经是最好的手段。

Leslie 矩阵预测模型可以说是马尔可夫模型中的一种。这个模型考虑种群的年龄结构，种群的数量主要由总量的固有增长率决定。但是，不同年龄结构动物的繁殖率和死亡率有着明显的不同，为了更精确地预测种群的增长，建立按年龄分组的种群增长预测模型。这个向量形式的差分方程是 Leslie 在 20 世纪 40 年代用来描述女性人口变化规律，虽然这个模型仅考虑女性人口的发展变化，但是一般男女人口的比例变化不大。

假设女性最大寿命为 s 岁，并将其分为 n 个年龄组。设第 i 组人数为 $x_i(i=1,2,\cdots,n)$，称 $x=(x_1,x_2,\cdots,x_n)^T$ 为女性人口年龄分布向量。每隔 $\frac{s}{n}$ 年观察一次，不考虑同一时间间隔内的变化。这里只考虑由生育、老化和死亡引起的人口演变，而不考虑迁移、战争、意外灾难等社会因素的影响。

设第 i 组女性的女婴生殖率为 a_i，存活率为 b_i。假设 a_i，b_i 在同一时间间隔内不变。t_k 时第一组女性的总数 $x_1^{(k)}$ 是 t_{k-1} 时各组女性所生育的女婴的总数，即

$$x_1^{(k)}=a_1x_1^{(k-1)}+a_2x_2^{(k-1)}+\cdots+a_nx_n^{(k-1)}$$

t_k 时第 $i+1$ 组女性人数 $x_{(}^{(k)}i+1)$ 是第 i 组的女性经 $\frac{s}{n}$ 年存活下来的人数，即：

$$x_{i+1}^{(k)}=b_ix_i^{(k-1)},i=1,2,\cdots,n-1$$

用矩阵将上两式表示为：

$$\begin{pmatrix}x_1^k\\x_2^k\\x_3^k\\\vdots\\x_n^k\end{pmatrix}=\begin{bmatrix}a_1&a_2&\cdots&a_{n-1}&a_n\\b_1&0&\cdots&0&0\\0&b_2&\cdots&0&0\\\vdots&\vdots&\ddots&0&0\\0&0&\cdots&b_{n-1}&0\end{bmatrix}\begin{pmatrix}x_1^{k-1}\\x_2^{k-1}\\x_3^{k-1}\\\vdots\\x_n^{k-1}\end{pmatrix},L=\begin{bmatrix}a_1&a_2&\cdots&a_{n-1}&a_n\\b_1&0&\cdots&0&0\\0&b_2&\cdots&0&0\\\vdots&\vdots&\ddots&0&0\\0&0&\cdots&b_{n-1}&0\end{bmatrix}$$

称 L 为 Leslie 矩阵，用上式可算出相应时间各年龄组人口总数，人口增长率以及各年龄组人口占总人口的百分比。利用 Leslie 模型分析人口增长，发现观察时间充分长后人口增长率和年龄分布结构均趋于一个稳定状态，这与矩阵 L 的特征值、特征向量有关。

矩阵 L 有唯一的单重正特征值 λ_1，对应的特征向量为：

$$x_1=(1,\frac{b_1}{\lambda_1},\frac{b_1b_2}{\lambda_1^2},\cdots,\frac{b_1b_2\cdots b_{n-1}}{\lambda_1^{n-1}})^{\mathrm{T}}$$

若矩阵 L 的第一行有两个顺序元素 $a_i>0,a(i+1)>0$,则 L 的正特征值是严格优势特征值。这条在人口模型中是能保证的,所以 L 矩阵必有严格优势特征值。严格优势特征值有以下两个特点:

这表明时间充分大后,年龄分布向量趋于稳定,即各年龄组人数 $x_i^{(k)}$ 占总数 $\sum_{i=1}^{n}x_i^{(k)}$ 的百分比几乎等于特征向量中相应分量 x_i 占分量总和 $\sum_{i=1}^{n}x_i$ 的百分比。

同时,t_k 充分大后,人口增长率 $\frac{x_i^{(k+1)}-x_i^{(k)}}{x_i^{(k)}}$ 趋于 λ_1-1,或说 $\lambda_1>1$ 时,人口递增;$\lambda_1<1$ 时,人口递减;$\lambda_1=1$ 时,人口总数稳定不变。

例 7.10　饲料厂动物数量预测模型

某饲料场的某种动物所能达到的最大年龄为 6 岁,1990 年观测的数据如表 7-9 所示。问 1998 年各年龄组的动物数量及分布比例为多少?总数的增长率为多少?

表 7-9　饲料厂动物特征数据表

年龄	[0,2)	[2,4)	[4,6)
头数	160	320	80
生育数	0	4	3
存活率	0.5	0.25	0

解题思路

由所给表格得到动物 1990 年的年龄分布向量 $x^{(0)}$ 及 Leslie 矩阵 L 分别为:

$$x^{(0)}=\begin{pmatrix}160\\320\\80\end{pmatrix},L=\begin{pmatrix}0&4&3\\0.5&0&0\\0&0.25&0\end{pmatrix}$$

1998 年,动物年龄分布向量为:

$$x^{(4)}=L^4x^{(0)}=\begin{pmatrix}0&4&3\\0.5&0&0\\0&0.25&0\end{pmatrix}^4\begin{pmatrix}160\\320\\80\end{pmatrix}=\begin{pmatrix}1690\\1550\\70\end{pmatrix}$$

所以,1998 年动物总数为 3310 头;小于 2 岁的有 1690 头,占 51.06%;2～4 岁的有 1550 头,占 46.83%;4～6 岁的有 70 头,占 2.11%。增长总数为 2750 头,8 年总增长率为 491.07%。

例 7.11　加拿大人口预测模型

根据表 7-10 加拿大 1965 年的统计资料(由于大于 50 岁的妇女生育者极少,只讨论 0～50 岁之间的人口增长问题)。讨论加拿大人口状况与年龄结构。

表 7-10　加拿大人口特征数据表

年龄组 i	年龄区间	a_i	b_i
1	[0,5)	0.00000	0.99651
2	[5,10)	0.00024	0.99820
3	[10,15)	0.05861	0.99802
4	[15,20)	0.28608	0.99729
5	[20,25)	0.44791	0.99694
6	[25,30)	0.36399	0.99621
7	[30,35)	0.22259	0.99460
8	[35,40)	0.10459	0.99184
9	[40,45)	0.02826	0.98700
10	[45,50)	0.00240	—

解题思路

• Step 1　建立 L 矩阵

通过表 7-10,我们可以得到加拿大人口的 L 矩阵。

$$L=\begin{vmatrix} 0 & 0.00024 & 0.05861 & 0.28608 & 0.44791 & 0.36399 & 0.22259 & 0.10459 & 0.02826 & 0.00240 \\ 0.99651 & 0 & 0 & 0 & 0 & 0 & 0 & 0 & 0 & 0 \\ 0 & 0.99820 & 0 & 0 & 0 & 0 & 0 & 0 & 0 & 0 \\ 0 & 0 & 0.99802 & 0 & 0 & 0 & 0 & 0 & 0 & 0 \\ 0 & 0 & 0 & 0.99729 & 0 & 0 & 0 & 0 & 0 & 0 \\ 0 & 0 & 0 & 0 & 0.99694 & 0 & 0 & 0 & 0 & 0 \\ 0 & 0 & 0 & 0 & 0 & 0.99621 & 0 & 0 & 0 & 0 \\ 0 & 0 & 0 & 0 & 0 & 0 & 0.99640 & 0 & 0 & 0 \\ 0 & 0 & 0 & 0 & 0 & 0 & 0 & 0.99184 & 0 & 0 \\ 0 & 0 & 0 & 0 & 0 & 0 & 0 & 0 & 0.98700 & 0 \end{vmatrix}$$

• Step 2　计算 L 矩阵的特征向量于特征值

得到 $\lambda=1.0762$,对应的特征向量为:

$$x=[0.42569,0.39416,0.36559,0.33902,0.31416,0.29101,0.26938,0.24895,0.22943,0.21041]$$

如果加拿大妇女生育率和存活率保持 1965 年的状况,那么经过较长时间以后,50 岁以内的人口总数每 5 年将递增 7.622%,由特征向量可算得各年龄组人口占总人口的比例如图 7-8 所示。

```
MATLAB 程序设计 - Leslie
L = zeros(10,10); % 建立 L 矩阵,矩阵的维数取决于年龄段的数量;
L(1,:) = [0, 0.00024, 0.05861, 0.28608, 0.44791, 0.36399, 0.22259, 0.10459, 0.02826, 
0.0024]; % 输入各年龄段的繁殖力;
L(2,1) = 0.99651; L(3, 2) = 0.99820; L(4, 3) = 0.99802; L(5, 4) = 0.99729; L(6,5)
```

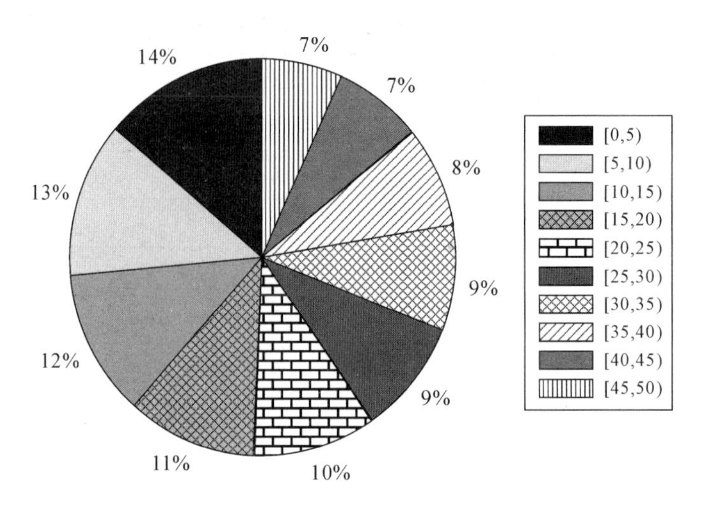

图 7-8 稳定后各年龄段所占百分比分布图

```
= 0.99729;
    L(7,6) = 0.99621;L(8,7) = 0.99460;L(9,8) = 0.99184;L(10,9) = 0.987;
    [V,D] = eig(L);%D为矩阵L的特征值,V为对应矩阵的特征向量;
    Ask1 = D(1);%需要得到的正特征值;
    Ask2 = V(:,1);%需要求得的对应得特征向量;
    Ask3 = V(:,1)/sum(V(:,1));%求出稳定后各年龄段相应的比例;
```

例 7.12 中国人口预测问题

人口问题是制约我国发展的关键因素之一。近年来中国的人口发展出现了一些新的特点,例如,老龄化进程加速、出生人口性别比持续升高,以及乡村人口城镇化等因素,这些都影响着中国人口的增长。试从中国的实际情况和人口增长的上述特点出发,参考给出的从《中国人口统计年鉴》上收集到的部分数据,建立中国人口增长的数学模型,并由此对中国人口增长的中短期和长期趋势做出预测;特别要指出你们模型中的优点与不足之处。

说明:本例题源自 2007 年全国大学生数学建模竞赛 A 题,相关附件可以从官网下载(www. mcm. edu. cn/upload _ cn/node/8/Gh5vJ2xLad24c9058fa34a216debe28c2a3289c1. rar)。

解题思路

Leslie 是一个向量形式的差分方程,可将微分函数离散化,在 20 世纪 40 年代用来描述女性人口变化规律。这里,先建立了基本的 Leslie 模型得到离散形式的女性人口模型以之来预测女性的人口数量。而后对基本的 Leslie 模型进行改进,用来预测男性的人口数量。

以 1 岁为一个年龄组,1 年为 1 个时段,即 k 年 i 岁的女性人数为 $x_i(k)$。设生育率与年龄、时间有关。记 k 年 i 岁女性生育率(每位女性平均生育的女儿数)为 $b_i(k)$,育龄区间为 $[i_1, i_2]$,同时设死亡率只与年龄有关,记 k 年 i 岁女性死亡率为 d_i,存活率为 s_i。$(k+1)$年第一个年龄组人口数量是 k 年各年龄组的生育数之和,即:

$$x_1(k+1) = \sum_{i=i_1}^{i_2} b_i x_i(k)$$

$(k+1)$年第$(i+1)$个年龄组的人口数量是时段k第i年龄组存活下来的数量，即：

$$x_{i+1}(k+1)=s_i x_i(k)$$

记女性人口按年龄的分布向量为：$x(k)=[x_1(k),x_2(k),\cdots,x_n(k)]^T$。

由生育率b_i和存活率s_i构成L矩阵为：

$$L=\begin{bmatrix} b_1 & b_2 & \cdots & b_{n-1} & b_n \\ s_1 & 0 & \cdots & 0 & 0 \\ 0 & s_2 & \cdots & 0 & 0 \\ \vdots & \vdots & \ddots & 0 & 0 \\ 0 & 0 & \cdots & s_{n-1} & 0 \end{bmatrix}$$

当L矩阵和按年龄组的初始分布向量$x(0)$已知时，可以预测任意k年人口按年龄组的分布为：

$$x(k)=L^k x(0)$$

对$b_i(k)$进一步分解，可以得到如下形式：

$$\begin{cases} b_i(k)=\beta(k)h_i \\ \sum_{i=i_1}^{i_2} h_i=1 \\ \beta(k)=\sum_{i=i_1}^{i_2} b_i(k) \end{cases}$$

其中，$\beta(k)$是k年所有育龄女性平均生育的女儿数。若女性在育龄期所及的时间内保持生育率不变，则$\beta(k)$就是k年i_1岁的每位女性一生平均生育的女儿数，是控制人口数量的主要参数。

将L矩阵分解为存活率矩阵A_1和生育模式矩阵B，以A_1表示女性生存率矩阵，那么女性的生存率矩阵和生育率矩阵可分别表示为：

$$A_1=\begin{bmatrix} 0 & 0 & \cdots & 0 & 0 \\ s_{11} & 0 & \cdots & 0 & 0 \\ 0 & s_{12} & \cdots & 0 & 0 \\ \vdots & \vdots & \ddots & 0 & 0 \\ 0 & 0 & \cdots & s_{1(n-1)} & 0 \end{bmatrix}$$

$$B=\begin{bmatrix} 0 & \cdots & 0 & h_{i_1} & \cdots & h_{i_2} & 0 & \cdots & 0 \\ 0 & \cdots & \cdots & \cdots & \cdots & \cdots & \cdots & \cdots & 0 \\ \vdots & \cdots & \cdots & \cdots & \cdots & \cdots & \cdots & \cdots & \vdots \\ 0 & \cdots & \cdots & \cdots & \cdots & \cdots & \cdots & \cdots & 0 \end{bmatrix}$$

女性人口的递推方程可表示为：

$$x(k+1)=A_1 x(k)+\beta_1(k)Bx(k)$$

根据统计资料可以知道人口的初始分布$x(0)$，就可以用存活率和生育模式矩阵以及生育率$\beta(k)$来预测未来女性的人口数量。

同样可以得到男性的存活率矩阵，如下所示：

$$A_1=\begin{bmatrix}0 & 0 & \cdots & 0 & 0\\ s_{21} & 0 & \cdots & 0 & 0\\ 0 & s_{22} & \cdots & 0 & 0\\ \vdots & \vdots & \ddots & 0 & 0\\ 0 & 0 & \cdots & s_{2(n-1)} & 0\end{bmatrix}$$

男性的数量由男性的生存率和女性生育的男婴数决定。则时段 $k+1$ 的男性人数可表示为：

$$y(k+1)=A_2y(k)+\beta_2(k)Bx(k)$$

这样就可得到男性和女性的人口数量，将两者相加，就可进而预测某一区域人口的总的数量。将实际数据代入上式进行估算，并将 2001—2005 年实际数据与预测数据进行比较，如表 7-11 所示。

表 7-11　2001—2005 年中国人口预测数据表　　单位：万

年份	2001	2002	2003	2004	2005
实际人口	127627	128453	129227	129990	130660
预测人口	121450	123020	124480	125870	127190

7.7　思考题

1. 设有一座核电站遇自然灾害发生泄漏，浓度为 $p(0)$ 的放射性气体以匀速排出，速度为 m kg/s，在无风的情况下，匀速在大气中向四周扩散，速度为 s m/s。

请你建立一个描述核电站周边不同距离地区、不同时段放射性物质浓度的预测模型。当风速为 k m/s 时，给出核电站周边放射性物质浓度的变化情况。当风速为 k m/s 时，分别给出上风和下风 Lkm 处，放射性物质浓度的预测模型。

将你建立的模型应用于福岛核电站的泄漏，计算出福岛核电站的泄漏对我国东海岸，及美国西海岸的影响。

计算所用数据可以在网上搜索或根据具体情况自己模拟。

2011 年 3 月 11 日，日本遭受了 9 级大地震并引发了强烈的海啸。这次大地震及其引发的海啸不仅给日本以重创，而且由此造成的福岛核电站的核泄漏更是引起了全世界对核电站及其安全的重新思考。

请从互联网或报刊上搜集有关数据，根据这些数据建立评估核电站安全的数学模型。考虑：

随着人们生活水平的提高，用电量大幅增加，假设不建设核电站，用电量和发电量之间的差距有多大？建设一个某种规格的核电站能提供多少电力？建设核电站的经济成本和效益如何？目前国内有几个核电站、在建或准备建设的有几个？也就是要求建立建设核电站必要性的数学模型并分析。

以秦山或大亚湾核电站为例(选一个),如果这些地方出现了严重的自然灾害造成了核泄漏(需要你自己做出合理假设),那么,在一定气象条件(一定风向、风力、下雨等)的情况下建立核扩散的数学模型,并讨论对周围多大范围的居民进行疏散以及其他的应对措施和可能的后果。

2. 世界医学协会日前宣布,其新的药物可以阻止埃博拉病毒和治愈不严重的患者。因此,建立一个现实的、合理的,并且考虑制造的疫苗或药物的有用模型所涉及的方面,这不仅是这种疾病的传播、药物的所需要的数量、可能的可行运输系统(要送到所需的地方)、运输位置(给药地点)、制造的疫苗或药物的速度,但也可以是任何你的团队认为有必要为模型做贡献的其他关键因素,以便优化消灭埃博拉病毒或者至少抑制其目前治疗的压力。除了大赛的建模方法,你的队伍还需要准备为世界医学协会发表公告的一份 1～2 页非技术性的信。

3. 位于非洲某国的国家公园中栖息着近 11000 头大象。管理者要求有一个健康稳定的环境以便维持这个 11000 头大象的稳定群落。管理者逐年统计了大象的数量,发现在过去的 20 年中,整个大象群经过一些偷猎枪杀以及转移到外地还能保持在 11000 头的数量,而其中每年有近 600 头到 800 头是被转移的。由于近年来,偷猎被禁止,而且每年要转移这些大象也比较困难,现决定采取避孕注射法以维持大象数量的平衡。我们已知此公园近两年内从这个地区运出的大象的大致年龄和性别的统计。根据这些信息我们需要解决以下问题:

探讨年龄在 2 岁到 60 岁之间的象群合理的存活率模型,推测这个大象群落当前的年龄结构。估计每年有多少母象要注射避孕药,可以使象群固定在 11000 头左右。这里不免有些不确定性,是否能估计这种不确定性的影响。大象的年龄和性别统计表如表 7-12 所示。

表 7-12　大象的年龄和性别统计表

前一年的情况						前两年的情况					
年龄	大象头数	母象头数	年龄	大象头数	母象头数	年龄	大象头数	母象头数	年龄	大象头数	母象头数
1	0	0	31	3	0	1	0	0	31	13	7
2	0	0	32	5	2	2	20	10	32	16	12
3	0	0	33	8	5	3	21	12	33	13	6
4	3	2	34	12	3	4	13	3	34	10	6
5	4	1	35	10	4	5	12	5	35	10	0
6	7	2	36	3	1	6	13	4	36	12	8
7	20	10	37	7	3	7	22	4	37	16	5
8	9	2	38	14	2	8	14	7	38	12	2
9	15	7	39	10	0	9	40	21	39	10	4
10	9	3	40	16	12	10	14	8	40	12	6
11	22	12	41	21	11	11	26	10	41	19	10

续表

前一年的情况						前两年的情况					
年龄	大象头数	母象头数	年龄	大象头数	母象头数	年龄	大象头数	母象头数	年龄	大象头数	母象头数
12	3	1	42	13	4	12	13	10	42	13	7
13	23	13	43	10	6	13	14	4	43	24	10
14	5	2	44	12	4	14	27	12	44	17	10
15	13	6	45	6	4	15	3	1	45	16	4
16	21	10	46	3	2	16	14	3	46	25	12
17	0	0	47	6	0	17	12	8	47	12	3
18	22	12	48	9	3	18	20	10	48	45	23
19	14	6	49	13	2	19	25	11	49	23	12
20	5	4	50	10	4	20	17	14	50	34	10
21	13	7	51	3	1	21	14	10	51	13	9
22	10	5	52	6	4	22	10	7	52	16	4
23	0	0	53	21	11	23	0	0	53	10	4
24	13	5	54	15	6	24	2	0	54	17	7
25	30	12	55	4	1	25	3	0	55	13	3
26	14	6	56	13	4	26	4	2	56	13	6
27	12	5	57	10	5	27	4	2	57	12	3
28	0	0	58	32	12	28	3	1	58	3	2
29	20	10	59	14	8	29	2	1	59	22	11
30	6	5	60	0	0	30	3	0	60	20	10

第八章　随机服务系统数学模型

排队是日常生活中经常遇到的现象。排队的目的是要求系统中的人或物为其服务，而一旦不能立即被服务就必然会形成排队。研究这些排队现象规律性的学科就是排队论，也被称为随机服务系统理论。

如果把要求服务的人或物称为顾客，把为顾客服务的人或物叫作服务机构（或者服务台）。顾客排队要求服务的过程或者现象称为排队系统或者服务系统。由于顾客到达的时刻与进行服务的时间一般来说都是随机的，所以服务系统又被称为随机服务系统。

虽然各种随机服务系统各不相同，但是他们都有三个共同部分组成：

输入过程　描述顾客来源以及顾客到达排队系统的规律。包括：顾客源中顾客的数量是有限还是无限；顾客到达的方式是单个到达还是成批到达；顾客相继到达的间隔时间分布是确定型还是随机型，分布参数是什么，是否独立，是否平稳。

排队规则　描述顾客排队等待的队列和接受服务的次序。包括：即时制还是等待制；等待制下队列的情况（单列还是多列，顾客能不能中途退出，多列时各列间的顾客能不能相互转移）；等待制下顾客接受服务的次序（先到先服务，后到先服务，随机服务，有优先权的服务）。

服务机构　描述服务台（员）的机构形式和工作情况。包括：服务台（员）的数目和排列情况；服务台（员）的服务方式；服务时间是确定型还是随机型，分布参数是什么，是否独立，是否平稳。

D. G. Kendall 在 1953 年提出了一种分类方法，按照系统的最主要、影响最大的三个特征要素进行分类，它们是顾客相继到达的间隔时间分布、服务时间的分布、并列的服务台个数。按照这三个特征要素分类的排队系统，用符号（称为 kendall 记号）表示为 $X/Y/Z$，其中 X 表示顾客相继到达的间隔时间分布、Y 表示服务时间的分布、Z 表示并列的服务台个数。如 $M/M/1$，表示顾客相继到达的间隔时间为负指数分布、服务时间为负指数分布、单服务台的模型。后来，1971 年在关于排队论符号标准化的会议上决定，将 Kendall 符号扩充为 $X/Y/Z/A/B/C$，其中前三项意义不变。A 处填写系统容量限制；B 处填写顾客源中的顾客数目；C 处填写服务规则（如先到先服务 FCFS，后到先服务 LCFS 等）。约定：如略去后三项，即指 $X/Y/Z/\infty/\infty/FCFS$ 的情形。

判断一个服务系统优劣的主要指标有以下几项：

队长　指在系统中的顾客数，它的期望值记作 L_s。排队长，指在系统中排队等待服务的顾客数，它的期望值记作 L_q。一般而言，L_s 或者 L_q 越大，说明服务质量越低。

逗留时间　指一个顾客在系统中的停留时间，它的期望值记作 W_s。等待时间指一个顾客在系统中排队等待的时间，它的期望值记作 W_q。逗留时间为等待时间与服务时间之和。

忙期　指从顾客到达空闲服务机构时起，到服务机构再次空闲时止这段时间的长度。

即服务机构连续工作的时间长度，它关系到服务员的工作强度和服务质量。

以 $P_n(t)$ 表示在时刻 t，系统的状态为 n（即服务系统中的顾客数为 n）的概率。计算 $P_n(t)$ 的方法可以通过输入过程、排队规则、服务机构的具体情况建立关于 $P_n(t)$ 的微分方程。

怎样由 $P_n(t)$ 的微分方程求解 $P_n(t)$ 关系到排队问题能否最终解决。一般来说，方程的瞬态解是不容易求得的，即使求得也很难利用。为了简化问题，可以用令 $P'_n(t)=0$ 的办法求解。这样就把微分方程转化为差分方程，而不再包含微分项。因为，这样意味着 $P_n(t)$ 被当作与时间 t 无关，因此也被称为稳态解。

所谓 $M/M/1$ 型排队问题是指输入过程服从泊松过程（到达的间隔时间为负指数分布），服务时间服从指数分布，服务机构为单服务台。为了深入讨论 $M/M/1$ 型排队模型，我们先对泊松流和指数分布的特点加以分析。

以 $N(t)$ 表示在时间区间 $[0,t)$ 内到达的顾客数，用 $P_n(t_1,t_2)$ 表示在时间区间 $[t_1,t_2)$ 内有 n 个顾客到达的概率，即 $P_n(t_1,t_2)=P\{N(t_2)-N(t_1)=n\}$。

顾客到达所形成的顾客流服从泊松分布，是指 $P_n(t_1,t_2)$ 满足下述 3 个条件：

无后效性　在不相重叠的时间区间内，到达系统的顾客是相互独立的；

平稳性　对充分小的 Δt，在时间区间 $[t,t+\Delta t)$ 内，有一个顾客到达的概率与 t 无关，而约与 Δt 成正比，即

$$P_1(t,t+\Delta t)=\lambda\Delta t+o(\Delta t)$$

其中，λ 表示单位时间内平均到达的顾客数。

普通性　对充分小的 Δt，在时间区间 $[t,t+\Delta t)$ 内，有两个或两个以上顾客到达的概率很小，可以忽略不计，即

$$\sum_{n=2}^{\infty}P_n(t,t+\Delta t)=o(\Delta t)$$

由无后效性可得：$P_n(0,t)=P_n(t)$，再由平稳性、普通性可得，在 $[t,t+\Delta t)$ 内没有顾客到达的概率为：

$$P_0(t,t+\Delta t)=1-\lambda\Delta t+o(\Delta t)$$

注意到 $[0,t+\Delta t)$ 可分为 $[0,t)$ 和 $[t,t+\Delta t)$ 两部分，利用全概率公式可得：

$$P_n(t+\Delta t)=P_n(t)(1-\lambda\Delta t)+P(n-1)\ (t)\lambda\Delta t+o(\Delta t)$$

两边同时除以 Δt，并令 $\Delta t\to 0$，便使得：

$$\begin{cases}\dfrac{\mathrm{d}P_n(t)}{\mathrm{d}t}=-\lambda P_n(t)+\lambda P_{n-1}(t)\\ P_0(0)=1\end{cases}$$

其中，$P_n(0)=0$ 为初始条件。当 $n=0$ 时，可得到：

$$\begin{cases}\dfrac{\mathrm{d}P_0(t)}{\mathrm{d}t}=-\lambda P_0(t)\\ P_0(0)=1\end{cases}$$

用分离变量法先求出 $P_0(t)$，然后再通过递推法，便可得到 $P_n(t)=\dfrac{(\lambda t)^n}{n!}\mathrm{e}^{-\lambda t}$。

当输入流是泊松流时，分析两个顾客相继到达的时间间隔 T 的概率分布。设 T 的分布函数 $F_T(t)$，那么：

$$F_T(t)=P\{T\leqslant t\}=1-P\{T>t\}=1-P_0(t)=1-e^{-\lambda t}$$

从而，顾客到达的时间间隔概率密度函数为：

$$f_T(t)=\frac{d}{dt}F_T(t)=\lambda e^{-\lambda t}$$

所以，顾客到达的时间间隔 T 具有期望为 λ^{-1} 的指数分布。在这里，直观上也容易理解：若平均到达率为 λ，那么平均到达时间间隔必为 λ^{-1}。反过来，也可以证明：如果顾客到达的时间间隔是相互独立的，并且具有相同的指数分布，那么输入流必是泊松流。故输入流是泊松流与顾客到达的时间间隔服从指数分布是等价的。

此外，一个顾客的服务时间 ν 也是一个随机变量，也就是忙期两个顾客相继离开系统的时间间隔。一般也服从指数分布，这可以通过前面类似的方法说明，只需把前面的输入流换成相同分布的输出流即可。设 ν 的概率分布函数和密度分别如下：

$$\begin{cases}F_\nu(t)=1-e^{-\mu t}\\ f_\nu(t)=\mu e^{-\mu t}\end{cases}$$

其中，μ 表示单位时间内被服务完的顾客数，也被称为平均服务率。

比值 $\rho=\dfrac{\lambda}{\mu}$ 有明确的含义，表示在相同时间区间内，顾客到达的平均数与被服务的顾客平均数之比；或者对相同的顾客数，服务时间之和的期望值与到达时间间隔之和的期望值之比。这个比值是刻画服务效率和服务机构利用程度的重要标志。称 ρ 为服务强度，显然，ρ 越小，服务质量越好。

顾客源无限，系统容量无限的 $M/M/1$ 模型

在输入过程中，顾客有无限多个，而且彼此相互独立地单独到来，到达过程是平稳的，到达的顾客流服从泊松分布。服务规则要求单队，且队伍长度没有限制，先到先服务。服务机构为单服务台，对各个顾客的服务时间是相互独立的，且服从相同的指数分布。

设顾客的到达时间服从参数为 λ 的泊松分布，而服务时间服从参数为 μ 的指数分布，这样在时间区间$[t,t+\Delta t)$内，有一个顾客到达的概率为 $\lambda\Delta t+o(\Delta t)$，没有顾客到达的概率为 $1-\lambda\Delta t+o(\Delta t)$；当顾客接受服务时，一个顾客被服务完离去的概率为 $\mu\Delta t+o(\Delta t)$，没有顾客被服务完离去的概率为 $1-\mu\Delta t+o(\Delta t)$。多于一个顾客的到达或者离去的概率为 $o(\Delta t)$。

$$\begin{aligned}P_n(t+\Delta t)=&P_n(t)(1-\lambda\Delta t+o(\Delta t))(1-\mu\Delta t+o(\Delta t))+P_n(t)(\lambda\Delta t+o(\Delta t))(\mu\Delta t\\&+o(\Delta t))+P(n+1)(t)(1-\lambda\Delta t+o(\Delta t))(\mu\Delta t+o(\Delta t))+P(n-1)\\&(t)(\lambda\Delta t+o(\Delta t))(1-\mu\Delta t+o(\Delta t))\end{aligned}$$

$$P_n(t+\Delta t)=P_n(t)(1-\lambda\Delta t-\mu\Delta t)+P(n+1)(t)\mu\Delta t+P(n-1)(t)\lambda\Delta t+o(\Delta t)$$

$$P_n(t+\Delta t)-P_n(t)=-P_n(t)(\lambda\Delta t+\mu\Delta t)+P(n+1)(t)\mu\Delta t+P(n-1)(t)\lambda\Delta t+o(\Delta t)$$

两边同时除以 Δt，并令 $\Delta t\to 0$，便使得：

$$\frac{dP_n(t)}{dt}=-\lambda P_n(t)+\mu P(n+1)(t)-(\lambda+\mu)P_n(t)$$

当 $n=0$ 时，类似地可得到：

$$\frac{dP_0(t)}{dt}=-\lambda P_0(t)+\mu P_1(t)$$

从$\dfrac{dP_n(t)}{dt}=0$ 的稳态解，可以得到差分方程如下：

$$\begin{cases}-\lambda P_{n-1}(t)+\mu P_{n+1}(t)-(\lambda+\mu)P_n(t)=0\\-\lambda P_0(t)+\mu P_1(t)=0\end{cases}$$

由此,便可以求得 P_n 的表达式如下:

$$P_n=(\frac{\lambda}{\mu})^n P_0=\rho^n P_0$$

如果,我们设 $\rho=\frac{\lambda}{\mu}<1$,且有条件 $\sum_{n=0}^{\infty}P_n=1$,于是可以得到系统中有 n 个顾客的概率:

$$\sum_{n=0}^{\infty}P_n=\sum_{n=0}^{\infty}\rho^n P_0=\frac{P_0}{1-\rho}=1$$

$$\begin{cases}P_0=1-\rho\\P_n=(1-\rho)\rho^n\end{cases}$$

①系统中的平均顾客数,即队列长的期望值 L_s 计算方法如下:

$$L_s=\sum_{n=0}^{\infty}nP_n=\sum_{n=0}^{\infty}n(1-\rho)\rho^n=(1-\rho)\sum_{n=0}^{\infty}n\rho^n=\rho(1-\rho)\sum_{n=0}^{\infty}n\rho^{n-1}$$

$$L_s=\rho(1-\rho)\sum_{n=0}^{\infty}\frac{\mathrm{d}\rho^n}{\mathrm{d}\rho}=\rho(1-\rho)\frac{1}{(1-\rho)^2}=\rho\frac{1}{(1-\rho)}=\frac{\lambda}{\mu-\lambda}$$

②队列中的平均顾客数,即队列长的期望值 L_q 计算方法如下:

$$L_q=\sum_{n=0}^{\infty}(n-1)P_n=\sum_{n=0}^{\infty}nP_n-\sum_{n=0}^{\infty}P_n=L_s-\rho=\frac{\rho^2}{1-\rho}=\frac{\rho\lambda}{\mu-\lambda}$$

③一个顾客在系统中逗留时间的期望值 W_s 计算方法如下:

当输入流是参数为 λ 的泊松流,服务时间服从以参数为 μ 的指数分布时,一个顾客在系统中的逗留时间 W 应服从参数为 $\mu-\lambda$ 的指数分布。

$$W_s=E(W)=\frac{1}{\mu-\lambda}$$

顾客源无限,系统容量有限的 M/M/1 模型

此模型与第一个模型相比较,只是把容量无限变成容量有限制为 N,所以当 $n<N$ 时,微分方程仍然适用。

$$P_n(t+\Delta t)=P_n(t)(1-\lambda\Delta t+o(\Delta t))(1-\mu\Delta t+o(\Delta t))+P_n(t)(\lambda\Delta t+o(\Delta t))(\mu\Delta t+o(\Delta t))+P(n+1)(t)(1-\lambda\Delta t+o(\Delta t))(\mu\Delta t+o(\Delta t))+P(n-1)(t)(\lambda\Delta t+o(\Delta t))(1-\mu\Delta t+o(\Delta t))$$

现在仅考虑 $n=N$ 的情况,利用全概率公式可以得到:

$$P_N(t+\Delta t)=P_N(t)(1-\mu\Delta t+o(\Delta t))+P(N-1)(t)(\lambda\Delta t+o(\Delta t))(1-\mu\Delta t+o(\Delta t))+o(\Delta t)$$

经过类似的处理,可得到:

$$\frac{\mathrm{d}P_N(t)}{\mathrm{d}t}=\lambda P(N-1)(t)-\mu P_N(t)$$

从而得到稳态的差分方程为:

$$\begin{cases}P_1=\rho P_0\\P_{n+1}+\rho P_{n-1}=(1+\rho)P_n\\P_N=\rho P_{N-1}\end{cases}$$

注意到 $\sum_{n=0}^{\infty} P_n = 1$，解此差分方程可以得到：

$$\begin{cases} P_0 = \dfrac{1-\rho}{1-\rho^{N+1}} \\ P_n = \dfrac{(1-\rho)\rho^n}{1-\rho^{N+1}} \end{cases}$$

①系统中的平均顾客数，即队列长的期望值 L_s 计算方法如下：

$$L_s = \sum_{n=0}^{\infty} nP_n = \frac{\rho}{1-\rho} - \frac{(N+1)\rho^{N+1}}{1-\rho^{N+1}}$$

②队列中的平均顾客数，即队列长的期望值 L_q 计算方法如下：

$$L_q = \sum_{n=0}^{\infty} (n-1)P_n = L_s - (1-P_0)$$

③一个顾客在系统中逗留时间的期望值 W_s 计算方法如下：

平均到达率是在系统有空时的平均到达率。当系统已满时，则到达率为0。因此需求出有效到达率 λ_e。因为正在被服务的顾客的平均数为：

$$1-P_0 = \frac{\lambda_e}{\mu}$$

$$\lambda_e = \mu(1-P_0) = \mu\left(1-\frac{1-\rho}{1-\rho^{N+1}}\right) = \mu\rho\,\frac{1-\rho^N}{1-\rho^{N+1}} = \lambda(1-P_N)$$

由著名的 Little 公式可以得到：

$$W_s = \frac{L_s}{\lambda_e} = \frac{L_s}{\mu(1-P_0)}$$

④一个顾客在队列中等待时间的期望值 W_q 计算方式如下：

$$W_q = W_s - \frac{1}{\mu} = \frac{\rho}{\mu-\lambda}$$

生灭模型

除了平均到达率和平均服务率与系统中顾客数有关外，其他条件均与模型一样。假设平均到达率和平均服务率分别为 λ_n 与 μ_n。

$$\begin{cases} (-(\lambda_n+\mu_n)P_n(t) + \mu_{n+1}P_{n+1}(t) + \lambda_{n-1}P_{n-1}(t) = 0 \\ -\lambda_0 P_0(t) + \mu_1 P_1(t) = 0 \end{cases}$$

通过递推公式求解，便可以得到如下关系：

$$\begin{cases} P_0 = \left[1 + \sum_{n=1}^{\infty} \prod_{i=0}^{n-1} \left(\dfrac{\lambda_i}{\mu_{i+1}}\right)\right]^{-1} \\ P_n = \prod_{i=0}^{n-1} \left(\dfrac{\lambda_i}{\mu_{i+1}}\right) P_0) \end{cases}$$

①当 $\lambda_n = \lambda, \mu_n = \mu$ 时，显然：

$$P_n = \rho^n(1-\rho)$$

②当 $\lambda_n = \dfrac{\lambda}{n}, \mu_n = \mu$ 时，显然：

$$\begin{cases} P_0 = \left[1 + \sum_{n=1}^{\infty} \frac{\lambda^n}{n!\mu^n}\right]^{-1} = \left[1 + \rho + \frac{\rho^2}{2!} + \cdots\right] = e^{-\rho} \\ P_n = \left(\frac{1}{n!}\rho^n\right) e^{-\rho} \end{cases}$$

③当 $\lambda_n = \lambda, \mu_n = n\mu$ 时，显然：

$$\begin{cases} P_0 = \left[1 + \sum_{n=1}^{\infty} \frac{\lambda^n}{n!\mu^n}\right]^{-1} = \left[1 + \rho + \frac{\rho^2}{2!} + \cdots\right] = e^{-\rho} \\ P_n = \left(\frac{1}{n!}\rho^n\right) e^{-\rho} \end{cases}$$

④当 $\lambda_n = (m-n)\lambda, \mu_n = n\mu$ 时，显然：

$$\begin{cases} P_0 = \left[\sum_{i=0}^{\infty} \frac{m!}{(m-i)!}\left(\frac{\lambda}{\mu}\right)^i\right]^{-1} \\ P_n = \frac{m!}{(m-n)!}\left(\frac{\lambda}{\mu}\right)^n P_0 \end{cases}$$

例 8.1　银行服务系统评价

排队叫号机已经融入到了银行服务中，但是最近在广州出现的银行不使用排队机进行叫号却让人感觉非常奇怪，以至于有时排队长达 10 米。到底是排队的效率高还是叫号的效率高呢？这是一个值得众多商家和用户思考的一个问题，不要我们使用了排队系统，反而降低了效率，那就适得其反了。

银行方面对此回应是排队比叫号效率高可避免"飞号"现象，但来办业务的众多老人都表示长久站立有些吃不消。某银行支行人士告诉记者，银行采用"叫号"服务是想减少储户排队之苦，还可避免储户信息外泄等。但是，在实际操作中他们发现，不少市民在拿到号后去买菜、逛商场，造成"飞号"现象频繁发生，甚至引起其他客户不满和不必要的纠纷；"有的一去不回，工作人员连叫数次无人应答；有的在错过叫号后又要求插队，常引起不少纷争。"

为了评价银行叫号系统与排队系统的服务效率，我们对银行的顾客到达情况进行了统计，统计了某银行大型网点约 4 个月(18 个完整周)全部工作日各时段顾客的到达总人数和一周内各天到达总人数分布(如表 8-1,8-2 所示)。该银行的营业时间为 8:00am—6:00pm

表 8-1　全部工作日各时间段顾客的到达人数分布

时间	8:00	9:00	10:00	11:00	12:00	13:00	14:00	15:00	16:00	17:00
人数	1608	5876	7202	5592	4313	3828	7321	7134	4128	2354

表 8-2　全部工作日到达总人数一周内分布

日期	周一	周二	周三	周四	周五	周六	周日
人数	9183	8327	8232	7067	8886	3866	3795

针对以上情形，请完成以下任务：从顾客满意率、银行成本、服务内容等出发，建立模型分析此网点应该如何设置服务窗口开放情况(可另行收集或合理假设需要的数据)。分析两

种系统的服务效率（叫号服务系统、排队服务系统），你是否有更加合理的服务系统可以建议。

解题思路

顾客的到达近似是参数为 λ 的泊松流，则顾客到达的时间间隔序列独立，服从相同参数 λ 的负指数分布。

$$F(t)=1-e^{-\lambda t}$$

顾客的离开近似是参数为 μ 的泊松流，则顾客所需的服务时间序列独立，服从相同参数 λ 的负指数分布。

$$G(t)=1-e^{-\mu t}$$

由概率论知识可知，这两个负指数分布的期望值分别为其参数 λ,μ。所以可知参数 λ 的意义即为系统单位时间的平均到达率，参数 μ 的意义即为服务台单位时间的平均服务率。

时刻 t 系统中的顾客数为 $N(t)$，也为时刻系统的队列长。令经过 Δt 时间队列长从 i 变到 j 的概率为：

$$p_{ij}(\Delta t)=\begin{cases}\lambda\Delta t+o(\Delta t), j=i+1\\ \mu\Delta t+o(\Delta t), j=i-1\\ o(\Delta t), \ |i-j|\geqslant 2\end{cases}$$

令 $\rho=\dfrac{\lambda}{\mu}$，称 ρ 为系统的服务强度。由生灭定理知，当 $\rho<1$ 时系统是处于平衡稳定状态的，而模型就是以 $\rho<1$ 这一平衡条件为前提条件。

可用平均逗留时间 W_s 或平均等待时间 W_q 来衡量银行承诺与绩效之间的差距，以作为满意度量化的重要指标。每个顾客都希望这段时间越短越好。同样需要确定这个随机变量的分布或至少能知道顾客最关心期待的等待时间域。传统排队理论认为所有到达的顾客都愿意一直等下去，直到服务终止，因而等待时间服从负指数分布。然而实际数据表明，顾客等待时间和放弃行为与等待耐心的程度有关。

假设系统中有 c 个服务台独立地并行服务，并且效率一样，当顾客到达时，若有空闲服务台便立刻接受服务，若没有空闲服务台，则排队等待。设顾客的平均等待时间为 t_0，则满足 $W_q=t_0$ 时有一 c 值，若 c 取$[c]$时，平均等待时间太长（$t>t_1$）或 $\rho>1$，则取$[c]+1$；否则取$[c]$。

行为学家发现，无序排队是影响客户流失的一条主要原因。等候超过 10min，情绪开始急躁；超过 20min，情绪表现厌烦；超过 40min，常因恼火而离去。行为学家的这一研究成果在中国工商银行调查中得到验证：让客户等 10min 的代价，是要流失 20%～30%的客户。求解中取顾客理想平均耐心等待时间为 $t_0=10$min，顾客平均等待时间极限为 $t_1=30$min。

在学校附近的中国工商银行网点进行调查统计得知服务台平均 3 分钟完成一个顾客的办理内容，取服务率为 $\mu=0.35$。通过以理想等待时间为 10min 标准算出一个 c（此 c 可能为小数或整数）。根据此原则用 MATLAB 软件编程求解，得出表 8-3 结论：

表 8-3 该网点不同时段开设的窗口数

	8:00	9:00	10:00	11:00	12:00	13:00	14:00	15:00	16:00	17:00
星期一	1	4	4	4	3	3	4	4	3	2
星期二	1	3	4	3	3	2	4	4	3	2
星期三	1	3	4	3	3	2	4	3	3	2
星期四	1	3	3	3	2	2	4	3	2	2
星期五	1	4	4	3	3	3	4	4	3	1
星期六	1	2	2	2	1	1	2	2	1	1
星期天	1	2	2	2	1	1	2	2	1	1

对于叫号排队系统，时刻 t 系统中的顾客数为 $N(t)$，也为时刻系统的队列长。令经过 Δt 时间队列长从 i 变到 j 的概率为：

$$p_{ij}(\Delta t)=\begin{cases}\lambda\Delta t+o(\Delta t), & j=i+1\\ \mu\Delta t+o(\Delta t), & j=i-1,i<c\\ c\mu\Delta t+o(\Delta t), & j=i-1,i\geqslant c\\ o(\Delta t), & |i-j|\geqslant 2\end{cases}$$

令 $\rho=\dfrac{\lambda}{\mu}$，$\rho_c=\dfrac{\lambda}{c\mu}$，由生灭定理知，$\rho_c<1$ 时排队系统稳定。

$$P_j=\begin{cases}\dfrac{1}{j\,!}\rho^j\left[\sum\limits_{i=0}^{c-1}\dfrac{\rho^i}{i\,!}+\dfrac{c\rho^c}{c\,!(c-\rho)}\right]^{-1}, & j<c\\ \dfrac{1}{c^{j-c}c\,!}\rho^j\left[\sum\limits_{i=0}^{c-1}\dfrac{\rho^i}{i\,!}+\dfrac{c\rho^c}{c\,!(c-\rho)}\right]^{-1}, & j\geqslant c\end{cases}$$

根据公式用 MATLAB 软件求解得到排队模型和叫号模型平均等待时间如表 8-4 所示。得到结论：叫号系统比排队系统效率高。

表 8-4 两种模型的平均等待时间对比数据表

	等待时间	星期一	星期二	星期三	星期四	星期五	星期六	星期天
8:00	排队	12.13	7.14	7.14	4.64	9.15	1.43	1.43
	叫号(无空号)	12.13	7.14	7.14	4.64	9.15	1.43	1.43
9:00	排队	7.57	19.65	19.65	8.39	6.86	5.14	4.20
	叫号(无空号)	1.22	5.78	5.78	2.1	1.06	2.01	1.57
10:00	排队	21.13	11.26	11.26	27.14	17.14	8.05	8.05
	叫号(无空号)	4.49	2.09	2.09	8.25	3.50	3.42	3.42
11:00	排队	6.37	15.70	13.51	6.62	27.14	3.81	3.81
	叫号(无空号)	0.96	4.47	3.76	1.55	8.25	1.39	1.39
12:00	排队	7.14	5.44	4.97	12.15	6.62	27.17	27.17
	叫号(无空号)	1.71	1.19	1.05	5.43	1.55	27.17	27.17

续表

	等待时间	星期一	星期二	星期三	星期四	星期五	星期六	星期天
13:00	排队	4.97	17.14	15.05	7.14	4.64	12.1354	12.14
	叫号(无空号)	1.05	7.91	6.87	2.98	0.95	12.1354	12.14
14:00	排队	27.15	13.14	12.14	6.37	21.14	9.14	8.05
	叫号(无空号)	5.98	2.54	2.30	0.96	4.50	3.95	3.42
15:00	排队	21.13	11.26	6.62	27.14	17.14	8.05	8.05
	叫号(无空号)	4.49	2.09	1.55	8.25	3.50	3.42	3.42
16:00	排队	6.14	4.64	4.64	10.48	5.71	17.14	17.14
	叫号(无空号)	1.40	0.95	0.95	4.61	1.27	17.14	17.14
17:00	排队	3.14	2.86	2.86	2.60	27.17	2.14	1.75
	叫号(无空号)	1.08	0.95	0.95	0.84	27.17	2.14	1.75

例 8.2　眼科病床的合理安排

医院就医排队是大家都非常熟悉的现象，它以这样或那样的形式出现在我们面前，例如，患者到门诊就诊、到收费处划价、到药房取药、到注射室打针、等待住院等，往往需要排队等待接受某种服务。

该医院眼科门诊每天开放，住院部共有病床 79 张。该医院眼科手术主要分为四大类：白内障、视网膜疾病、青光眼和外伤。附录中给出了 2008 年 7 月 13 日至 2008 年 9 月 11 日这段时间里各类病人的情况。

白内障手术较简单，而且没有急症。目前该院是每周一、三做白内障手术，此类病人的术前准备时间只需 1～2 天。做两只眼的病人比做一只眼的要多一些，大约占 60%。如果要做双眼是周一先做一只，周三再做另一只。外伤疾病通常属于急症，病床有空时立即安排住院，住院后第二天便会安排手术。

其他眼科疾病比较复杂，有各种不同情况，但大致住院以后 2－3 天内就可以接受手术，主要是术后的观察时间较长。这类疾病手术时间可根据需要安排，一般不安排在周一、周三。由于急症数量较少，建模时这些眼科疾病可不考虑急症。

该医院眼科手术条件比较充分，在考虑病床安排时可不考虑手术条件的限制，但考虑到手术医生的安排问题，通常情况下白内障手术与其他眼科手术(急症除外)不安排在同一天做。当前该住院部对全体非急症病人是按照先到先服务 FCFS(First come, First serve)规则安排住院，但等待住院病人队列却越来越长，医院方面希望你们能通过数学建模来帮助解决该住院部的病床合理安排问题，以提高对医院资源的有效利用。

问题一：试分析确定合理的评价指标体系，用以评价该问题的病床安排模型的优劣。

问题二：试就该住院部当前的情况，建立合理的病床安排模型，以根据已知的第二天拟出院病人数来确定第二天应该安排哪些病人住院。并对你们的模型利用问题一中的指标体系做出评价。

问题三：作为病人，自然希望尽早知道自己大约何时能住院。能否根据当时住院病人及等待住院病人的统计情况，在病人门诊时即告知其大致入住时间区间。

问题四：若该住院部周六、周日不安排手术，请你们重新回答问题二，医院的手术时间安排是否应做出相应调整？

问题五：有人从便于管理的角度提出建议，在一般情形下，医院病床安排可采取使各类病人占用病床的比例大致固定的方案，试就此方案，建立使得所有病人在系统内的平均逗留时间（含等待入院及住院时间）最短的病床比例分配模型。

说明：本例题源自 2009 年全国大学生数学建模竞赛 B 题，相关附件可以从官网下载（www. mcm. edu. cn/upload _ cn/node/10/OzE1IsMkcefd29298286cb60cbafa8b3fe4f9c30. doc）。

解题思路

排队论模型是通过数学方法定量地对一个客观复杂的排队系统结构和行为进行动态模拟研究，科学准确地描述排队系统的概率规律，排队论是运筹学的分支学科。医院的病床安排系统如果进行科学的模拟和系统的研究，从而对病床安排和住院手术安排进行最优设计，以获得反映系统本质特征的数量指标结果，进行预测、分析或评价，最大限度地满足患者及家属的需求，将有效避免资源浪费。

问题所考虑的排队系统是一个抢占型优先权服务机制下多类排队网络，其服务窗口由 79 张病床组成，每个服务窗口有一个无限容量的等待缓存，接受服务的病人的病情各不相同，服务内容包括安排入院、进行手术和术后观察。

此系统具有如下特征：输入过程：各类顾客单个到达，形成一个顾客流，一定时间内患者到达服从泊松分布。服务时间：患者得到安排住院时间服从负指数分布。服务窗口：C 个床位代表 C 个窗口，窗口之间并联服务。排队规则：服从等待制和优先权服务，即当一个病患进入该系统时，如果该患者病种优先权等级比已经被安排床位的患者病种优先权等级高时，那个已经被安排床位但还没入院的患者将被终止服务直到比它优先权高的完成服务后，它才恢复未完成的服务。

各类患者病情不同：外伤（急症）病情比较紧急，需要首先安排入院，并要尽快进行手术，一般需要第二天进行手术；双眼白内障必须在间隔一天的三天内进行手术，且必需安排在周一和周三进行手术，术前准备时间一般为 1～2 天，最宜安排在周六和周日入院；单眼白内障也需在周一或周三进行手术，术前准备时间一般也为 1～2 天，宜安排在周六、周日、周一和周二入院；青光眼和视网膜疾病的手术时间都不能安排在周一和周三，其术前准备时间一般为 2～3 天，另外其术后观察时间比较长。根据患者病情不同，把四类患者分为急症、双眼白内障、单眼白内障、青光眼与视网膜疾病四个优先等级（从高到低）考虑，优先级类型用 m_i 标记。根据患者四个优先级类型建立抢占型优先权排队模型。

设同优先权等级类型的病人有相同的服务优先权，服从 FCFS 排队规则，当一个病患进入该系统时，如果该患者病种优先权等级比已被安排床位的患者病种优先权等级高时，那个已经被安排床位但还没入院的患者将被终止服务直到比他优先权高的完成服务后，他才恢复未完成的服务。

各优先权等级类型的病人的服务等级分别为：外伤（急症）m_1：只要有空床位就首先安排急症患者入院，安排其第二天进行手术。双眼白内障 m_2：优先权次于急症患者，只要最近的周六和周日有未安排的空位就安排其入院，如果是周六安排其入院，则相应的术前准备时间为 2 天；如果是周日安排其入院，则相应的术前准备时间为 1 天。单眼白内障 m_3：优先权次于双眼白内障患者，只要最近的周六、周日、周一和周二有未安排的空位就安排其入院，如果是周六和周一安排其入院，则相应的术前准备时间为 2 天；如果是周日和周二安排其入院，则相应的术前准备时间为 1 天。青光眼与视网膜疾病 m_4：优先权次于单眼白内障患者，只要最近日期有未安排的空位就安排其入院，如果是周六和周一安排其入院，则相应的术前准备时间为 3 天；其他时间内安排其入院相应的术前准备时间为 2 天。另外，从题中所给数据中可得出术后所需观察时间：外伤为 6 天、单眼白内障为 3 天、双眼白内障为 5 天、青光眼为 7 天、视网膜疾病为 10 天。然后，根据此模型安排入院时间和手术时间。

假设患者平均到达率为 λ，单个病床的平均服务率为 μ，整个机构平均服务率 $C\mu$，服务强度等于平均到达率与平均服务率之比 $\rho=\frac{\lambda}{C\mu}$，$P_n$ 为 C 个服务台在任意时刻有 n 个患者的概率，当平均到达率为 λ，平均服务率为 $C\mu$ 到达稳态系统时，得：

$$\begin{cases} P_0=\left[\sum_{k=0}^{C-1}\frac{1}{k!}\rho^k+\frac{1}{C!}\frac{1}{1-\rho}\rho^C\right]^{-1} \\ P_n=\begin{cases}\frac{1}{n!}\rho^n P_0, & n<C \\ \frac{1}{C!C^{n-1}}\rho^n P_0, & n\geqslant C\end{cases}\end{cases}$$

当系统在平衡状态时，平均队长为：$L=\frac{\rho(C\rho)^C}{C!\ (1-\rho)^2}P_0+\rho$；患者在队伍中的平均逗留时间：$W=\frac{L}{\lambda}=\frac{\rho(C\rho)^C}{C!\ (1-\rho)^2\lambda}P_0+\frac{1}{\mu}$；服务台闲期的平均长度：$I=\frac{1}{\lambda}$；忙期的平均长度：$B=LI=\frac{1}{\mu-\lambda}$。

根据该住院部当前已知的情况拟出院患者数，对模型进行程序设计，求得患者安排住院方案，统计 9 月 12 日至 9 月 20 日各类眼疾患者的入院人数如表 8-5 所示。

表 8-5　各类眼疾患者统计表

日期	12	13	14	15	16	17	18	19	20
外伤	1	0	0	0	0	0	0	0	0
白内障	0	20	6	0	9	0	0	0	15
青光眼	2	0	0	0	0	1	1	2	9
视网膜	3	0	0	2	0	3	3	9	15
总计	6	20	6	2	9	4	4	11	39

经计算可知，服务强度 $\rho=0.0108<1$，主要数量指标如下：$L=0.8571$，$W=0.7143$。服务窗口空闲时间的概率 $P_i=0.1429$，繁忙时间的概率 $P_b=0.8571$。根据以上数据指标可得：病床 85.71%的时间是处于被占用的，只有 14.29%的时间是空闲的；系统中包括排队等候和正在接受服务的所有患者为 0.8571 人；患者在系统中平均逗留时间为 0.7143 天。

考虑周六和周日不做手术这种情形。由分析可知：首先需避免入院后等待手术时间过长，如急症患者住院后第二天便会安排手术，则周五和周六不宜安排急症患者住院；其次，需尽可能缩短住院时间，如青光眼和视网膜疾病患者住院以后 2～3 天内就可以接受手术，但是术后的观察时间较长，而且一般不安排在周一、周三手术，所以青光眼和视网膜疾病患者不宜安排在周四和周五入院。由此考虑，周四时除急症外只安排给白内障患者住院，而周五时只安排给白内障患者住院。

本模型中还设计了对周六和周日不做手术这种特殊情况出现与不出现两种情形进行分别处理。若该住院部周六、周日不安排手术，则根据拟出院情况，求得病人安排住院方案，统计 9 月 12 日至 9 月 20 日各类眼疾患者的入院人数如表 8-6 所示，由表中可看出该模型中病床周转次数较快，床位效率指数较大。

表 8-6　各类眼疾患者入院表

日期	12	13	14	15	16	17	18	19	20
外伤	1	0	0	0	0	0	0	0	0
白内障	5	20	6	0	9	0	6	4	0
青光眼	0	0	0	1	0	1	0	2	11
视网膜	0	0	0	1	0	3	0	4	27
总计	6	20	6	2	9	4	6	10	33

计算服务强度 $\rho=0.008<1$，主要数量指标如下：$L=0.6316$，$W=0.5263$。服务窗口空闲时间的概率 $P_i=0.3684$，繁忙时间的概率 $P_b=0.6316$。

根据以上数据指标可得：病床 63.16％的时间是处于被占用的，只有 36.84％的时间是空闲的；系统中的患者数为 0.6316 人，包括排队等候的和正在接受服务的所有患者；患者在系统中平均逗留时间为 0.5263 天。

从便于管理的角度出发，在一般情形下，医院病床安排可采取按照各类病人占用病床的比例进行分类排队的方案。因为单眼白内障和双眼白内障病人所需住院时间不一样，把病人再细分为外伤、单眼白内障、双眼白内障、青光眼和视网膜疾病五类。设这五类病人的占用病床比例为 $x_1:x_2:x_3:x_4:x_5$。病人在系统内的平均逗留时间 T 主要由等待入院时间 ax_i、术前准备时间 bx_i 和术后观察时间 cx_i 决定。为了使得所有病人在系统内的平均逗留时间 T 最短，以 T 为目标函数，建立线性规划模型：

$$\min W=ax_i+bx_i+cx_i$$

首先，x_i 都不能超过 79 张，且 x_1,x_2,x_3,x_4,x_5 的和为 79。其次，考虑不同病症的病情、手术时间安排和术后观察时间长度等情况各不相同，术前准备时间长和术后观察时间长的病症因为病床周转慢，所以应多分配占用多一些床数，统计 2008 年 7 月 13 日到 2008 年 9 月 11 日的患者信息表，由表中可以得出 $x_2<x_4<x_1<x_3<x_5$。于是得出线性规划模型：

$$\min W=ax_i+bx_i+cx_i$$

$$\text{s.t.}\begin{cases} x_2<x_4<x_1<x_3<x_5 \\ \sum_{i=1}^{5}x_i=79 \\ 0<x_i<79 \end{cases}$$

根据平均逗留时间最短优化，得到各类病人占用病床的比例 $x_1:x_2:x_3:x_4:x_5$ 进行分配床数。根据这个床位占用比例建立分类排队模型。每一类病症作为一个独立的排队模型，按照 FCFS 的规则进行排队安排服务。

对线性规划模型用 LINGO 求解得到：$x_1:x_2:x_3:x_4:x_5=12:7:14:10:36$。根据拟出院情况，对分类排队模型用 MATLAB 求解，得到病人安排住院方案，统计 9 月 12 日至 9 月 20 日各类患者的入院人数如表 8-7 所示，由表中可知该模型中病床周转次数较快，床位效率指数较大。

表 8-7　各种眼疾患者入院表(调整后)

日期	12	13	14	15	16	17	18	19	20
外伤	1	0	0	0	0	0	0	0	0
白内障	2	9	3	1	3	2	5	6	11
青光眼	1	3	0	0	1	2	2	1	2
视网膜	2	8	3	1	5	0	3	3	5
总计	6	20	6	2	9	4	10	10	18

计算服务强度 $\rho=0.0108<1$，主要数量指标如下：$L=0.8571$，$W=0.7143$。服务窗口空闲时间的概率 $P_i=0.1429$，繁忙时间的概率 $P_b=0.8571$。

根据以上数据指标可得：病床 85.71%的时间是处于被占用的，只有 14.29%的时间是空闲的；系统中的患者数为 0.8571 人，包括排队等候的和正在接受服务的所有患者；患者在系统中平均逗留时间为 0.7143 天。

思考题

1. 随着 2001 年 9 月 11 日美国恐怖袭击的发生，世界范围内的机场都极大地加强了安检力度。机场有安检口用于扫描乘客以及他们的行李，检查是否有爆炸物及其他危险物品。这些安检措施的目标是为了防止乘客劫持或摧毁飞机，并保证所有乘客的旅途安全。但是，航空公司在通过最小化乘客排队安检以及等待飞机的时间使乘客拥有一个良好的飞行体验方面有着既定的利益。因此，在加强安检的同时，最小化给乘客带来不变的这个期望导致了一个紧张局面的产生。

2016 年间，超长时间的航线(尤其是在芝加哥奥黑尔国际机场的)受到了美国运输安全管理局(TSA)的强烈指责。随着公众关注度的提高，TSA 投入了一定资金用于改进他们的安检设备及过程，并在拥挤的机场增派了员工。虽然这些改进有效地减少了等待时间，但是 TSA 执行这些新的措施、增加新员工付出的代价有多大仍未可知。除了奥黑尔机场的问题，其他机场(包括那些等待时间通常很短暂的机场)同样会产生原因不明、无法预测的长航线事故。排队安检队伍之间差异对乘客来说代价可能会很大，因为他们不知道自己是到得过早了，还是很有可能错过自己的飞机。

TSA联系了你的内部控制管理团队(ICM),为了确定分散客流量的可能瓶颈来审查机场安检口及员工。他们对既能增加安检口客流量又能减少等待时间之间的差异的创造性解决办法尤其感兴趣,这一切都在保证原有的安保标准的前提下进行。

美国安检口目前的流程如下。A区:乘客随机抵达安检口并排队等待安检员检查他们的身份证与登机文件。B区:乘客随机移动到下一个开放的检查队伍,根据机场的预计活动水平开放相应的队伍。一旦乘客抵达队伍最前端,他们就要准备将自己的行李进行X光检查。乘客必须脱掉鞋子、皮带、夹克衫,拿出电子产品、液体容器并将他们放在一个箱子里进行单独的X光检查;手提电脑与某些医疗设备同样需要从包里拿出来并放在另一个箱子里。乘客的所有物品,包括以上提到的放置在箱子里的物品,都由传送带移动通过一台X光仪器,某些物品被分拣出来另外检查或由安检员搜查。D区:与此同时,乘客要经过一台微波扫描仪或是金属探测器。未通过这一步骤的乘客会由安检员进行全身拍摸检查。C区:乘客随即前进到X光仪器另一边的传送带收集自己的行李并离开安检区域。

将近45%的乘客注册了一个为可信赖乘客发起的称为预检的项目。这些乘客支付85美元接受背景调查,并享受为期五年的单独检查过程。一般每三个普通通道就会有一个预检通道,虽然使用预检流程的乘客较多。预检乘客和他们的行李通过的是一样的检查流程,只是在加快检查速度的设计上做出了一些改进。预检乘客同样需要移除电子与医疗设备及液体以待检查,但是无须脱下鞋子、皮带以及薄外套;他们同样不需要将电脑从包里取出来。

你的具体任务是:研制一个或多个模型供你探讨通过安检口的客流量并确定瓶颈。清楚指出当前流程中存在哪些问题区域。为增大客流量、减少等待时间的差异研制出两个或多个可能的改进方法。将这些改变模型化以便说明你的改进是如何影响过程的。

说明:本例题源自2017年美国大学生数学建模竞赛D题,相关附件可以从官网下载(http://www. comap. com/undergraduate/contests/mcm/contests/2017/problems/2017_ICM_Problem_D_Data. xlsx)。

2. 某大学食堂一周内的学生打饭人数统计表:

	周一	周二	周三	周四	周五	周六	周日
中午							
11:00至11:15	73	54	59	75	81	84	54
11:15至11:30	76	75	80	69	92	95	59
11:30至11:45	88	94	96	89	98	97	89
11:45至12:00	120	95	139	156	73	120	116
12:00至12:15	40	53	56	66	51	57	49
晚上							
17:00至17:15	28	40	35	54	62	35	51
17:15至17:30	33	45	59	58	83	57	51
17:30至17:45	59	81	71	99	70	78	70
17:45至18:00	75	83	79	80	65	82	74
18:00至18:15	68	63	62	51	58	65	57

请描述该食堂人流的模型;据调查发现该饭堂员工的服务每位同学所用的时间一般在35～55min之间,且该饭堂共有八个卖饭窗口,如果时常开设四个窗口卖饭,请分析其合理与否?

食堂多开设一个窗口会带来一定的支出费用,请建立模型描述该食堂开设多少窗口打饭最为合适。

3. 像Garden State Parkway,Interstate 95等这样的长途收费公路,通常是多行道的,被分成几条高速公路,在这些高速公路上每隔一定的间隔会设立一个通行税收费广场。因为征收通行税通常不受欢迎,所以应该尽量减少通过通行税收费广场引起的交通混乱给汽车司机带来的烦恼。

通常,收费亭的数量要多于进入收费广场的道路的数量。进入通行税收费广场的时候,流到大量收费亭的车辆呈扇形展开。当离开通行税收费广场的时候,车流将只能按照收费广场前行车道路的数量排队按次序通过!从而,当交通是拥挤时,拥挤在违背通行税收费广场上增加。当交通非常拥挤的时候,因为每车辆付通行费的时间要求,阻塞也会出现在通行税收费广场的入口处。

建立一个模型来确定在一个容易造成阻塞的通行税收费广场中应该部署的最优的收费亭的数量。需要保证每一个进入收费广场的交通线路上都仅有一个收费亭。与当今的实践相比较,在什么条件下这或多或少有效?

注意:“最佳”的定义由你自己决定。

第九章　统计分析数学模型

面对含有大量数据的实际问题时，往往需要或可以利用多元统计分析的方法去处理这些数据，建立多元统计数学模型。多元统计分析是运用数理统计方法来研究多指标问题的理论和方法。在采用多元统计分析进行数据处理、建立宏观或微观系统模型时，一般可以研究以下几个方面的问题。

1. 简化系统结构、探讨系统内核。可采用主成分分析、因子分析、对应分析等方法，在众多因素中找出各个变量最佳的子集合，用这个子集中所包含的信息来描述整个多变量的系统结果及各个因子对系统的影响。"从树木看森林"，抓住主要矛盾，把握主要矛盾的主要方面，舍弃次要因素，以简化系统的结构，认识系统的内核。

2. 构造预测模型，进行预报控制。在自然和社会科学领域的科研与生产中，探索多变量系统变化的客观规律及其外部环境的关系，进行预测预报，以实现对系统的最优控制，是应用多元统计分析的主要目的。用于预报控制的模型有两大类：一类是预测预报模型，通常采用多元回归分析、判别分析、双重筛选逐步回归分析等建模技术；另一类是描述性模型，通常采用聚类分析的建模技术。

3. 进行数值分类，构造分类模式。在多变量系统的分类中，往往需要将系统性质相似的事物或现象归为一类。以便找出他们之间的联系和内在规律性。过去许多研究多是按照单因素进行定性处理，以致处理结果反映不出系统的总特征。进行数值分类，构造分类模式一般采用聚类分析和判别分析技术。

如何选择适当的方法来解决问题，需要对问题进行综合考虑。对一个问题可以综合运用多种统计方法进行分析。但是由于数据量较大，目前一般都可以通过软件加以实现。专用的数理统计软件主要由以下几种：SAS、SPSS和DPS，通过输入数据，对数据进行一些指定操作就可以得到分析结果，而且容易掌握。因此适合于各个专业的学生进行学习。当然，也可以通过MATLAB或者C++进行求解。

9.1　聚类分析数学模型

聚类分析（又称群分析）是研究样品（或指标）分类问题的一种多元统计法。主要方法：系统聚类法、有序样品聚类法、动态聚类法、模糊聚类法、图论聚类法、聚类预报法等。这里主要介绍系统聚类法。

根据事物本身的特性研究个体分类的方法，原则是同一类中的个体有较大的相似性，不同类间的个体差异很大。根据分类对象的不同，分为样品（观测量）聚类和变量聚类两种。

样品聚类是对观测量(Case)进行聚类(不同的目的选用不同的指标作为分类的依据);变量聚类是找出彼此独立且有代表性的自变量,而又不丢失大部分信息。

按照远近程度来聚类需要明确两个概念:一个是点和点之间的距离,另一个是类和类之间的距离。点间距离有很多定义的方式。最简单的是欧氏距离,还有其他的距离,比如相似度等。两点相似度越大,就相当于距离越短。由一个点组成的类是最基本的类,如果每一类都由一个点组成,那么点间距离就是类间距离。但如果某一类包含不止一个点,那么就要确定类间距离。比如两类之间最近点之间的距离可以作为这两类之间的距离,也可以用两类中最远点之间的距离作为这两类之间的距离;当然也可以用各类的中心之间的距离作为类间距离。在计算时,各种点间距离和类间距离的选择可以通过统计软件的选项来实现。不同选择的结果会不同。

Q 型聚类分析常用的距离

记第 i 个样品 X_i 与第 j 个样品 X_j 之间距离 $d(X_i,X_j)\triangleq d_{ij}$,它满足以下条件:

$$\begin{cases} d_{ij}\geqslant 0, d_{ij}=0\Leftrightarrow X_i=X_j \\ d_{ij}=d_{ji} \\ d_{ij}\leqslant d_{it}+d_{tj} \end{cases}$$

通过计算可得一对称矩阵 $D=(d_{ij})_{n\times n}$,$d_{ii}=0$。d_{ij} 越小,说明 X_i 与 X_j 越接近。可以用作这里的距离有很多,常用的距离有以下三种:

绝对值距离:$d_{ij}=\sum_{\alpha=1}^{p}|X_{i\alpha}-X_{j\alpha}|$

欧氏距离:$d_{ij}=\sqrt{\sum_{\alpha=1}^{p}(X_{i\alpha}-X_{j\alpha})^2}$

马氏距离:$d_{ij}=(X_i-X_j)'\Sigma^{-1}(X_i-X_j)$　(Σ 为指标协差阵)

R 型聚类分析常用的相似系数

如果 c_{ij} 满足以下三个条件,则称其为变量 X_i 与 X_j 的相似系数:

$$\begin{cases} |c_{ij}|\leqslant 1 \\ |c_{ij}|=1\Leftrightarrow X_i=\alpha X_j \\ c_{ij}=c_{ji} \end{cases}$$

$|c_{ij}|$ 越接近于 1,则 X_i 与 X_j 的关系越密切。

常用的相似系数有以下两种:

夹角余弦(向量内积):$\cos\theta_{ij}=\dfrac{\sum_{\alpha=1}^{n}X_{\alpha i}X_{\alpha j}}{\sqrt{\sum_{\alpha=1}^{n}X_{\alpha i}^2}\sqrt{\sum_{\alpha=1}^{n}X_{\alpha j}^2}}$

相关系数:$r_{ij}=\dfrac{\sum_{\alpha=1}^{n}(X_{\alpha i}-\overline{X}_i)(X_{\alpha j}-\overline{X}_j)}{\sqrt{\sum_{\alpha=1}^{n}(X_{\alpha i}-\overline{X}_i)^2}\sqrt{\sum_{\alpha=1}^{n}(X_{\alpha j}-\overline{X}_j)^2}}$

聚类过程可以描述为:选取一种距离或相似系数作为分类统计量;计算任何两个样品 X_i 与 X_j 之间的距离或相似系数排成一个距离矩阵或相似系数矩阵;规定一种并类规则(距

离:越小越接近,相似系数:越大越接近)。

类与类之间距离定义法不同,产生了不同的系统聚类法:最短距离法、最长距离法、中间距离法、重心法、类平均法、可变类平均法、可变法、离差平方和法。他们的定义如下:

- 最短距离法:类之间距离为两类最近样品之间的距离。
- 最长距离法:类之间距离为两类最远样本之间的距离。
- 中间距离法:如果类与类之间的距离既不采用两者之间的最短距离也不采用两者之间的最长距离,而是采用两者之间的中间距离。
- 重心法:从物理观点看,类与类之间的距离可以用重心(该类样品的均值)之间的距离来代表。
- 类平均法:类重心法未能充分利用各样品的信息,为此可将两类之间距离平方定义为这两类元素两两元间的距离平方平均。

聚类可以通过软件 SPSS 实现,下面将结合实例介绍一些实现的简单步骤。

例 9.1 蠓虫的分类

两种蠓虫 Af 和 Apf 已由生物学家 W. L. Grogna 和 W. W. Wirth(1981 年)根据它们的触角长和翼长加以区分。现给出 9 只 Af 蠓和 6 只 Apf 蠓的数据表,根据给出的触角长和翼长识别出一只标本是 Af 还是 Apf 是重要的。给定一只 Af 族或 Apf 族的蠓虫,你如何正确地区分它属于哪一族?将你的方法用于触角长和翼长分别为(1.24,1.80),(1.28,1.84),(1.40,2.04)的三个标本。设 Af 是传粉益虫,Afp 是某种疾病的载体,是否应该修改你的分类方法,若需修改,如何改?

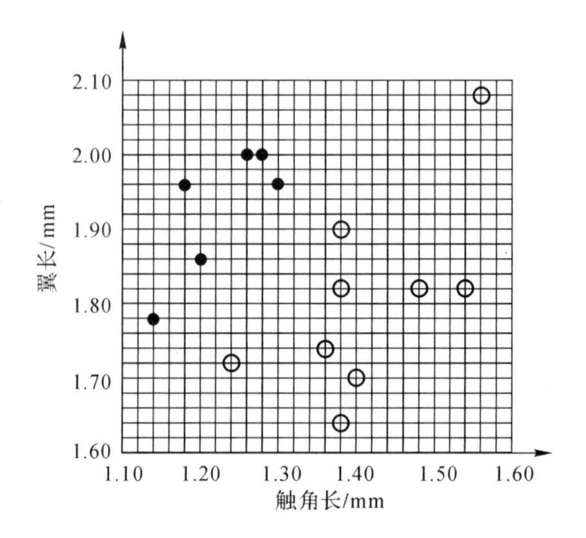

图 9-1 蠓虫触角长和翼长坐标图

解题思路

首先,由图可得到学习样本的具体数据如表 9-1 所示。

表 9-1 蠓虫触角长和翼长数据表

Af(1)		Apf(2)	
触角长 x_1	翼长 x_2	触角长 x_1	翼长 x_2
1.24	1.72	1.14	1.78
1.36	1.74	1.18	1.96
1.38	1.64	1.20	1.86
1.38	1.82	1.26	2.00
1.38	1.90	1.28	2.00

续表

Af(1)		Apf(2)	
触角长 x_1	翼长 x_2	触角长 x_1	翼长 x_2
1.40	1.70	1.30	1.96
1.48	1.82		
1.54	1.82		
1.56	2.08		

考虑“蠓虫的分类”，对原来的15个学习样本进行重新分类，利用系统聚类分析的方法，把原来15个样本按样本的“接近程度”分成5类，下面将介绍SPSS软件如何实现这个问题。首先打开SPSS软件，建立数据文件，如图9-2所示。触角长和翼长分别用 x_1 和 x_2 表示。

	x1	x2
1	1.24	1.72
2	1.36	1.74
3	1.38	1.64
4	1.38	1.82
5	1.38	1.90
6	1.40	1.70
7	1.48	1.82
8	1.54	1.82
9	1.56	2.08
10	1.14	1.78
11	1.18	1.96
12	1.20	1.86
13	1.26	2.00
14	1.28	2.00
15	1.30	1.96

图9-2　SPSS数据表

从Analyze菜单→Classify→Hierarchical Cluster项，弹出Hierarchical Cluster对话框。从对话框左侧的变量列表中选择 x_1、x_2，点击向右的箭头按钮使之进入Variable框；在Cluster处选择聚类类型，其中Cases表示观察对象聚类，Variables表示变量聚类，本例选择“Cases”，如图9-3所示。点击“Statistics”按钮，弹出Hierarchical Cluster Analysis：Statistics对话框，选择“Proximity matrix”，要求显示欧式不相似系数平方矩阵，如图9-4所示。点击“Continue”按钮返回Hierarchical Cluster Analysis对话框。本例要求系统输出聚类结果的树状关系图，故点击Plots按钮弹出Hierarchical Cluster Analysis：Plot对话框，选择“Dendrogram”项，如图9-5所示。点击Continue按钮返回Hierarchical Cluster Analysis对话框。

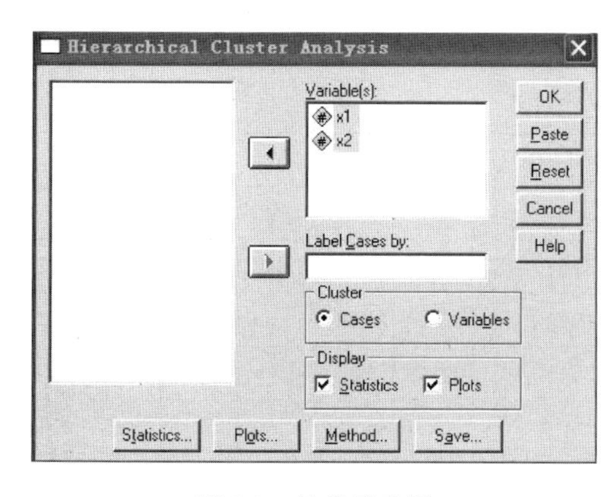

图9-3　软件示意图

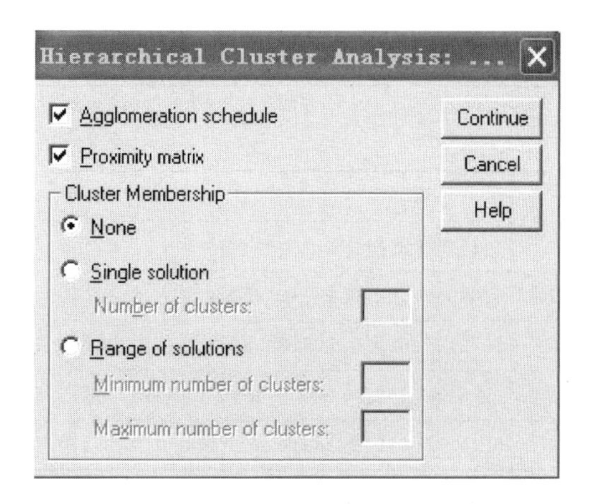

图9-4　软件示意图

点击 Method 按钮弹出 Hierarchical Cluster Analysis：Method 对话框，系统提供了 7 种聚类方法供用户选择，本例选择“Within-groups linkage”。选择距离测量技术时，系统提供了 8 种形式供用户选择，本例选择“Minkowski”如图 9-6 所示。点击 Continue 按钮返回 Hierarchical Cluster Analysis 对话框，再点击 OK 按钮即完成分析。

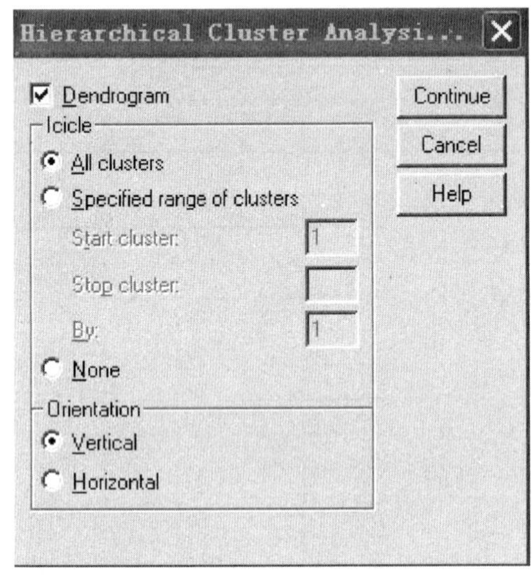

图 9-5　软件示意图

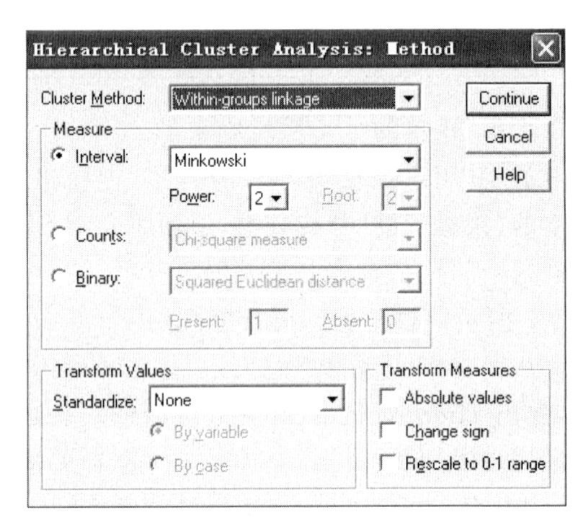

图 9-6　软件示意图

在运行 SPSS 后，可以得到以下结果(见表 9-2—9-4)。表 9-2、表 9-3、表 9-4 显示，共有 15 例样本进入聚类分析，采用绝对幂测量技术。先显示各变量间的相关系数，这对于后面选择典型变量是十分有用的，然后显示合并进程。

表 9-2　处理数据的基本信息

Cases					
Valid		Missing		Total	
N	Percent	N	Percent	N	Percent
15	100.0	0	0	15	100.0

表 9-3　不相似矩阵表

Case	Minkowski (2) Distance														
	1	2	3	4	5	6	7	8	9	10	11	12	13	14	15
1	0.000	0.122	0.161	0.172	0.228	0.161	0.260	0.316	0.482	0.117	0.247	0.146	0.281	0.283	0.247
2	0.122	0.000	0.102	0.082	0.161	0.057	0.144	0.197	0.394	0.224	0.284	0.200	0.279	0.272	0.228
3	0.161	0.102	0.000	0.180	0.260	0.063	0.206	0.241	0.475	0.278	0.377	0.284	0.379	0.374	0.330
4	0.172	0.082	0.180	0.000	0.080	0.122	0.100	0.160	0.316	0.243	0.244	0.184	0.216	0.206	0.161
5	0.228	0.161	0.260	0.080	0.000	0.201	0.128	0.179	0.255	0.268	0.209	0.184	0.156	0.141	0.100
6	0.161	0.057	0.063	0.122	0.201	0.000	0.144	0.184	0.412	0.272	0.341	0.256	0.331	0.323	0.279

续表

Case	Minkowski (2) Distance														
	1	2	3	4	5	6	7	8	9	10	11	12	13	14	15
7	0.260	0.144	0.206	0.100	0.128	0.144	0.000	0.060	0.272	0.342	0.331	0.283	0.284	0.269	0.228
8	0.316	0.197	0.241	0.160	0.179	0.184	0.060	0.000	0.261	0.402	0.386	0.342	0.333	0.316	0.278
9	0.482	0.394	0.475	0.316	0.255	0.412	0.272	0.261	0.000	0.516	0.398	0.422	0.310	0.291	0.286
10	0.117	0.224	0.278	0.243	0.268	0.272	0.342	0.402	0.516	0.000	0.184	0.100	0.251	0.261	0.241
11	0.247	0.284	0.377	0.244	0.209	0.341	0.331	0.386	0.398	0.184	0.000	0.102	0.089	0.108	0.120
12	0.146	0.200	0.284	0.184	0.184	0.256	0.283	0.342	0.422	0.100	0.102	0.000	0.152	0.161	0.141
13	0.281	0.279	0.379	0.216	0.156	0.331	0.284	0.333	0.310	0.251	0.089	0.152	0.000	0.020	0.057
14	0.283	0.272	0.374	0.206	0.141	0.323	0.269	0.316	0.291	0.261	0.108	0.161	0.020	0.000	0.045
15	0.247	0.228	0.330	0.161	0.100	0.279	0.228	0.278	0.286	0.241	0.120	0.141	0.057	0.045	0.000

表 9-4　聚类的凝聚过程表

Stage	Cluster Combined		Coefficients	Stage Cluster First Appears		Next Stage
	Cluster 1	Cluster 2		Cluster 1	Cluster 2	
1	13	14	0.020	0	0	2
2	13	15	0.040	1	0	5
3	2	6	0.057	0	0	6
4	7	8	0.060	0	0	10
5	11	13	0.073	0	2	8
6	2	3	0.074	3	0	9
7	4	5	0.080	0	0	10
8	11	12	0.100	5	0	11
9	1	2	0.111	0	6	12
10	4	7	0.118	7	4	12
11	10	11	0.135	0	8	13
12	1	4	0.160	9	10	14
13	9	10	0.203	0	11	14
14	1	9	0.232	12	13	0

从图 9-7 中可以发现，蠓虫可以分为五类，它们分别为{1,3,6,2}，{7,8,4,5}，{9}，{10}，{13,14,15,11,12}。从图中可以发现，标号为 9 的蠓虫最为特别，从数据中也可以看出。

如果分别把每个新样本加入，用 16 个数据进行聚类，分别可以得到 3 张聚类谱系图。加入样本(1.24,1.80)属于 Apf 族，得到聚类谱系图如图 9-8 所示，加入样本(1.28,1.84)属于 Apf 族，得到聚类谱系图如图 9-9 所示。而样本(1.40,2.04)比较独立，不能判定，得到聚类谱系图如图 9-10 所示。

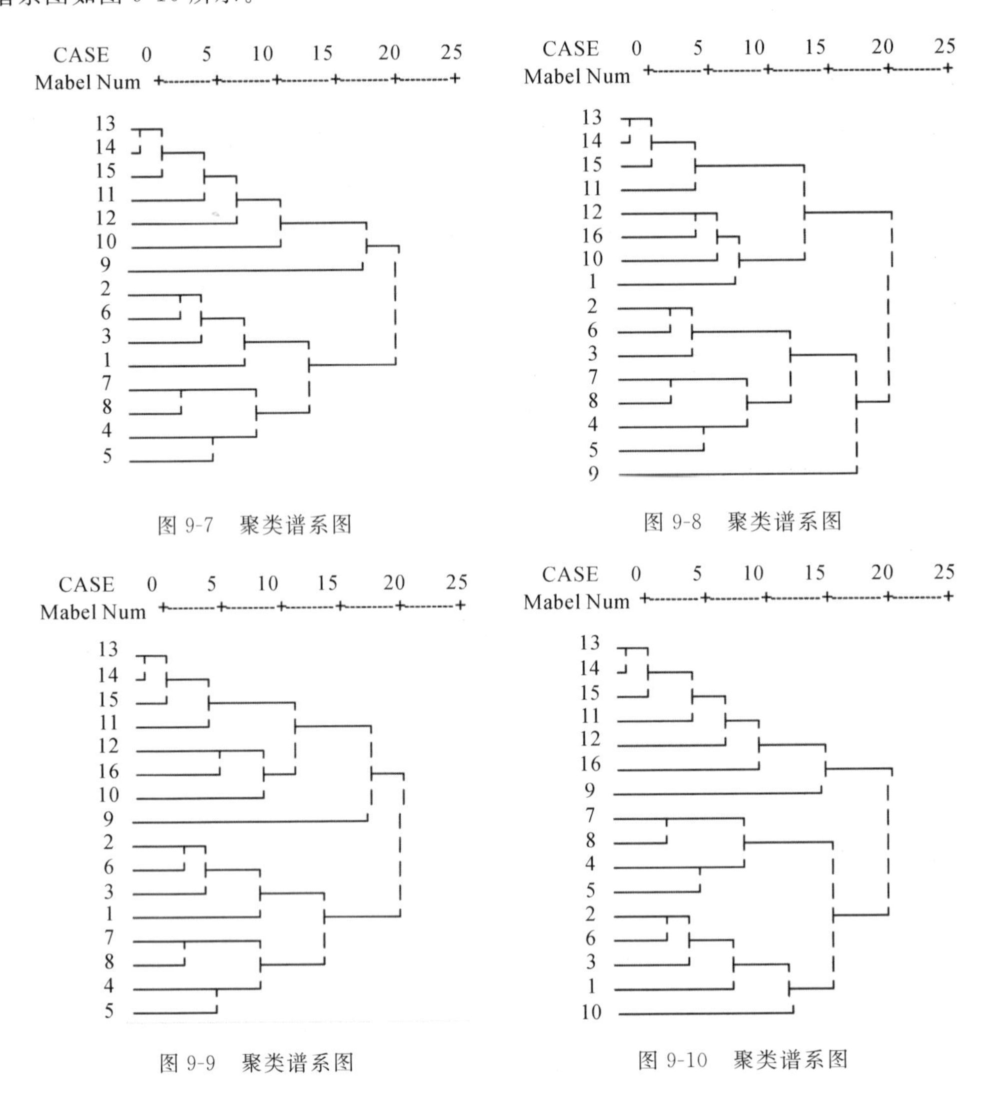

图 9-7 聚类谱系图

图 9-8 聚类谱系图

图 9-9 聚类谱系图

图 9-10 聚类谱系图

Matlab 源程序

```
Y = pdist(qqq);
z = linkage(Y);
[H,T] = dendrogram(z);
```

例 9.2 葡萄酒的评价

确定葡萄酒质量时一般是通过聘请一批有资质的评酒员进行品评。每个评酒员在对葡萄酒进行品尝后对其分类指标打分，然后求和得到其总分，从而确定葡萄酒的质量。酿酒葡萄的好坏与所酿葡萄酒的质量有直接的关系，葡萄酒和酿酒葡萄检测的理化指标会在一定程度上反映葡萄酒和葡萄的质量。

题目附件 1 给出了某一年份一些葡萄酒的评价结果，附件 2 给出了该年份这些葡萄酒的和酿酒葡萄的理化指标数据，附件 3 给出了葡萄和葡萄酒的芳香物质及其信息。

请建立数学模型研究下列问题：

(1)分析附件 1 中两组评酒员的评价结果有无显著性差异，哪一组结果更可信？

(2)根据酿酒葡萄的理化指标和葡萄酒的质量对这些酿酒葡萄进行分级。

(3)分析酿酒葡萄与葡萄酒的理化指标之间的联系。

(4)分析酿酒葡萄和葡萄酒的理化指标对葡萄酒质量的影响，并论证能否用葡萄和葡萄酒的理化指标来评价葡萄酒的质量。

说明：本例题源自 2012 年全国大学生数学建模竞赛 A 题，题目相关附件可以从官网下载(http://www.mcm.edu.cn/problem/2012/cumcm2012problems.rar)。

解题思路

通过第五章所提及的 TOPSIS 评价方法，可以得到红葡萄酒和白葡萄酒的综合评价得分以及排名。表 9-5，9-6 中分别给出了 27 种红葡萄酒样品的综合评价得分、排名以及红葡萄酒和白葡萄酒样品的排名。

表 9-5　27 种红葡萄酒的综合评价得分以及排名

葡萄样品	红葡萄酒的综合评价得分	综合评价排名	葡萄样品	红葡萄酒的综合评价得分	综合评价排名
样品 1	0.35550962	14	样品 15	0.24979984	26
样品 2	0.54990752	3	样品 16	0.31467440	16
样品 3	0.59085359	2	样品 17	0.35327985	15
样品 4	0.30011738	21	样品 18	0.22594788	27
样品 5	0.40845595	9	样品 19	0.42970128	7
样品 6	0.27545239	24	样品 20	0.30686183	19
样品 7	0.28279338	23	样品 21	0.54570637	4
样品 8	0.37126892	13	样品 22	0.37235812	12
样品 9	0.59949091	1	样品 23	0.53171916	5
样品 10	0.31158542	18	样品 24	0.39595797	11
样品 11	0.30135339	20	样品 25	0.27017465	25
样品 12	0.28631794	22	样品 26	0.42484933	8
样品 13	0.40200920	10	样品 27	0.31223557	17
样品 14	0.47219661	6			

表 9-6　27 种红葡萄和白葡萄的排名

红葡萄的排名	21,11,320,12,23,25,4,7,10,8,27,9,2,14,16,6,24,22,19,5,26,1,17,13,15,18
白葡萄的排名	11,4,3,12,9,25,10,27,14,6,20,7,8,19,21,17,28,15,1,26,24,13,16,2,5,23,22

运用聚类分析的思想将上述样品进行聚类，得到聚类谱系图如图 9-11，9-12 所示：

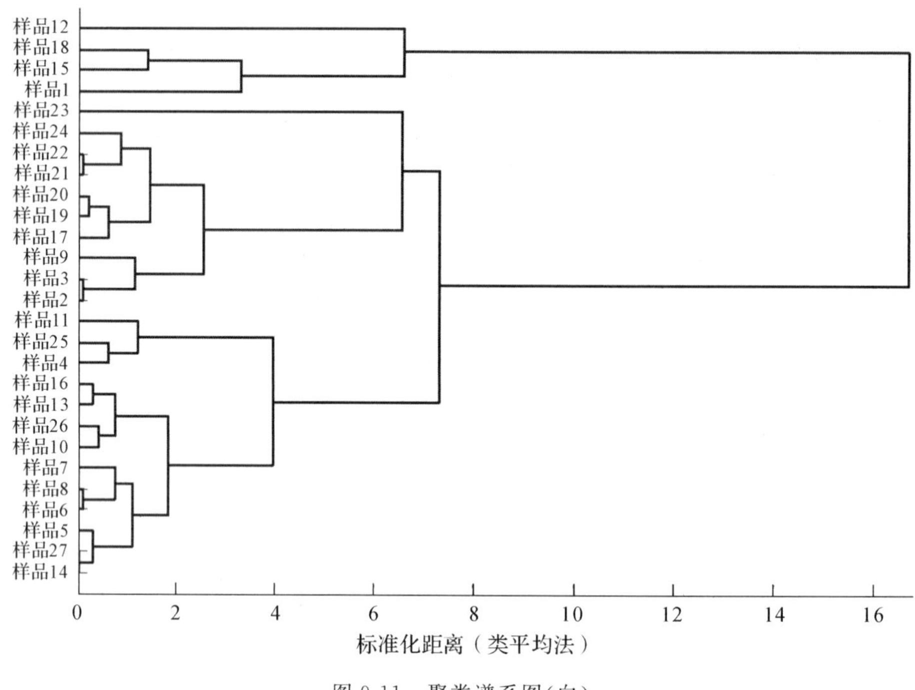

图 9-11 聚类谱系图(白)

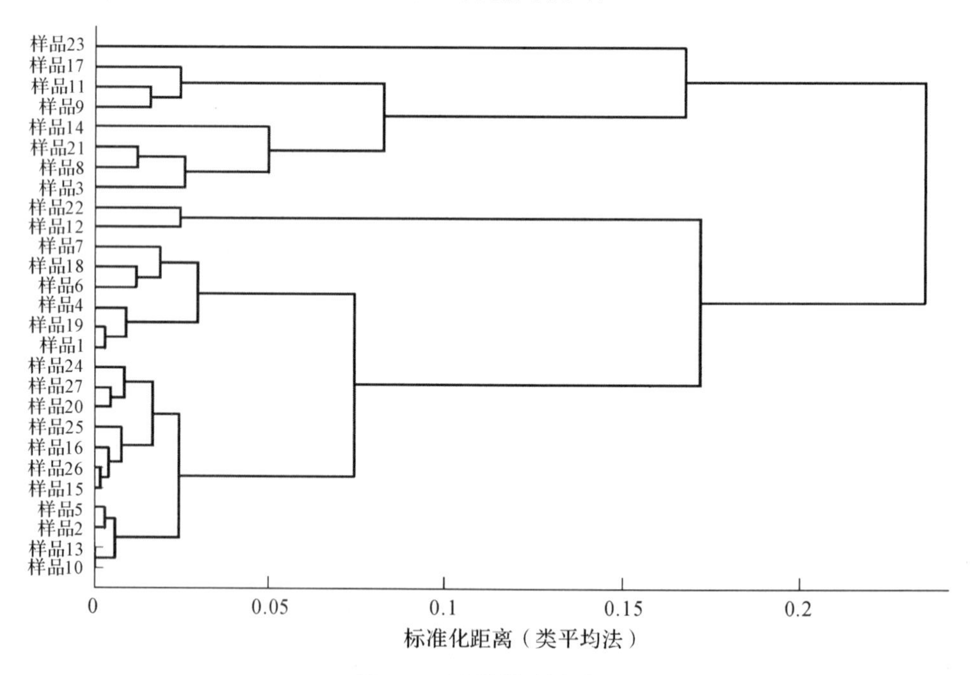

图 9-12 聚类谱系图(红)

由两者的聚类图可以为酿酒葡萄进行分级，一级为质量最好的酿酒葡萄，质量等级依次递减，分级结果如表 9-7 所示。

表 9-7　27 种红葡萄和白葡萄的分类表

等级(红)	一级	二级	三级	四级	五级
样本序号	23	3,8,14,21	9,11,17	1,2,4,5,6,7,10,13,15,16,18,19,20,24,25,26,27	12,22
等级(白)	一级	二级	三级	四级	五级
样本序号	11,18	3,4,6,7,9,10,12,14,20,25,27	1,2,8,13,15,16,17,19,21,24,26,28	5,23	22

9.2　回归分析数学模型

回归分析(Regression Analysis)是确定两种或两种以上变量间相互依赖的定量关系的一种统计分析方法,运用范围十分广泛。回归分析按照涉及的自变量数量,可分为一元回归分析和多元回归分析;按照自变量和因变量之间的关系类型,可分为线性回归分析和非线性回归分析。如果在回归分析中,只包括一个自变量和一个因变量,且两者的关系可用一条直线近似表示,这种回归分析被称为一元线性回归分析。如果回归分析中包括两个或两个以上的自变量,且因变量和自变量之间是线性关系,则被称为多重线性回归分析。在第六章中所提及的拟合可以被视为回归分析的一种特殊形式。

经典的一元线性回归可以表示如下:

$$y=\beta_0+\beta_1 x+\varepsilon$$

其中,β_0 与 β_1 为回归系数,ε 为随机误差项,总是假设 $\varepsilon\sim N(0,\sigma^2)$。

经典的多元线性回归可以表示如下:

$$y=\beta_0+\beta_1 x_1+\cdots+\beta_m x_m+\varepsilon$$

其中,$\beta_0,\beta_1,\cdots,\beta_m$ 表示回归系数,ε 为随机误差项,总是假设 $\varepsilon\sim N(0,\sigma^2)$。它们都是与 $x_1,x_2,\cdots,x_m$ 无关的未知参数。

回归分析的理论求解方法以最小二乘法为主,一般在《多元统计分析》或者《概率论与数理统计》等教材中均有所提及。

相关分析研究的是现象之间是否相关、相关的方向和密切程度,一般不区别自变量或因变量。而回归分析则要分析现象之间相关的具体形式,确定其因果关系,并用数学模型来表现其具体关系。比如说,从相关分析中我们可以得知,“质量”和“用户满意度”变量密切相关,但这两个变量之间到底是哪个变量受哪个变量的影响以及影响程度如何,则需要通过回归分析方法来确定。

一般来说,回归分析是通过规定因变量和自变量来确定变量之间的因果关系,建立回归模型,并根据实测数据来求解模型的各个参数,然后评价回归模型是否能够很好地符合实测数据;如果能够很好地符合,则可以根据自变量做进一步预测。采用回归分析的方法进行预测一般有以下几个步骤:

确定变量　明确预测的具体目标,也就确定因变量。如预测具体目标是下一年度的销售量,那么销售量就是因变量。通过市场调查和查阅资料,寻找与预测目标的相关影响因素,即自变量,并从中选出主要的影响因素。

建立预测模型 依据自变量和因变量的历史统计资料进行计算，在此基础上建立回归分析方程，即回归分析预测模型。

进行相关分析 回归分析是对具有因果关系的影响因素（自变量）和预测对象（因变量）所进行的数理统计分析处理。只有当自变量与因变量确实存在某种关系时，建立的回归方程才有意义。因此，作为自变量的因素与作为因变量的预测对象是否有关，相关程度如何，以及判断这种相关程度的把握性，就成为进行回归分析必须要解决的问题。进行相关分析要求出相关关系，以相关系数的大小来判断自变量和因变量的相关程度。

计算预测误差 回归预测模型是否可用于实际预测，取决于对回归预测模型的检验和对预测误差的计算。回归方程只有通过各种检验，且预测误差较小，才能将回归方程作为预测模型进行预测。

确定预测值 利用回归预测模型计算预测值，并对预测值进行综合分析，确定最后的预测值。

检验回归方程效果的指标有很多，常见的指标有残差的样本方差（MSE）、总变异平方和（SST）、可解释变异平方和（SSR）、残差变异平方和（SSE）、拟合优度、F 统计量等。

$$MSE = \frac{1}{n-2}\sum_{i=1}^{n}(e_i - \bar{e})^2$$

$$SST = \sum_{i=1}^{n}(y_i - \bar{y})^2, SSR = \sum_{i=1}^{n}(\hat{y}_i - \bar{y})^2, SSE = \sum_{i=1}^{n}(y_i - \hat{y}_i)^2$$

$$R^2 = SSR/SST \qquad F = \frac{\frac{SSR}{1}}{\frac{SSE}{n-2}} \sim F(1, n-2)$$

其中，e_i 表示某个点的残差，$\bar{e}$ 表示平均残差，n 表示实验数据量。一个好的回归方程，其残差总和应越小越好。

对于一个确定的样本，总变异平方和是一个定值。所以，可解释变异平方和越大，则必然有残差变异平方和越小。可解释变异平方和越大说明回归方程对原数据解释得越好。

采用线性回归时，曾假设数据总体符合线性正态误差模型，并可以进行显著性检验。回归方程的假设检验包括两个方面：一个是对模型的检验，即检验自变量与因变量之间的关系能否用一个线性模型来表示，这可以由 F 检验来完成；另一个检验是关于回归参数的检验，即当模型检验通过后，还要由 t 检验每一个自变量对因变量的影响程度是否显著。在一元线性回归分析中，由于自变量的个数只有一个，这两种检验的效果完全等价。但在多元线性回归分析中，这两个检验的意义并不相同。从逻辑上说，一般常在 F 检验通过后，再进一步进行 t 检验。

在线性回归分析中，当经过显著性检验发现 x_i 与 y 线性关系很弱，应当从回归方程中剔除，然后重新开始回归分析。在统计学里，对因子 $x_1, x_2, \cdots, x_m$ 逐个进行检验，确认它在方程中的作用显著程度，然后从大到小逐次引入变量到方程中，并及时进行检验，去掉作用不显著的因子，依次循环，直至无因子可以进入方程，亦无因子从方程中剔除，这个方法被称为最优逐步回归法。

和第六章提及的拟合模型类似，除了经典的线性回归模型，还存在大量的非线性回归模型。这里就不多做介绍，这些都可以在 SPSS 中实现。

例 9.3　学评教评价问题

为了掌握学生学习高等数学的情况，教学管理人员拟定了一份调查问卷，分别对一年级12个班的学生进行问卷调查(见表 9-8)。需要根据调查数据解决下面的问题：从总体上分析学生的学习状况；建立一定的标准，对调查的教学班进行分类；从学习态度、学习方法、师资水平等方面进行量化分析。

表 9-8　班级学习态度、学习方法、师资水平量表

班级	平均分 Y	学习态度 x_1	学习方法 x_2	师资水平 x_3
1	0.811	0.8141	0.8316	0.7895
2	0.810	0.7848	0.7476	0.8774
3	0.786	0.7792	0.7996	0.785
4	0.794	0.8237	0.7872	0.797
5	0.790	0.8127	0.8003	0.7495
6	0.824	0.8461	0.8070	0.8082
7	0.799	0.802	0.7865	0.804
8	0.815	0.8468	0.795	0.7863
9	0.843	0.8354	0.835	0.8593
10	0.835	0.8508	0.8132	0.8319
11	0.810	0.822	0.8239	0.782
12	0.767	0.8217	0.7941	0.7698

解题思路

首先，打开 SPSS 软件输入数据，定义平均分为因变量 Y，学习态度、学习方法、师资水平为自变量 x_1、x_2、x_3，如图 9-13 所示。

	y	x1	x2	x3
1	.81	.81	.83	.79
2	.81	.78	.75	.88
3	.79	.78	.80	.79
4	.79	.82	.79	.80
5	.79	.81	.80	.75
6	.82	.85	.81	.81
7	.80	.80	.79	.80
8	.82	.85	.80	.79
9	.84	.84	.84	.86

图 9-13　SPSS 数据输入图

从菜单 Analyze→Regression→Linear，打开 Linear 线性回归主对话框。在左边的源变量栏中，选择 Y 作为因变量进入 Dependent 栏中。选择 x_1 到 x_3 作为自变量进入 Independent(s)栏中。在 Method 栏中选择“Enter”。其余使用默认选项单击“OK”按钮运行。程序得到结果如表 9-9,9-10 所示。

表 9-9　线性回归 SPSS 输出概述表

Model	Variables Entered		Variables Removed	Method
1	x_3, x_1, x_2(a)		.	Enter
Model	R	R Square	Adjusted R Square	Std. Error of the Estimate
1	0.973(a)	0.946	0.914	0.00533

表 9-10　线性回归系数输出表

Model		Sum of Squares	df	Mean Square	F	Sig.
1	Regression	0.002	3	0.001	29.219	0.001(a)
	Residul	0.000	5	0.000		
	Total	0.003	8			

Coefficients[a]

Model		Unstandardized Coefficients		Standardized Coefficients	t	Sig.
		B	Std. Error	Beta		
1	(Constant)	0.001	0.089		0.008	0.994
	x_1	0.378	0.087	0.512	4.341	0.007
	x_2	0.268	0.085	0.383	3.149	0.025
	x_3	0.353	0.050	0.765	7.097	0.001

可以得到回归方程如下：$y=0.378x_1+0.268x_2+0.353x_3+0.001$。

线性回归的 SPSS 过程如下：

1. 线性回归主对话框：

(1)从 Analyze→Regression Linear,打开 Linear 线性回归主对话框。

(2)在左侧的源变量栏中选择一个数值变量作为因变量进入 Dependent 栏中,选择一个或更多的变量作为自变量进入 Independent(s)栏中。

(3)如果要对不同的自变量采用不同的引入方法(例如对某两个变量用强迫引入法对其他自变量用向前引入法),可利用 Previous(前)与 Next(后)按钮把自变量归类到不同的自变量块中(Block),然后对不同的变量子集选用不同的引入方法(Method)。

(4)在 Method 方法选择框中确定一种建立回归方程的方法,有 5 种方法可供选择：

Enter(强迫引入法为默认选择项)：定义的全部自变量均引入方程。

Remove(强迫剔除法)：定义的全部自变量均删除。

Forward(向前引入法)：自变量由少到多一个一个引入回归方程,直到不能按检验水准引入新的变量为止。该法的缺点是：当两个变量一起时效果好,单独时效果不好,有可能只引入其中一个变量,或两个变量都不能引入。

Backward(向后剔除法)：自变量由多到少一个一个从回归方程中剔除,直到不能按检验水准剔除为止，能克服向前引入法的缺点。当两个变量一起时效果好，单独时效果不好，该法可将两个变量都引入方程。

Stepwise(逐步引入—剔除法)：将向前引入法和向后剔除法结合起来，在向前引入的每一步之后都要考虑从已引入方程的变量中剔除作用不显著者，直到没有一个自变量能引入方程和没有一个自变量能从方程中剔除为止。缺点同向前引入法，但选中的变量比较精悍。

(5)为弥补各种选择方法和各种标准的局限性，不妨分别用各种方法和多种引入或剔除处理同一问题，若一些变量常被选中，它们就值得重视。

(6)容差(Tolerance)：是不能由方程中其他自变量解释的方差所占的构成比。所有进入方程的变量容差必须大于默认的容差水平值(Tolerance：0.0001)。该值愈小，说明该自变量与其他自变量的线性关系愈密切。该值的倒数为方差膨胀因子(Variance Inflation Factor)，当自变量均为随机变量时，若它们之间高度相关，则称自变量间存在共线性。在多元线性回归时，共线性会使参数估计不稳定。逐步选择变量是解决共线性的方法之一。

(7)Selection variable(选择变量)：可从源变量栏中选择一个变量，单击 Rule 后，通过该变量大于、小于或等于某一数值，选择进入回归分析的观察单位。

2. Statistics(统计)对话框：

单击 Statistics 按钮，进入统计对话框。

Estimates(默认选择项)：回归系数的估计值(B)及其标准误(Std. Error)、常数(Constant)；标准化回归系数(Beta)；B 的 t 值及其双尾显著性水平(Sig.)。

Model fit(默认选择项)：列出进入或从模型中剔除的变量；显示下列拟合优度统计量：复相关系数、判定系数、调整 R^2(Adjusted R Square)、估计值的标准误以及方差分析表。

Confidence intervals：回归系数 B 的 95%可信区间(95% Confidence interval for B)。

Descriptives：变量的均数、标准差、相关系数矩阵及单尾检验。

Covariance matrix：方差—协方差矩阵。

R squared change：判定系数和 F 值的改变，以及方差分析 P 值的改变。

Part and partial correlations：显示方程中各自变量与因变量的零阶相关(Zero-order，即 Pearson 相关)、偏相关(partial)和部分相关(part)。进行此项分析要求方程中至少有两个自变量。

Collinearity diagnostic(共线性诊断)：显示各变量的容差(Tolerance)、方差膨胀因子(VIC Variance Inflation Factor)和共线性的诊断表。

Durbin-Waston：用于残差分析。

Casewise diagnostic：对标准化残差(均数=0，标准差=1 的正态分布)进行诊断，判断有无奇异值(Outliers)。Outliers 显示标准化残差超过 n 个标准差的奇异值，$n=3$ 为默认值。All Cases 显示每一例的标准化残差、实测值和预测值残差。

3. Plots 图形对话框：

(1)单击 Plots 按钮对话框，Plots 可帮助分析资料的正态性、线性和方差齐性，还可帮助检测奇异值或异常值。

(2)散点图：可选择如下任何两个变量为 Y(纵轴变量)与 X(横轴变量)作图。为获得更多的图形，可单击 Next 按钮来重复操作过程。DEPENDENT：因变量；* ZPRED：标准化预测值；* ZRESID：标准化残差；* DRESID：删除的残差；ADJPRED：调整残差；SRESID：

Student 氏残差;SDRESID:Student 氏删除残差。

(3)Standardized Residual Plots 标准化残差图:Histogram 标准化残差的直方图,并给出正态曲线;Normal probability plot 标准化残差的正态概率图(P—P 图)。

(4)Produce all partial plots:偏残差图。

4. Save(保存新变量)对话框:

(1)单击 Save 按钮对话框,每项选择都会增加新变量到正使用的数据文件中。

(2)预测值(Predicted Values):Unstandardized 为未标准化的预测值,简称预测值(新变量为 Pre_1);Standardized 为标准化的预测值(新变量为 Zpr_1);S. E. of mean predictions 为预测值的标准误(新变量为 Sep_1)。

(3)残差(Residuals):Unstandardized 未标准化残差(新变量为 Res_1);Standardized 标准化残差(新变量为 Zre_1)。

(4)预测区间估计(Prediction Intervals):

Mean:是总体中当 X 为某定值时预测值的均数的可信区间(新变量 $lmci_1$ 为下限,$umci_1$ 为上限)。

Individual:个体 Y 值的容许区间。即总体中,当 X 为某定值时,个体 Y 值的波动范围(新变量 $lici_1$ 为下限,$uici_1$ 为上限),Confidence:可信区间。默认为 95%的可信区间,但用户可以自己设定。

5. Options 选择项对话框:

(1)单击 Option 按钮打开 Options 对话框。

(2)逐步方法准则(Stepping Method Criteria):

使用 F 显著水平值(Use probability of F):当候选变量中最大 F 值的 P 值小于或等于引入值(默认:0.05)时,引入相应的变量;已进入方程的变量中,最小 F 值的 P 值大于或等于剔除值(默认:0.10)时,剔除相应的变量。所设定的引入值必须小于剔除值,用户可设定其他标准,如引入 0.10,剔除 0.11,放宽变量进入方程的标准。

使用 F 值(Use F value)含义同上。

Include constant in equation:线性回归方程中含有常数项。

(3)缺失值(Missing Value)的处理方法:串列删除缺失值(Exclude cases listwise);成对删除缺失值(Exclude cases pairwise);以平均数代替缺失值(Replace with mean)。

6. WLS(Weight Least Squares)按钮:

(1)利用加权最小平方法给予观测量不同的权重值,它或许用来补偿采用不同测量方式时所产生的误差。

(2)单击 WLS 按钮,出现确定加权变量框。将左侧源变量框中的加权变量选入 WLS Weight 框中。

除了 SPSS 软件外,MATLAB 软件也有多种方式可以实现回归分析。上题的 MATLAB 源程序如下:

```
[b,bint,r,rint,stats] = regress(Y,X);
rcoplot(r,rint)
```

程序中的 b 和 bint 为回归系数估计值和它们的置信区间,r 和 rint 为残差(向量)及其置信区间，stats 是用于检验回归模型的统计量。stats 有四个数值，第一个是判定系数，第二个是 F 检验值，第三个是与 F 值对应的概率，第四个是残差的方差。

运行程序后，得到分析图如图 9-10 所示。

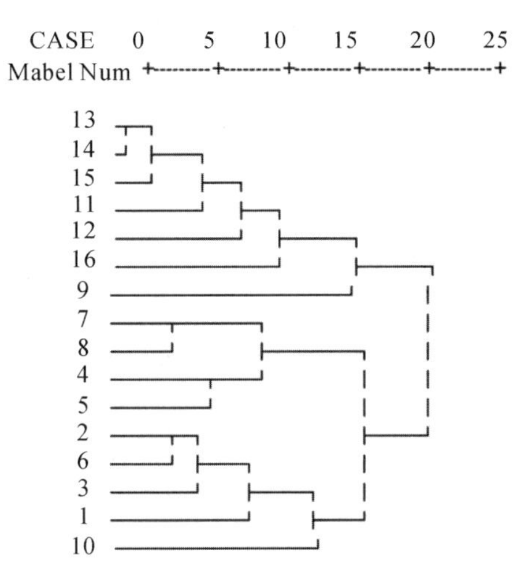

图 9-10　MATLAB 回归分析图

除了 regress 命令外，MATLAB 统计工具箱提供了一个多元二项式回归的命令 rstool，它产生一个交互式画面并输出有关信息，用法是 rstool(x，y，model，alpha)。其中输入数据 x，y 分别为 $n \times m$ 矩阵和 n 维向量，alpha 为显著性水平(缺省时设定为 0.05)，model 由下列 4 个模型中选择 1 个(缺省时设定为线性模型)：

Linear：$y = \beta_0 + \beta_1 x_1 + \cdots + \beta_m x_m$

Purequadratic：$y = \beta_0 + \beta_1 x_1 + \cdots + \beta_m x_m + \sum_{j=1}^{m} \beta_{jj} x_j^2$

Interaction：$y = \beta_0 + \beta_1 x_1 + \cdots + \beta_m x_m + \sum_{1 \leqslant j < k \leqslant m} \beta_{jk} x_j x_k$

Quadratic：$y = \beta_0 + \beta_1 x_1 + \cdots + \beta_m x_m + \sum_{1 \leqslant j \leqslant k \leqslant m} \beta_{jk} x_j x_k$。

例 9.4　农作物用水量预测及智能灌溉方法

随着水资源供需矛盾的日益加剧，发展节水型农业势在必行。智能灌溉应用先进的信息技术实施精确灌溉，以农作物实际需水量为依据，提高灌溉精确度，实施合理的灌溉方法，进而提高水的利用率。

灌溉水利用系数是指在一次灌水期间被农作物利用的净水量与水源渠首处总引进水量的比值，它是衡量灌区从水源引水到田间作用吸收利用水的过程中水利用程度的一个重要指标，也是集中反映灌溉工程质量、灌溉技术水平和灌溉用水管理的一项综合指标，是评价农业水资源利用，指导节水灌溉和大中型灌区续建配套及节水改造健康发展的重要参考。据有关部门统计分析，我国灌区平均水利用系数仅为 0.45，节水仍有较大空间。

按照经济学的观点，灌溉水量是农业生产中的生产资源的投入量，而作物产量是农业产品的产出量，因此作物产量与水分之间存在着一种投入与产出的数学关系，这种关系被称为水分生产函数。作物水分生产函数的单因子模型中自变量的形式可以为灌水量、实际腾发量、土壤含水量等，因变量的形式可以为作物产量、平均产量、边际产量等。若以 W 为自变量，水分生产函数的特征曲线一般可分三个阶段：第一阶段为报酬递增阶段，但没有发挥生产潜力；第二阶段为报酬递减阶段；第三阶段边际产量为负，为不合理的生产行为。

作物水分生产函数无论对节水灌溉的区域规划和系统评估，或是非充分灌溉的应用均具有深刻意义。非充分灌溉是指在灌溉水不能完全满足作物的生长发育全过程需水量的情况下，以作物水分生产函数为理论依据，将有限的水科学合理（非足额）安排在对产量影响比较大、并能产生较高经济价值的需水临界期供水，从而建立合理的水量与产量关系及分配模式，在水分利用效率、产量、经济效益三个方面寻求有效均衡，实现经济效益最大化。然而由于作物各生育阶段水分对产量影响的机理甚为复杂，目前尚难用严格准确的物理方程来描述。

作物的全生育期可以分为若干个生育阶段，以水稻为例，可以分为返青、分蘖、拔节孕穗、抽穗开花、乳熟、黄熟 6 个生育阶段。不同阶段灌溉水量不足均会对最终的产量有影响，表 9-11 为某地晚稻分蘖至乳熟各阶段受旱情况对产量影响的数据。基于表中的数据，利用相关材料，选取某类优化算法，寻求最优的作物水分生产函数模型，得到各阶段的蒸发蒸腾量（可以理解为灌水量）与最终产量之间的关系。给出详细过程，并将所得结果与常见的机理模型做对比。

表 9-11　某地晚稻蒸发蒸腾量及产量

处理编号	处理特征	①分蘖/mm	②拔节孕穗/mm	③抽穗开花/mm	④乳熟/mm	产量/kg·hm^{-2}
0	充分灌溉	148.1	111.8	124.7	89.4	7138.5
1	①轻旱	113.2	96.6	92.1	67.2	5757.0
2	①重旱	107.6	88.3	84.9	64.2	4576.5
3	②轻旱	133.9	91.0	106.9	70.3	6111.0
4	②重旱	132.1	77.9	93.9	65.0	4555.5
5	③轻旱	128.2	99.4	85.3	78.7	5520.0
6	③重旱	129.7	92.5	71.9	69.4	5329.5
7	④轻旱	140.5	112.9	108.6	68.6	6345.0
8	④重旱	135.3	108.0	101.7	65.0	6040.5
9	①②中旱	110.6	83.3	95.2	72.3	5076.0
10	②③中旱	128.4	90.4	83.4	73.6	5442.0
11	③④中旱	130.1	102.6	94.7	61.4	6130.5

解题思路

分阶段水分生产函数模型中的加法模型将各阶段缺水对产量的影响进行了叠加，比全生育期水分生产函数模型有一定的改进，且形式简单，易于建立数学模型进行多阶段优化。但加法模型存在两个明显缺陷：一是对实际情况中 Y_a/Y_m 与 ET_a/ET_m 的非线性关系无法解释；二是默认各阶段的缺水对产量的影响是相互独立的，而事实上若作物在某阶段受旱致死，则无法获得产量，加法模型的结果与此不符。乘法模型以乘法形式反映各阶段缺水效应之间的联系以及各阶段缺水对最终产量影响程度的大小，克服了上述加法模型的缺陷。因此，国内学者们基本一致地选择乘法模型，尤其是 Jensen 模型。该模型的结构相较加法模型和其他乘法模型更为合理，能在一定程度上反映出各阶段缺水的相互作用，且模型参数易于求解。综上，本例选用 Jensen 模型，并基于题中的数据求解并优化其参数。

其中，Y_a 表示作物实际产量，Y_m 表示作物最大产量，ET_a 表示作物全生育期内实际需水量，ET_m 表示作物全生育期内最大需水量。

为便于 Jensen 模型中参数的求解与优化，首先对题中所示某地晚稻蒸发蒸腾量及产量的数据进行预处理。由题中的数据可知，$Y_m=7138.5$，记 Y_j 为处理号为 j 的试验组的产量，ET_{mi} 为充分灌溉时第 i 阶段晚稻的蒸发蒸腾量，ET_{ji} 为处理号为 j 的试验组第 i 阶段的蒸发蒸腾量。将 ET_{ji}/ET_{mi} 得到各处理号各阶段的相对腾发量，将 Y_j/Y_m 得到各处理号的相对产量，处理后的数据如表 9-12 所示。

表 9-12　某地晚稻相对蒸发蒸腾量与相对产量

处理编号	处理特征	①分蘖/mm	②拔节孕穗/mm	③抽穗开花/mm	④乳熟/mm	产量/kg・hm^{-2}
0	充分灌溉	1	1	1	1	1
1	①轻旱	0.7643	0.8640	0.7386	0.7517	0.8065
2	①重旱	0.7265	0.7898	0.6808	0.7181	0.6411
3	②轻旱	0.9041	0.8140	0.8573	0.7864	0.8561
4	②重旱	0.8920	0.6968	0.7530	0.7271	0.6382
5	③轻旱	0.8656	0.8891	0.6840	0.8803	0.7733
6	③重旱	0.8758	0.8274	0.5766	0.7763	0.7466
7	④轻旱	0.9487	1.0098	0.8709	0.7673	0.8888
8	④重旱	0.9136	0.9660	0.8156	0.7271	0.8462
9	①②中旱	0.7468	0.7451	0.7634	0.8087	0.7111
10	②③中旱	0.8670	0.8086	0.6688	0.8233	0.7623
11	③④中旱	0.8785	0.9177	0.7594	0.6868	0.8588

将 Jensen 模型应用于本题可得以下方程组：

$$\begin{cases}\dfrac{Y_1}{Y_m}=\left(\dfrac{ET_{11}}{ET_{m1}}\right)^{\lambda_1}\left(\dfrac{ET_{12}}{ET_{m2}}\right)^{\lambda_2}\cdots\left(\dfrac{ET_{1n}}{ET_{mn}}\right)^{\lambda_n}\\ \dfrac{Y_2}{Y_m}=\left(\dfrac{ET_{21}}{ET_{m1}}\right)^{\lambda_1}\left(\dfrac{ET_{22}}{ET_{m2}}\right)^{\lambda_2}\cdots\left(\dfrac{ET_{2n}}{ET_{mn}}\right)^{\lambda_n}\\ \vdots\\ \dfrac{Y_j}{Y_m}=\left(\dfrac{ET_{j1}}{ET_{m1}}\right)^{\lambda_1}\left(\dfrac{ET_{j2}}{ET_{m2}}\right)^{\lambda_2}\cdots\left(\dfrac{ET_{jn}}{ET_{mn}}\right)^{\lambda_n}\end{cases}$$

其中，n 表示作物生育阶段数，$n=4$；j 代表处理编号，最后一式中 $j=11$；λ_i 为作物第 i 阶段的敏感参数。基于最小二乘回归法，利用 MATLAB 软件编程求解 λ_i 的值如表 9-13 所示。

表 9-13　用最小二乘回归求解所得 Jensen 模型的敏感参数

晚稻生育阶段	①分蘖	②拔节孕穗	③抽穗开花	④乳熟
Jensen 模型敏感参数	λ_1	λ_2	λ_3	λ_4
数值	0.2090	0.7025	0.2199	0.1523

按最小二乘回归法所得分阶段作物水分生产函数模型为：

$$\frac{Y_a}{Y_m}=\left(\frac{ET_{a1}}{ET_{m1}}\right)^{0.209}\left(\frac{ET_{a2}}{ET_{m2}}\right)^{0.7025}\left(\frac{ET_{a3}}{ET_{m3}}\right)^{0.2199}\left(\frac{ET_{a4}}{ET_{m4}}\right)^{0.1523}$$

9.3　相关分析数学模型

相关分析是研究变量间密切程度的一种常用统计方法。线性相关分析研究两个变量间线性关系的程度。相关系数是描述这种线性关系程度和方向的统计量，通常用 r 表示。如果一个变量 Y 可以确切地用另一个变量 X 得到线性函数表示。那么，两个变量间的相关系数是 +1 或者 −1。如果变量 Y 随着变量 X 的增、减而增、减，即变化的方向一致。例如身高与体重的关系，身高越高，体重相对也越大。这种相关关系称为正相关，其相关系数大于零。如果变量 Y 随着变量 X 的增加而减少，变化方向相反，这种相关关系称为负相关，其相关系数小于零。相关系数 r 没有单位，其值在 −1～+1 之间。使用等间隔测度的变量 x 与 y 间的相关系数采用 Pearson 积矩相关，计算公式如下：

$$r_x y=\frac{\sum_{i=1}^{n}(x_i-\bar{x})(y_i-\bar{y})}{\sqrt{\sum_{i=1}^{n}(x_i-\bar{x})^2(y_i-\bar{y})^2}}$$

其中：$\bar{x}$ 与 $\bar{y}$ 分别是变量 x 与 y 的均值，x_i 与 y_i 分别是变量 x 与 y 的第 i 个变量。

Spearman 和 Kendall 相关系数是一种非参测度。Spearman 相关系数是 Pearson 相关系数的非参形式，是根据数据的秩而不是根据实际值计算的。也就是说，先对原始变量的数据排秩，根据各秩使用 Pearson 相关系数公式进行计算。它适合有序数据或不满足正态分布假设的等间隔数据。相关系数的值范围也在 −1～+1 之间，绝对值越大表明相关越强。对离散变量排序，变量 x 与 y 之间的 Spearman 相关系数计算公式如下：

$$\theta=\frac{\sum_{i=1}^{n}(R_i-\bar{R})(S_i-\bar{S})}{\sqrt{\sum_{i=1}^{n}(R_i-\bar{R})^2(S_i-\bar{S})^2}}$$

Kendall's tau-b 也是一种对两个有序变量或两个秩变量间相关程度的测度，因此也属于一种非参测度。Kendall's tau-b 计算公式如下：

$$\tau=\frac{\sum_{i<j}\operatorname{sgn}(x_i-x_j)\operatorname{sgn}(y_i-y_j)}{\sqrt{\left(\frac{n(n-2)}{2}-\sum\frac{t_i(t_i-1)}{2}\right)\left(\frac{n(n-2)}{2}-\sum\frac{\mu_i(\mu_i-1)}{2}\right)}}$$

其中 t_i，μ_i 是 x 与 y 的第 i 组节点值的数目。

用偏相关分析计算偏相关系数。它描述的是在控制了一个或几个另外变量的影响条件下两个变量之间的相关性。例如，可以控制年龄和工作经验两个变量的影响，估计工资收入与受教育程度之间的相关关系。或者，可以在控制了销售能力与各种其他经济指标的情况下，研究销售量与广告费之间的关系等。

控制了变量 z，变量 x 与 y 之间的偏相关和控制了两个变量 Z_1，Z_2，变量 x 与 y 之间的偏相关系数计算公式分别为下面两个公式：

$$\begin{cases} r_{xy,z}=\dfrac{r_{xy}-r_{xz}r_{yz}}{\sqrt{(1-r_{xz}^2)(1-r_{yz}^2)}} \\ r_{xy,z_1z_2}=\dfrac{r_{xy,z_1}-r_{xz_2,z_1}r_{yz_2,z_1}}{\sqrt{(1-r_{xz_2,z_1}^2)(1-r_{yz_2,z_1}^2)}} \end{cases}$$

两个或者若干个变量之间或两组观测量之间的关系有时也可以用相似性或不相似性来描述。相似性测度用大数值表示相似，较小的数值表示相似性小。不相似性使用距离或不相似性来描述，大值表示相差甚远。

由于通常是通过抽样的方法，利用样本研究总体的特性。由于抽样误差的存在，样本中两个变量间相关系数不为零，不能说明总体中这两个变量间的相关系数不是零，因此必须经过检验。检验的零假设是：总体中两个变量间的相关系数为零。SPSS 的相关分析过程给出了假设成立的概率。常用公式如下：

$$\begin{cases} t=\dfrac{\sqrt{n-2}}{\sqrt{1-r^2}}r \\ t=\dfrac{\sqrt{n-k-2}}{\sqrt{1-r^2}}r \end{cases}$$

公式一是 Pearson 和 Spearman 相关系数假设检验 t 值的计算公式。其中，r 是相关系数，n 是数据总量，$n-2$ 是自由度。当 $p<0.05$ 拒绝原假设，否则接受假设，总体量变量相关系数为零。

公式二是 Pearson 偏相关系数假设检验 t 值的计算公式。其中，r 是相应的偏相关系数，n 是数据总量，k 是控制变量数量，$n-k-2$ 是自由度。当 $p<0.05$ 拒绝原假设，否则接受假设，总体量变量相关系数为零。

在相关分析中，平时用得最多的就是二元变量的相关分析，它所研究的是两个现象变量之间的相关关系，这种关系称为单相关，即这种相关关系只涉及一个自变量和一个因变量。三个或三个以上现象变量之间的相关关系称为复相关。这种相关涉及一个因变量与两个以上的自变量。例如，同时研究亩产量与降雨量、施肥量、种植密度之间的关系就是复相关关系。在实际工作中，如果存在多个自变量与一个因变量的关系，可以抓住其中最主要的因素，研究其相关关系或将复相关化为单相关问题进行研究。

由上可见，实际中二元变量的相关分析用得最为普遍。只要涉及相关分析，就少不了二元变量的相关分析,或者一些复杂的问题也可化简为二元变量的相关分析问题。因此,二元变量的相关分析广泛应用于自然科学和一些社会科学,如经济学、心理学、教育学等。因而,对读者而言掌握好这种基本却十分常用有效的方法是非常重要的。调用 Bivariate 过程命令时允许同时输入两个变量或两个以上变量,但系统输出的是变量间两两相关的相关系数。

下面通过例题,让大家对相关分析的具体应用以及如何使用 SPSS 解决相关分析问题有一个初步的了解。

例 9.5 房地产价格体系评估问题

改革开放以来,我国的房地产业取得了巨大的成就。虽然国内房地产业还处于发展的初期阶段,但是房地产业在国民经济的地位和作用却越来越重要,它已成为促进国内经济发展新的经济增长点,几年来有关房地产业方面的研究也成为热点之一。房价始终是我国房地产市场最为尖锐的问题。调查显示,1992—2004 年的 13 年间,全国城市住房平均售价上涨了近 10 倍,部分城市上涨幅度还要大得多,远远超过我国国民收入水平的涨幅。国家发展和改革委员会、国家统计局最新发布的调查报告显示,2004 年一季度 35 个大中城市就有 9 个城市房价涨幅超过 10 个百分点,另外有 7 个城市土地交易价格涨幅超过 10 个百分点。

表 9-14 2000—2006 年某地房地产数据表

	2000	2001	2002	2003	2004	2005	2006
房地产开发投资额	566.17	630.73	748.89	901.24	1175.46	1246.87	1275.59
住宅竣工面积	1724.00	1743.90	1880.50	2280.80	3270.40	2819.30	2746.80
人均住宅面积	11.80	12.50	13.10	13.80	14.80	15.50	16.00
人均生活支出	8868.00	9336.00	10464.00	11040.00	12361.00	13773.00	14762.00
城乡储蓄余额	2046.00	2524.05	3001.90	4915.54	6054.60	6966.99	8432.49
市民消费指数	101.50	102.50	100.00	100.50	100.10	101.00	101.20
在岗职工工资	16641.00	18531.00	21781.00	23959.00	27305.00	31940.00	41189.00
人口数	1313.10	1321.60	1327.10	1334.20	1341.80	1360.30	1368.00
人口密度	2872.00	1757.00	1950.00	1959.00	1971.00	2718.20	2774.20
地区生产总值	4771.17	5210.12	5741.03	6694.23	8072.837	9154.18	10296.97
土地交易价格指数	91.90	98.40	106.30	115.10	120.30	106.93	101.20
房屋租赁价格指数	95.80	96.30	99.00	102.20	105.00	103.60	103.98
房价指数	98.60	104.40	107.30	120.10	115.90	109.70	98.70

2000—2006 年房地产数据表见表 9-14,请根据表 9-14 所列出的各种因素和数据,分析房地产价格指数与上述各个因素之间的影响关系,找出影响房地产价格指数最重要的因素,并进行说明。

解题思路

题中要求分析房地产价格指数与各个因素之间的影响关系，并找出影响房地产价格指数最重要的因素。定义各种指标 $x_1 \sim x_{12}$ 为自变量，y 为房价指数，即因变量，需要寻找 y 与 x_i 间的相关关系。计算相关系数有不同的方法，不同相关系数的计算如下：(1)Pearson 相关系数：度量两个变量之间的线性相关程度。相关系数前面的符号表征相关关系的方向，其绝对值大小表示相关程度，相关系数越大，则相关性越强。(2)Kendall's tall-b 偏秩相关系数：适用于度量等级变量或秩变量相关性的一种非参数度量。(3)Spearman 秩相关系数：是 Pearson 相关系数的非参数版本，主要基于数据的秩而不是数据的值本身，适用于等级数据和不满足正态假定的等间隔数据。

其中，Pearson 相关系数应用较广，当 $R=0$ 时表示不存在线性相关，但不意味着 y 与 x 无任何关系；当 $0<|R|\leqslant 0.3$ 时为微弱相关；当 $0.3<|R|\leqslant 0.5$ 时为低度相关；当 $0.5<|R|\leqslant 0.8$ 时为显著相关；当 $0.8<|R|\leqslant 1$ 时为高度相关；当 $|R|=1$ 时为完全线性相关。

将上海统计指标作为自变量，房地产价格指数作为因变量，把上述表格中的数据输入到数据文件(见图 9-11)。

	x1	x2	x3	x4	x5	x6	x7	x8	x9	x10	x11	x12	y
1	566.17	1724.00	11.80	8868.00	2046.00	101.50	16641.00	1313.10	2872.00	4771.17	91.90	95.80	98.60
2	630.73	1743.90	12.50	9336.00	2524.05	102.50	18531.00	1321.60	1757.00	5210.12	98.40	96.30	104.40
3	748.89	1880.50	13.10	10464.00	3001.90	100.00	21781.00	1327.10	1950.00	5741.03	106.30	99.00	107.30
4	901.24	2280.80	13.80	11040.00	4915.54	100.50	23959.00	1334.20	1959.00	6694.23	115.10	102.20	120.10
5	1175.46	3270.40	14.80	12361.00	6054.60	100.10	27305.00	1341.80	1971.00	8072.84	120.30	105.00	115.90
6	1246.87	2819.30	15.50	13773.00	6966.99	101.00	31940.00	1360.30	2718.20	9154.18	106.93	103.60	109.70
7	1275.59	2746.80	16.00	14762.00	8432.49	101.20	41189.00	1368.00	2774.20	10296.97	101.20	103.98	98.70
8													

图 9-11　SPSS 数据输入图

从菜单 Analyze→Correlate→Bivariate，打开双变量相关分析主对话框("Bivariate Correlations")，如图 9-12 所示。在左侧的源变量栏中选择 $x_1 \sim x_{12}$ 和 y 进入变量栏(Variables)，其余使用系统默认值，单击 OK 按钮运行程序。得到结果如图 9-13 所示。

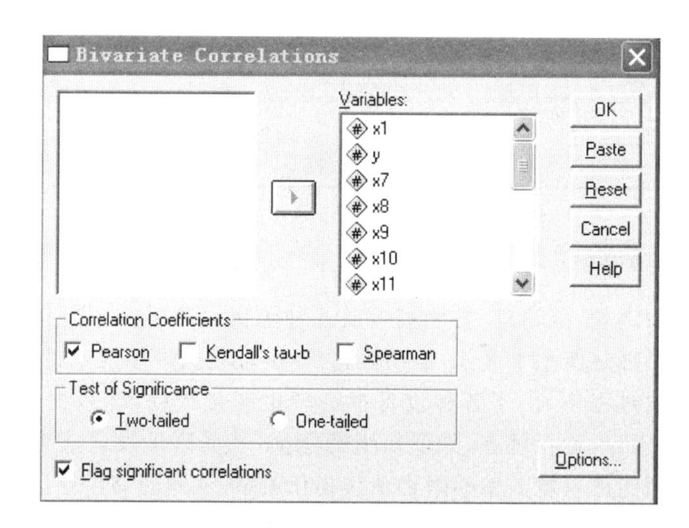

图 9-12　SPSS 相关分析输入图

Correlations

	x_1	x_2	x_3	x_4	x_5	x_6	x_7	x_8	x_9	x_{10}	x_{11}	x_{12}	y
x_1 Pearson Correlation	1	0.927**	0.989**	0.973**	0.976**	−0.374	0.914**	0.953**	0.285	0.975**	0.530	0.953**	0.242
Sig. (2-talled)		0.003	0.000	0.000	0.000	0.409	0.004	0.001	0.536	0.000	0.221	0.001	0.600
N	7	7	7	7	7	7	7	7	7	7	7	7	7
x_2 Pearson Correlation	0.927**	1	0.867*	0.822*	0.853*	−0.460	0.728	0.774*	0.139	0.838*	0.688	0.946**	0.402
Sig. (2-talled)	0.003		0.011	0.023	0.015	0.299	0.063	0.041	0.767	0.019	0.087	0.001	0.372
N	7	7	7	7	7	7	7	7	7	7	7	7	7
x_3 Pearson Correlation	0.989**	0.867*	1	0.991**	0.987**	−0.326	0.953**	0.983**	0.277	0.989**	0.474	0.926**	0.188
Sig. (2-talled)	0.000	0.011		0.000	0.000	0.476	0.001	0.000	0.548	0.000	0.283	0.003	0.686
N	7	7	7	7	7	7	7	7	7	7	7	7	7
x_4 Pearson Correlation	0.973**	0.822*	0.991**	1	0.985**	−0.294	0.977**	0.993**	0.379	0.995**	0.370	0.884**	0.074
Sig. (2-talled)	0.000	0.023	0.000		0.000	0.523	0.000	0.000	0.402	0.000	0.414	0.008	0.875
N	7	7	7	7	7	7	7	7	7	7	7	7	7
x_5 Pearson Correlation	0.976**	0.853*	0.987**	0.985**	1	−0.270	0.967**	0.977**	0.355	0.993**	0.418	0.910**	0.140
Sig. (2-talled)	0.000	0.015	0.000	0.000		0.558	0.000	0.000	0.435	0.000	0.351	0.004	0.765
N	7	7	7	7	7	7	7	7	7	7	7	7	7
x_6 Pearson Correlation	−0.374	−0.460	−0.326	−0.294	−0.270	1	−0.197	−0.205	0.152	−0.242	−0.728	−0.568	−0.571
Sig. (2-talled)	0.409	0.299	0.476	0.523	0.588		0.672	0.659	0.745	0.601	0.063	0.184	0.181
N	7	7	7	7	7	7	7	7	7	7	7	7	7
x_7 Pearson Correlation	0.914**	0.728	0.953**	0.977**	0.967**	−0.197	1	0.976**	0.416	0.978**	0.242	0.806*	−0.067
Sig. (2-talled)	0.004	0.063	0.001	0.000	0.000	0.672		0.000	0.353	0.000	0.601	0.029	0.887
N	7	7	7	7	7	7	7	7	7	7	7	7	7
x_8 Pearson Correlation	0.953**	0.774*	0.983**	0.993**	0.977**	−0.205	0.976**	1	0.383	0.989**	0.314	0.844*	0.044
Sig. (2-talled)	0.001	0.041	0.000	0.000	0.000	0.659	0.000		0.397	0.000	0.493	0.017	0.925
N	7	7	7	7	7	7	7	7	7	7	7	7	7
x_9 Pearson Correlation	0.285	0.139	0.277	0.379	0.355	0.152	0.416	0.383	1	0.394	−0.494	0.096	−0.583
Sig. (2-talled)	0.536	0.767	0.546	0.402	0.435	0.745	0.353	0.397		0.382	0.260	0.838	0.170
N	7	7	7	7	7	7	7	7	7	7	7	7	7
x_{10} Pearson Correlation	0.975**	0.838*	0.989**	0.995**	0.993**	−0.242	0.978**	0.989**	0.394	1	0.357	0.882**	0.061
Sig. (2-talled)	0.000	0.019	0.000	0.000	0.000	0.601	0.000	0.000	0.382		0.432	0.009	0.897
N	7	7	7	7	7	7	7	7	7	7	7	7	7
x_{11} Pearson Correlation	0.530	0.688	0.474	0.370	0.418	−0.728	0.242	0.314	−0.494	0.357	1	0.744	0.900**
Sig. (2-talled)	0.221	0.087	0.283	0.414	0.351	0.063	0.601	0.493	0.260	0.432		0.055	0.006
N	7	7	7	7	7	7	7	7	7	7	7	7	7
x_{12} Pearson Correlation	0.953**	0.946**	0.926**	0.884**	0.910**	−0.568	0.806*	0.844*	0.096	0.882**	0.744	1	0.484
Sig. (2-talled)	0.001	0.001	0.003	0.008	0.004	0.184	0.029	0.017	0.838	0.009	0.056		0.271
N	7	7	7	7	7	7	7	7	7	7	7	7	7
y Pearson Correlation	0.242	0.402	0.188	0.074	0.140	−0.571	0.067	0.044	−0.583	0.061	0.900**	0.484	1
Sig. (2-talled)	0.600	0.372	0.686	0.875	0.765	0.181	0.867	0.925	0.170	0.897	0.006	0.271	
N	7	7	7	7	7	7	7	7	7	7	7	7	7

**. Correlation is significant at the 0.01 level (2-tailed).

*. Correlation is significant at the 0.05 level (2-tailed).

图 9-13　SPSS 相关分析输出图

从软件运算结果中可得到各个变量的相关系数如表 9-15 所示。

表 9-15　相关分析数据表

	x_1	x_2	x_3	x_4	x_5	x_6
相关系数	0.242	0.402	0.188	0.074	0.140	−0.571
	x_7	x_8	x_9	x_{10}	x_{11}	x_{12}
相关系数	−0.067	0.044	−0.583	0.061	0.900	0.484

例 9.6　火力发电机性能分析问题

火力发电机组由锅炉、汽轮机、发电机以及各种辅机设备组成，这些设备作为一个整体运转产生电能。锅炉加热产生水蒸气，推动汽轮机，由汽轮机带动发电机转子旋转切割磁力线产生电能。在发电过程中，由于各种设备都会产生能量损耗，导致发电的成本相应的提高。为了更好地调整机组运行状态，降低机组的能损，从而降低发电成本，希望能够比较清晰地掌握影响发电机组的发电效率的因素及其相互关系，从而能够指导生产。

火力发电机组的发电效率与机组的发电负荷率有直接的关系，一般说来，负荷率越高，机组的发电效率也就越高。而机组的带负荷能力是由机组运行的各项指标决定，通过调整机组运行的各项指标可使其到达一定的负荷状态。

影响机组运行的指标主要有主汽压力、主汽温度、再热汽压、再热汽温度、真空度、给水温度、含氧量和进风温度。主汽压力和主汽温度是指推动汽轮机的主蒸汽压力和温度，主蒸汽在推动汽轮机做功后形成再热汽，重新回到锅炉进行加热加压。再热汽重新加热之前的温度和汽压也是影响机组运行的重要因素。

当然，由于影响机组带负荷能力的各项指标之间存在着一定的影响关系，调整其中某一个指标会导致其他指标的变化，因此调整机组运行状态就变成了在各项运行指标之间寻求一种平衡。因此，如果能够找到各项运行指标之间的关系，并给出机组的发电成本与各项运行指标之间的关系，将会提高机组运行效率，降低发电成本。

讨论影响机组运行效率的指标由大到小依次是什么？影响发电成本的指标由大到小依次是什么？以及各指标之间的内在关系如何？机组运行指标与负荷、煤耗记录如表 9-16 所示。

表 9-16　机组运行指标与负荷、煤耗记录

序号	主汽压力	主汽温度	再热汽压	再热汽温度	真空度	给水温度	含氧量	进风温度	负荷	煤耗
1	15.5	539	3	539	−95.36	270	1.9	29	89.93	399
2	15.55	539	2.8	540	−95.74	265	2.5	25	84.31	345
3	15.39	539	2.73	539	−95.99	265	2.8	21	84.11	313
4	15	540	2.48	539	−96.53	259	3.2	18	75.75	328
5	15.3	538	2.7	538	−96.19	264	3.1	21	79.74	340
6	15.5	539	2.78	539	−96.13	265	3.0	21	81.70	338
7	14.84	537	2.15	540	−96.49	267	2.7	24	85.00	324
8	14.33	536	2.5	538	−96.77	260	3.3	23	77.40	294
9	14.21	537	2.4	536	−96.69	258	3.4	23	76.30	362

解题思路

题中要求分析影响发电机组最重要的因素。计算相关系数有不同的方法，不同相关系数的计算如下：(1)Pearson 相关系数：度量两个变量之间的线性相关程度。相关系数前面的符号表征相关关系的方向，其绝对值大小表示相关程度，相关系数越大，则相关性越强。(2)Kendall's tau-b偏秩相关系数：适用于度量等级变量或秩变量相关性的一种非参数度量。(3)Spearman 秩相关系数：是 Pearson 相关系数的非参数版本，主要基于数据的秩而不是数据的值本身，适用于等级数据和不满足正态假定的等间隔数据。

从菜单 Analyze→Correlate→Bivariate，打开双变量相关分析主对话框（"Bivariate Correlations"）。在左侧的源变量栏中选择 $x_1 \sim x_{10}$ 进入变量栏(Variables)其余使用系统默认值，单击 OK 按钮运行程序。得到结果如图 9-14 所示。

	x1	x2	x3	x4	x5	x6	x7	x8	x9	x10
1	15.50	539.00	3.00	539.00	-95.36	270.00	1.90	29.00	89.93	399.00
2	15.55	539.00	2.80	540.00	-95.74	265.00	2.50	25.00	84.31	345.00
3	15.39	539.00	2.73	539.00	-95.99	265.00	2.80	21.00	84.11	313.00
4	15.00	540.00	2.48	539.00	-96.53	259.00	3.20	18.00	75.75	328.00
5	15.30	538.00	2.70	538.00	-96.19	264.00	3.10	21.00	79.74	340.00
6	15.50	539.00	2.78	539.00	-96.13	265.00	3.00	21.00	81.70	338.00
7	14.84	537.00	2.15	540.00	-96.49	267.00	2.70	24.00	85.00	324.00
8	14.33	536.00	2.50	538.00	-96.77	260.00	3.30	23.00	77.40	294.00
9	14.21	537.00	2.40	536.00	-96.69	258.00	3.40	23.00	76.30	362.00

图 9-14　SPSS 数据输入图

Correlations

		x_1	x_2	x_3	x_4	x_5	x_6	x_7	x_8	x_9	x_{10}
x_1	Pearson Correlation	1	0.767*	0.732*	0.665	0.849**	0.718*	−0.659	0.133	0.651	0.308
	Sig. (2-talled)		0.016	0.025	0.051	0.004	0.029	0.053	0.733	0.057	0.420
	N	9	9	9	9	9	9	9	9	9	9
x_2	Pearson Correlation	0.767*	1	0.559	0.444	0.592	0.260	−0.380	−0.202	0.250	0.322
	Sig. (2-talled)	0.016		0.118	0.231	0.093	0.499	0.313	0.602	0.516	0.397
	N	9	9	9	9	9	9	9	9	9	9
x_3	Pearson Correlation	0.732*	0.559	1	0.158	0.837**	0.472	−0.561	0.339	0.485	0.485
	Sig. (2-talled)	0.025	0.118		0.684	0.005	0.199	0.116	0.372	0.185	0.185
	N	9	9	9	9	9	9	9	9	9	9
x_4	Pearson Correlation	0.665	0.444	0.158	1	0.477	0.648	−0.603	0.142	0.606	−0.125
	Sig. (2-talled)	0.051	0.231	0.684		0.194	0.059	0.086	0.715	0.084	0.749
	N	9	9	9	9	9	9	9	9	9	9
x_5	Pearson Correlation	0.849**	0.592	0.837**	0.477	1	0.804**	−0.892**	0.581	0.839**	0.627
	Sig. (2-talled)	0.004	0.093	0.005	0.194		0.009	0.001	0.101	0.005	0.071
	N	9	9	9	9	9	9	9	9	9	9
x_6	Pearson Correlation	0.718*	0.260	0.472	0.648	0.804**	1	−0.892**	0.625	0.964**	0.411
	Sig. (2-talled)	0.029	0.409	0.199	0.059	0.009		0.001	0.072	0.000	0.272
	N	9	9	9	9	9	9	9	9	9	9
x_7	Pearson Correlation	−0.659	−0.380	−0.561	−0.603	−0.892**	−0.892**	1	−0.767**	−0.950**	−0.593
	Sig. (2-talled)	0.053	0.313	0.116	0.086	0.001	0.001		0.016	0.000	0.093
	N	9	9	9	9	9	9	9	9	9	9
x_8	Pearson Correlation	0.133	−0.202	0.339	0.142	0.581	0.625	−0.767*	1	0.736*	0.618
	Sig. (2-talled)	0.733	0.602	0.372	0.715	0.101	0.072	0.016		0.024	0.076
	N	9	9	9	9	9	9	9	9	9	9
x_9	Pearson Correlation	0.651	0.250	0.485	0.606	0.839**	0.964**	−0.950**	0.736*	1	0.467
	Sig. (2-talled)	0.057	0.516	0.185	0.084	0.005	0.000	0.000	0.024		0.205
	N	9	9	9	9	9	9	9	9	9	9
x_{10}	Pearson Correlation	0.308	0.322	0.485	−0.125	0.627	0.411	−0.593	0.618	0.467	1
	Sig. (2-talled)	0.420	0.397	0.185	0.749	0.071	0.272	0.093	0.076	0.205	
	N	9	9	9	9	9	9	9	9	9	9

图 9-15　SPSS 相关分析输出图

再来详细地研究二元变量相关分析的 SPSS 过程，由示例可以看出对于一个二元变量相关分析的 SPSS 过程，主要包括以下三个步骤：

1. 建立或调用数据文件：在 SPSS 的数据编辑器中录入数据并加以保存即可，或者打开已存在的数据文件(后缀名为. sav)。

2. 选择分析变量、选择项、提交运行：从菜单 Analyze－>Correlate－>Bivariate，展开双变量相关分析主对话框 Bivariate Correlations。在对话框中选中左边变量表中欲用于相关分析的变量，然后鼠标点击位于左右变量表之间的向右箭头按钮，或者直接双击所选中的变量，将选择的变量移入 Variables 变量表中。若其他的选择项采用系统默认值，则可点击右上角的 OK 按钮，运行此相关分析过程。从主对话框可以看出，将相关系数 Correlation Coefficients 系统默认为 Pearson，即皮尔逊相关，只有等间距测度的变量才使用这种相关分析。对于显著性检验 Test of Significance 系统默认为双尾 *T* 检验 Two-Tailed，该检验要求显示实际的显著性水平。对于二元变量相关分析的选择项主要有两类的选择项：一类为在主对话框中的选择项；另一类为 Options 对话框中的选择项。

(1)主对话框中的选择项：

分析方法选择项：主对话框中有三种相关系数，对应于三种分析方法：

Pearson 相关复选项：积差相关，计算连续变量或是等间距测度的变量间的相关分析。

Kendall 复选项：等级相关，计算分类变量间的秩相关。

Spearman 复选项：等级相关，计算 Spearman 相关。

对于非等间距测度的连续变量，因为分布不明可以使用等级相关分析，也可以使用 Pearson 相关分析；对于完全等级的离散变量，必须使用等级相关分析。当资料不服从双变量正态分布或总体分布型未知或原始数据是用等级表示时，宜用 Spearman 或 Kendall 相关。

选择显著性检验类型：Two-tailed 双尾检验选项，当事先不知道相关方向时选择此项；One-tailed 单尾检验选项，如果事先知道相关方向可以选择此项；Flag significant Correlations 复选项，如果选中此项，输出结果中在相关系数数值右上方使用“*”表示显著水平为 5%，用“* *”表示其显著水平为 1%。

(2)Options 对话框中的选择项：在主对话框的右下角有一个 Options 按钮单击它便进入 Options 对话框。

统计量选择项：在 Statistics 栏中有两个有关统计量的选择项。只有在主对话框中选择 Pearson 相关分析方法时，才可以选择这两个选择项。选择了这些项在输出结果中就会得到样本的相应的统计量数值。它们是：Means and standard deviations 为均值与标准差复选项；Cross－product deviations and covariances 为叉积离差阵和协方差阵复选项。

缺失值处理方法选择项：在 Missing Values 栏中有两个关于缺失值处理方法的选择项；Exclude cases listwise 选项，仅剔除正在参与计算的两个变量值是缺失值的观测量。这样在多元相关分析或多对两两相关分析中，有可能相关系数矩阵中的相关系数是根据不同数量的观测量计算出来的；Exclude cases listwise 选项，剔除在主对话框中 Variables 矩形框中列出的变量带有缺失值的所有观测量。这样计算出来的相关系数矩阵，每个相关系数都是依据相同数量的观测量计算出来的。

3.输出结果和解释结果：对于输出结果显示的数值意义如下。

(1)第一行中的数值是行变量与列变量的相关系数矩阵。行、列变量相同的相关系数自然为 1。

(2)第二行中的数值是相关系数为零的假设成立的概率。

(3)第三行中的数值是参与该相关系数计算的观测量数目，即数据文件上数据的对数。对计算结果的解释主要是考察 0 假设检验是否成立。当 *P* 小于 1%或 5%时(相关系数数值右上方使用“*”表示显著水平为 5%；用“* *”表示其显著水平为 1%)，则应拒绝相关系数为 0 的假设，可以认为两个变量之间是相关的。

9.4 判别分析数学模型

判别分析是在已知研究对象分成若干类型(或组别),并已取得各种类型的一批已知样品的观测数据,在此基础上根据某些准则建立判别式(函数),然后对未知类型的样品进行分类。它与聚类分析不同,但有时可与聚类分析结合起来使用,即先用聚类分析对一批样品进行分类,然后用判别分析建立判别式对新样品进行判别。

关于判别分析在这里主要介绍距离判别法、Fisher 判别法、Bayes 判别法的基本思想方法,在实际计算时一般都可以直接利用统计软件进行。

距离判别法 基本思想是首先根据已知的分类数据计算各类重心(均值)。判别准则是对任给的一类观测,若它与第 i 类重心最近,就认为它来自第 i 类。距离判别对总体分布没有特定要求。

1. 两个总体的距离判别:设有两个总体 G_1、G_2,各有 n_1 和 n_2 个样品,测得 p 个指标(见表 9-17)。

表 9-17 数据统计表

G_1 总体					G_2 总体				
样品	变量				样品	变量			
	x_1	x_2	…	x_p		x_1	x_2	…	x_p
$x_1^{(1)}$	$x_{11}^{(1)}$	$x_{12}^{(1)}$	…	$x_{1p}^{(1)}$	$x_1^{(2)}$	$x_{11}^{(2)}$	$x_{12}^{(2)}$	…	$x_{1p}^{(2)}$
$x_2^{(1)}$	$x_{21}^{(1)}$	$x_{22}^{(1)}$	…	$x_{2p}^{(1)}$	$x_2^{(2)}$	$x_{21}^{(2)}$	$x_{22}^{(2)}$	…	$x_{2p}^{(2)}$
⋮	⋮	⋮	⋮	⋮	⋮	⋮	⋮	⋮	⋮
$x_{n_1}^{(1)}$	$x_{n_{11}}^{(1)}$	$x_{n_{12}}^{(1)}$	…	$x_{n_{1p}}^{(1)}$	$x_{n_1}^{(2)}$	$x_{n_{11}}^{(2)}$	$x_{n_{12}}^{(2)}$	…	$x_{n_{1p}}^{(2)}$
均值	$\overline{x_1^{(1)}}$	$\overline{x_2^{(1)}}$	…	$\overline{x_p^{(1)}}$	均值	$\overline{x_1^{(2)}}$	$\overline{x_2^{(2)}}$	…	$\overline{x_p^{(2)}}$

今有一样品 $X=(x_1,x_2,\cdots,x_p)'$,问 X 应归为哪一类。判别准则为:

$$\begin{cases} X\in G_1 & D(X,G_1)<D(X,G_2) \\ X\in G_2 & D(X,G_1)>D(X,G_2) \\ \text{待定} & D(X,G_1)=D(X,G_2) \end{cases}$$

其中,$D(X,G_i)$为 X 到 G_i 的距离($i=1,2$)。

若采用欧氏距离:$D(X,G_i)=\sqrt{(X-\overline{X^{(i)}})'(X-\overline{X^{(i)}})}$,$i=1,2$

若采用马氏距离:$D(X,G_i)^2=(X-\mu^{(i)})'\Sigma^{(i)^{-1}}(X-\mu^{(i)})$

判别准则可写为:

$$\begin{cases} X\in G_1 & W(x)<0\Leftrightarrow D(X,G_1)<D(X,G_2) \\ X\in G_2 & W(x)>0\Leftrightarrow D(X,G_1)>D(X,G_2) \\ \text{待定} & W(x)=0\Leftrightarrow D(X,G_1)=D(X,G_2) \end{cases}$$

2. 多个总体的距离判别法：设 k 个总体 $G_1, G_2, \cdots, G_k$；均值 $\mu^{(1)}, \mu^{(2)}, \cdots, \mu^{(k)}$；协差阵 $\Sigma^{(1)}, \Sigma^{(2)}, \cdots, \Sigma^{(k)}$。抽取样本 $n_1, n_2, \cdots, n_k$；测得 p 个指标。今有一样品 $X=(x_1, x_2, \cdots, x_p)$，问 X 归为哪一类。设 G_i 总体的资料阵如表 9-18 所示。

表 9-18　G_i 总体的资料阵

样品	变量			
	x_1	x_2	…	x_p
$x_1^{(i)}$	$x_{11}^{(i)}$	$x_{12}^{(i)}$	…	$x_{1p}^{(i)}$
$x_2^{(i)}$	$x_{21}^{(i)}$	$x_{22}^{(i)}$	…	$x_{2p}^{(i)}$
⋮	⋮	⋮	⋮	⋮
$x_{n_1}^{(i)}$	$x_{n_1 1}^{(i)}$	$x_{n_1 2}^{(i)}$	…	$x_{n_1 p}^{(i)}$
均值	$\overline{x_1^{(i)}}$	$\overline{x_2^{(i)}}$	…	$\overline{x_p^{(i)}}$

按距离最近准则有：

$$\begin{cases} X \in G_i & W_{ij}(x) > 0, \text{对于一切 } i \neq j \\ \text{待定} & \exists W_{ij}(x) < 0 \end{cases}$$

$$W_{ij}(x) = \frac{1}{2}[D^2(X, G_j) - D^2(X, G_i)]$$

费歇(Fisher)判别法　基本思想是在距离判别中，当两个总体协差阵相同时，导出一个线性判别函数。对一般总体，不管协差阵是否相同，是不是可以导出一个线性函数。Fisher 回答了此问题，借助方差分析的思想构造一个判别函数 $y=C_1x_1+C_2x_2+\cdots+C_px_p$，而且 $C_1, C_2, \cdots C_p$ 的确定原则为使两组间区别最大，每个组内部离差最小。该判别法对分布无特定的要求，下面是两总体 Fisher 判别法的基本思路。

1. 判别函数：设有两个总体 G_1、G_2，各有 n_1 和 n_2 个样品，测得 p 个指标，资料阵同前。设建立的判别式为：$y=C_1x_1+C_2x_2+\cdots+C_px_p$，将 G_1、G_2 的样品观测值代入可得：

$$\begin{cases} y_i^{(1)} = C_1x_{i1}^{(1)} + C_2x_{i2}^{(1)} + \cdots + C_px_ip^{(1)} \\ y_i^{(2)} = C_1x_{i1}^{(2)} + C_2x_{i2}^{(2)} + \cdots + C_px_ip^{(2)} \end{cases}$$

希望对来自不同总体的两个平均值，$\overline{y^{(1)}}$、$\overline{y^{(2)}}$ 相差愈大愈好；对来自第 t 个总体的 $\overline{y^{(t)}}$，要求离差平方和 $\sum_{i=1}^{n_i}(y_i^{(t)} - \overline{y^{(t)}})^2$ 愈小愈好，即要求下式愈大愈好。

$$I = \frac{(\overline{y^{(1)}} - \overline{y^{(2)}})^2}{\sum_{i=1}^{n_1}(y_i^{(1)} - \overline{y^{(1)}})^2 + \sum_{i=1}^{n_2}(y_i^{(2)} - \overline{y^{(2)}})^2}$$

问题就是确定 $C_1, C_2, \cdots C_p$ 使 I 最小。

2. 判别准则：取判别临界值为 $y_0 = \frac{n_1\overline{y^{(1)}} + n_2\overline{y^{(2)}}}{n_1 + n_2}$，若 $\overline{y^{(1)}} > \overline{y^{(2)}}$，判别准则可以表示为：$\begin{cases} y > y_0, X \in G_1 \\ y < y_0, X \in G_2 \end{cases}$。

注意：构造判别式的样品个数不宜太少，否则会影响判别式的优良性；判别式选用的指标不宜过多,否则使用不方便,且影响预报稳定性。

贝叶斯判别法(Baryas) 基本思想是对多个总体的判别不是建立判别式,而是计算新给样品属于各总体概率的 $P(g|x)$,比较其大小,然后将样品归为来自概率最大的总体。这时要求已知研究对象的先验概率。

1. 使用后验概率最大作为判别准则:设总体为 $G_1, G_2, \cdots, G_k$;先验概率为 $q_1, q_2, \cdots, q_k$;密度函数为 $f_1(x), f_2(x), \cdots, f_k(x)$。观测一个样本 $x=(x_1, x_2, \cdots, x_p)$,计算它来自第 g 总体的后验概率为:

$$P(g \mid x) = \frac{q_g f_g(x)}{\sum_{i=1}^{l} q_i f_i(x)}$$

当 $P(h \mid x) = \max\limits_{1 \leqslant g \leqslant k} P(g \mid x)$,则判定 x 来自第 h 总体。

2. 使用错判损失最小作为判别准则:把 x 错判为第 h 总体的平均损失定义为:

$$E(g \mid x) = \sum_{g \neq h} \frac{q_g f_g(x)}{\sum_{i=1}^{k} q_i f_i(x)} L(h \mid g)$$

其中 $L(h|g)$ 为损失函数,表示来自第 g 总体的样品判别为 h 总体的损失,当 $E(h|x) = \min\limits_{1 \leqslant g \leqslant k} E(g|x)$,则判定 x 来自第 h 总体。

任何一种判别总是存在误判,一种好的判别法应该是误判的概率尽可能的小。对一个实际问题经过某种判别法判别归类以后应该对其误判情况进行评价。常用的评价方法有如下几种:计算误判率,但要求知道总体和判别函数的分布;用已建立判别函数的样品进行回代,估计错判概率偏低;一部分样品建立判别函数,一部分样品进行判断,优点易计算,不需知道总体和判别函数的分布,缺点是建立判别函数时,未能利用全部信息,且需要样品量大。

例 9.7 蠓虫的分类

两种蠓 Af 和 Apf 已由生物学家 W. L. Grogna 和 W. W. Wirth(1981 年)根据它们的触角长和翼长加以区分,现给出 9 只 Af 蠓用"⊙"标记,6 只 Apf 蠓用"•"标记(如图 9-1 所示),根据给出的触角长和翼长识别出一只标本是 Af 还是 Apf。给定一只 Af 族或 Apf 族的蠓,你如何正确地区分它属于哪一族?将你的方法用于触角长和翼长分别为(1.24,1.80),(1.28,1.84),(1.40,2.04)的三个标本。设 Af 是传粉益虫,Apf 是某种疾病的载体,是否应该修改你的分类方法,若需修改,如何改?

解题思路

此题在前面例 9.1 中已经用聚类分析方法讨论过,现在我们用判别分析方法来讨论该题。利用表 9-1 中给出的蠓虫翼长数据计算可得样本均值向量:

$$a_1 = \begin{bmatrix} 1.413 \\ 1.804 \end{bmatrix}, a_2 = \begin{bmatrix} 1.227 \\ 1.927 \end{bmatrix}$$

样本离差矩阵:$\Sigma_1 = \begin{bmatrix} 0.0784 & 0.0647 \\ 0.0647 & 0.1350 \end{bmatrix}, \Sigma_2 = \begin{bmatrix} 0.0197 & 0.0217 \\ 0.0217 & 0.0389 \end{bmatrix}$

应用马氏距离判别法:在蠓虫分类中,$k=2, G_1=\mathrm{Af}, G_2=\mathrm{Apf}$,指标 $X=(x_1, x_2)$ 是二维

的，其中 x_1 为触角长，x_2 为翼长。学习样本共包含 15 个样本，其中 9 个属 Af，6 个属 Apf。

在距离判别模型中，把每个样本视为二维空间中的一个点，可算得代表 Af 的 9 个点的集合与代表 Apf 的 6 个点的集合各自的中心：a_1、a_2。对于给定的样品 $X=(x_1,x_2)$，称 X 与 a_1 之间的“距离”为 X 距 Af 类的“距离”，称 X 与 a_2 之间的“距离”为 X 距 Apf 类的“距离”。若 X 距 Af 类的“距离”小于 X 距 a_2 类的“距离”，则判断 $X\in$ Af，反之则判断 $X\in$ Apf。这种直观地根据“距离”判别样品所属类别的方法，称为距离判别法。这里的距离可以是多种的，下面用马氏距离进行判别。由具体数据计算可得：

$$\begin{cases}W(1;X)=189.9x_1^2-182x_1x_2+110.25x_2^2-208.33x_1-140.61x_2+274.02\\W(2;X)=790.02x_1^2-881.4x_1x_2+400.08x_2^2-240.24x_1-460.42x_2+590.89\end{cases}$$

根据判别规则：若 $W(k;X)=\min\limits_{1\leqslant i\leqslant r}W(i;X)$，则 $X\in G_k$，回代检验所有的已知样本，结果都正确，对未知样本检验的结果如下：

$$\begin{cases}W(1;1.24,1.80)<W(2;1.24,1.80)\\W(1;1.28,1.84)<W(2;1.28,1.84)\\W(1;1.40,2.04)<W(2;1.40,2.04)\end{cases}$$

即所检验的三个未知样本都属于 Af 族。

应用 Fisher 判别法，由上面的讨论可知，Fisher 判别函数为 $W(X)=2.920x_1+0.258x_2$，取判别阈值 $y_0=\dfrac{n_1\overline{y^{(1)}}+n_2\overline{y^{(2)}}}{n_1+n_2}=4.4$。

判别规则是：若 $W(X)>y_0$，则 $X\in$ Af；否则，$X\in$ Apf。回代检验所有的已知样本，结果都正确，对未知样本检验的结果如下：

$$\begin{cases}W(1.24,1.80)=4.0976<y_0\\W(1.28,1.84)=4.2287<y_0\\W(1.40,2.04)=4.6283>y_0\end{cases}$$

即所检验的三个未知样本中，样本(1.24，1.80)属于 Apf 族；样本(1.28，1.84)属于 Apf 族；样本(1.40，2.04)属于 Af 族。

应用 Bayes 判别法，在正态总体假设下，可得回代都正确，对未知样本检验的结果是，样本(1.24，1.80)属于 Apf 族；样本(1.28，1.84)属于 Apf 族；样本(1.40，2.04)属于 Af 族。此判别法得到的结果和 Fisher 判别法得到的结果相同。

虽然用上述三种模型得到的结果有些不同，也就是说存在着错判。对判别分析来说有错判概率的问题，对具体问题哪一种判别方法好，错判概率是一个指标，它应该尽量的小，最后的结果往往是需要综合考虑的。但是上面使用的判别方法所得结果都可以作为第一问的答案；Fisher 判别法和 Bayes 判别法所得结果可以作为第二问的答案。如果 Af 是传粉益虫，Apf 是某种疾病的载体，那么可对原来的 15 个学习样本进行重新分类，利用聚类分析的方法(见例 7.1)，把原来 15 个样本分成 5 类，按 Af～Apf(1～15)的次序分成：{1}；{2，3，4，5，6，7，8}；{9}；{10}；{11，12，13，14，15}，再用马氏距离判别法进行判别。但判别规则改为：当 $W(i;X)<c_i$ 时，$X\in G_i$，其中判别阈值 c_i 可适当选取，它不仅与原来的 15 个样本有关，而且与保护传粉益虫 Af 有关，还是消灭传病害虫 Apf 重要有关。也可以通过调整 Fisher 判别法中的阈值 y_0 来进行判别的控制。综合考虑各种判别方法所得到的结果。此题数据量不大，可以直接计算。但是当数据量比较大时，一般都可以利用统计软件来计算，在利用软

件求解时，要注意该软件中判别函数的定义及判别方式，不同的软件有不同的定义形式。

在判别分析数学模型中，很多情况下都不需要编写另外的程序加以解决，因为在统计软件 SPSS 和 DPS 中都有判别分析的模块。尤其针对大数据问题，这给模型的建立与解决带来了极大的便利。下面通过一个例子来介绍利用 SPSS 解决判别分析的过程。在介绍中侧重如何使用软件解决问题，而省略了若干模型建立的过程。

SPSS for Windows 提供的判别分析过程是 Discriminant 过程。Discriminant 过程根据已知的观测量分类和表明观测量特征的变量值推导出判别函数，并把各观测量的自变量值回代到判别函数中，根据判别函数对观测量所属类别进行判别。对比原始数据的分类和判别函数所判的分类，给出错分概率。

判别分析可以根据类间协方差矩阵，也可以根据类内协方差矩阵。每一已知类的先验概率可以取其值相等，也可以与各类样本数量成正比。判别分析可以根据要求，给出各类观测量的单变量描述统计量；线性判别函数系数或标准化及未标准化的典型判别函数的系数；类内相关矩阵，类内、类间协方差矩阵和总协方差矩阵，给出按判别函数判别的各观测量所属类别；带有错判概率的判别分析小结；还可以根据要求生成表明各类分布的区域图和散点图。如果希望把部分聚类结果存入文件，还可以在工作数据文件中建立新变量，表明观测按判别函数分派的类别、按判别函数计算的判别分数和分派到各类去的概率。

例 9.8　大气污染程度判定问题

我国山区某大型化工厂，在厂区及邻近地区挑选有代表性的 15 个大气取样点，每日 4 次同时抽取大气样品，测定其中含有的 6 种气体的浓度，前后共 4 天，每个取样点每种气体实测 16 次。计算每个取样点每种气体的平均浓度，数据见表 9-19。气体数据对应的污染地区分类如表中最后一列所示。现有取自该地区的 4 个气体样本，气体指标如表中后 4 行所示，试判别这 4 个样品的污染分类。大气样品数据表如表 9-19 所示。

表 9-19　大气样品数据表

气体	氯	硫化氢	二氧化硫	碳 4	环氧氯丙烷	环己烷	污染分类
1	0.056	0.084	0.031	0.038	0.0081	0.022	1
2	0.040	0.055	0.100	0.110	0.0220	0.0073	1
3	0.050	0.074	0.041	0.048	0.0071	0.020	1
4	0.045	0.050	0.110	0.100	0.0250	0.0063	1
5	0.038	0.130	0.079	0.170	0.0580	0.043	2
6	0.030	0.110	0.070	0.160	0.0500	0.046	2
7	0.034	0.095	0.058	0.160	0.200	0.029	1
8	0.030	0.090	0.068	0.180	0.220	0.039	1
9	0.084	0.066	0.029	0.320	0.012	0.041	2
10	0.085	0.076	0.019	0.300	0.010	0.040	2
11	0.064	0.072	0.020	0.250	0.028	0.038	2

续表

气体	氯	硫化氢	二氧化硫	碳 4	环氧氯丙烷	环己烷	污染分类
12	0.054	0.065	0.022	0.280	0.021	0.040	2
13	0.048	0.089	0.062	0.260	0.038	0.036	2
14	0.045	0.092	0.072	0.200	0.035	0.032	2
15	0.069	0.087	0.027	0.050	0.089	0.021	1
样品 1	0.052	0.084	0.021	0.037	0.0071	0.022	
样品 2	0.041	0.055	0.110	0.110	0.0210	0.0073	
样品 3	0.030	0.112	0.072	0.160	0.056	0.021	
样品 4	0.074	0.083	0.105	0.190	0.020	1.000	

解题思路

首先打开 SPSS 软件,建立数据文件,如图 9-16 所示。氯、硫化氢、二氧化硫、碳 4、环氧氯丙烷和环己烷分别用 x_1、x_2、x_3、x_4、x_5 和 x_6 表示。再定义一变量名为 result 用于区分气体种类。

	x1	x2	x3	x4	x5	x6	result
1	.06	.08	.03	.04	.01	.02	1.00
2	.04	.06	.10	.11	.02	.01	1.00
3	.05	.07	.04	.05	.01	.02	1.00
4	.05	.05	.11	.10	.03	.01	1.00
5	.04	.13	.08	.17	.06	.04	2.00
6	.03	.11	.07	.16	.05	.05	2.00
7	.03	.10	.06	.16	.20	.03	1.00
8	.03	.09	.07	.18	.22	.04	1.00
9	.08	.07	.03	.32	.01	.04	2.00
10	.09	.08	.02	.30	.01	.04	2.00
11	.06	.07	.02	.25	.03	.04	2.00
12	.05	.07	.02	.28	.02	.04	2.00
13	.05	.09	.06	.26	.04	.04	2.00
14	.05	.09	.07	.20	.04	.03	2.00
15	.07	.09	.03	.05	.09	.02	1.00

图 9-16 SPSS 数据表

从 Analyze→Classify→Discriminant 项,弹出 Discriminant Analysis 对话框,如图 9-17 所示。从对话框左侧的变量列表中选择 result,点击向右的箭头按钮使之进入 Grouping Variable 框;并点击 Define Range 按钮,在弹出的 Discriminant Analysis: Define Range 对话框中,定义判别原始数据的类别区间,如图 9-18 所示。本例为两类,故在 Minimum 处输入 1,在 Maximum 处输入 2,点击 Continue 按钮返回 Discriminant Analysis 对话框。

再从对话框左侧的变量列表中选择 x_1、x_2、x_3、x_4、x_5、x_6,点击向右箭头使之进入 Independents 框,作为判别分析的基础数据变量。系统提供两类判别方式供选择,一类是 Enter independent together,即判别的原始变量全部进入判别方程;另一类是 Use stepwise method,即采用逐步的方法选择变量进入方程。

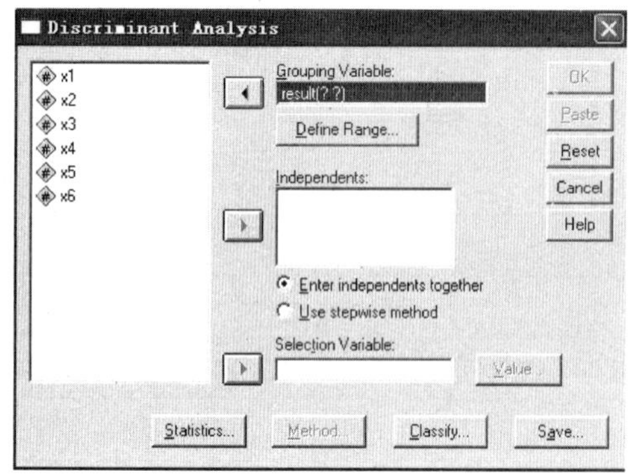

图 9-17 软件示意图

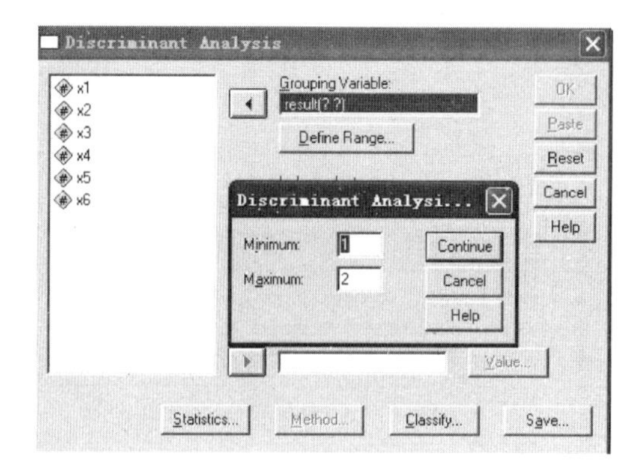

图 9-18 软件示意图

点击 Statistics 按钮，弹出 Discriminant Analysis：Statistics 对话框，在 Descriptive 栏中选 Means 项，要求对各组的变量作均值与标准差的描述；在 Function Coefficients 栏中选 Unstandized 项，要求显示判别方程的非标准化系数，如图 9-19 所示。之后，点击 Continue 按钮返回 Discriminant Analysis 对话框。

点击 Classify 按钮，弹出 Discriminant Analysis：Classification 对话框，在 Plot 栏选 Combined groups 项，要求做合并的判别结果分布图；在 Display 栏中选 Casewise Results 项，要求对原始数据根据建立的判别方程逐一回代判别，同时选 Summary table 项，要求对这种回代判别结果进行总结评价，如图 9-20 所示。之后，点击 Continue 按钮返回 Discriminant Analysis 对话框。

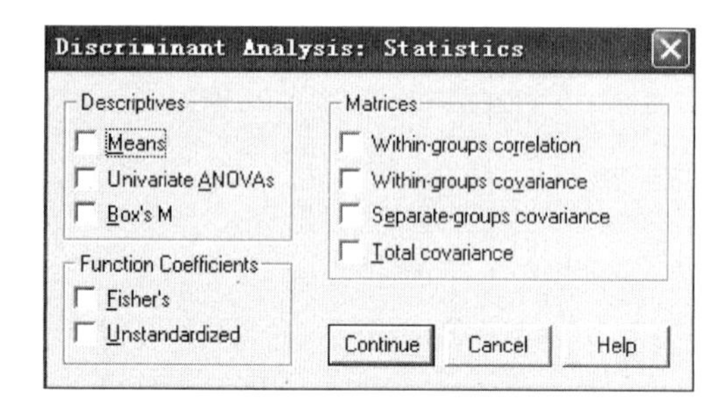

图 9-19 软件示意图

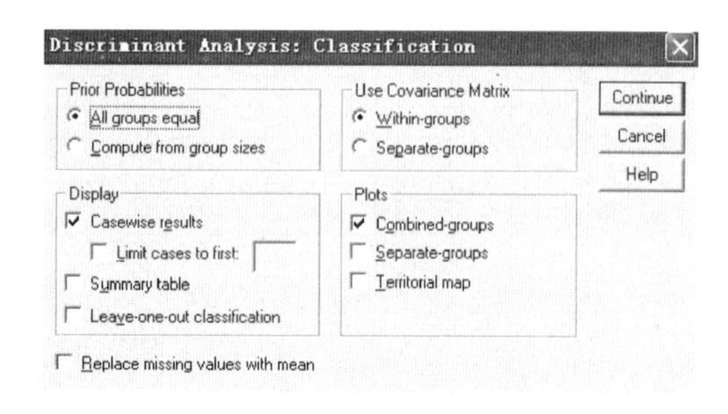

图 9-20 软件示意图

点击 Save 按钮，弹出 Discriminant Analysis：Save New Variables 对话框，选 Predicted group membership 项要求将回代判别的结果带入原始数据库中，如图 9-21 所示。点击 Continue 按钮返回 Discriminant Analysis 对话框，之后再点击 OK 按钮即完成分析。

在运行 SPSS 后，可以得到以下结果。表 9-20、表 9-21 显示系统处理数据简明表；数据按变量 result 分组，共有 15 个样本作为判别基础数据进入分析，第一组 7 例，第二组 8 例。分组给出了各变量的均值与标准差（见表 9-20，9-21）。

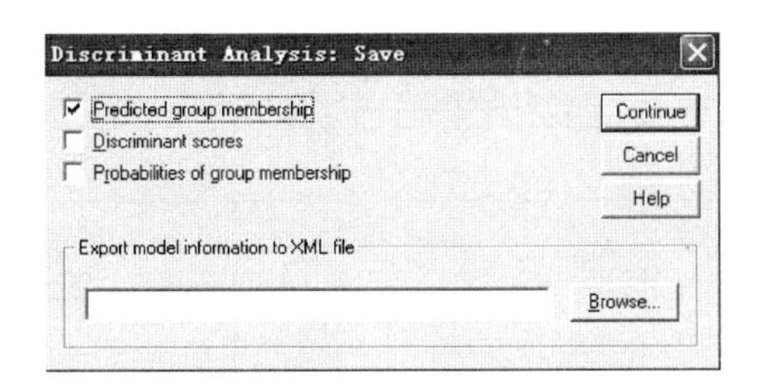

图 9-21　软件示意图

表 9-20　数据分析过程简表

Unweighted Cases		N	Percent
Valid		15	100.0
Excluded	Missing or out-of-range group codes	0	0.0
	At least one missing discriminating variable	0	0.0
	Both missing or out-of-range group codes and at least one missing discriminating variable	0	0.0
	Total	0	0.0
Total		15	100.0

表 9-21　全局统计表

RESULT		Mean	Std. Deviation	Unweighted	Weighted
1.00	x_1	0.0463	0.01343	7	7.000
	x_2	0.0764	0.01761	7	7.000
	x_3	0.0621	0.03273	7	7.000
	x_4	0.0980	0.05645	7	7.000
	x_5	0.0816	0.09214	7	7.000
	x_6	0.0207	0.01150	7	7.000
2.00	x_1	0.0560	0.02028	8	8.000
	x_2	0.0875	0.02292	8	8.000
	x_3	0.0466	0.02636	8	8.000
	x_4	0.2425	0.05970	8	8.000
	x_5	0.0315	0.01717	8	8.000
	x_6	0.0395	0.00428	8	8.000

续表

RESULT		Mean	Std. Deviation	Unweighted	Weighted
Total	x_1	0.0515	0.01755	15	15.000
	x_2	0.0823	0.02069	15	15.000
	x_3	0.0539	0.02951	15	15.000
	x_4	0.1751	0.09336	15	15.000
	x_5	0.0549	0.06675	15	15.000
	x_6	0.0307	0.01267	15	15.000

表 9-22 共六张为典型判别方程的方差分析结果，其特征值(Eigenvalue)即组间平方和与组内平方和之比为 23.678，典型相关系数(Cannoical Corr)为 0.98，Wiks's λ 为 0.041，经过 χ^2 检验，χ^2 为 32.059，$P<0.000$。

用户可通过判别方程的标准化系数，确定各变量对结果的作用大小。如本例中氯、硫化氢、二氧化硫、碳 4、环氧氯丙烷和环己烷对于气体分类的影响因子分别为 0.582、1.794、0.025、2.148、2.519 和 0.0513。其中环氧氯丙烷对于分类的影响最大，而二氧化硫的影响最小。考察变量作用大小的另一途径是使用变量与函数间的相关系数，本例显示 x_1 的变量与函数间的相关系数为 0.061，x_2 的变量与函数间的相关系数为 0.059，x_3 的变量与函数间的相关系数为−0.058，x_4 的变量与函数间的相关系数为 0.273，x_5 的变量与函数间的相关系数为−0.086，x_6 的变量与函数间的相关系数为 0.247(见表 9-22)。

表 9-22　典型判别函数特征值表

Eigenvalues

Function	Eigenvalue	% of Variance	Cumulative %	Canonical Correlation
1	23.678(a)	100.0	100.0	0.980

Wilks' Lambda

Test of Function(s)	Wilks' Lambda	Chi-square	df	Sig.
1	0.041	32.059	6	0.000

Standardized Canonical Discriminant Function Coefficients

Function	x_1	x_2	x_3	x_4	x_5	x_6
1	−0.582	1.794	0.025	2.148	−2.519	0.513

Structure Matrix

Function	x_4	x_6	x_5	x_1	x_2	x_3
1	0.273	0.247	−0.086	0.061	0.059	−0.058

Canonical Discriminant Function Coefficients

Function	x_1	x_2	x_3	x_4	x_5	x_6	(Constant)
1	−33.360	86.905	0.845	36.894	−39.447	60.912	−11.648

Functions at Group Centroids

Function result	1	2
1	−4.843	4.237

表 9-23、表 9-24 为原始数据逐一回代的判断结果和预测分类结果的显示。

表 9-23　用判别函数对观测量分裂的结果

Classification Processing Summary

Processed		15
Excluded	Missing or out-of-range group codes	0
	At least one missing discriminating variable	0
Used in Output		15

表 9-24　对原始数据逐一进行判别分析

Case Number		Actual Group	Highest Group					Second Highest Group			Discriminant Scores
			Predicted Group	P(D>d|G=g)		(G=g|D=d)	Squared Mahalanobis Distance to Centroid	Group	P(G=g|D=d)	Squared Mahalanobis Distance to Centroid	Function 1
				p	df						
Original	1	1	1	0.282	1	1.000	1.156	2	0.000	64.083	−3.768
	2	1	1	0.719	1	1.000	0.129	2	0.000	76.050	−4.483
	3	1	1	0.483	1	1.000	0.492	2	0.000	70.208	−4.142
	4	1	1	0.435	1	1.000	0.611	2	0.000	97.254	5.052
	5	2	2	0.415	1	1.000	0.663	1	0.000	97.903	5.052
	6	2	2	0.593	1	1.000	0.286	1	0.000	74.019	3.702
	7	1	1	0.884	1	1.000	0.021	2	0.000	79.831	−4.697
	8	1	1	0.681	1	1.000	0.169	2	0.000	75.158	−4.432
	9	2	2	0.367	1	1.000	0.814	1	0.000	99.654	5.140
	10	2	2	0.313	1	1.000	1.020	1	0.000	101.809	5.247
	11	2	2	0.189	1	1.000	1.724	1	0.000	60.330	2.924
	12	2	2	0.935	1	1.000	0.007	1	0.000	80.981	4.156
	13	2	2	0.558	1	1.000	0.344	1	0.000	93.442	4.824
	14	2	2	0.167	1	1.000	1.914	1	0.000	59.241	2.854
	15	1	1	0.056	1	1.000	3.651	2	0.000	120.801	−6.753

根据系统显示的非标准化判别方程系数，得到判别方程为：

$$D=-33.360x_1+86.905x_2+0.845x_3+36.894x_4-39.447x_5+60.912x_6-11.648$$

第一类气体的中心点为−4.843，第二类气体的中心点为4.237。本题为两类判决，两类判决以 0 为分界点。将后面四种气体的六项指标带入判别方程，求出判别分。如求出的判别分大于 0，则为第二类气体；若求出的判别分小于 0，则为第一类气体。

9.5 方差分析数学模型

方差分析(Analysis of variance，简称 ANOVA)为资料分析中常见的统计模型，主要为探讨连续型(Continuous)资料形态之因变量(Dependent variable)与类别型资料形态之自变量(Independent variable)的关系，在自变量的因子中包含等于或超过三个类别情况下，检定其各类别间平均数是否相等的统计模式，广义上可将 T 检验中变异数相等(Equality of variance)的合并 T 检验(Pooled T-test)视为是方差分析的一种，基于 T 检验为分析两组平均数是否相等，并且采用相同的计算概念，而实际上当方差分析套用在合并 T 检验的分析上时，产生的 F 值则会等于 T 检验的平方项。

方差分析是用于两个及两个以上样本均数差别的显著性检验。由于各种因素的影响，研究所得的数据呈现波动状，造成波动的原因可分成两类：一类是不可控的随机因素，另一类是研究中施加的对结果形成影响的可控因素。

方差分析的基本思想是：通过分析研究不同来源的变异对总变异的贡献大小，从而确定可控因素对研究结果影响力的大小。通过分析研究中不同来源的变异对总变异的贡献大小，从而确定可控因素对研究结果影响力的大小。

方差分析的基本原理是认为不同处理组的均数间的差别基本来源有两个：(1)随机误差，如测量误差造成的差异或个体间的差异，称为组内差异，用变量在各组的均值与该组内变量值之偏差平方和的总和表示，记作 Ln。(2)实验条件，即不同的处理造成的差异，称为组间差异。用变量在各组的均值与总均值之偏差平方和表示，记作 Lm。

组内差异 Ln、组间差异 Lm 除以各自的自由度得到其均方 MSn 和 MSm，一种情况是处理没有作用，即各组样本均来自同一总体，$MSn/MSm\approx 1$。另一种情况是处理确实有作用，组间均方是由于误差与不同处理共同导致的结果，即各样本来自不同总体。那么，组间均方会远远大于组内均方，$MSn \gg MSm$。

MSn/MSm 比值构成 F 分布。用 F 值与其临界值比较，推断各样本是否来自相同的总体。假设有 m 个样本如果原假设 H_0 样本均数都相同，即 $\mu_1=\mu_2=\cdots=\mu_m=\mu$，则 m 个样本有相同的 σ^2，则 m 个样本来自具有共同的方差 σ^2 和相同的均数 μ 的总体。如果经过计算组间均方远远大于组内均方，即 $F>F(0.05)$，则 $p<0.05$，推翻原假设，说明样本来自不同的正态总体，即处理造成均值的差异，有统计意义。否则，$F<F(0.05)$，则 $p>0.05$，承认原假设样本来自相同总体，即处理无作用。

例 9.9　广告投放地点分析

某集团为了研究商品销售地点的地理位置、销售点处的广告和销售点的装潢这三个因素对商品销售的影响程度，选了三个位置(如市中心黄金地段、非中心地段、城乡接合部)，两种广告形式，两种装潢档次在四个城市进行了搭配试验。

用 A_1,A_2,A_3 表示三个位置，B_1,B_2 代表两种广告形式，C_1,C_2 表示两种装潢档次，对这三个因素各个水平的每种组合，在四个城市试验得到销售量的统计数据如表 9-25 所示。

表 9-25　年销售数据统计

组合形式	城市 1	城市 2	城市 3	城市 4
$A_1B_1C_1$	955	967	960	980
$A_1B_1C_2$	905	949	950	930
$A_1B_2C_1$	927	930	910	920
$A_1B_2C_2$	855	860	880	875
$A_2B_1C_1$	880	890	895	900
$A_2B_1C_2$	860	840	850	830
$A_2B_2C_1$	870	865	850	860
$A_2B_2C_2$	830	850	840	830
$A_3B_1C_1$	875	888	900	892
$A_3B_1C_2$	870	850	847	965
$A_3B_2C_1$	870	863	845	855
$A_3B_2C_2$	821	842	832	848

那么，哪种组合对销售影响最显著，即何种组合对增加销售效果最好，位置、广告形式和装潢档次这三个因素哪一个对销售影响最大？

解题思路

这是一个三因素交互对结果起作用的问题，可以用三因素方差分析来解决。上述一类问题可以概括为：设影响某试验结果的因素有三个：A、B、C，其中 A 因素上有 r 个水平，B 因素上有 s 个水平，C 因素上有 t 个水平。

在每个组合水平 $A_iB_jC_k$ 上重复试验 g 次，得到观测值 X_{ijkl}，并假设 $X_{ijkl}\sim N(\mu_{ijk},\sigma^2)$，且 X_{ijkl} 相互独立。现在要利用观测值判定三因素及其交互作用对观测现象是否有显著的影响效果。由数理统计中的 Cochran 分解定理和假设检验的理论，可以得到三元方差分析计算公式表如表 9-26 所示。

表 9-26　三元方差分析计算公式

误差来源	离差平方	自由度	均方离差	F 值
A	Q_A	$r-1$	$S_A^2=\dfrac{Q_A}{r-1}$	$F_A=\dfrac{S_A^2}{S_E^2}$
B	Q_B	$s-1$	$S_B^2=\dfrac{Q_B}{s-1}$	$F_B=\dfrac{S_B^2}{S_E^2}$
C	Q_C	$t-1$	$S_C^2=\dfrac{Q_C}{t-1}$	$F_C=\dfrac{S_C^2}{S_E^2\hat{}2}$
$A\times B$	Q_{AB}	$(r-1)(s-1)$	$S_{AB}^2=\dfrac{Q_{AB}}{(r-1)(s-1)}$	$F_{AB}=\dfrac{S_{AB}^2}{S_E^2}$

续表

误差来源	离差平方	自由度	均方离差	F 值
$A\times C$	Q_{AC}	$(r-1)(t-1)$	$S_{AC}^2=\frac{Q_{AC}}{(r-1)(t-1)}$	$F_{AC}=\frac{S_A^2C}{S_E^2}$
$B\times C$	Q_{BC}	$(t-1)(s-1)$	$S_{BC}^2=\frac{Q_{BC}}{(t-1)(s-1)}$	$F_BC=\frac{S_{BC}^2}{S_E^2}$
$A\times B\times C$	Q_{ABC}	$(r-1)(s-1)(t-1)$	$S_{ABC}^2=\frac{Q_{ABC}}{(r-1)(s-1)(t-1)}$	$F_ABC=\frac{S_{ABC}^2}{S_E^2}$
类内误差	Q_F	$rst(g-1)$	$S_E^2=\frac{Q_F}{rst(g-1)}$	
总差异	Q_T	$rst(g-1)$		

其中，$Q_r=\sum_{i=1}^{r}\sum_{j=1}^{s}\sum_{k=1}^{t}\sum_{l=1}^{g}(X_{ijkl}-\overline{X})^2$

计算结果如表 9-27 所示。

表 9-27　三元方差分析计算结果

误差来源	离差平方	自由度	均方离差	F 值
A	41596.74	2	20798.37	175.04
B	14666.42	1	14666.42	123.43
C	13306.68	1	13306.68	111.99
$A\times B$	4010.72	2	2005.36	16.88
$A\times C$	275.7	2	137.85	1.16
$B\times C$	18.12	1	18.12	0.15
$A\times B\times C$	1170.79	2	585.39	4.93
类内误差	4277.5	36	118.82	
总差异	79322.67	47		

按照三元方差分析计算结果中所得到的结论，查 F 值临界表：$F_{0.05}(2,36)<F_A$，$F_{0.05}(1,36)<F_B$，$F_{0.05}(1,36)<F_C$。这说明销售点的位置对销售量的影响显著，广告形式对销售量的影响显著，装潢档次对销售量的影响显著。

因为 $F_{0.05}(2,36)<F_{AB}$，$F_{0.05}(2,36)>F_{AC}$，$F_{0.05}(1,36)>F_{BC}$，这说明销售点的位置和广告形式的组合对销售的交互影响显著，而销售点的位置、广告形式与装潢档次的组合对销售量的交互影响不显著。

因为 $F_{0.05}(4,12)<F_{ABC}$，这说明销售点的位置、广告形式、装潢档次三个因素对销售量的交互作用显著，值得注意的是这个影响并不是三个因素各自影响的简单叠加，而是由各个因素共同作用所产生的共鸣效应。

虽然上例是一个多因素方差分析问题，从中也可以学到单因素方差分析的方法。而在进行方差分析过程中，可以借助 SPSS 提供的方差分析过程有：

1. One-Way ANOVA 过程：One-Way ANOVA 过程是单因素简单方差分析过程。它在菜单 Analyze 中的 Compare Means 过程组中。可以进行单因素方差分析、均值多重比较和相对比较。

2. General Linear Model(GLM)过程：GLM 过程由 Analyze 菜单直接调用。这些过程可以完成简单的多因素方差分析和协方差分析，不但可以分析各因素的主效应，还可以分析各因素间的交互效应。该过程允许指定最高阶次的交互效应，建立包括所有效应的模型。如果想在模型中包括某些特定的交互效应的模型，就要用到该过程。GLM 过程属于专业统计和高级统计分析过程。在安装时显示的 SPSS 过程表中处于 Adv. stats 组中。如果没有安装这组统计过程，则在 Analyze 菜单中不会显示相应的调用菜单。General Liner Model 过程可调用四个命令，分别完成不同的分析任务。这四个命令均在主菜单 Analyze 的子菜单 General Linear Models 中。它们的主要功能分别是：

（1）Univariate 命令

Univariate 命令调用 GLM 过程完成一般的单因变量的多因素方差分析。可以指定协变量，即进行协方差分析。在指定模型方面有较大的灵活性并可以提供大量的统计输出。例如：如果以公司四个部门中的两个级别的职工为观察对象，研究生产率刺激机制。可以设计一个因子实验以便检验感兴趣的假设。由于在新刺激机制引入之前的原生产率可能对新刺激机制引入之后的生产率的比较产生很大影响。可以把原生产率作为协变量进行协方差分析。如果想看看协变量效应对两个级别的职工来说是否相同，也可以使用 Univariate 菜单项调用 GLM 过程进行分析。

（2）Multivariate 命令

Multivariate 命令调用 GLM 过程进行多因变量的多因素方差分析。当研究的问题具有两个或两个以上相关的因变量时，要研究一个或几个因变量与因变量集之间的关系时，才可以选用 Multivariate 菜单项调用 GLM 过程。例如，当你研究数学物理的考试成绩是否与教学方法、学生性别，以及方法与性别的交互作用有关时，使用此菜单项。如果只有几个不相关的因变量或只有一个因变量，应该使用 Univariate 菜单项调用 GLM 过程。

（3）Repeated Measures 命令

Repeated Measures 命令调用 GLM 过程进行重复测量方差分析。当一个因变量在同一课题中在不只一种条件下进行测度，要检验有关因变量均值的假设应该使用该过程。

（4）Variance Components 命令

Variance Components 命令调用 GLM 过程进行方差估计分析。通过计算方差估计值可以帮助我们分析如何减小方差。

9.6 思考题

1.“民以食为天”，食品安全关系到千家万户的生活与健康。随着人们对生活质量的追求和安全意识的提高，食品安全已成为社会关注的热点，也是政府民生工程的一个主题。一方面，城市食品的来源越来越广泛，人们在加工好的食品上的消费比例也越来越高，因此除食材的生产收获外，食品的运输、加工、包装、贮存、销售以及餐饮等每一个环节皆可能影响食品的质量与安全。另一方面，食品质量与安全又是一个专业性很强的问题，其标准的制定和抽样检测及评价都需要科学有效的方法。深圳是我国食品抽检、监督最统一、最规范、最公开的城市之一。请下载2010年、2011年和2012年深圳市的食品抽检数据(注意蔬菜、鱼类、鸡鸭等抽检数据的获取)，并根据这些资料来讨论：

如何评价深圳市这三年各主要食品领域微生物、重金属、添加剂含量等安全情况的变化趋势；

从这些数据中能否找出某些规律性的东西：如食品产地与食品质量的关系；食品销售地点(即抽检地点)与食品质量的关系；季节因素；等等。

能否改进食品抽检的办法，使之更科学更有效地反映食品质量状况且不过分增加监管成本(食品抽检是需要费用的)，例如对于抽检结果稳定且抽检频次过高的食品领域该做怎样的调整？

[注] 数据下载网站：www. szaic. gov. cn(深圳市市场监督管理局网站)

点击首页中间的食品安全监管(专题专栏)；点击食品安全监管菜单；点击监督抽查。

2. 人类将拥有一本记录着自身生老病死及遗传进化的全部信息的“天书”。这本大自然写成的“天书”是由4个字符A、T、C、G按一定顺序排成的长约30亿的序列，其中没有“断句”也没有标点符号，除了这4个字符表示4种碱基以外，人们对它包含的“内容”知之甚少，难以读懂。破译这部世界上最巨量信息的“天书”是21世纪最重要的任务之一。在这个目标中，研究DNA全序列具有什么结构，由这4个字符排成的看似随机的序列中隐藏着什么规律，这又是解读这部天书的基础，是生物信息学(Bioinformatics)最重要的课题之一。

虽然人类对这部“天书”知之甚少，但也发现了DNA序列中的一些规律性和结构。例如，在全序列中有一些是用于编码蛋白质的序列片段，即由这4个字符组成的64种不同的3字符串，其中大多数用于编码构成蛋白质的20种氨基酸。又例如，在不用于编码蛋白质的序列片段中，A和T的含量特别多些，于是以某些碱基特别丰富作为特征去研究DNA序列的结构也取得了一些结果。此外，利用统计的方法还发现序列的某些片段之间具有相关性，等等。这些发现让人们相信，DNA序列中存在着局部的和全局性的结构，充分发掘序列的结构对理解DNA全序列是十分有意义的。目前在这项研究中最普通的思想是省略序列的某些细节，突出特征，然后将其表示成适当的数学对象。这种被称为粗粒化和模型化的方法往往有助于研究规律性和结构。

作为研究DNA序列的结构的尝试，提出以下对序列集合进行分类的问题：(1)下面有20个已知类别的人工制造的序列，其中序列标号1—10为A类，11—20为B类。请从中提取特征，构造分类方法，并用这些已知类别的序列，衡量你的方法是否足够好。然后用你认为满意的方法，对另外20个未标明类别的人工序列(标号21—40)进行分类，把结果用序号(按从小到大的顺序)标明它们的类别(无法分类的不写入)：A类；B类。请详细描述你的方法，给出计算程序。如果你部分地使用了现成的分类方法，也要将方法名称准确注明。这40个序列也放在如下地址的网页上，用数据文件Art-model-data标识，供下载：http://mcm.edu. cn。(2)在同样网址的数据文件Nat-model-data中给出了182个自然DNA序列，它们都较长。用你的分类方法对它们进行分类，像(1)一样地给出分类结果。

3. 如今使用天然气的人越来越多，作为天然气的供应商如何向用户供气，即如何使用户之间连接成一个树形网络是很重要的。一般来说,我们假设任意两个用户之间存在直线道相连,但是在连接过程中,有些区域是必须绕开的,这些必须绕开的区域我们称为障碍区域。表 9-28 给出了若干个可能的用户的地址的横纵坐标,可能的用户的含义是:如果用户的地址不在障碍区域内,那么该用户就是有效用户(即需要使用天然气的用户),如果用户的地址在障碍区域内,那么该用户就是无效用户(即不要将该用户连接在网络中)。请您判定表 9-28 中那些用户为有效用户。

表 9-28　若干个可能的用户的地址的横纵坐标

可能的用户的序号	可能的用户横坐标	可能的用户纵坐标	可能的用户的序号	可能的用户横坐标	可能的用户纵坐标
1.0000	95.0129	58.2792	31.0000	1.5274	21.3963
2.0000	23.1139	42.3496	32.0000	74.6786	64.3492
3.0000	60.6843	51.5512	33.0000	44.5096	32.0036
4.0000	48.5982	33.3951	34.0000	93.1815	96.0099
5.0000	89.1299	43.2907	35.0000	46.5994	72.6632
6.0000	76.2097	22.5950	36.0000	41.8649	41.1953
7.0000	45.6468	57.9807	37.0000	84.6221	74.4566
8.0000	1.8504	76.0365	38.0000	52.5152	26.7947
9.0000	82.1407	52.9823	39.0000	20.2647	43.9924
10.0000	44.4703	64.0526	40.0000	67.2137	93.3380
11.0000	61.5432	20.9069	41.0000	83.8118	68.3332
12.0000	79.1937	37.9818	42.0000	1.9640	21.2560
13.0000	92.1813	78.3329	43.0000	68.1277	83.9238
14.0000	73.8207	68.0846	44.0000	37.9481	62.8785
15.0000	17.6266	46.1095	45.0000	83.1796	13.3773
16.0000	40.5706	56.7829	46.0000	50.2813	20.7133
17.0000	93.5470	79.4211	47.0000	70.9471	60.7199
18.0000	91.6904	5.9183	48.0000	42.8892	62.9888
19.0000	41.0270	60.2869	49.0000	30.4617	37.0477
20.0000	89.3650	5.0269	50.0000	18.9654	57.5148
21.0000	5.7891	41.5375	51.0000	19.3431	45.1425
22.0000	35.2868	30.4999	52.0000	68.2223	4.3895
23.0000	81.3166	87.4367	53.0000	30.2764	2.7185
24.0000	0.9861	1.5009	54.0000	54.1674	31.2685
25.0000	13.8891	76.7950	55.0000	15.0873	1.2863
26.0000	20.2765	97.0845	56.0000	69.7898	38.3967
27.0000	19.8722	99.0083	57.0000	37.8373	68.3116
28.0000	60.3792	78.8862	58.0000	86.0012	9.2842
29.0000	27.2188	43.8659	59.0000	85.3655	3.5338
30.0000	19.8814	49.8311	60.0000	59.3563	61.2395

第十章 启发式算法简介

严格意义而言，本章并非是介绍传统的数学模型，而是介绍几种优化模型求解的算法。很多数学模型的初学者容易混淆“数学模型”与“算法”这两个基本概念。如前所介绍，数学模型是各位运用所学习的数学知识解决实际问题的方案，重点描述的是一个刻画实际问题的数学结构体。数学建模是一个非常宽泛的概念，不仅包括建立数学模型的过程，还应包括求解数学模型的过程。在求解数学模型的过程中，有可能就会用到算法，尤其是非线性规划数学模型。

学习完优化章节的同学可能存在一定的误区，认为优化模型可以运用 LINGO 软件求解，并未涉及算法内容。但需要指出的是：LINGO 所能求解的模型仅仅占优化模型一部分比重而已，有些非线性优化数学模型甚至无法表示为 LINGO 可以理解的形式。此时，就需要其他的计算机语言编写算法帮助求解。本章将以 MATLAB 语言为例，描述启发式算法程序的编写方法。

在优化章节，已经提及求解非线性规划数学模型的困难性。启发式算法是相对于最优化算法提出的。一个问题的最优化算法求得每个实例所含问题的最优解。启发式算法可以这样定义：一个基于直观或经验构造的算法，在可接受的花费（指计算时间和空间）下给出待解决组合优化问题每一个实例的一个可行解，但该可行解与最优解的偏离程度一般不能被预计。本文将介绍遗传算法、网格遍历、粒子群算法等方法。

10.1 遗传算法

遗传算法（Genetic Algorithm）是模拟达尔文生物进化论的自然选择和遗传学机理的生物进化过程的计算模型，是一种通过模拟自然进化过程搜索最优解的方法，它最初由美国密歇根大学 J. Holland 教授于 1975 年首先提出，并出版了颇有影响的专著 *Adaptation in Natural and Artificial Systems*，GA 这个名称才逐渐为人所知，J. Holland 教授所提出的 GA 通常为简单遗传算法（SGA）。遗传算法广泛应用在生物信息学、系统发生学、计算科学、工程学、经济学、化学、制造、数学、物理、药物测量学和其他领域之中。本章将不过多介绍 GA 的原理，将重点放在如何利用 GA 解决优化问题。

应用 GA 解决优化问题的第一步就是编码。遗传编码将优化的决策变量转化为基因的组合表达形式，优化变量的编码有二进制编码和十进制编码等。

就二进制编码而言：如求实数区间[0,4]上函数 $f(x)$ 的最大值，使用二进制形式，可以由长度为 6 的位串表示变量 x，即从“000000”到“111111”，并将中间的取值映射到实数区间

[0,4]内。6 位长度的二进制编码位串可以表示 0～63,所以每个相邻之间的阶跃值为4/63,这也是编码精度。一般来说,编码精度越高,所得到解的质量也越高,但同时所需的计算量也更大。因而,在解决实际问题时,编码位数需要适当选择。对于高维、连续优化问题,二进制编码形式也存在着一些难以克服的困难。此时,人们也经常采用实数编码方式。

确定编码方式后,第二步就是建立合适的适应度函数和初始群体。 适应度是衡量生物群体中个体适应生存环境的能力。在 GA 搜索过程中基本不用外部信息,仅以适应度函数来评价个体优劣,用于选择操作的依据。对适应度函数的唯一要求是,针对输入可计算出能进行比较的结果。由于 GA 中适应度函数要比较排序并在此基础上计算选择概率,所以适应度函数的值要取正值。GA 初始群体中的个体是随机产生的,可采取如下策略:(1)根据问题固有知识,设法把握最优解所占空间在整个问题空间的分布范围,在此范围内设定初始群体;(2)随机产生一定数目的个体,然后从中挑选出最好的个体加到初始群体中。这种过程不断迭代,直到初始群体中个数达到预先设定的规模。

确定适应度函数以后,GA 就可以对群体的个体按照对环境适应度施加一定的操作,从而实现优胜劣汰的进化过程。 遗传操作包含选择算子、交叉算子和变异算子。

(1)选择算子是根据个体的适应度,按照一定的格则或方法,从第 k 代群体 $P(k)$ 中选择出一些优良的个体遗传到下一代群体 $P(k+1)$ 中。其中,“轮盘赌”选择法是遗传算法中最早提出的一种选择方法。它是一种基于比例的选择,利用各个个体适应度所占比例的大小来决定其子孙保留的可能性。如某个个体 i 的适应度为 f_i,种群大小为 N,则它被选取的概率为:

$$p_i = \frac{f_i}{\sum_{j=1}^{N} f_j}$$

个体适应度越大,其被选择的机会也就越大。为了选择交叉个体,需要进行多轮选择,每一轮产生一个群内的均匀随机数,将该随机数作为选择指针来确定被选个体。

(2)交叉算子是将群体 $P(k)$ 中选中的各个个体随机搭配,对每个个体,以某一概率 P_c 交换他们之间的部分位串。通过交叉,GA 的搜索能力得以飞跃。常见的实数编码交叉包括:离散重组、中间重组、线性重组、扩散线性重组;二进制交叉包括:单点交叉、多点交叉、均匀交叉、洗牌交叉、缩小代理交叉。

最常用的交叉算子为单点交叉。具体操作是:在个体串中随机设定一个交叉点,以某一概率 P_c 实行交叉时,该点前或后的两个个体部分结构进行互换,并形成一对新的个体。

(3)变异算子是对群体中的每个个体,以某一概率 P_m 将某一个或者一些基因上的值进行变动。根据个体编码表示方法的不同,可以有以下的算法:实值变异与二进制变异。变异操作的一般步骤为:首先,对种群中所有个体按照事先设定的变异概率判定是否进行变异;然后,对进行变异的个体随机选择变异位进行变异。

在 GA 中,交叉算子因其全局搜索能力而作为主要算子,变异算子因其局部搜索能力而作为辅助算子。通过交叉和变异这对相互配合而又竞争的操作而使其具备兼顾全局和局部的均衡搜索能力。

当最优个体的适应度达到给定的阈值,或者最优个体的适应度和群体适应度不再上升时,或者迭代次数达到预设的代数时,算法结束。

为了能够让大家深刻地理解GA计算优化模型，下文介绍了两个案例。而在此两个案例中我们将较少地介绍优化模型，而将重点放在如何编写GA的MATLAB程序。

例：用GA求函数 $f(x)=x+10\sin(5x)+7\cos(4x)$ 的最大值，其中 x 的取值范围为[0，10]。

编程思路

%第一步，设置GA所需要的基本参数，如下所示：

```
psize = 50;                    %设置群体的大小
len = 20;                      %设置二进制编码长度
pc = 0.9;                      %设置交叉概率
pm = 0.2;                      %设置变异概率
ge = 100;                      %设置迭代数量
xl = 0;                        %设置搜索范围的下限
xu = 10;                       %设置搜索范围的上限
```

%第二步，初始化生成psize的个体，如下所示：

```
%生存一组 psize × len 的随机矩阵，矩阵的每一行都代表一个个体，每个个体长度为 len
的二进制编码
pop = round(rand(psize,len));
```

%第三步，开始允许进行GA操作，如下所示：

```
fori = 1 : ge
temp1 = zeros(1,psize);

%为便于计算适应度，首先将个体的二进制转化为十进制
for j = 1 : psize
for l = 1 : len
temp1(j) = temp1(j) + 2^(len - 1) * pop(j,l);
end
temp1(j) = (xu - xl)/(2^len - 1) * temp1(j) + xl;
    end

%计算每一个个体的目标函数值
for j = 1 : psize
temp2(j) = temp1(j) + 10 * sin(5 * temp1(j)) + 7 * cos(4 * temp1(j));
    end

%由于适应度的取值应保持大于零，做一个简单的复合变换
fit1 = (temp2 - min(temp2))/(max(temp2) - min(temp2));
fit2 = fit1/sum(fit1);

%选择性复制，采用赌轮盘选择法进行选择
fit2 = cumsum(fit2);
temp3 = sort(rand(psize,1));
```

```
fiti = 1;
npsize = 1;
whilenpsize< = psize
if temp3(npsize)<fit2(fiti)
npop1(npsize,:) = pop(fiti,:);
npsize = npsize + 1;
else
fiti = fiti + 1;
end
    end
%基于交叉概率进行交叉操作
npop2 = npop1;
for j = 1 : 2 : psize - 1
if rand<pc
cpoint = round(rand * len);
ifcpoint~ = len&&cpoint~ = 0
                  npop2(j,:) = [npop1(j,1 : cpoint),npop1(j + 1,cpoint + 1 : end)];
                  npop2(j + 1,:) = [npop1(j + 1,1 : cpoint),npop1(j,cpoint + 1 : end)];
end
end
    end
%基于变异概率进行变异操作
    npop3 = npop2;
for j = 1 : psize
if rand<pm
mpoint = round(rand * len);
ifmpoint< = 0
mpoint = 1;
end
if npop3(j,mpoint) = = 1
npop3(j,mpoint) = 0;
else
npop3(j,mpoint) = 1;
end
end
    end
%求出群体中适应度最大的值,并在每次迭代过程中保持最大值的个体
    [A,B] = max(temp2);
a(i) = A;
```

```
b(i) = temp1(B);
npop3(psize,:) = pop(B,:);
pop = npop3;
end
```

以上 GA 程序代码已经在 MATLAB 软件中得到验证。利用函数极值的方式,可以知道该目标函数在[0,10]范围内的理论最大值为 24.8554,当 $x=7.8567$ 时取得。将 100 次的迭代结果输出如图 10-1 和图 10-2 所示,GA 搜索收敛于 24.8554,决策变量 x 收敛于 7.8568。

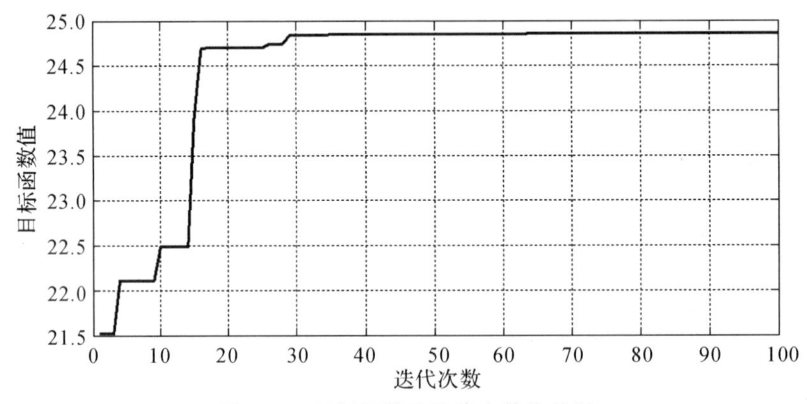

图 10-1 目标函数随迭代次数收敛图

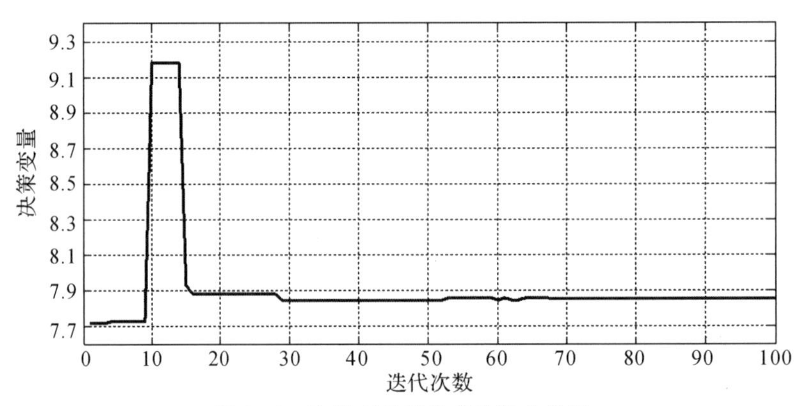

图 10-2 决策变量随迭代次数收敛图

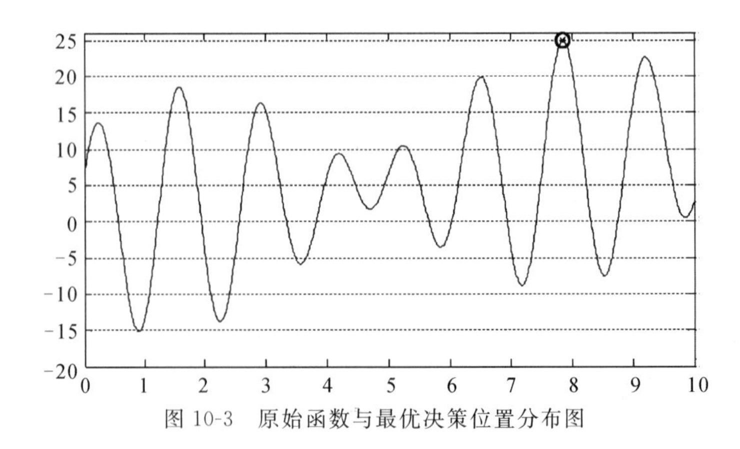

图 10-3 原始函数与最优决策位置分布图

上例讨论了含有一维决策变量的非线性优化问题。对于多维决策变量的非线性优化问题,同理亦可以构建二进制编码进行求解。

下面介绍利用实数编码解决图论优化的另一例题。

例:假设有一个旅行商要拜访十个地点,十个地点的坐标可以由程序随机生成。他要选择所要走的路径,路径的限制是每个地点只能拜访一次,而且最后要回到原来出发的地点。对路径选择的要求是:所选路径的路程为所有路径之中最小值。

编程思路

%第一步,设置 GA 所需要的基本参数,如下所示:

```
psize = 50;                    % 设置群体的大小
len = 10;                      % 设置二进制编码长度
pc = 0.8;                      % 设置交叉概率
pm = 0.2;                      % 设置变异概率
ge = 100;                      % 设置迭代数量
x = 20 * rand(10);             % 设置十个地点的横坐标
y = 20 * rand(10);             % 设置十个地点的纵坐标
```

%第二步,初始化生成 psize 的个体,如下所示:

```
% 生存一组 psize × len 的随机矩阵,矩阵的每一行都代表一个个体
pop = rand(psize,len);
```

%第三步,开始允许进行 GA 操作,如下所示:

```
fori = 1 : ge
% 计算每个个体的目标函数值
    forj = 1 : psize
        temp1 = pop(j,:);
        [T1,T2] = sort(temp1); % 由于采用实数编码,计算时需要变换成地点标号
        temp1 = [T2,T2(1)]; % 需要回到原始出发地址
temp2(j) = 0;
for k = 1 : len
            temp2(j) = temp2(j) + sqrt((x(temp1(k)) - x(temp1(k + 1)))^2 + (y(temp1
            (k)) - y(temp1(k + 1)))^2);
end
end

% 做一个简单的复合变换,距离最短适应度越大
    fit1 = (max(temp2) - temp2)/(max(temp2) - min(temp2));
    fit2 = fit1/sum(fit1);

% 选择性复制,采用赌轮盘选择法进行选择
    fit2 = cumsum(fit2);
    temp3 = sort(rand(psize,1));
```

```
fiti = 1;
npsize = 1;
whilenpsize< = psize
if temp3(npsize)<fit2(fiti)
npop1(npsize,:) = pop(fiti,:);
npsize = npsize + 1;
else
fiti = fiti + 1;
end
    end
%基于交叉概率进行交叉操作
    npop2 = npop1;
for j = 1 : 2 : psize - 1
if rand<pc
cpoint = round(rand * len);
ifcpoint~ = len&&cpoint~ = 0
                        npop2(j,:) = [npop1(j,1 : cpoint),npop1(j + 1,cpoint + 1 : end)];
                        npop2(j + 1,:) = [npop1(j + 1,1 : cpoint),npop1(j,cpoint + 1 : end)];
end
end
    end
%基于变异概率进行变异操作
    npop3 = npop2;
for j = 1 : psize
if rand<pm
mpoint = round(rand * len);
ifmpoint< = 0
mpoint = 1;
end
npop3(j,mpoint) = 1 - npop3(j,mpoint);
end
    end
%求出群体中适应度最大的值,并在每次迭代过程中保持最大值的个体
    [A,B] = min(temp2);
    a(i) = A;
b(i,:) = pop(B,:);
npop3(psize,:) = pop(B,:);
pop = npop3;
end
%将路径画出
```

```
W = b(ge,:);
[T1,T2] = sort(W);
T2 = [T2,T2(1)];
fori = 1 : len
    X = [x(T2(i)),x(T2(i + 1))];
    Y = [y(T2(i)),y(T2(i + 1))];
plot(X,Y)
holdon
end
plot(x,y,'*')
```

以上 GA 程序代码已经在 MATLAB 软件中得到验证,得到路径如图 10-4 所示。

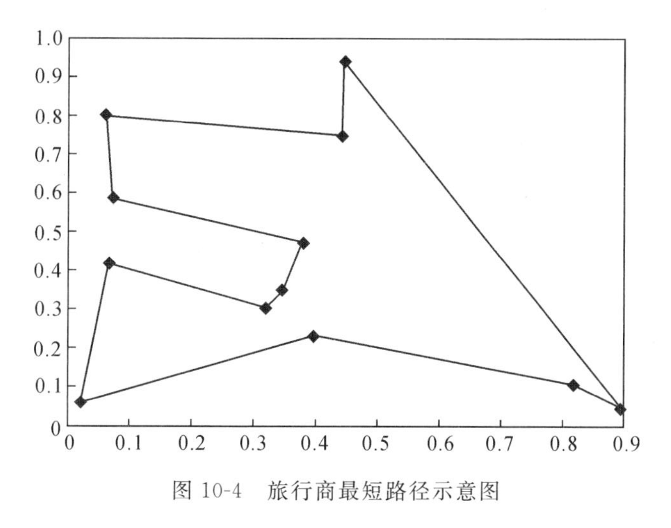

图 10-4　旅行商最短路径示意图

使用 GA 需要注意的是:GA 解的质量取决于初始解的质量、编码的效率、交叉变异是否会限于局部优化等因素。而以上两个例子所采用的编码模式、选择复制、交叉算子、变异算子均为简单 GA 所采用的方式。针对不同的策略可以开发不同的 GA 改进算法,得到不同的结果。如果同学们想更加深入地学习 GA,建议大家去阅读相关的书籍。

10.2　网格搜索算法

严格意义而言,网格搜索算法并非启发式算法,而是对传统遍历算法的改进。传统遍历算法需要遍历决策空间中的每一种可能决策。虽然该方法可以获得全局最优解,但当涉及多维、连续解空间时,该算法显得效率低下。网格遍历,也称为网格搜索算法,是将传统解空间划分成多维网格,并假设最优解落于网络的格点上。通过遍历所有格点,代替原始遍历方法。当网格密度趋于无穷大时,网格遍历便是传统遍历方法。

相较于传统遍历方法,网格遍历在引入误差的前提下降低解空间的搜索量。对于如下的一个标准的非线性优化问题：

$$\min f(X)$$
$$\text{s.t.}\begin{cases}g(X)=0\\h(X)\geqslant 0\end{cases}$$

其中，决策变量为 $X=[x_1,x_2,\cdots,x_n]'$，$f(X)$是一个非线性目标函数。

每一个决策变量的分量都具有一定的取值范围，可以表示为 $XL\leqslant X\leqslant XU$，每一个分量都受到约束 $xl_i\leqslant x_i\leqslant xu_i$。将决策变量的每个维度进行量化。如第 i 维的决策变量 x_i 将它在取值空间中均匀取 n_i 个值，该维度的误差即为$(xu_i-xl_i/(n_i-1)$。通过网格遍历共需要计算 $\prod_{i=1}^{n}n_i$ 个格点的目标函数值，并在此中选取最小值作为最优解。

为了让大家能够深刻地理解网格搜索算法计算优化模型，下文介绍了一个案例。而在此案例中，将较少地介绍优化模型，而将重点放在如何编写网格搜索的 MATLAB 程序。

例：用网格搜索求函数 $f(x)=x+10\sin(5x)+7\cos(4x)$的最大值，其中 x 的取值范围为[0,10]。

编程思路

%设置格点所需要的基本参数，如下所示：

```
xx = 0 : 0.1 : 10
y = xx + 10 * sin(5 * xx) + 7 * cos(4 * xx);
[A,B] = max(y)
```

以上程序代码已经在 MATLAB 软件中得到验证。如果在求解区间[0,10]以 0.1 为步长进行搜索，得到：当 $x=7.9$ 时，目标函数最大值为 24.5185，总体计算量为 11 次。如果改变格点密度呢？

```
xx = 0 : 0.01 : 10
y = xx + 10 * sin(5 * xx) + 7 * cos(4 * xx);
[A,B] = max(y)
```

以上程序代码已经在 MATLAB 软件中得到验证。如果在求解区间[0,10]以 0.01 为步长进行搜索，得到当 $x=7.86$ 时，目标函数最大值为 24.8534，总体计算量为 101 次。在付出更多搜索量的情况下，提升了目标函数最大值的精度。同理，如果以 0.001 为步长进行搜索，得到当 $x=7.857$ 时，目标函数最大值为 24.8554，总体计算量为 1001 次，得到的结果与之前 GA 得到的结果相同。

通过比较 0.1、0.01、0.001 为步长三种方案，可以发现随着计算量的增加，目标函数最大值也随着增加(见图 10-5)。

针对网格遍历，也有专家提出了逐步网格遍历的思想。如可以先将网格的密度定得稍低一些，在找到决策变量初步范围后再将密度定得稍高一些。基于此思想对原有程序做一个简单地改变。

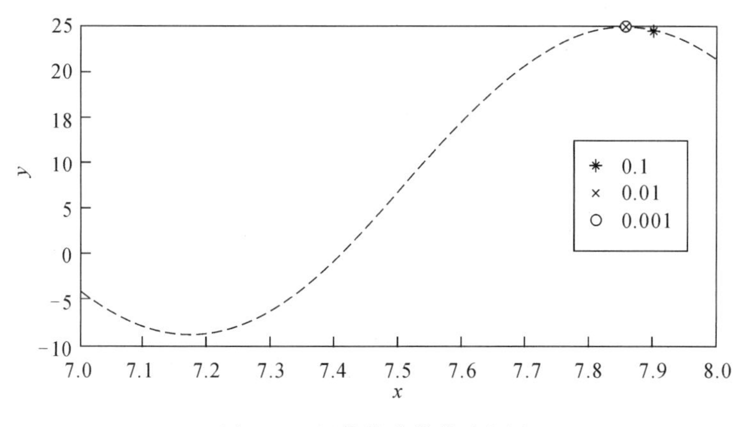

图 10-5　网格搜索简单示意图

%设置密度低网格基本参数，如下所示：

```
xx = 0 : 0.01 : 10;
y = xx + 10 * sin(5 * xx) + 7 * cos(4 * xx);
[A,B] = max(y)
```

%设置密度高网格基本参数，如下所示：

```
xxx = xx(B) - 0.01 : 0.001 : xx(B) + 0.01;
yy = xxx + 10 * sin(5 * xxx) + 7 * cos(4 * xxx);
[A,B] = max(yy)
```

得到结果当 $x=7.857$ 时，目标函数最大值为 24.8554，总体计算量为 122 次。在得到相同结果的前提下，计算量减少为原有的 12%。但是，逐步优化的初始网格密度不能过低，如果过低会使得决策变量初步范围发生偏差，陷入局部最优的陷阱。

相较于 GA，网格搜索算法因其简单性被广泛应用于优化搜索。在 2010 年全国大学生数学建模竞赛的 A 题《储油罐位置标定问题》与 2015 年全国大学生数学建模竞赛的 A 题《太阳影子定位问题》都可以采用网格搜索算法。

10.3　粒子群算法

1995 年，美国电气工程师 Eberhart 和社会心理学家 Kenndy 基于鸟群觅食行为提出了粒子群优化算法(PSO)。由于该算法概念简明、实现方便、收敛速度快、参数设置少，是一种高效的搜索算法。

同遗传算法类似，PSO 是一种基于迭代的优化工具，但是并没有遗传算法用的交叉以及变异，而是粒子在解空间中追随最优的粒子进行搜索。在 PSO 中，每个优化问题的潜在解都可以想象成一颗“粒子”，粒子主要追随当前的最优粒子在解空间中搜索。PSO 初始化为一群随机粒子，然后通过迭代找到最优解。在每一次迭代中，粒子通过跟踪两个“极值”来更新自己。一个就是粒子本身所找到的最优解，这个解叫作个体极值 P_{Best}；另一个极值是整个种群目前找到的最优解，这个极值是全局极值 G_{Best}。另外，也可以不用整个种群而只是用其中一部分作为粒子的邻居，那么在所有邻居中的极值就是局部极值。

假设在一个 D 维的目标搜索空间中，有 N 个粒子组成一个群落，其中第 i 个粒子表示一个 D 维的向量：$X_i=(x_i1,x_i2,\cdots,x_iD)$。第 i 个粒子的飞行速度也是一个 D 维的向量：$V_i=(v_i1,v_i2,\cdots,v_iD)$；第 i 个粒子迄今为止搜索得到的最优位置为个体极值：$P_{\text{best}}=(p_i1,p_i2,\cdots,p_iD)$；整个粒子群迄今为止搜索得到的最优位置为全剧极值：$G_{\text{best}}=(g_i1,g_i2,\cdots,g_iD)$。在找到这两个极值时，粒子会根据如下公式更新自己的速度和位置：

$$\begin{cases} v_{ij}(t+1)=wv_{ij}(t)+c_1r_1(t)[p_{ij}(t)-x_{ij}(t)]+c_2r_2(t)[g_{ij}(t)-x_{ij}(t)] \\ x_{ij}(t+1)=x_{ij}(t)+v_{ij}(t+1) \end{cases}$$

其中，c_1 与 c_2 为学习因子，w 为惯性权重，$r_1(t)$ 与 $r_2(t)$ 为[0,1]范围内的均匀随机数。上式中 $v_{ij}(t+1)$ 由三部分组成：第一部分为惯性或者动量部分，反映了粒子运动习惯，代表粒子有维持自身先前速度的趋势；第二部分为认知部分，反映了粒子对自身历史经验的记忆或者回忆，代表粒子有向自身历史最佳位置逼近的趋势；第三部分为社会部分，反映了粒子间协同合作与知识共享的群体历史经验，代表粒子有向群体或邻域历史最佳位置逼近的趋势。

粒子种群大小的选取视具体问题而定，一般设置粒子群的数量为 20～50。粒子数量越大，算法搜索的空间范围也就越大，越容易发现全局最优解。惯性权重 w 是粒子群算法非常重要的控制参数，一般取值为[0.8,1.2]。当惯性权重加大时，全局寻优能力较强，局部寻优能力较弱，反之亦然。学习因子 c_1 与 c_2 分别调节向个体极值与全局极值飞行的最大步长，分别决定量子个体经验和群体经验对粒子飞行轨迹的影响，一般设置 $c_1=c_2$。粒子的速度在空间中的每一个维度上都有一个最大上限 $v_{\max}$，用来对粒子速度进行限制，一般由用户自己决定。$v_{\max}$ 是一个非常重要的参数，如果 $v_{\max}$ 过大，容易使得粒子飞过最优区域；如果 $v_{\max}$ 过小，容易使得粒子陷入局部优化。当某一维或若干维的位置超过设定值时，采用边界条件处理可以将粒子的位置限制在可搜索空间内，避免种群的膨胀与发散。

为了让大家能够深刻地理解 PSO 计算优化模型，下文介绍了一个案例。而在此案例中，将较少地介绍优化模型，而将重点放在如何编写 PSO 的 MATLAB 程序。

例：用 PSO 求函数 $f(x,y)=3\cos(xy)+x+y^2$ 的最小值，其中 x 的取值范围为[−4,4]，y 的取值范围为[−4,4]。

编程思路

%第一步，设置 PSO 所需要的基本参数，如下所示：

```
N = 50;                    %设置粒子群的大小
D = 2;                     %设置粒子群的维度
ge = 100;                  %设置迭代的上限
c1 = 1.5;                  %设置学习因子
c2 = c1;
w = 1.2;                   %设置惯性权重
xmax = 4;                  %设置边界条件
```

```
xmin = -4;
vmax = 1;                    %设置速度条件
vmin = -1;
```

%第二步,初始化生成个体的 N 位置参数和速度参数,如下所示:

```
x = rand(N,D) * (xmax - xmin) + xmin;
v = rand(N,D) * (vmax - vmin) + vmin;
```

%第三步,提取初始 N 个体的个体最优值和全局最优值,如下所示:

```
%设置初始个体最优值
p = x;
pbest = zeros(N,1);
fori = 1 : N
pbest(i) = 3 * cos(p(i,1) * p(i,2)) + p(i,1) + p(i,2)^2;
end
%设置初始全局最优值
g = [];
gbest = inf;
fori = 1 : N
ifpbest(i) < gbest
            g = p(i,:);
gbest = pbest(i);
end
end
```

%第四步,开始 PSO 迭代,如下所示:

```
fori = 1 : ge
for j = 1 : N
          temp(j) = 3 * cos(x(j,1) * x(j,2)) + x(j,1) + x(j,2)^2;
%设置迭代个体最优值
if temp(j) < pbest(j)
pbest(j) = temp(j);
p(j,:) = x(j,:);
end
%设置迭代全局最优值
ifpbest(j) < gbest
gbest = pbest(j);
              g = p(j,:);
end
%PSO 核心迭代公式
       v(j,:) = w * v(j,:) + c1 * rand * (p(j,:) - x(j,:)) + c2 * rand * (g - x(j,:));
```

```
x(j,:) = x(j,:) + v(j,:);
%处理速度限制与位置限制
for k = 1 : D
if v(j,k)>vmax || v(j,k)<vmin
v(j,k) = rand * (vmax - vmin) + vmin;
end
if x(j,k)>xmax || x(j,k)<xmin
x(j,k) = rand * (xmax - xmin) + xmin;
end
end
end
want(i) = gbest;
end
```

以上 PSO 算法程序代码已经在 MATLAB 软件中得到验证。得到结果当 $x=-3.9984$，$y=0.7612$ 时，目标函数取得最小值 -6.4045，目标函数随迭代次数收敛图如图 10-6 所示。

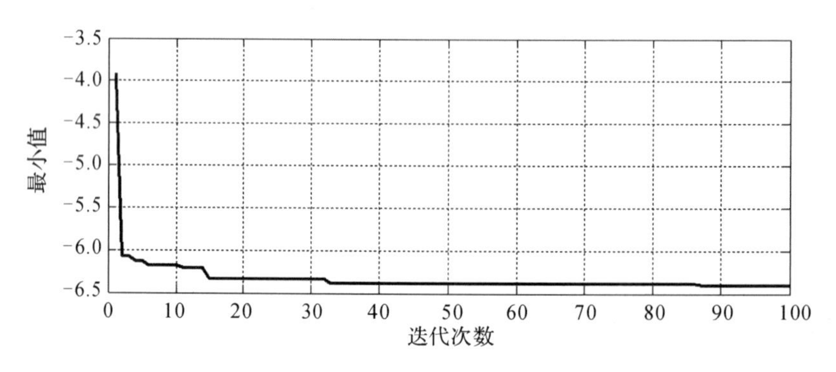

图 10-6　目标函数随迭代次数收敛图

如果当决策变量仅含有一个时，可以将决策变量进行二进制编码，形成多维的粒子群，并采用 PSO 算法加以求解。

例：用 PSO 求函数 $f(x)=x+10\sin(5x)+7\cos(4x)$ 的最大值，其中 x 的取值范围为[0，10]。

编程思路

%第一步，设置 PSO 所需要的基本参数，如下所示：

```
N = 50;                %设置粒子群的大小
D = 20;                %设置粒子群的维度，采用二进制编码形式
ge = 50;               %设置迭代的上限
c1 = 1.5;              %设置学习因子
c2 = c1;
w = 1.2;               %设置惯性权重
```

```
xmax = 10;                 % 设置边界条件
xmin = 0;
vmax = 1;                  % 设置速度条件
vmin = - 1;
```

%第二步,初始化生成 N 个体的位置参数和速度参数,如下所示:

```
x = round(rand(N,D)); % 个体位置采用二进制编码方式
v = rand(N,D) * (vmax - vmin) + vmin;
```

%第三步,提取初始 N 个体的个体最优值和全局最优值,如下所示:

```
%设置初始个体最优值
p = x;
pbest = zeros(N,1);
fori = 1 : N
    temp1 = 0;
for j = 1 : D
        temp1 = temp1 + 2^(D - j) * x(i,j)
end
    temp1 = (xmax - xmin)/(2^D - 1) * temp1 + xmin;
pbest(i) = temp1 + 10 * sin(5 * temp1) + 7 * cos(4 * temp1);
end
%设置初始全局最优值
g = [];
gbest = - 1 * inf;
fori = 1 : N
ifpbest(i)>gbest
            g = x(i,:);
gbest = pbest(i);
end
end
```

%第四步,开始 PSO 迭代,如下所示:

```
fori = 1 : ge
for j = 1 : N
            temp1 = 0;
for k = 1 : D
                temp1 = temp1 + 2^(D - k) * x(j,k);
end
            temp1 = (xmax - xmin)/(2^D - 1) * temp1 + xmin;
temp2(j) = temp1 + 10 * sin(5 * temp1) + 7 * cos(4 * temp1);
%设置迭代个体最优值
```

```
if temp2(j)>pbest(j)
pbest(j) = temp2(j);
p(j,:) = x(j,:);
end
%设置迭代全局最优值
ifpbest(j)>gbest
gbest = pbest(j);
            g = p(j,:);
end
%PSO核心迭代公式
            v(j,:) = w * v(j,:) + c1 * rand * (p(j,:) - x(j,:)) + c2 * rand * (g - x(j,:));
x(j,:) = x(j,:) + v(j,:);
%处理速度限制与位置限制
for k = 1 : D
if v(j,k)>vmax || v(j,k)<vmin
v(j,k) = rand * (vmax - vmin) + vmin;
end
if x(j,k)>rand * max(x(j,:))
x(j,k) = 1;
else
x(j,k) = 0;
end
end
end
want(i) = gbest;
end
plot(want)
```

以上PSO程序代码已经在MATLAB软件中得到验证。利用函数极值的方式，可以知道该目标函数在[0,10]范围内的理论最大值为24.8554，当$x=7.8567$时取得。将50次的迭代结果输出如图10-7所示，PSO搜索收敛于24.8553，x收敛于7.8563。

本书为了给同学提供一种求解非线性规划模型的方式，介绍的算法较为基础和简单。如果同学们想更加深入地学习PSO，建议大家去阅读相关的书籍。

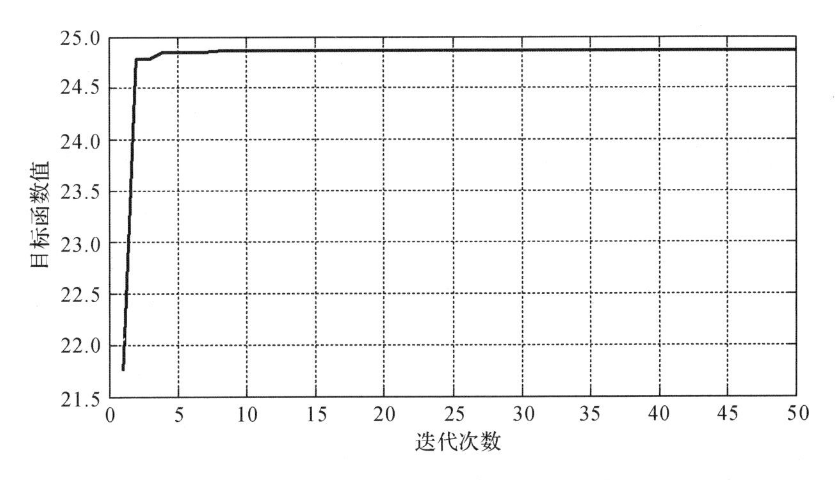

图 10-7　目标函数随迭代次数收敛图

10.4　思考题

1. 下图是一个 100×80 的平面场景图，在 R(0,0)点处有一个机器人，机器人只能在该 100×80 的范围内活动，图中四个矩形区域是机器人不能与之发生碰撞的障碍物，障碍物的数学描述分别为 B1(20,40;5,10)、B2(30,30;10,15)、B3(70,50;15,5)、B4(85,15;5,10)，其中 B1(20,40;5,10)表示一个矩形障碍物，其中心坐标为(20,40)，5 表示从中心沿横轴方向左右各 5 个单位，即矩形沿横轴方向长 5×2＝10 个单位，10 表示从中心沿纵轴方向上下各 10 个单位，即矩形沿纵轴方向长 10×2＝20 个单位，所以，障碍物 B1 的中心在(20,40)，大小为 10×20 个单位的矩形，其他三个障碍物的描述类似。

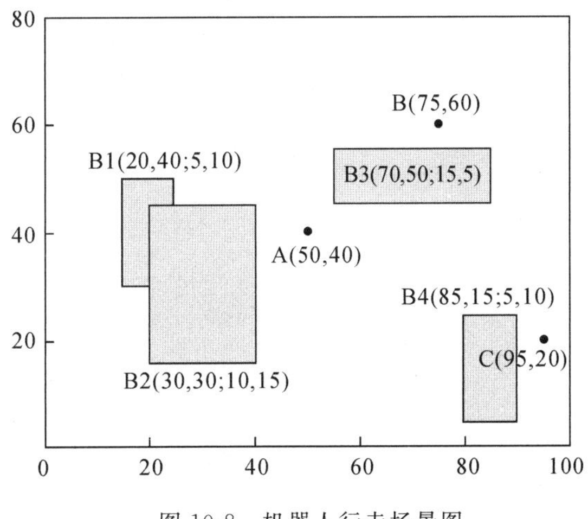

图 10-8　机器人行走场景图

在平面场景中、障碍物外指定一点为机器人要到达的目标点(要求目标点与障碍物的距离至少超过 1 个单位)，为此，需要确定机器人的最优行走路线——由直线段和圆弧线段组成的光滑曲线，其中圆弧线段是机器人转弯路线，机器人不能折线转弯，转弯路径是与直线相切的一圆形曲线段，也可以由两个或多个相切的圆弧曲线段组成，但每个圆形路线的半径都必须大于某个最小转弯半径，假设为 1 个单位。另外，为了不与障碍物发生碰撞，要求机器人行走线路与障碍物间的最短距离为 1 个单位，越远越安全，否则将发生碰撞，若碰撞发生，则机器人无法到达目标点，行走失败。请回答如下问题：

如果不考虑机器人自身的宽度，场景图中有三个目标点 A(50,40)、B(75,60)、C(95,20)，请用数学建模的方法给出机器人从 R(0,0)出发安全到达每个目标点的最短路线；

如果不考虑机器人自身的宽度，求机器人从 R(0,0)出发，依次安全通过 A、B 到达 C 的最短路线。

如果考虑机器人自身的宽度，那么如何改进上述两个问题，并给出相应的数学模型。

2. 近浅海观测网的传输节点由浮标系统、系泊系统和水声通信系统组成(如图 10-9 所示)。某型传输节点的浮标系统可简化为底面直径 2m、高 2m 的圆柱体，浮标的质量为 1000kg。系泊系统由钢管、钢桶、重物球、电焊锚链和特制的抗拖移锚组成。锚的质量为 600kg，锚链选用无挡普通链环，近浅海观测网的常用型号及其参数在表 10-1 中列出。钢管共 4 节，每节长度 1m，直径为 50mm，每节钢管的质量为 10kg。要求锚链末端与锚的链接处的切线方向与海床的夹角不超过 16°，否则锚会被拖行，致使节点移位丢失。水声通信系统安装在一个长 1m、外径 30cm 的密封圆柱形钢桶内，设备和钢桶总质量为 100kg。钢桶上接第 4 节钢管，下接电焊锚链。钢桶竖直时，水声通信设备的工作效果最佳。若钢桶倾斜，则影响设备的工作效果。钢桶的倾斜角度(钢桶与竖直线的夹角)超过 5°时，设备的工作效果较差。为了控制钢桶的倾斜角度，钢桶与电焊锚链链接处可悬挂重物球。

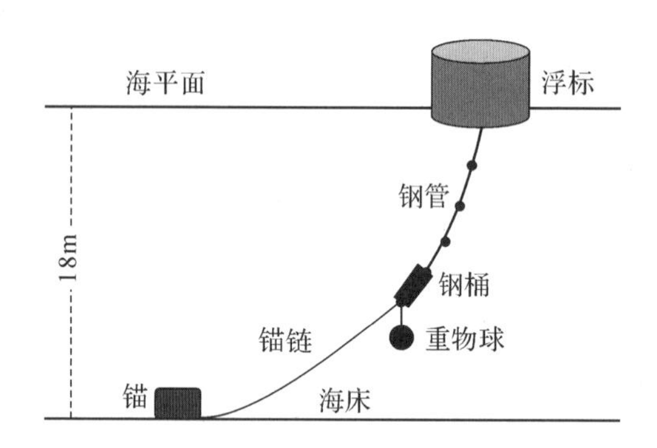

图 10-9　传输节点示意图(仅为结构模块示意图，未考虑尺寸比例)

系泊系统的设计问题就是确定锚链的型号、长度和重物球的质量，使得浮标的吃水深度和游动区域及钢桶的倾斜角度尽可能小。

问题 1　某型传输节点选用 II 型电焊锚链 22.05m，选用的重物球的质量为 1200kg。现将该型传输节点布放在水深 18m、海床平坦、海水密度为 $1.025\times10^3 kg/m^3$ 的海域。若海水静止，分别计算海面风速为 12m/s 和 24m/s 时钢桶和各节钢管的倾斜角度、锚链形状、浮标的吃水深度和游动区域。

问题 2　在问题 1 的假设下，计算海面风速为 36m/s 时钢桶和各节钢管的倾斜角度、锚链形状和浮标的游动区域。请调节重物球的质量，使得钢桶的倾斜角度不超过 5°，锚链在锚点与海床的夹角不超过16°。

问题3 由于潮汐等因素的影响，布放海域的实测水深介于16～20m之间。布放点的海水速度最大可达到1.5m/s、风速最大可达到36m/s。请给出考虑风力、水流力和水深情况下的系泊系统设计，分析不同情况下钢桶、钢管的倾斜角度、锚链形状、浮标的吃水深度和游动区域。

说明：近海风荷载可通过近似公式 $F=0.625\times S\times v^2$ 计算，其中 S 为物体在风向法平面的投影面积(m^2)，v 为风速(m/s)。近海水流力可通过近似公式 $F=374\times S\times v^2$ 计算，其中 S 为物体在水流速度法平面的投影面积(m^2)，v 为水流速度(m/s)。

表 10-1　锚链型号和参数表

型号	长度/mm	单位长度的质量/kg·m⁻¹
Ⅰ	78	3.2
Ⅱ	105	7
Ⅲ	120	12.5
Ⅳ	150	19.5
Ⅴ	180	28.12

表注：长度是指每节链环的长度。

3.通常加油站都有若干个储存燃油的地下储油罐，并且一般都有与之配套的“油位计量管理系统”，采用流量计和油位计来测量进/出油量与罐内油位高度等数据，通过预先标定的罐容表(即罐内油位高度与储油量的对应关系)进行实时计算，以得到罐内油位高度和储油量的变化情况。

许多储油罐在使用一段时间后，由于地基变形等原因，使罐体的位置会发生纵向倾斜和横向偏转等变化(以下称为变位)，从而导致罐容表发生改变。按照有关规定，需要定期对罐容表进行重新标定。图1是一种典型的储油罐尺寸及形状示意图，其主体为圆柱体，两端为球冠体。图2是其罐体纵向倾斜变位的示意图，图3是罐体横向偏转变位的截面示意图。

请你们用数学建模方法研究解决储油罐的变位识别与罐容表标定的问题。

(1)为了掌握罐体变位后对罐容表的影响，利用如图4的小椭圆形储油罐(两端平头的椭圆柱体)，分别对罐体无变位和倾斜角为 $\alpha=4.10$ 的纵向变位两种情况做了实验，实验数据如附件1所示。请建立数学模型研究罐体变位后对罐容表的影响，并给出罐体变位后油位高度间隔为1cm的罐容表标定值。

(2)对于图1所示的实际储油罐，试建立罐体变位后标定罐容表的数学模型，即罐内储油量与油位高度及变位参数(纵向倾斜角度 α 和横向偏转角度 β)之间的一般关系。请利用罐体变位后在进/出油过程中的实际检测数据(附件2)，根据你们所建立的数学模型确定变位参数，并给出罐体变位后油位高度间隔为10cm的罐容表标定值。进一步利用附件2中的实际检测数据来分析检验你们模型的正确性与方法的可靠性。

说明：本例题源自2010年全国大学生数学建模竞赛A题，题目相关附件可以从官网下载(www.mcm.edu.cn/upload_cn/node/70/rd4LEPmmd1095c70a7fb9d0898a08495837d8c93.rar)。

参考文献

[1] 姜启源,谢金星,叶俊.数学模型(4 版)[M].北京:高等教育出版社,2011

[2] 司守奎,孙兆亮.数学建模算法与应用(2 版)[M].北京:国防工业出版社,2015

[3] 刘来福,黄海洋,杨淳.数学建模方法与分析(原书第四版)[M].北京:机械工业出版社,2015

[4] 谭永基,蔡志杰.数学模型(2 版)[M].上海:复旦大学出版社,2011

[5] 华罗庚,王元.数学模型选谈[M].辽宁:大连理工大学出版社,2011

[6] 杨启帆,谈之奕,何勇.数学建模(3 版)[M].浙江:浙江大学出版社,2010

[7] 张世斌.数学建模的思想和方法[M].上海:上海交通大学出版社,2015

[8] 张慧增,何颖俞,吕平,杨启帆.欲望都市数学版:城市生活的数学模型[M].上海:机械工业出版社,2015

[9] 王健,赵国生.MATLAB 数学建模与仿真[M].北京:清华大学出版社,2016

[10] 陈光亭,裘哲勇.数学建模(2 版)[M].北京:高等教育出版社,2014

[11] 肖华勇.大学生数学建模指南[M].北京:电子工业出版社,2015

[12] 梁樑,杨锋,苟清龙.数据、模型与决策:管理科学的数学基础[M].北京:机械工业出版社,2017

[13] 谭永基,朱晓明,丁颂康,陈恩华.经济管理数学模型案例教程(2 版)[M].北京:高等教育出版社,2014

[14] 杨东方,黄新民.数学模型在经济学的应用及研究[M].北京:海洋出版社,2015

[15] 陈华友,周礼刚,刘金培.数学模型与数学建模[M].北京:科学出版社,2014

[16] 余胜威.MATLAB 数学建模经典案例实战[M].北京:清华大学出版社,2015

[17] 姜启源.UMAP 数学建模案例精选 1[M].北京:高等教育出版社,2015

[18] 张从军,孙春燕.经济应用模型[M].上海:复旦大学出版社,2008

[19] 魏权龄.优化模型与经济[M].北京:科学出版社,2011

[20] 刘燕权,胡赛全,冯新平.数据挖掘方法与模型[M].北京:高等教育出版社,2011

[21] 侯进军,肖艳清.数学建模方法与应用[M].南京:东南大学出版社,2012

[22] 单锋,朱丽梅,田贺民.数学模型[M].北京:国防工业出版社,2012

[23] 姜启源,叶其孝,谭永基.MAP 数学建模案例精选 2[M].北京:高等教育出版社,2015

[24] 吴孟达.ILAP 数学建模案例精选[M].北京:高等教育出版社,2016

[25] 朱道元.研究生数学建模精品案例[M].北京:科学出版社,2014

[26] 李海燕.数学建模竞赛优秀论文选评[M].北京:科学出版社,2016

[27] 李学文,王宏州,李炳照.数学建模优秀论文精选与点评(2011—2015)[M].北京:清华大学出版社,2017

[28] 蔡锁章.数学建模原理与方法[M].北京:海洋出版社,2000
[29] 白其峥.数学建模案例分析[M].北京:海洋出版社,2000
[30] 李大潜.中国大学生数学建模竞赛(4版)[M].北京:高等教育出版社,2011
[31] 谢金星.优化建模与LINDO/LINGO软件[M].北京:清华大学出版社,2005
[32] 宋兆基.Matlab6.5在科学计算中的应用[M].北京:清华大学出版社,2005
[33] 张红兵.SPSS宝典[M].北京:电子工业出版社,2007
[34] 叶其孝主编.大学生数学建模竞赛辅导教材.1～4[M].长沙:湖南教育出版社,1993,1997,1998,2001
[35] 居余马.线性代数(2版)[M].北京:清华大学出版社,2002
[36] 冯增哲,刘建波,刘佳娟.基于DEA法的社区医疗资源配置效率研究[M].中国医学装备,2007
[37] 齐欢.数学模型方法[M].武汉:华中科技大学出版社,1996
[38] 袁新生,邵大宏,郁时炼.LINGO和Excel在数学建模中的应用[M].北京:科学出版社,2007
[39] 韩中庚.数学建模方法及其应用[M].北京:高等教育出版社,2006
[40] 陈理荣.数学建模导论[M].北京:北京邮电学院出版社,1999
[41] 刘来福,曾文艺.数学模型与数学建模[M].北京:北京师范大学出版社,1997
[42] 赵东方.数学模型与计算[M].北京:科学出版社,2007